Die Werkzeuge „CoDyLa" und „QuaDiPF-Eye" zur Untersuchung funktionalen / prädikativen Denkens sowie ihre empirische Erprobung

Stephan Armbrust

Schriftenreihe des Forschungsinstituts für Mathematikdidaktik Nr. 39
Osnabrück 2006

Stephan Armbrust
Die Werkzeuge „CoDyLa" und „QuaDiPF-Eye" zur Untersuchung funktionalen / prädikativen Denkens sowie ihre empirische Erprobung

1. Auflage, Osnabrück: Forschungsinstitut für Mathematikdidaktik e. V., 2006
(Schriftenreihe des Forschungsinstituts für Mathematikdidaktik Nr. 39)

ISBN 978-3-925386-58-9

Herstellung: Books on Demand GmbH, Norderstedt

Dissertation zur Erlangung des Doktorgrades der Naturwissenschaften des Fachbereichs Mathematik / Informatik der Universität Osnabrück
vorgelegt von Stephan Armbrust

Berichterstatter: Prof. Dr. Inge Schwank, Universität Osnabrück
Prof. Dr. Niels Galley, Universität zu Köln

Tag der mündlichen Prüfung: 22. September 2006

Inhaltsverzeichnis

1 Einleitung

Das zentrale Anliegen dieser Arbeit ist, Werkzeuge zu entwickeln und exemplarisch auf ihre Funktionsfähigkeit hin zu erproben, die es erleichtern sollen, funktionales bzw. prädikatives kognitives Verhalten von Menschen – hier speziell beim Bearbeiten figuraler Matrizenaufgaben (QuaDiPF-Aufgaben) sowie beim Konstruieren von Automatennetzen (DyLa-Aufgaben) – zu erforschen. Die Grundidee ist, Computertechniken einzusetzen, um die Datenregistrierung zu optimieren bzw. überhaupt erst zu ermöglichen. Dazu wird für die QuaDiPF-Aufgaben das Werkzeug QuaDiPF-Eye zur Verfügung gestellt und für die DyLa-Aufgaben das Werkzeug CoDyLa.

Motiviert ist die Konstruktion der Werkzeuge nicht zuletzt dadurch, dass damit in Zukunft mit größeren Versuchspopulationen gearbeitet werden kann und die qualitativen Auswertungsmethoden effektiv durch quantitative Auswertungsmethoden ergänzt oder teilweise gar ersetzt werden können.

Im zweiten Abschnitt „Theoretische Überlegungen“ werden kurz die grundlegende mathematikdidaktische Theorie und verwandte Ansätze vorgestellt. Weiterhin wird in die beiden Untersuchungsmethoden dieser Arbeit eingeführt. Dabei werden bereits die Erweiterungen der Untersuchungsmethoden, die im Zuge dieser Arbeit entwickelt wurden, kurz vorgestellt.

Im dritten Abschnitt „Empirische Arbeiten“ werden die Werkzeuge und ihr Einsatz im Einzelnen beschrieben und die Ergebnisse aus der empirischen Erprobungsstudie mit 12 Versuchspersonen (VP) geschildert.

Der vierte Abschnitt behandelt u. a. mögliche Erweiterungen für zukünftige Forschungsansätze. Im Anhang finden sich viele Daten und Abbildungen, die mit den neu entwickelten Werkzeugen erzeugt wurden.

2 Theoretische Überlegungen

2.1 Theorie der prädikativen versus funktionalen kognitiven Strukturen

Die Theorie der prädikativen versus funktionalen kognitiven Strukturen wurde von Schwank entwickelt.[1]

Wenn ein Mensch auf die prädikative kognitive Struktur zurückgreift, spricht die Theorie von prädikativem Denken, wenn ein Mensch auf die funktionale kognitive Struktur zurückgreift, von funktionalem Denken. Die Unterscheidung in prädikatives Denken, ein Zurechtlegen von Sinnzusammenhängen anhand von Eigenschaften und deren Strukturen, und funktionales Denken, ein Zurechtlegen von Sinnzusammenhängen anhand von Tätigkeiten und deren Zusammenwirken, wird in Abb. 2.1 verdeutlicht:

> „Die in der Abbildung gegebene Übersicht ist spiralig im Zeitverlauf zu lesen. Die Pfeile sind im Kreis führend, rekurent angebracht, um zu berücksichtigen, dass die internen Werkzeuge der begrifflichen Repräsentation Einfluss nehmen auf das, was kognitiv erfasst wird, dieses wiederum hat Einfluss auf den weiteren Ausbau der internen begrifflichen Repräsentation. Das beobachtete unterschiedliche Verhalten erklären wir uns so, dass nicht gleichermaßen beide Arten kognitiver Strukturen zur Anwendung kamen und so ein unterschiedlicher Ausbau einer mehr statischen oder mehr dynamischen internen begrifflichen Repräsentation vorgenommen wurde, was wiederum die Art des Erfassens verstärkt.“[2]

---

[1] Vgl. Schwank (1994, 1996, 1999, 2001a).

[2] Schwank (1994), S. 32f.

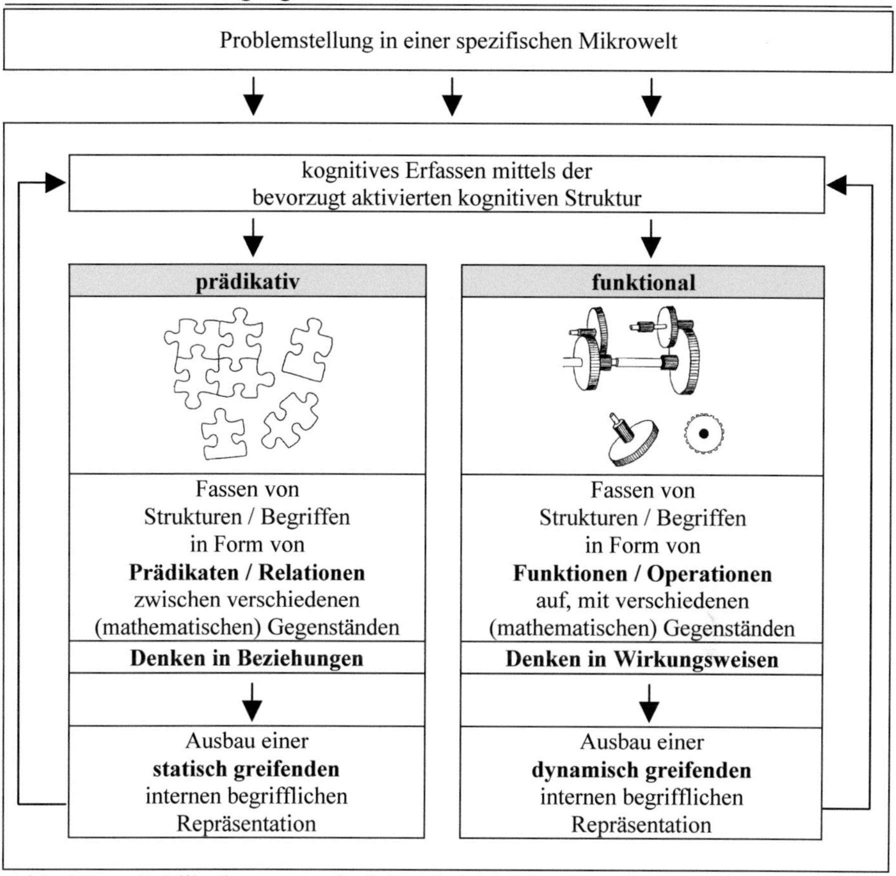

Abb. 2.1: Prädikative versus funktionale kognitive Organisationsstrukturen nach Schwank.[3]

In der Theorie ist zu beachten, dass die Präferenz eines Individuums für eine der beiden kognitiven Strukturen nur bei echten Problemen, die das Denken herausfordern, greift und eindeutig zu erkennen ist. Wenn VP Aufgaben lösen, d. h. auf einen bekannten und erlernten Lösungsweg bzw. -algorithmus zurückgreifen oder nicht nachdenken müssen, können oder wollen, ist es häufig nicht möglich, eindeutig eine Präferenz für eine der beiden kognitiven Strukturen zu identifizieren. Die Ideen des prädikativen, meistens sprachgebundenen Wissens sind häufig in den Vorstellungen über interne Repräsentationen verbreitet. Es finden sich aber auch funktionale Ideen in der Literatur wieder. Beispielhaft sollen hier die Vorstellungen von Bateson über den Begriff des Schalters wiedergegeben werden:

[3] Schwank (1999), S. 87.

> „Wir bemerken nicht, dass der Begriff 'Schalter' von einer ganz anderen Art ist als die Begriffe 'Stein', 'Tisch' und so weiter. Eine genauere Untersuchung zeigt, dass der Schalter, betrachtet man ihn als Teil eines elektrischen Kreislaufes, *nicht existiert*, wenn er sich in der Stellung AN befindet. Aus dem Blickwinkel des Kreislaufes unterscheidet er sich nicht von dem Stromkabel, das zu ihm hin und von ihm wegführt. Er ist einfach nur ein 'weiterer Leiter'. Wenn umgekehrt, aber ganz ähnlich, der Schalter auf AUS steht, existiert er aus dem Blickwinkel des Kreislaufes nicht. Er ist nichts, eine Kluft zwischen zwei Leitern, die ihrerseits nur dann als Leiter existieren, wenn der Schalter an ist.
> Mit anderen Worten, der Schalter existiert *nur* in den Augenblicken, wo seine Einstellung verändert wird, und daher hat der Begriff 'Schalter' ein besonderes Verhältnis zur *Zeit*. Er ist eher der Vorstellung 'Veränderung' als der Vorstellung 'Objekt' verwandt."[4]

Der Begriff des Schalters, wie Bateson ihn beschreibt, ist eng verwandt mit dem Bauteil Weiche des Untersuchungswerkzeuges CoDyLa. Dieser Zusammenhang wird im Kapitel 2.3.2 auf Seite 23 eingehend dargestellt.
Unterschiede beim Einsatz individueller prädikativer versus funktionaler kognitiver Werkzeuge zeigen sich auch beim Bearbeiten und Lösen von an RAVEN-Tests[5] angelehnten Matrizenaufgaben. Auf dieses Phänomen wird in Kapitel 2.3.1 auf Seite 14 eingegangen.

2.2 Vergleich mit anderen Theorien

Verwandte Ansätze der Theorie über prädikatives versus funktionales Denken finden sich in der Literatur. Beispielhaft sei hier auf die Theorien über die doppelseitige Natur mathematischer Konzepte von Sfard[6] sowie die Procepts von Gray und Tall eingegangen.[7]

2.2.1 Sfard: The dual nature of mathematical conceptions

Nach Sfard führt die Analyse verschiedener mathematischer Definitionen und Repräsentationen zu zwei grundlegend unterschiedlichen Vorstellungen: Einer strukturellen Vorstellung über das Objekt und einer operationalen Vorstellung über den Prozess. Die Unterscheidung wird in Tab. 2.1 an einigen Beispielen verdeutlicht.

---

[4] Bateson (1982), S. 136.
[5] Vgl. Raven (1971).
[6] Vgl. Sfard (1991).
[7] Vgl. Gray / Tall (1994).

	Structural	Operational
Function	Set of ordered pairs (Bourbaki, 1934)	Computational process or Well defined method of getting from one system to another (Skemp, 1971)
Symmetry	Property of a geometrical shape	Transformation of a geometrical shape
Natural number	Property of a set or The class of all sets of the same finite cardinality	0 or any number obtained from another natural number by adding one ([the result of] counting)
Rational number	Pair of integers (a member of a specially defined set of pairs)	[the result of] division of integers
Circle	The locus of all points equidistant from a given point	[a curve obtained by] rotating a compass around a fixed point

Tab. 2.1: Structural and operational descriptions of mathematical notions.[8]

Diese beiden Vorstellungen sind dabei als die zwei Seiten derselben Medaille zu begreifen, die beide für das Erlernen von mathematischen Konzepten nötig sind und sich dabei gegenseitig bedingen.

> „All this being said, it is very important to emphasize that operational and structural conceptions of the same mathematical notion are not mutually exclusive. Although ostensibly incompatible (how can anything be a process and an object at the same time?), they are in fact *complementary*. The term 'complementary' is used here in much the same sense as in physics, where entities at subatomic level must be regarded both as particles and as waves to enable full discription and explanation of the observed phenomena."[9]

Nach Sfard gehen bei der mathematischen Begriffsbildung die operationalen Konzepte den strukturellen Konzepten voraus, und zwar in einem vorausgehenden Prozess. Durch die fortgesetzte Anwendung der operationalen Seite verinnerlicht das Individuum einen Prozess mit einem Objekt, um durch eine „Verdinglichung" des Prozesses auf der strukturellen Seite ein neues Objekt zu erhalten (Abb. 2.2).

> „Various processes had to be converted into compact static wholes to become the basic units of a new, higher level theory."[10]

---

[8] Sfard, (1991), S. 5.

[9] Sfard, (1991), S. 4f; Hervorhebungen durch die Autorin.

[10] Sfard (1991), S. 16.

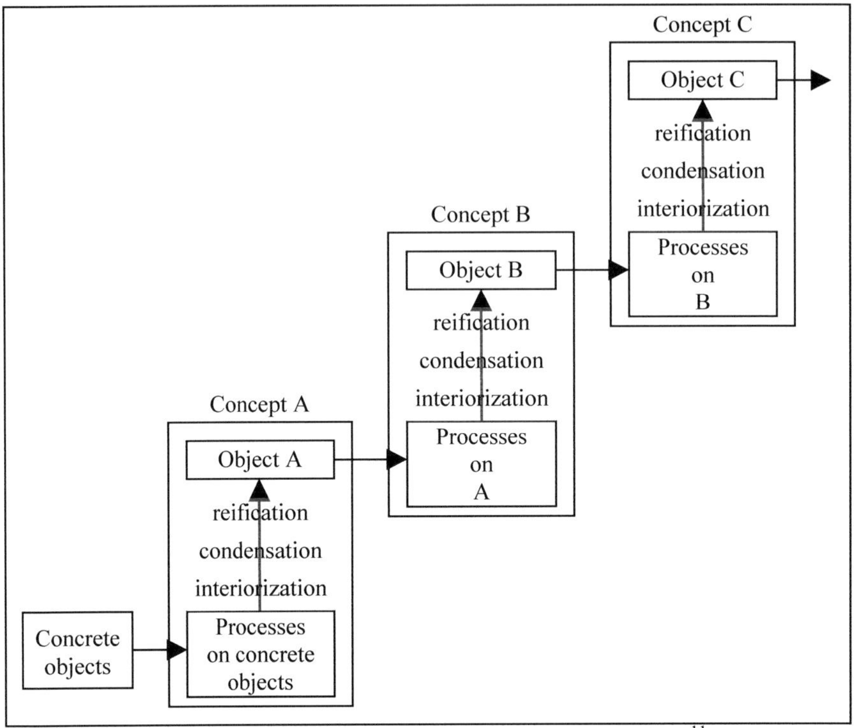

Abb. 2.2: Allgemeines Modell der Begriffsformung nach Sfard.[11]

> „At this point it should already be clear that our three-phase schema is to be understood as a *hierarchy*, which implies that one stage cannot be reached before all the former steps are taken."[12]

Sfard betont dabei die Wichtigkeit der strukturellen Seite, da ohne abstrakte Objekte die mentale Aktivität sehr schwierig ist, denn mit der reinen operationalen Seite ist das Individuum durch die Fülle der Informationen überfordert.[13] Die „Verdinglichung" eines Prozesses zum Objekt, um dann auf diesem Objekt neue Prozesse anwenden zu können, ist nach Sfard ein für das Individuum sehr schwieriger, aber für das Verständnis der mathematischen Konzepte unerlässlicher Prozess.

> „The reification, which brings relational understanding, is difficult to achieve, it requires much effort, and it may come when least expected, sometimes in a sudden flash."[14]

[11] Sfard (1991), S. 22.
[12] Sfard (1991), S. 21; Hervorhebungen durch die Autorin.
[13] Vgl. Sfard (1991), S. 24ff.
[14] Sfard (1991), S. 33.

Die oben vorgestellte Theorie von Sfard scheint nur auf den ersten Blick Gemeinsamkeiten mit der Theorie der prädikativen versus funktionalen kognitiven Strukturen von Schwank zu haben. Bei genauerer Analyse zeigt sich, dass die elementaren Begriffe strukturell und operationell keine direkte Entsprechung bei Schwank haben. Des Weiteren besteht zwischen diesen beiden Aspekten eines mathematischen Konzeptes eine Hierarchie. Sie bedingen sich zwar gegenseitig, aber in jedem einzelnen Konzept steht die strukturelle Seite als erstrebenswertes Ziel am Ende der Entwicklung. Bei der Theorie von Schwank hingegen geht es nicht um zwei Seiten eines mathematischen Begriffes, sondern um die individuelle Präferenz eines jeden Menschen bei der mathematischen Begriffsbildung. Diese Präferenzen bedingen sich eben nicht gegenseitig, sondern das Individuum bevorzugt stabil seine Vorlieben bei der Behandlung unbekannter Probleme.

2.2.2 Gray und Tall: „Procepts"

Gray und Tall behandeln in ihrer Theorie die Dualität zwischen der Prozess- und der Konzeptvorstellung in der Mathematik. Dabei sehen sie in der Mathematik einen Unterschied zu der vorherrschenden Behauptung der grundlegenden Zweiteilung zwischen dem Begriff Prozess bzw. Verfahren und dem Begriff Konzept. Die z. B. bei Sfard vorgestellte hierarchische Entwicklung von einem Prozess zu einem Konzept möchten Gray und Tall genauer analysiert wissen und betrachten die von vielen als offensichtlich angesehene Unverträglichkeit der Begriffe Prozess und Konzept neu.
Aus der Analyse, wie Individuen mit guten mathematischen Fähigkeiten z. B. mit Symbolen agieren, schließen sie, dass es besonders wichtig ist, sowohl den Prozess als auch das Objekt als Produkt des Prozesses zu sehen und zu verwenden. Anstatt mit der Dualität der Begriffe zurecht zu kommen, sollte man in der Mehrdeutigkeit denken.

> „A clue to the manner in which process and concept are combined in a single notion can be found in the working practices of professional mathematicians and all those who are successful in mathematics. They employ the simple device of using the same notation to represent both a process and the product of that process."[15]

Zur Verdeutlichung dieser Verquickung der Begriffe Prozess und Konzept führen Gray und Tall in der Theorie das Kunstwort „procept" (Prozept) als eine Verknüpfung von „**pro**cess" und „con**cept**" ein. Am Beispiel des Prozepts 6 lässt sich dieser neue Begriff verdeutlichen. Es beinhaltet den Zählprozess bis zur 6, aber auch andere Repräsentationen wie 3+3, 4+2, 2+4, 2·3, 8-2 und andere. Das Symbol 6, wie auch die weiter genannten Symbolketten, repräsentieren alle dasselbe Objekt.

[15] Gray / Tall (1994), S. 4.

> „An *elementary procept* is the amalgam of three components: a *process* which produces a mathematical *object*, and a *symbol* which is used to represent either process or object. (...)
> A *procept* consists of a collection of *elementary procepts which have the same object*."[16]

Das aus der Sicht der Theorie für gute mathematische Fähigkeiten wichtige Denken in Prozepten zeichnet sich durch die Fähigkeit zur flexiblen Manipulation von Symbolen als Prozess oder Konzept und zum beliebigen Austausch verschiedener Symbolrepräsentationen für dasselbe Objekt aus.

> „Proceptual thinking *includes* the use of procedures. However, it also includes the flexible facility to view symbolism either as a trigger for carrying out a procedure or as a mental object to be decomposed, recomposed and manipulated at a higher level."[17]

Einen weiteren Vorteil des Denkens in Prozepten sehen Gray und Tall gegenüber der hierarchischen Konstruktion von z. B. Sfard darin, dass die hierarchische Struktur wieder in eine Ebene aufgebrochen wird. Am Beispiel der Entwicklung des Zählens, Addierens und Multiplizierens sollen diese Ideen nun verdeutlicht werden. In Abb. 2.3wird der Prozess des Zählens als Konzept Zahl aufgefasst, auf dem dann wieder der Prozess des fortgesetzten Zählens aufgebaut wird, der dann zum Konzept Summe führt, usw.

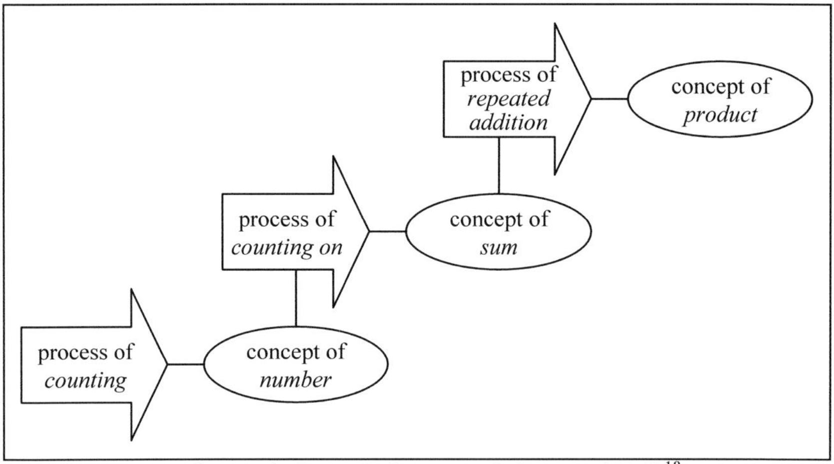

Abb. 2.3: Kapselungen höherer Ordnung nach Gray und Tall.[18]

In Abb. 2.4 wird die Prozept-Sichtweise verdeutlicht. Das Zählen, das Addieren und das Multiplizieren sind Operationen auf dem selben Prozept, welches in den jeweiligen Rechenprozess zerlegt und wieder zusammengesetzt wird.

[16] Gray / Tall (1994), S. 6; Hervorhebungen durch die Autoren.
[17] Gray / Tall (1994), S. 11; Hervorhebungen durch die Autoren.
[18] Gray / Tall (1994), S. 22.

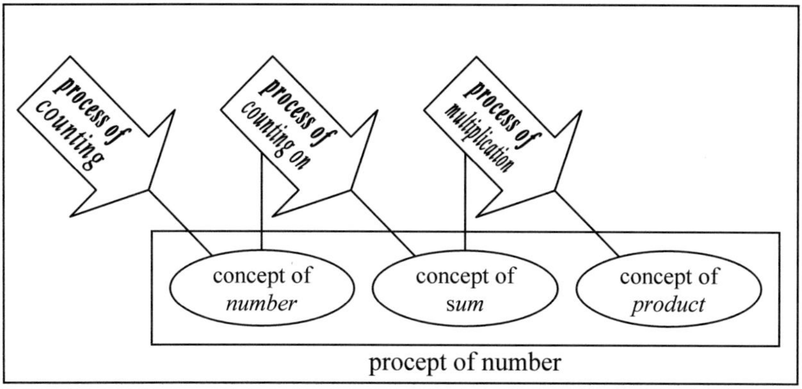

Abb. 2.4: Zusammenbruch der Hierarchie zur Wirkung auf Zahlen nach Gray und Tall.[19]

Genau wie die Theorie von Sfard hat auch die Theorie von Gray und Tall nur auf den ersten Blick enge Gemeinsamkeiten mit der Theorie von Schwank. Bei Gray und Tall findet ebenfalls keine auf das Individuum bezogene Analyse der Präferenz für eine kognitive Struktur statt. Aus der Sicht der Theorie von Schwank bevorzugen Individuen mit einer funktionalen Präferenz eher die operationale, prozesshafte Seite bei der mathematischen Begriffsbildung, Individuen mit einer prädikativen Präferenz eher die strukturelle, eigenschaftsbetonte Seite. Ein interessanter Gesichtspunkt ist, dass ein Konsens darüber besteht, dass beide Sichtweisen vorhanden und genutzt werden müssen, um sehr gute Fähigkeiten im Umgang mit mathematischen Begriffen erlangen zu können.

2.3 Qualitative Untersuchungen

Zu der in dieser Arbeit vorgestellten Theorie des prädikativen versus funktionalen Denkens von Schwank und anderen älteren Forschungsarbeiten, die sich mit mathematisch-informatischer Begriffsbildung von Individuen beschäftigt haben, sind im Fachbereich Mathematik/Informatik der Universität Osnabrück und durch das Osnabrücker Forschungsinstitut für Mathematikdidaktik bereits zahlreiche Untersuchungen durchgeführt worden, die mathematisches Denken und Begriffsbildungsprozesse zum Untersuchungsgegenstand hatten. Nähere Informationen dazu findet man u. a. in den Arbeiten von Kaune[20], Marpaung[21], Schwank[22], Xu[23] und Striethorst[24].

[19] Gray / Tall (1994), S. 22.
[20] Vgl. Kaune (1985).
[21] Vgl. Marpaung (1986).
[22] Vgl. Schwank (1986, 1988, 1990).
[23] Vgl. Xu (1994).
[24] Vgl. Striethorst (2004).

2.3.1 Untersuchungsmethode QuaDiPF

Bei der Untersuchungsmethode QuaDiPF (**Qua**litatives **Di**agnoseinstrument für **P**rädikatives versus **F**unktionales Denken) handelt es sich um Musterergänzungsaufgaben, die ähnlich zu bekannten Matrizentests, wie z. B. den von Raven herausgegebenen Tests, sind. Im Folgenden soll zunächst auf die Raven-Aufgaben eingegangen werden.

Die Items aus allen von Raven herausgegebenen Tests haben einen identischen Aufbau (Abb. 2.5). Sie bestehen aus einer 3×3 Matrix, in der jeweils 8 geometrische Figuren angeordnet sind, wobei das rechte untere Feld frei bleibt. Die Aufgabe besteht nun darin, aus den acht angebotenen Lösungsalternativen diejenige Figur auszuwählen, die in das leere Matrixfeld der dritten Zeile und der dritten Spalte gehört. Dazu muss eine regelhafte Beziehung zwischen den Figuren in den Zeilen und bzw. oder Spalten gefunden werden.

Es gibt drei grundlegende von Raven herausgegebene Formen seines Tests. Die Coloured Progressive Matrices (CPM, 1947) wurden für 5 bis 11jährige Kinder und psychisch gestörte Personen konstruiert, die Standard Progressive Matrices (SPM, 1936) eignen sich für Jugendliche und Erwachsene und die Advanced Progressive Matrices (APM, 1962) schließlich stellen die geeignete Testform für Oberschüler und Studenten dar.

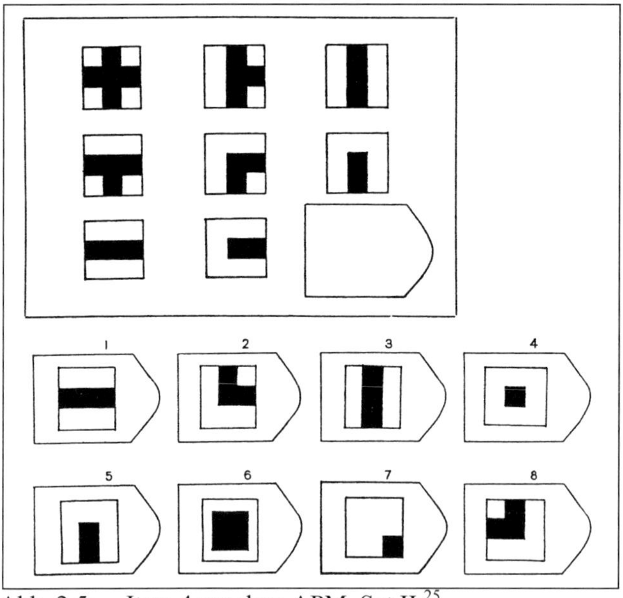

Abb. 2.5: Item 4 aus dem APM, Set II.[25]

[25] Raven (1971).

Der APM-Test von Raven wurde in die Untersuchungen zum mathematischen Denken und zum Begriffsbildungsprozess eingeführt, um VP aus Deutschland, China und Indonesien bezüglich ihrer intellektuellen Leistungsfähigkeit vergleichen zu können. Während dieser Untersuchungen fielen unterschiedliche Lösungsansätze in der verbalen Argumentation der VP bezüglich ihrer Lösungsentscheidung auf, die dann zur Konstruktion der Untersuchungsmethode QuaDiPF führten.
Der grundlegende Unterschied zwischen den Aufgaben aus QuaDiPF und den Aufgaben der Matrizentests von Raven besteht darin, dass bei den QuaDiPF-Aufgaben keine alternativen Lösungsmöglichkeiten vorgegeben werden. Die Lösung muss von den VP eigenhändig konstruiert und begründet werden. Bei dem klassischen Raven-Aufgabenformat kann die Lösung durch Ausgrenzung aus den vorgegebenen Alternativen gewonnen werden. Eine Lösung braucht aus der angegebenen Lösungsmenge nur in das Matrix-Muster eingefügt werden. Die VP kann im Zweifelsfall das „geringste Übel" wählen, ohne exakt begründen zu können, warum diese Wahl tatsächlich gut auskommt. Die aus mathematischer Sicht intuitive Vorstellung, dass das konstruierende Lösen von Matrizenaufgaben mittels einer Erzeugungsprozedur eine komplexere Aufgabenstellung darstellt als das aussuchende Lösen durch ein Entscheidungsverfahren[26], wurde von Putz-Osterloh empirisch mit der Fragestellung, ob „die Analyse und die Bewertung der Lösungsalternativen wichtige Problemlösungsschritte im Gesamtlösungsprozess"[27] sind, untersucht. Dazu wurden einer Experimentalgruppe zehn Aufgaben aus dem APM Set II ohne Lösungsalternativen und einer Kontrollgruppe dieselben Aufgaben in der Originalversion vorgelegt. Aus den gewonnenen Daten kam Putz-Osterloh zu dem Schluss: „Die APM-Aufgaben sind insgesamt schwieriger zu lösen, wenn man die Lösungen konstruieren muss. Einige Aufgaben scheinen dabei bedeutsam schwieriger zu werden, während bei anderen die Zunahme der Schwierigkeit nicht systematisch von Zufallsunterschieden abweicht."[28] „Offensichtlich hat das Zeichnen der Lösung keine zusätzliche Komponente eingeführt, durch die sich die Beziehung zwischen Schwierigkeit und Lösungszeit gegenüber den Originalbedingungen geändert hat."[29]
Bei den von uns durchgeführten QuaDiPF-Untersuchungen werden einer VP nacheinander die Aufgaben aus einem Satz von selbst entwickelten Matrizenaufgaben vorgelegt. Die VP zeichnet die von ihr mental konstruierte Lösungsfigur und begründet anschließend, warum ihre Lösungsfigur geeignet ist. Die Untersuchungen werden komplett videodokumentiert und anschließend transkribiert. Mittels einer qualitativen Auswertung der Lösungsfigur und insbesondere der argumentativen Lösungsbegründung kann dann die individuelle kognitive Struktur der VP bestimmt werden. Die Auswertung beruht im Wesentlichen auf der Art und Weise der Begründungen der Lösungsfigur. Es sollen

[26] Vgl. Schwank (1996), S. 17.
[27] Putz-Osterloh (1981), S. 152.
[28] Putz-Osterloh (1981), S. 156.
[29] Putz-Osterloh (1981), S. 157.

nun an einigen von Schwank erstellten Aufgaben typische prädikative versus funktionale Lösungsbegründungen dargestellt werden.
Die prädikative Lösungsbegründung der QuaDiPF-Aufgabe C 18 (Abb. 2.6 a) beruht auf den charakteristischen Eigenschaften der Figuren und ihrer Teile. Zeilenweise betrachtet, sind die Eigenschaften des Deckels und des Bodens identisch. In der ersten Zeile sind der Deckel und der Boden gerade Linien, in der zweiten Zeile sind sie nach innen gebogene Halbkreise und in der dritten Zeile sind sie nach außen gebogene Halbkreise. Spaltenweise betrachtet, kommen prädikative VP typischerweise zu einer analogen Argumentation in Bezug auf die linke und rechte Seitenwand. Insgesamt folgt konsequenterweise aus der prädikativen Lösungsbegründung die Rosette als überzeugende Lösungsfigur (Abb. 2.6 b).

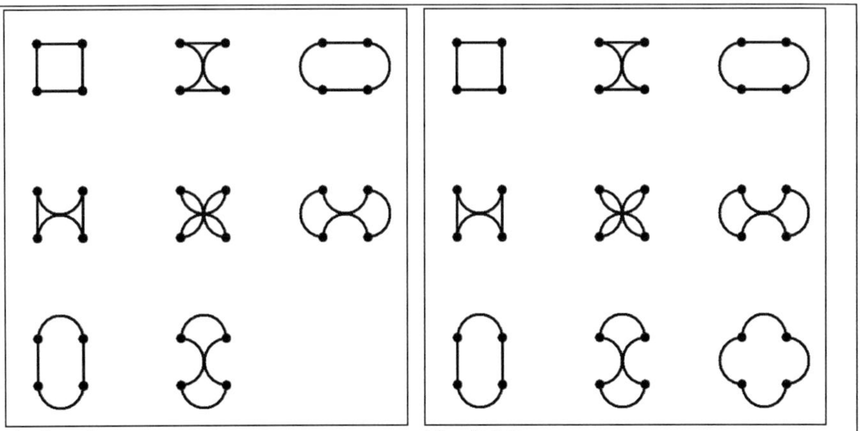

a) ohne Lösung b) mit Lösung

Abb. 2.6: QuaDiPF C 18.[30]

Die funktionale Lösungsbegründung analysiert die prozesshaften Zusammenhänge innerhalb einer Zeile bzw. Spalte. So entstehen die Figuren zeilenweise dadurch, dass mit den Seitenwänden etwas passiert: Zunächst werden sie nach innen gedrückt und dann nach außen gezogen bzw. geklappt. Die VP unterstützen ihre Argumentation der Bewegung innerhalb einer Zeile häufig durch eine starke Gestik. Spaltenweise betrachtet, ist diese Argumentationsform ebenfalls tragbar, wenn man den Deckel und den Boden bewegt. Insgesamt folgt aus der funktionalen Lösungsbegründung ebenfalls die Rosette als überzeugende Lösungsfigur (Abb. 2.6 b).
Eine Aufgabe, die typischerweise den prädikativen VP deutlich besser liegt, ist die QuaDiPF-Aufgabe C 27 (Abb. 2.7 a). Die prädikative Herangehensweise zerlegt die einzelnen geometrischen Figuren in ihre charakteristischen Eigenschaften und Merkmale, in diesem Beispiel in den Boden, Deckel und die Wände. In jeder Zeile und Spalte sind dann jeweils ein offener Boden, ein halboffener Boden und ein

[30] Schwank (1998, 2000).

geschlossener Boden vorhanden, analog dazu ein offener und zwei geschlossene Deckel und zwei gerade und eine schräge Seitenwandstellung. Aus dieser Eigenschafts- und Merkmalanalyse wird dann auf ein Trapez als fehlendes Lösungselement geschlossen (Abb. 2.7 b).

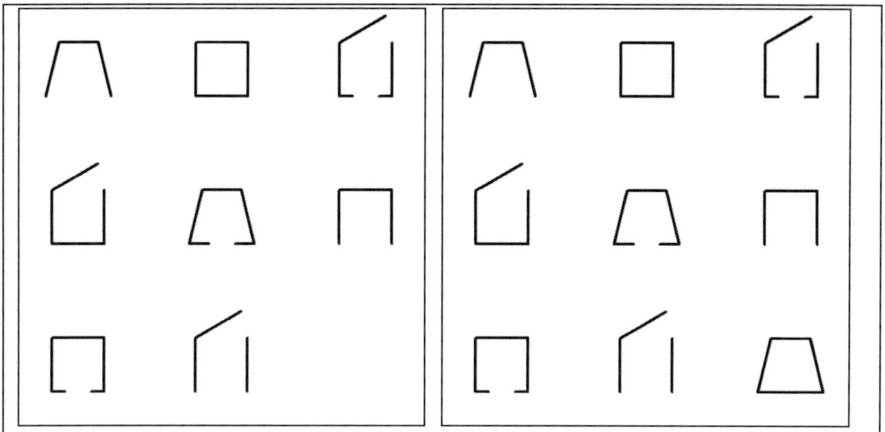

a) ohne Lösung b) mit Lösung

Abb. 2.7: QuaDiPF C 27.[31]

Eine andere, ebenfalls typisch prädikative Sichtung, basiert auf einer Mengenzuordnung der Figuren. Die VP bilden die Menge der Quadrate, der Häuser und der Trapeze aufgrund der Merkmale und Eigenschaften des Deckels und der Wände (Abb. 2.8). Jede dieser Mengen hat drei Elemente mit jeweils unterschiedlichem Boden. In der Menge der Trapeze fehlt das Element mit geschlossenem Boden. Die Strategie führt ebenfalls zur richtigen Lösungsfigur (Abb. 2.7 b). Es ist zu beachten, dass die Wörter Quadrat, Trapez und Haus als Namen für die Mengen verwendet werden und diese Zuordnung individuell ist. Beispielsweise verwenden VP auch den Begriff (umgedrehter) Blumentopf für das Trapez (Abb. 2.8 b).

[31] Schwank (1998, 2000).

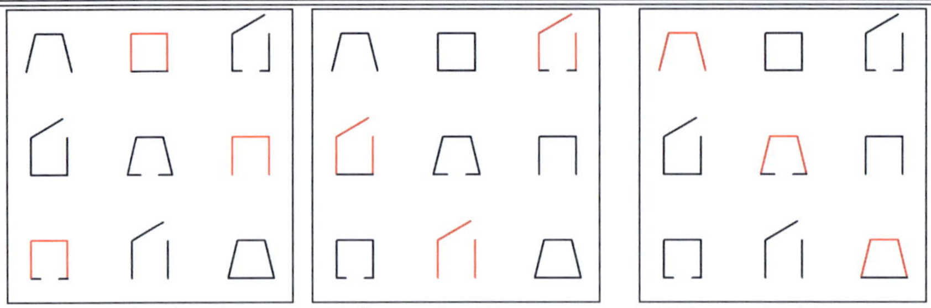

a) Menge der Quadrate b) Menge der Häuser c) Menge der Trapeze

Abb. 2.8: QuaDiPF C 27 (prädikative Mengenbildung farbig gekennzeichnet).

Eine typisch funktionale Herangehensweise bzw. Lösungsbegründung für die Aufgabe C 27 ist uns nicht bekannt. Aber aufgrund der Gestaltungsart der Aufgabe ist solch eine typisch funktionale Lösungsbegründung in diesem Falle auch nicht zu erwarten.

Eine Aufgabe, die den funktionalen VP deutlich besser liegt, ist die QuaDiPF-Aufgabe C 13 (Abb. 2.9 a). Funktionale VP lösen diese Aufgabe prozessorientiert, sie führen gedanklich eine Tätigkeit des Drehens an den Strichen aus. Zeilenweise werden die beiden Teile der Diagonale von rechts oben nach links unten jeweils um 90 Grad gedreht und spaltenweise analog die Teile der Diagonalen von links oben nach rechts unten. Als überzeugende Lösungsfigur ergibt sich dann das auf der Spitze stehende Quadrat (Abb. 2.9 b). Es ist zu beachten, dass dieser gedankliche Prozess in keiner Weise in der statischen Abbildung der Aufgabe stattfindet, sondern in der Vorstellung der jeweiligen VP. Die Darstellung der Abbildung kommt diesem Prozess mit der Idee des Daumenkinos noch am nächsten. Funktionale VP unterstützen ihre prozesshafte Argumentationsweise häufig noch durch eine der gedanklichen Drehbewegung entsprechenden Gestik.

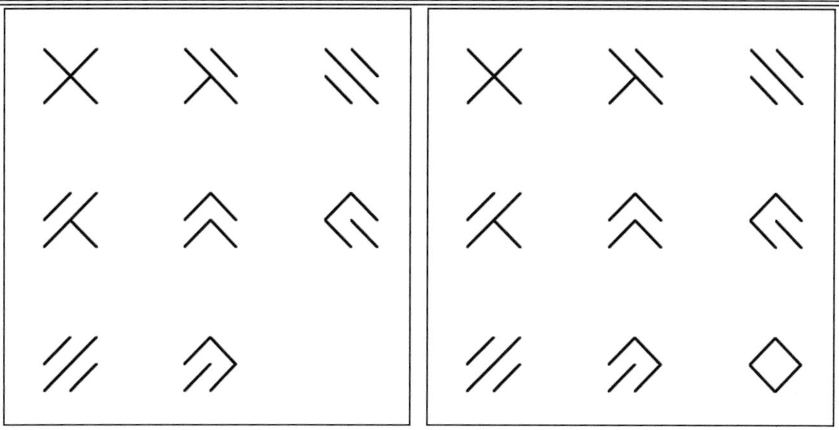

a) ohne Lösung b) mit Lösung

Abb. 2.9: QuaDiPF C 13.[32]

Die mögliche prädikative Lösungsbegründung über die Invariante in den Diagonalen ist sehr anspruchsvoll und wird nur von sehr wenigen VP gegeben. Zerlegt man die geometrischen Figuren in ihre vier Teilstriche, so bleibt die Lage des linken oberen und des rechten unteren Striches zeilenweise und die Lage des linken unteren und des rechten oberen Striches spaltenweise gleich.

Aus der Analyse der Lösungsbegründungen entstand die Idee, dass die unterschiedlichen Lösungsstrategien bereits während des Betrachtens der Aufgabe anhand der Augenbewegungen zu registrieren sein müssten. Dies würde die Möglichkeit eröffnen, die sehr zeitaufwendigen, qualitativen Videoanalysen durch quantitative Auswertverfahren zu ersetzen.

Die ersten intuitiven Ideen, dass z. B. die funktionale prozesshafte Vorstellung des Drehens der Striche in der QuaDiPF-Aufgabe C 13 direkt in den Augenbewegungen abzulesen sei[33], stellten sich schnell als nicht haltbare Hypothesen heraus. Einerseits sind die Fixationsorte keine isomorphe Abbildung zu den Orten der Aufmerksamkeit[34] und andererseits ist die räumliche Auflösung des verwendeten Eyetrackers für eine solch exakte Ortsbestimmung nicht ausreichend (vgl. Kapitel 3.2.1). So haben wir uns bei der Analyse der Blickpfade auf der Grundlage der Fixationsorte auf die Zuordnung zu den neun Matrixfeldern der Aufgabe beschränkt (vgl. Kapitel 3.2.2).

Diese Art der Zuordnung der Fixationsorte zu der Aufgabenstruktur wurde auch von Putz-Osterloh[35] und Carpenter et al[36] bei ihren Experimenten zur Augenbewegung beim Lösen von Raven-Aufgaben verwendet. Bei diesen

[32] Schwank (1998, 2000).
[33] Vgl. Schwank (1999), S. 94.
[34] Vgl. Galley (2001), S. 239, S. 274.
[35] Vgl. Putz-Osterloh (1981), S. 122ff.
[36] Vgl. Carpenter / Just / Shell (1990).

empirischen Untersuchungen wurden original Raven-Aufgaben mit Lösungsalternativen verwendet. Dieser Untersuchungsaufbau ist damit nicht exakt mit unseren Untersuchungen zu vergleichen, da die VP bei Putz-Osterloh und Carpenter et al durch die acht Lösungsalternativen visuelle Reize geboten bekommen und diese somit auch betrachten. Augenbewegungen dieser Art können bei uns nicht auftreten, da die VP diese visuellen Reize nicht bekommen, die Blickpfade müssen sich daher unterscheiden.
Carpenter et al entwickelten bei ihren Analysen eine Taxonomie, die auf prädikativen Vorstellungen für die Lösungsstrategien aufbaut.

> „The processes that distinguish among individuals are primarily the ability to induce abstract relations ..."[37]

Bemerkenswerterweise konnten sie damit eine Raven-Aufgabe (Abb. 2.10) nicht klassifizieren:

> „Problem was not classifiable by our taxonomy."[38]

und schlossen sie aus ihren weiteren Analysen aus. Diese Aufgabe steht unserer Auffassung nach für eine sehr interessante, ganze Klasse von Aufgaben, den sogenannten Operator-Aufgaben, die nur mit einer funktionalen Lösungsstrategie zu lösen sind. Die typische Lösungsbegründung für diese Aufgabe besteht darin, dass die zweite Spalte und die zweite Zeile als Operatoren zu verstehen sind, d. h. diese geometrischen Elemente wirken als Operatoren auf die voranstehenden Elemente und bewirken einen Wandlungsprozess. Der Bogen aus der ersten Zeile und der zweiten Spalte bewirkt das Einbeulen der Quadratseiten. Das langgestreckte Kreuz in der zweiten Zeile und der ersten Spalte bewirkt das Langstrecken des Quadrats zum Rechteck. Der quergestellte Balken in der zweiten Zeile und der zweiten Spalte bewirkt das Querstellen der geometrischen Elemente. Zum Lösen der Aufgabe müssen nun die Operatoren verkettet werden. Man kommt dann zum quergestellten, langgestreckten Rechteck mit eingebeulten Seiten, der siebten vorgeschlagenen Lösungsalternative.

[37] Carpenter / Just / Shell (1990), S. 404.
[38] Carpenter / Just / Shell (1990), S. 431.

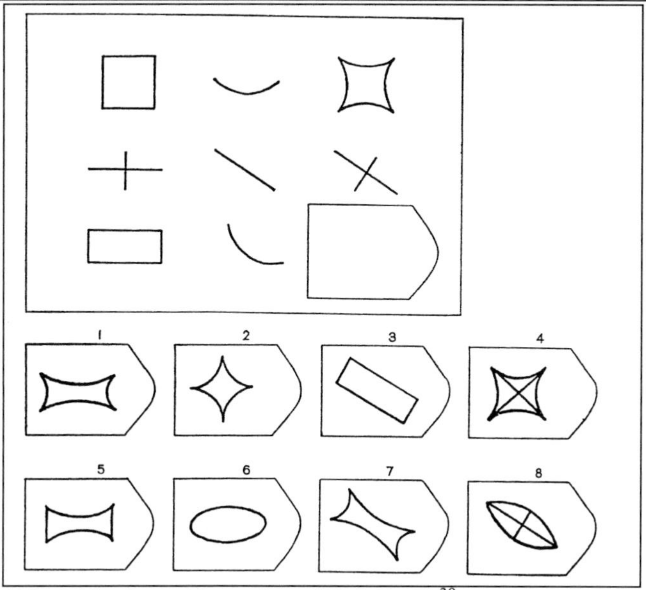

Abb. 2.10: Item 18 aus dem APM, Set II.[39]

Der Anlass von Putz-Osterloh, die Augenbewegungen zu registrieren, hatte das Ziel, die Analyse des Ablaufes des Problemlösungsprozesses zu verfeinern.[40] Es wurde erwartet, dass die Auswertung der Augenbewegungen alleine keine eindeutigen Ergebnisse liefern würde, so dass die VP zusätzlich zum lauten Denken während des Problemlösens animiert wurden.[41]

> „Wenn wir in diesen zusammengefassten Daten über das Blickbewegungsverhalten Unterschiede zwischen den einzelnen Pbn [Probanden] festmachen können, können wir auch berechtigterweise von unterschiedlichen Problemlösungsstrategien dieser Pbn sprechen.
> Es ist uns bisher keine Untersuchung aus der Literatur bekannt, in der man – wie wir es versuchen wollen – mit Hilfe von Blickbewegungsregistrierungen interindividuelle Unterschiede in den Strategien beim Lösen von Problemen (und nicht von Aufgaben) zu identifizieren versucht hat.“[42]

Auf den ersten Blick scheinen die Untersuchungsanlässe von Putz-Osterloh und uns identische Ziele zu verfolgen. Es ist aber zu beachten, dass das Hauptaugenmerk von Putz-Osterloh die Suche nach allgemeinen Merkmalen im Blickbewegungsverhalten, mit denen sich VP mit richtigen Lösungen von VP mit falschen Lösungen systematisch unterscheiden lassen, ist.[43]

---

39 Raven (1971).
40 Vgl. Putz-Osterloh (1981), S. 123.
41 Vgl. Putz-Osterloh (1981), S. 124.
42 Putz-Osterloh (1981), S. 130.
43 Vgl. Putz-Osterloh (1981), S. 131.

Hingegen ist für uns nur indirekt die Richtigkeit einer Lösung wichtig, insbesondere interessieren wir uns überhaupt nicht für die Richtigkeit einer Lösung nach Auswahl aus acht vorgegebenen Lösungsalternativen. Unser Hauptaugenmerk liegt in der Konstruktion einer Lösungsfigur und deren Begründung und der daraus ableitbaren kognitiven Struktur einer VP. Unser Interesse gilt also den interindividuellen Unterschieden der kognitiven Strukturen im Zusammenhang mit den Unterschieden in den Lösungsstrategien und den Augenbewegungen und nicht der „Korrektheit" der Lösungsfigur (vgl. Kapitel 3.2).

In der Untersuchung von Putz-Osterloh wurden 50 VP vier Originalaufgaben aus dem APM II von Raven vorgelegt (also einschließlich der Lösungsalternativen). Dabei wurden die Augenbewegungen und die Äußerungen beim lauten Denken registriert. Die Untersuchungsdauer betrug zwischen 45 und 60 Minuten. Falls sich eine VP nach 7 Minuten immer noch nicht für eine Lösungsfigur entschieden hatte, wurde diese Aufgabe abgebrochen.[44] Die Fixationsorte wurden den neun Matrixfeldern der Aufgabe und den acht Feldern der Lösungsalternativen zugeordnet.[45] Bei der Auswertung wurden 3er-Folgen von Fixationsorten analysiert und dabei zwischen systematischen Vergleichen (dabei stammen alle drei Orte aus einer Zeile bzw. Spalte) und unsystematischen Vergleichen (dabei stammen die drei Orte aus mindestens zwei verschiedenen Zeilen bzw. Spalten) unterschieden.[46] Aus den aufgenommenen Daten konnten folgende Ergebnisse gewonnen werden.

> „In den individuellen Verteilungen der Fixationszeiten fanden wir bei keiner Aufgabe systematische Unterschiede zwischen den R^+- und F^+-Lösern. Zwar lassen sich beträchtliche interindividuelle Unterschiede in den durchschnittlichen Fixationszeiten zwischen den Pbn feststellen, die R^+-Löser haben aber keineswegs durchgängig mit längeren Fixationszeiten gearbeitet als die F^+-Löser."[47]

> „F^+-Löser gehen insgesamt bei der Problembearbeitung zu unsystematisch vor. Vermutlich geben sie Vergleiche innerhalb einzelner Zeilen und Spalten zu früh auf und wechseln dann die zu vergleichenden Aufgabenfiguren. [...] Offensichtlich muss man für eine erfolgreiche Bearbeitung der APM-Aufgaben die Vergleiche zwischen den einzelnen Figuren von Zeilen und Spalten mehrere Male wiederholen, um die relevanten Merkmale und/oder Variationen zu erkennen. Und gerade diese wiederholten Vergleiche nehmen F^+-Löser zu selten vor."[48]

Bei der empirischen Grundlage, auf der das zweite Ergebnis beruht, sollte beachtet werden, dass die Daten für zwei Aufgaben (Abb. 2.11) signifikante Unterschiede zwischen den VP, die die Aufgaben richtig lösen und denen, die die Aufgaben falsch lösen, in Bezug auf systematische bzw. unsystematische Vergleiche insofern gefunden wurden, als dass die VP, die die Aufgaben falsch lösen, häufiger unsystematische Vergleiche anstellten.[49] Bei der Analyse der Aufgaben fällt auf,

---

[44] Vgl. Putz-Osterloh (1981), S. 130ff.
[45] Vgl. Putz-Osterloh (1981), S. 134f.
[46] Vgl. Putz-Osterloh (1981), S. 136f.
[47] Putz-Osterloh (1981), S. 139.
[48] Putz-Osterloh (1981), S. 145f.
[49] Vgl. Putz-Osterloh (1981), S. 140ff.

dass diese auch keine sinnvolle Lösungsstrategie erlauben, die vom systematischen Vergleichen, das Putz-Osterloh interessiert, d. h. alle Fixationsorte einer 3er Gruppe liegen jeweils in einer Zeile bzw. Spalte, abweicht. Eine weitere Untersuchung des Zusammenhanges zwischen der Strategie des systematischen bzw. unsystematischen Vergleichens und der Richtigkeit der Lösung sollte auch solche Aufgaben beinhalten, die durch Vergleiche von Figuren verschiedener Zeilen und Spalten zu lösen sind. Man beachte dazu die prädikative Lösungsstrategie auf Basis von Mengenzuordnungen bei der QuaDiPF-Aufgabe C 27 (Abb. 2.8).

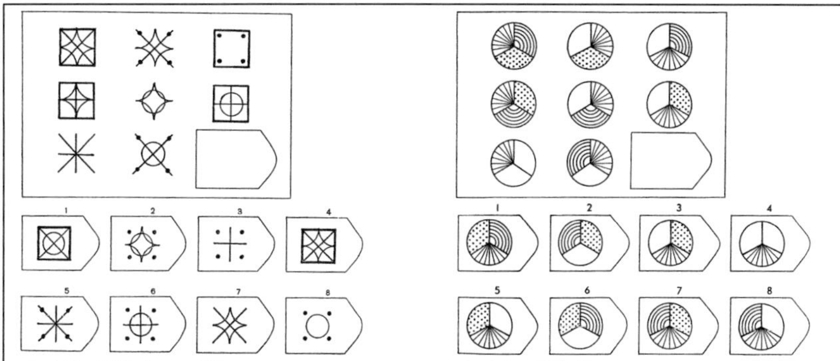

a) APM II, Item 23 b) APM II, Item 32

Abb. 2.11: APM II, Items 23 und 32.[50]

Ausführliche Überlegungen zum Einsatz von Blickbewegungserfassungen beim Bearbeiten von QuaDiPF-Aufgaben im Zusammenhang mit prädikativem und funktionalem Denken finden sich in Schwank (2001,2003,2004,2005) und Cohors-Fresenborg / Brinkschmidt / Armbrust (2003). Auf eine Wiederholung wird an dieser Stelle verzichtet.

2.3.2 Untersuchungsmethode CoDyLa

Die Untersuchungsmethode CoDyLa (**Co**mputerunterstütztes **Dy**namisches **La**byrinth) ist eine stetige Weiterentwicklung des sehr bewährten, von Cohors-Fresenborg entwickelten, mathematikdidaktischen Materials *„Dynamische Labyrinthe"*.[51] Dieses kann aus zwei Perspektiven betrachtet werden.

Aus inhaltlicher Sicht ist es ein nützliches Hilfsmittel für eine frühzeitige Einführung in die Grundlagen der Programmierung. So wurde es bereits sehr erfolgreich in verschiedenen Schulformen und Altersstufen angewandt. Zu erwähnen sind dabei neben dem Grundschulbereich[52] vor allem die Orientierungsstufe und die gymnasiale Mittelstufe, wo die Dynamischen Labyrinthe als eine von drei Repräsentationsformen für algorithmische Vorstellungen und

[50] Raven (1971).

[51] Vgl. Cohors-Fresenborg (1976, 1977).

[52] Vgl. Schwank / Bartz / Hörnschemeyer (1998).

Begriffe, z. B. in dem niedersächsischen Schulversuch „Integration algorithmischer und axiomatischer Denkweisen in den gymnasialen Mathematikunterricht (Klasse 7/8) als Beitrag zur informations- und kommunikationstechnologischen Bildung“ verwendet werden.[53]
Aus einer denkpsychologischen Perspektive handelt es sich bei den Dynamischen Labyrinthen um ein Material zur Förderung des dynamischen logischen Denkens.

2.3.2.1 Mealy-Automaten und Rödding-Netze

In diesem Abschnitt wird der mathematische Hintergrund der Dynamischen Labyrinthe, die Theorie der Mealy-Automaten und Rödding-Netze kurz vorgestellt. Diese Darstellung orientiert sich dabei an den Darstellungen von Cohors-Fresenborg[54] bzw. an denen von Erk und Priese[55].

Grundlegende Definitionen

Definition 1: **Mealy-Automat**
Ein deterministischer *Mealy-Automat* ist ein 6-Tupel $(K, \Sigma, \Gamma, \delta, \lambda, s)$ von

- einer nichtleeren Menge K von Zuständen,
- einem Eingabealphabet Σ,
- einem Ausgabealphabet Γ,
- einem initialen Zustand $s \in K$,
- einer partiellen Zustandsfunktion $\delta : K \times \Sigma \to K$ und
- einer partiellen Ausgabefunktion $\lambda : K \times \Sigma \to \Gamma$,

wobei für alle Zustände $q \in K$ und Eingabesymbole $x \in \Sigma$ gilt:

$\lambda(q, x) = \bot \Leftrightarrow \delta(q, x) = \bot$, dabei steht das Zeichen „ $\bot$ “ für undefiniert.

Mit (δ, λ) bezeichnet man auch die partielle Funktion

$$(\delta, \lambda) : K \times \Sigma \to K \times \Gamma \text{ mit } (\delta, \lambda)(q, x) := (\delta(q, x), \lambda(q, x)).$$

Ein Mealy-Automat ist ein Apparat, der Impulse über seine Eingänge aufnehmen, im Inneren verarbeiten und über die Ausgänge wieder abgeben kann. Die Verarbeitung findet dabei durch eine Änderung des aktuellen Zustandes statt. Wird in diesem Abschnitt von Automaten gesprochen, sind immer Mealy-Automaten gemeint.
Ein Automat, der sich in einem Zustand q befindet und durch den Eingang x einen Impuls aufnimmt, wechselt in den Zustand $\delta(q, x)$ und gibt durch den Ausgang $\lambda(q, x)$ einen Impuls ab. Nach dieser Aktion kann er nun in seinem neuen Zustand wieder Impulse aufnehmen und verarbeiten, d. h. Mealy-Automaten arbeiten sequentiell.

[53] Vgl. Cohors-Fresenborg (1987).
[54] Vgl. Cohors-Fresenborg (1977), Kapitel 24 „Netzwerke von Automaten”, S. 109-127.
[55] Vgl. Erk / Priese (2002), Kapitel 14.6 „Rödding-Netze“, S. 349-376.

Definition 2: **Sequentielle Arbeitsweise**

Für $A = (K, \Sigma, \Gamma, \delta, \lambda, s)$ definiert man $\delta^* : K \times \Sigma^* \to K$ und $\lambda^* : K \times \Sigma^* \to \Gamma^*$ durch simultane Induktion wie folgt:

$\delta^*(q, \square) := q$, $\lambda^*(q, \square) := \square$,

$\delta^*(q, wx) := \delta(\delta^*(q, w), x)$, $\lambda^*(q, wx) := \lambda^*(q, w)\lambda(\delta^*(q, w), x)$

Dabei gilt $w \circ \perp = \perp = \perp \circ w$ für alle Wörter $w \in \Gamma^*$ und das Zeichen „ □ “ steht für das leere Wort. Mit $(\delta, \lambda)^*$ bezeichnet man die Funktion

$$(\delta, \lambda)^* : K \times \Sigma^* \to K \times \Gamma^* \text{ mit } (\delta, \lambda)^*(q, x) := (\delta^*(q, x), \lambda^*(q, x)).$$

Offensichtlich gilt für alle Wörter $w \in \Sigma^*$: $\delta^*(q, w) = \perp \Leftrightarrow \lambda^*(q, w) = \perp$

In diesem Abschnitt wird die gebräuchliche Vorstellung verwendet, dass jedes Symbol aus Σ einer Eingabeleitung und jedes Symbol Γ einer Ausgabeleitung entspricht. Eine typische graphische Darstellung eines Automaten mit n Eingängen und m Ausgängen findet sich in Abb. 2.12.

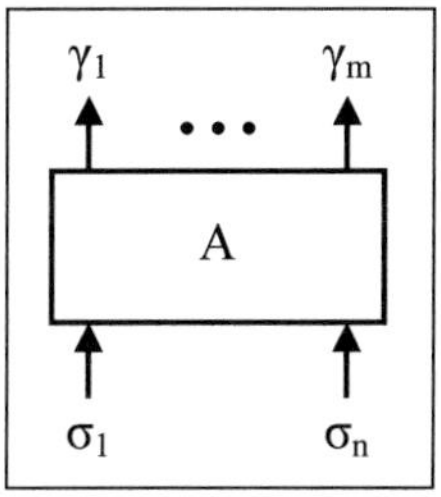

Abb. 2.12: Darstellung eines Mealy-Automaten.

Als erstes Beispiel eines Automaten wird das Flip-Flop F mit $F = (\{l, r\}, \{e\}, \{0, 1\}, \delta_F, \lambda_F, s)$ betrachtet, wobei der initiale Zustand s des Flip-Flop entweder „Links“ l oder „Rechts“ r ist. Das Flip-Flop (Abb. 2.13 und Tab. 2.2) besitzt einen Eingang und zwei Ausgänge. Der Eingangsimpuls wird wechselseitig an die beiden Ausgänge weitergegeben.

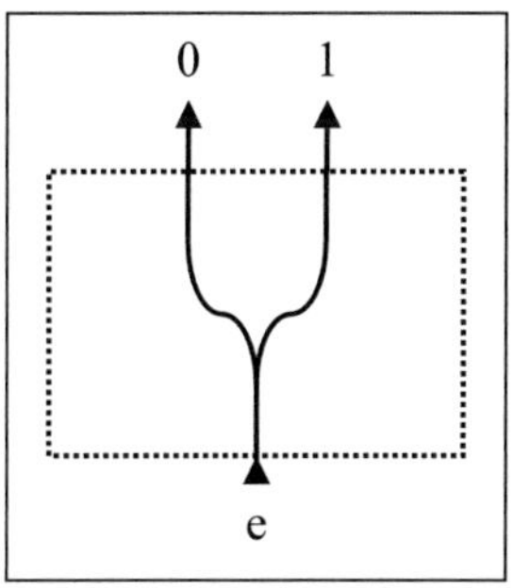

Abb. 2.13: Darstellung des Flip-Flop.

Zustand	Eingang	Zustand	Ausgang
l	e	r	0
r	e	l	1

Tab. 2.2: Automatentabelle des Flip-Flop.

Die Automatentabelle liest sich folgendermaßen: Ist der Automat im Zustand l und nimmt durch den Eingang e einen Impuls auf, dann gibt er einen Impuls durch den

Ausgang 0 ab und wechselt in den Zustand r, also $(\delta_F, \lambda_F)(l, e) = (r, 0)$. Ist das Flip-Flop im Zustand r und nimmt durch den Eingang e einen Impuls auf, dann gibt er einen Impuls durch den Ausgang 1 ab und wechselt in den Zustand l, also $(\delta_F, \lambda_F)(r, e) = (l, 1)$.

Vernetzung und isomorphe Einbettung von Mealy-Automaten

Betrachtet man nicht einen einzelnen Automaten allein, sondern zwei oder mehr Automaten, so kommt man intuitiv auf die Idee, diese miteinander zu verbinden und ein Netzwerk aus Automaten zu bauen. Die einfachste Form, zwei Automaten zu verbinden, ist in Abb. 2.14 dargestellt. Die Automaten A_1 und A_2 werden ohne Verbindung untereinander zusammen als ein parallelgeschalteter Automat $(A_1 \times A_2)$ mit $n_1 + n_2$ Eingängen, $m_1 + m_2$ Ausgängen und $K_1 \times K_2$ als Zustandsmenge aufgefasst. Der zusätzliche Kasten in der Abbildung symbolisiert den neu entstandenen Automaten.

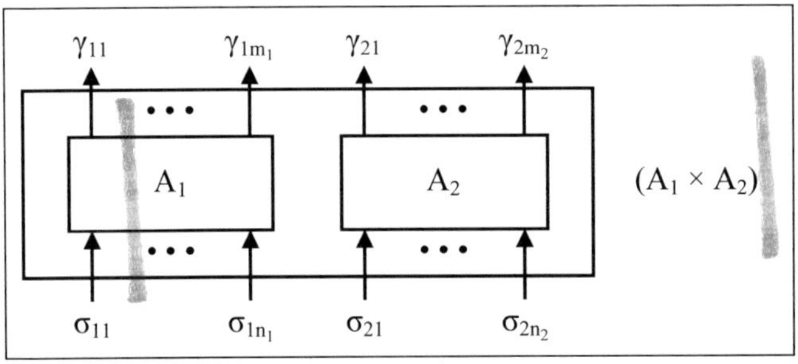

Abb. 2.14: Parallelschaltung zweier Automaten.

Die folgende Definition konkretisiert diese Vorstellung:

Definition 3: **Produkt von Automaten (Parallelgeschaltete Automaten)**
Seien A_1, A_2 zwei Automaten mit $A_i = (K_i, \Sigma_i, \Gamma_i, \delta_i, \lambda_i, s_i)$ für i = 1, 2, und es gelte $\Sigma_1 \cap \Sigma_2 = \varnothing$ und $\Gamma_1 \cap \Gamma_2 = \varnothing$. Dann ist das *Produkt* $A_1 \times A_2$ der beiden Automaten definiert als der Automat

$$A_1 \times A_2 := (K_1 \times K_2, \Sigma_1 \cup \Sigma_2, \Gamma_1 \cup \Gamma_2, \delta, \lambda, (s_1, s_2)).$$

Für δ und λ gilt:

$$(\delta,\lambda)((q_1,q_2),x) := \begin{cases} ((q_1',q_2),y), \text{ falls } x \in \Sigma_1 \text{ und } (\delta_1,\lambda_1)(q_1,x) = (q_1',y) \\ ((q_1,q_2'),z), \text{ falls } x \in \Sigma_2 \text{ und } (\delta_2,\lambda_2)(q_2,x) = (q_2',z) \end{cases}$$

Nach der Parallelschaltung mehrerer Automaten wird für einen Automaten A die Rückkopplung eines Ausgangs γ_j an einen Eingang σ_i erklärt.

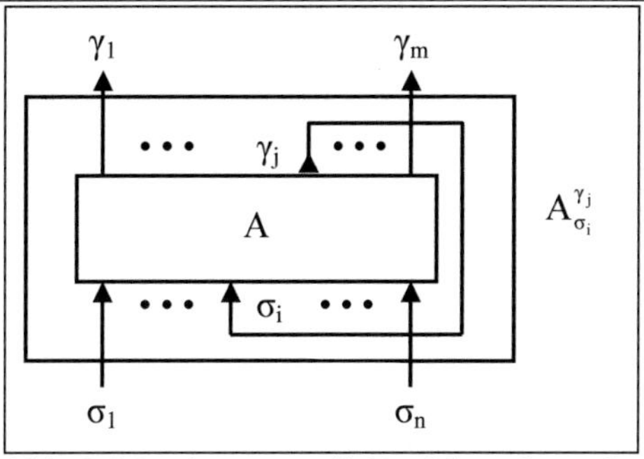

Abb. 2.15: Automat mit Rückkopplung des Ausgangs γ_j an den Eingang σ_i.

Der entstehende Automat mit der üblichen Bezeichnung $A_{\sigma_i}^{\gamma_j}$ hat jeweils einen Ein- bzw. Ausgang weniger als der Automat A. Erhält er durch einen der verbliebenen Eingänge $\sigma \in \Sigma \setminus \{\sigma_i\}$ einen Impuls im Zustand $q \in K$, so verarbeitet er ihn wie der Automat A. Verlässt dieser Impuls den Automaten über einen von γ_j verschiedenen Ausgang, so ist sein Verhalten eindeutig durch das Verhalten von A festgelegt. Verlässt der Impuls den Automaten A über den Ausgang γ_j, so wird dieser Impuls über den Eingang σ_i wieder eingegeben. Es gibt nun zwei Fälle:

- Entweder wird nun jedes Mal der Ausgang γ_j erreicht, dann gelangt der Automat $A_{\sigma_i}^{\gamma_j}$ in eine Endlosschleife und das Paar (q, σ) aus dem betrachteten Zustand und Eingang liegt nicht im gemeinsamen Definitionsbereich der Abbildungen δ und λ des Automaten $A_{\sigma_i}^{\gamma_j}$
- oder es wird irgendwann ein von γ_j verschiedener Ausgang erreicht. Dann ist dieser Ausgang für den Automaten $A_{\sigma_i}^{\gamma_j}$ das Bild des Paares (q, σ) unter der Abbildung λ und der eingenommene Zustand ist für $A_{\sigma_i}^{\gamma_j}$ das Bild unter der Abbildung δ.

Es folgt die präzise Definition dieser intuitiven Vorstellung.

Definition 4: **Rückkopplung**

Sei $A = (K, \Sigma, \Gamma, \delta, \lambda, s)$ ein Automat, und sei $\sigma_i \in \Sigma$ und $\gamma_j \in \Gamma$. Dann ist die *Rückkopplung* $A_{\sigma_i}^{\gamma_j}$ definiert als der Automat

$$A_{\sigma_i}^{\gamma_j} = (K, \Sigma \setminus \{\sigma_i\}, \Gamma \setminus \{\gamma_j\}, \delta', \lambda', s),$$

mit $(\delta', \lambda')(q, x) := (\delta_0, \lambda_0)(q, x)$ für alle $q \in K$, $x \in \Sigma \setminus \{\sigma_i\}$, wobei die Funktionen $\delta_0 : K \times \Sigma \to K$ und $\lambda_0 : K \times \Sigma \to \Gamma \setminus \{\gamma_j\}$ auch für σ_i wie folgt rekursiv definiert sind:

$$(\delta_0, \lambda_0)(q, x) := \begin{cases} (\delta, \gamma)(q, x) \text{ falls } \lambda(q, x) \neq \gamma_j \\ (\delta_0, \lambda_0)(\delta(q, x), \sigma_i) \text{ sonst} \end{cases}$$

Im Folgenden soll definiert werden, was man sich darunter vorstellt, dass zwei Automaten dasselbe „Verhalten“ zeigen bzw. dass ein Automat einen anderen Automaten simuliert.

Definition 5: **Isomorphe Automaten und isomorphe Einbettung**
Seien $A_i = (K_i, \Sigma_i, \Gamma_i, \delta_i, \lambda_i, s_i)$ für i = 1, 2 zwei endliche Automaten.
A_2 ist *isomorph* zu A_1 genau dann, wenn es eine bijektive Abbildung $\phi : K_1 \to K_2$ und bijektive Abbildungen $\psi : \Sigma_1 \to \Sigma_2$ und $\chi : \Gamma_1 \to \Gamma_2$ gibt, so dass gilt:

$$\bigwedge_{q \in K_1} \bigwedge_{x \in \Sigma_1} (\delta_1(q, x) \neq \bot \leftrightarrow \delta_2(\phi(q), \psi(x)) \neq \bot) \wedge$$

$$\bigwedge_{\delta_1(q, x) \neq \bot} (\phi(\delta_1(q, x)) = \delta_2(\phi(q), \psi(x)) \wedge \chi(\lambda_1(q, x)) = \lambda_2(\phi(q), \psi(x)))$$

Ist die Abbildung ϕ nicht bijektiv sondern injektiv, so *simuliert* A_2 den Automaten A_1 *im strengen Sinn*. Man sagt dann auch, A_1 lässt sich *isomorph* in A_2 *einbetten.*

Ohne Beweis gilt offensichtlich folgendes Lemma:

Lemma 1:
- $A_1 \times A_2$ ist isomorph zu $A_2 \times A_1$.
- $(A_1 \times A_2) \times A_3$ ist isomorph zu $A_1 \times (A_2 \times A_3)$.
- $\left(A_{\sigma_0}^{\gamma_0}\right)_{\sigma_1}^{\gamma_1}$ ist isomorph zu $\left(A_{\sigma_1}^{\gamma_1}\right)_{\sigma_0}^{\gamma_0}$.
- $\left(A_{1\sigma}^{\gamma}\right) \times A_2$ ist isomorph zu $\left(A_1 \times A_2\right)_{\sigma}^{\gamma}$, falls σ und γ Symbole aus dem Ein- und Ausgabealphabet von A_1 sind.

Die zu Anfang des Abschnittes aufgestellte Idee, Automaten untereinander zu verbinden, führt nach der Darstellung der Verbindungsmöglichkeiten zu folgender Definition:

Definition 6: **Rödding-Netze**
Ist M eine Menge von Automaten, so sei die Klasse aller *Rödding-Netze über M* die kleinste Klasse von Automaten, die M enthält und abgeschlossen ist gegen Produkt und Rückkopplung. Für die Klasse der Rödding-Netze über M schreibt man auch $N(M)$.

Simulation von Automaten durch Rödding-Netze

Es wird nun untersucht, inwieweit man mit einer vorgegebenen Menge von einigen wenigen einfachen Automaten durch Vernetzung dieser Automaten andere komplexere Automaten simulieren kann.
Als einen Automaten nimmt man eine sogenannte Weiche W mit W = ({l, r}, {1, 2, 3}, {4, 5, 6, 7}, δ_W, λ_W, s), wobei der initiale Zustand s der Weiche entweder „Links“ l oder „Rechts“ r ist. Die Weiche (Abb. 2.16) hat drei Eingänge und vier Ausgänge. Dabei ist die Kombination des Eingangs 1 mit den

Ausgängen 6 und 7 die eigentliche Weiche als Wegteiler. Die anderen Wege, Eingang 2 mit Ausgang 4 bzw. Eingang 3 mit Ausgang 5, dienen zum Stellen des Wegteilers. Die Abbildungen δ_W und λ_W sind in Tab. 2.3 definiert.

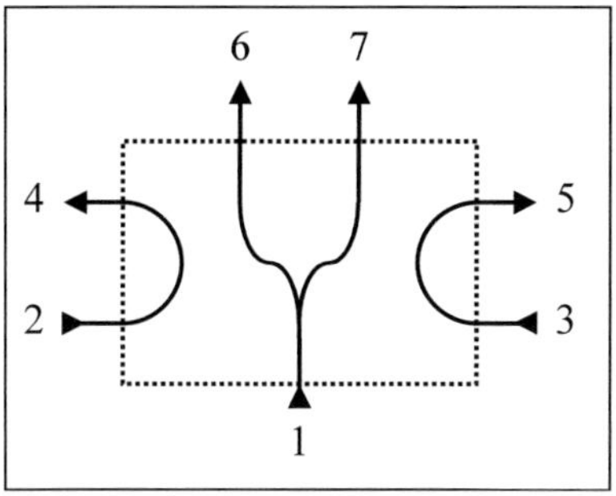

Abb. 2.16: Darstellung der Weiche.

Zustand	Eingang	Zustand	Ausgang
l	1	l	6
r	1	r	7
l	2	l	4
r	2	l	4
l	3	r	5
r	3	r	5

Tab. 2.3: Automatentabelle der Weiche.

Als zweiten Automaten wählt man eine sogenannte Einmündung E mit $E = (\{z\}, \{1, 2\}, \{3\}, \delta_E, \lambda_E, z)$. Die Einmündung (Abb. 2.17) hat zwei Eingänge und einen Ausgang, wobei beide Eingänge direkt zum Ausgang führen. Die Definition der Abbildungen δ_E und λ_E findet sich in Tab. 2.4.

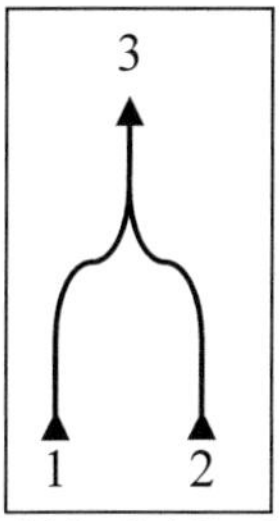

Abb. 2.17: Darstellung der Einmündung.

Zustand	Eingang	Zustand	Ausgang
z	1	z	3
z	2	z	3

Tab. 2.4 Automatentabelle der Einmündung.

Um die Mächtigkeit dieses Baukastens darzustellen, wird an Beispielen gezeigt, welche Automaten im strengen Sinn simuliert werden können.

<u>Lemma 2:</u>
Das Flip-Flop wird durch ein Netz aus $N(\{W\})$ im strengen Sinn simuliert.

<u>Beweis:</u>
Es genügt zu zeigen, dass F und W^{67}_{32} – durch Rückkopplung des Ausgangs 6 mit Eingang 3 und des Ausgangs 7 mit dem Eingang 2 aus W entstanden – isomorph sind.
Zur Vereinfachung der Notation soll $W' = W^{67}_{32}$, $\delta' = \delta_{W^{67}_{32}}$ und $\lambda' = \lambda_{W^{67}_{32}}$ gelten.

Man wählt nun für ϕ, ψ und χ geeignete Abbildungen und überprüft die Aussagen aus Definition 5.

Da $K_F = K_{W'}$, ist $\phi : K_F \rightarrow K_{W'}$ die Identität. Die Abbildung $\psi : \Sigma_F \rightarrow \Sigma_{W'}$ ist definiert durch $\psi(e) = 1$ und die Abbildung $\chi : \Gamma_F \rightarrow \Gamma_{W'}$ ist definiert durch $\chi(0) = 5$ und $\chi(1) = 4$.

Offensichtlich gilt für die zwei Paare (l, e) und (r, e) aus $K_F \times \Sigma_F$ nach Tab. 2.2 und Tab. 2.3:

$$\phi(\delta_F(l, e)) = \phi(r) = r = \delta'(l, 1) = \delta'(\phi(l), \psi(e))$$
$$\wedge \quad \chi(\lambda_F(l, e)) = \chi(0) = 5 = \lambda'(l, 1) = \lambda'(\phi(l), \psi(e))$$

$$\phi(\delta_F(r, e)) = \phi(l) = l = \delta'(r, 1) = \delta'(\phi(r), \psi(e))$$
$$\wedge \quad \chi(\lambda_F(r, e)) = \chi(1) = 4 = \lambda'(r, 1) = \lambda'(\phi(r), \psi(e))$$

Also sind die Automaten F und W_{32}^{67} isomorph.■

Alternativ zum obigen formalen Beweis kann man den Beweis der Isomorphie auch durch eine graphische Darstellung (Abb. 2.18) führen. Im Folgenden wird die graphische Darstellung beim Beweisen von Isomorphien und Simulationen im Vordergrund stehen.

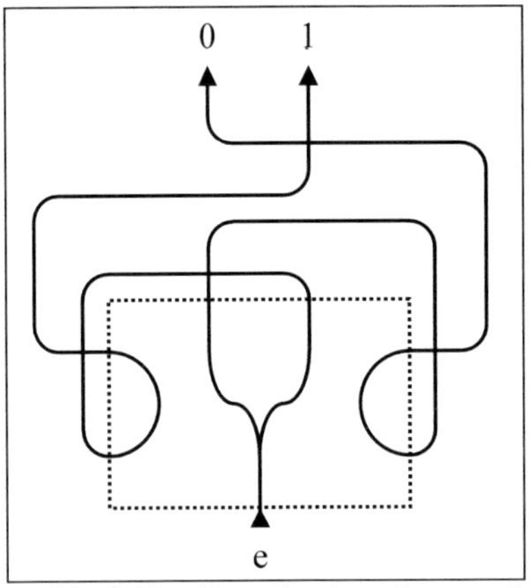

Abb. 2.18: Beweis einer Isomorphie durch graphische Darstellung.

Es wird eine Doppelweiche (Abb. 2.19 und Tab. 2.5) betrachtet. Dieser Automat hat die Funktionalität von zwei parallelen Weichen mit gemeinsamen Stellvorrichtungen.

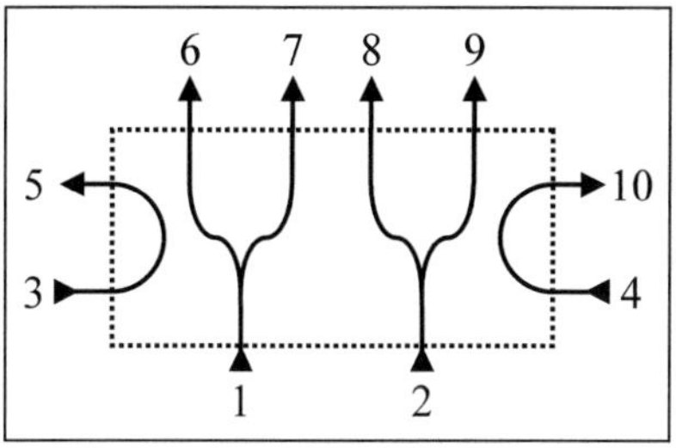

Abb. 2.19: Darstellung der Doppelweiche.

Zustand	Eingang	Zustand	Ausgang
l	1	l	6
r	1	r	7
l	2	l	8
r	2	r	9
l	3	l	5
r	3	l	5
l	4	r	10
r	4	r	10

Tab. 2.5 Automatentabelle der Doppelweiche.

Lemma 3:
Die Doppelweiche wird durch ein Netz aus $N(\{W\})$ im strengen Sinn simuliert.

Beweis:
Das Netz aus Weichen, das die Behauptung erfüllt, ist in Abb. 2.20 dargestellt. Das Netz ist im Zustand *l*, wenn beide Weichen im Zustand *l* sind, und es ist im Zustand r, wenn beide Weichen im Zustand r sind.∎

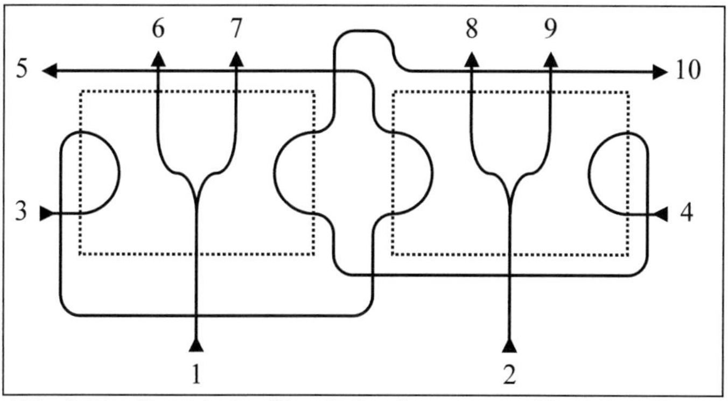

Abb. 2.20: Beweis der Simulation im strengen Sinn einer Doppelweiche durch ein Netz aus $N(\{W\})$.

Analog zur Doppelweiche (2-fach Weiche) werden auch *n*-fach Weichen definiert.

Lemma 4:
Die n-fach Weiche wird durch ein Netz aus $N(\{W\})$ im strengen Sinn simuliert.

Beweis:
Die Konstruktion des Netzes für den allgemeinen Fall $n > 2$ beliebig erfolgt analog zum speziellen Fall $n = 2$ in Abb. 2.20.∎

Mit diesen Hilfsmitteln wird im folgenden Satz die Mächtigkeit der Netze aus $N(\{E, W\})$ allgemein gezeigt.

Satz 1: **Satz von OTTMANN**
Jeder endliche Automat lässt sich durch ein Netz aus $N(\{E, W\})$ im strengen Sinn simulieren.

Beweis:
Sei $A = (K, \Sigma, \Gamma, \delta, \lambda, s)$ der zu simulierende endliche Automat mit $|K| = r$, $|\Sigma| = n$. Die Konstruktion des Netzes, welches den Automaten A simuliert, ist in Abb. 2.21 skizziert.
Das Netz besteht aus zwei Teilnetzen, dem Zustandsspeicher und dem Hilfsspeicher. Der Zustandsspeicher besteht aus r-1 (n+1)-fach Weichen[56] und kann den aktuellen Zustand des Automaten A simulieren, wenn der Hilfsspeicher im später erläuterten „Grundzustand" ist. Der Zustandsspeicher kodiert den i-ten Zustand z_i ($1 \leq i < r$) des Automaten A, wenn die i-te (n+1)-fach Weiche im Zustand „Links" und alle anderen (n+1)-fach Weichen im Zustand „Rechts" sind. Der Automat A befindet sich im r-ten Zustand z_r, wenn sich alle (n+1)-fach Weichen im Zustand „Rechts" befinden. Ein zu simulierender Zustand z_i ($1 \leq i < r$) des Automaten A lässt sich durch die r Eingänge z_1' bis z_r' des Zustandsspeichers einstellen, falls im Zustandsspeicher alle (n+1)-fach Weichen im Zustand „Rechts" sind. Weiterhin hat der Zustandsspeicher noch n Eingänge $\bar{x}_1$ bis $\bar{x}_n$, die den Eingängen x_1 bis x_n des Automaten A entsprechen. Für jedes Paar (z_i, x_j) des Automaten A ($1 \leq i \leq r$, $1 \leq j \leq n$) gibt es im Zustandsspeicher des Netzes einen Ausgang (i, j), über den ein im Zustand z_i über Eingang $\bar{x}_j$ aufgenommener Impuls abgegeben wird. Für jedes Paar $(z_i, x_j) \in K_A \times \Sigma_A$ mit $\delta_A(z_i, x_j) \neq \perp$ existiert im Hilfsspeicher eine Kombination aus Weiche und Flip-Flop[57], gemäß Abb. 2.21, wobei der Ausgang (i, j) des Zustandsspeichers mit dem linken „Stelleingang" der Weiche dieser Kombination verbunden ist. Vor und nach jedem Simulationsübergang soll der Hilfsspeicher in einer Art „Grundzustand" sein, d. h. er soll keine Information gespeichert haben. Dieser Grundzustand besteht darin, dass alle Weichen im Zustand „Rechts" und alle Flip-Flops im Zustand „Links" sind.

---

[56] Anmerkung: Nach Lemma 4 wird jede n-fach Weiche durch ein Netz aus Weichen im strengen Sinn simuliert.
[57] Anmerkung: Nach Lemma 2 wird jedes Flip-Flop durch ein Netz aus Weichen im strengen Sinn simuliert.

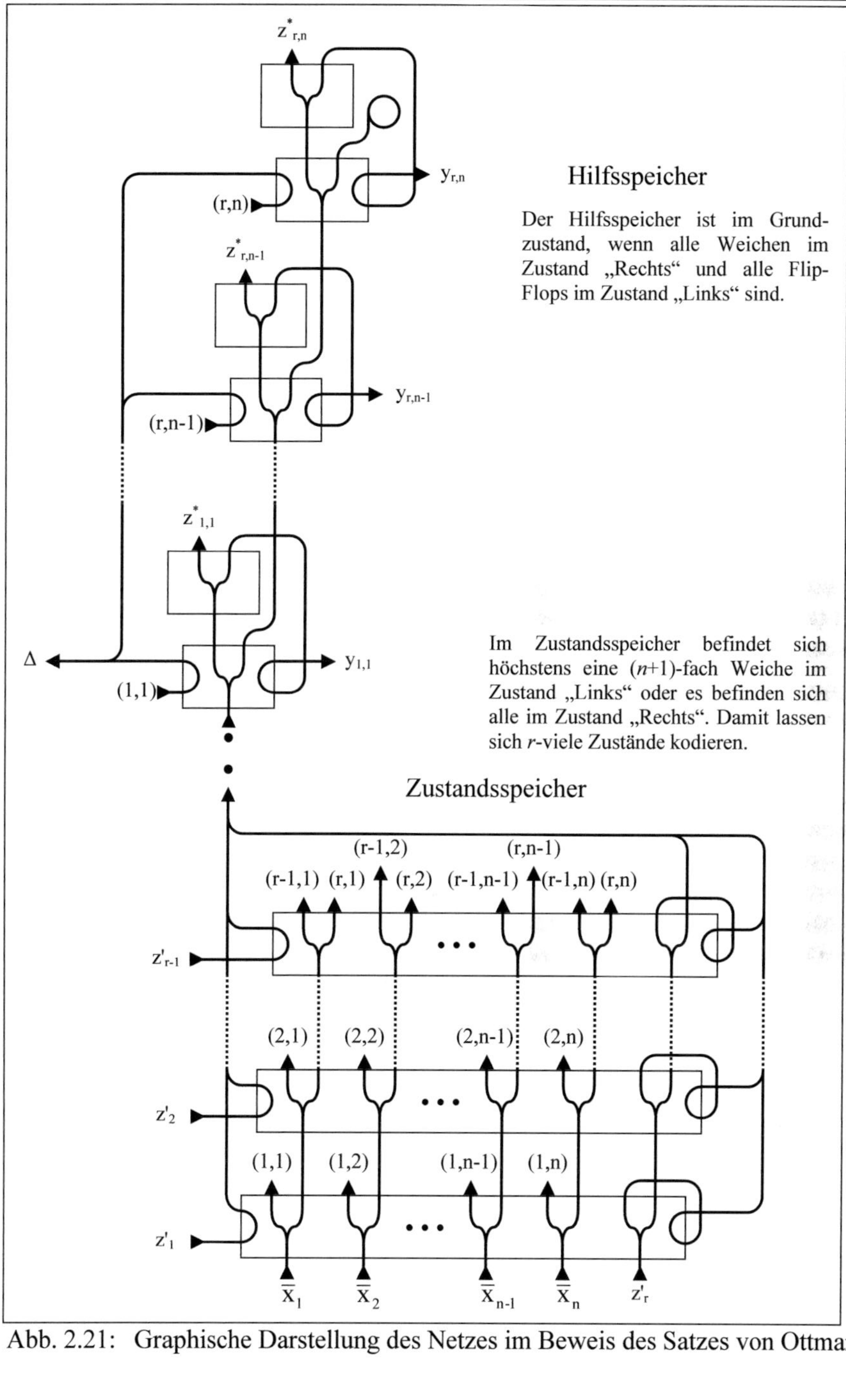

Abb. 2.21: Graphische Darstellung des Netzes im Beweis des Satzes von Ottmann.

Jede Kombination aus Weiche und Flip-Flop, die zu einem Paar $(z_i, x_j) \in K_A \times \Sigma_A$ mit $\delta_A(z_i, x_j) \neq \bot$ gehört, hat die Ausgänge $z^*_{i,j}$ und $y_{i,j}$. Diese Ausgänge stehen für die Bilder der Abbildungen δ_A und λ_A. Der Ausgang $z^*_{i,j}$ wird gegebenenfalls unter Benutzung von Einmündungen mit dem Eingang z_l', $1 \leq l \leq r$, des Zustandsspeichers verbunden, für den gemäß Automat A $z_l = \delta_A(z_i, x_j)$ gilt, und alle Ausgänge $y_{i,j}$ werden zu einem Ausgang $\overline{y}_k$, falls notwendig unter Verwendung von Einmündungen, zusammengeführt, für den gemäß Automat A $y_k = \lambda_A(z_i, x_j)$, $1 \leq k \leq |\Gamma|$, gilt.
Weiterhin wird der Ausgang • des Zustandsspeichers mit dem Eingang • des Hilfsspeichers verbunden. Der Ausgang Δ des Hilfsspeichers und alle Ausgänge (i, j) des Zustandsspeichers, für die $\delta_A(z_i, x_j) = \bot$ gilt, werden mit dem Eingang z_r' des Zustandsspeichers verbunden.
Der Übergang $(\delta_A, \lambda_A)(z_i, x_j)$ des Automaten A findet im simulierenden Netz folgendermaßen statt: Der Zustandsspeicher simuliert den Zustand z_i wie oben beschrieben. Durch den Eingang $\overline{x}_j$ wird ein Impuls aufgenommen, der Zustandsspeicher wird durch den Ausgang (i, j) verlassen. Dann wird, falls $\delta_A(z_i, x_j) \neq \bot$ ist, die Weiche in der zugehörigen Weiche und Flip-Flop Kombination im Hilfsspeicher in den Zustand „Links" versetzt und der Hilfsspeicher über den Ausgang Δ verlassen. Falls $\delta_A(z_i, x_j) = \bot$ gilt, ist der Ausgang (i, j) direkt mit dem Eingang z_r' verbunden. Der Impuls gelangt wieder über den Eingang z_r' in den Zustandsspeicher und versetzt alle $(n+1)$-fach Weichen in den Zustand „Rechts". Über • gelangt der Impuls nun wieder in den Hilfsspeicher. Falls wegen $\delta_A(z_i, x_j) = \bot$ keine Information im Hilfsspeicher hinterlegt wurde, gelangt der Impuls in den geschlossenen Kreis am Ende des Hilfsspeichers und der Automat ist funktionsunfähig. Ansonsten verlässt der Impuls über den Ausgang $z^*_{i,j}$ den Hilfsspeicher – das Flip-Flop wechselt dabei vom Zustand „Links" nach „Rechts" – und gelangt über den Eingang z_l', für den gemäß Automat A $z_l = \delta_A(z_i, x_j)$ gilt, wieder in den Zustandsspeicher. Da vorher alle $(n+1)$-fach Weichen im Zustand „Rechts" waren, wurde so der neue Zustand z_l vorgemerkt. Über • wird der Impuls wieder in den Hilfsspeicher geführt und verlässt diesen über den Ausgang $y_{i,j}$, nachdem das Flip-Flop wieder auf „Links" gesprungen ist und die Weiche auf „Rechts" gestellt wurde. Vom Ausgang $y_{i,j}$ des Hilfsspeichers wird der Impuls zum Ausgang $\overline{y}_k$ geführt, der dem Ausgang $y_k = \lambda_A(z_i, x_j)$ des Automaten entspricht.

Der Zustandsspeicher simuliert nun den Zustand z_l, da der Hilfsspeicher wieder im Grundzustand ist.■

Mealy-Automaten, Rödding-Netze und Berechenbarkeit

Um die Mächtigkeit des Konzepts der Rödding-Netze zu zeigen, werden nun zwei Automaten eingeführt, die im Gegensatz zu den bisherigen Automaten nicht endlich sind.
Der Zähler Z (Abb. 2.22) mit $Z = (\mathbb{N}, \{+, -\}, \{a, =, \neq\}, \delta_Z, \lambda_Z, x)$ hat zwei Eingänge. Bei einem Impuls durch den Eingang + „zählt" er einen Zustand hoch und der

Impuls verlässt den Zähler durch den Ausgang a. Bei einem Impuls durch den Eingang – „zählt" er einen Zustand herunter und gibt einen Impuls über den Ausgang ≠ ab. Dies ist nicht der Fall, wenn er im Zustand $0 \in \mathbb{N}$ ist, denn dann bleibt er im Zustand 0 und gibt einen Impuls über den Ausgang = ab (Tab. 2.6). Der initiale Zustand kann eine beliebige natürliche Zahl sein.

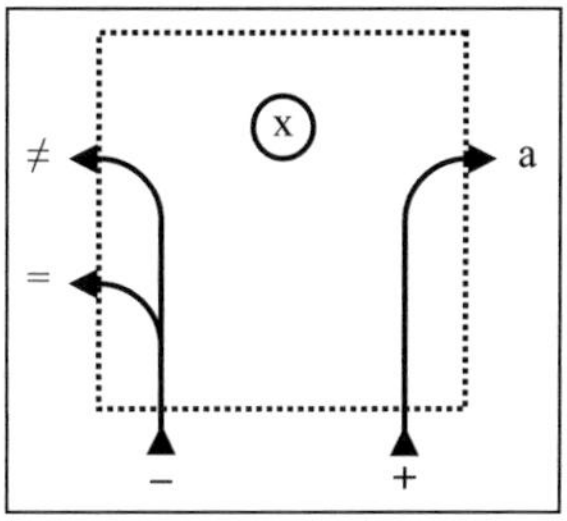

Abb. 2.22: Darstellung des Zählers.

Zustand	Eingang	Zustand	Ausgang	Bemerkung
x	+	$x+1$	a	für $x \geq 0$
x	–	$x-1$	≠	für $x > 0$
0	–	0	=	

Tab. 2.6: Automatentabelle des Zählers.

Der nächste Automat *Reg* mit *Reg* = ($\mathbb{N}$, {a, s, t}, {r, =0, >0}, δ_{Reg}, λ_{Reg}, x) soll ein Register einer Registermaschine simulieren:

- Ein Impuls auf der Leitung a entspricht dem Registermaschinen-Befehl $x := x + 1$. Der Inhalt – der Zustand – wird um eins erhöht. Der Impuls verlässt den Automaten über den Ausgang r.
- Ein Impuls auf der Leitung s entspricht dem Registermaschinen-Befehl $x := x - 1$. Der Inhalt – der Zustand – wird um eins erniedrigt, wenn er nicht schon 0 ist. Der Impuls verlässt den Automaten über den Ausgang r.
- Ein Impuls auf der Leitung t entspricht dem Registermaschinen-Befehl `if x = 0 then goto k else goto l`. Wenn der Automat im Zustand 0 ist, gibt er den Impuls über den Ausgang =0; wenn er einen Inhalt von mindestens 1 hat, gibt er den Impuls über den Ausgang >0 aus.

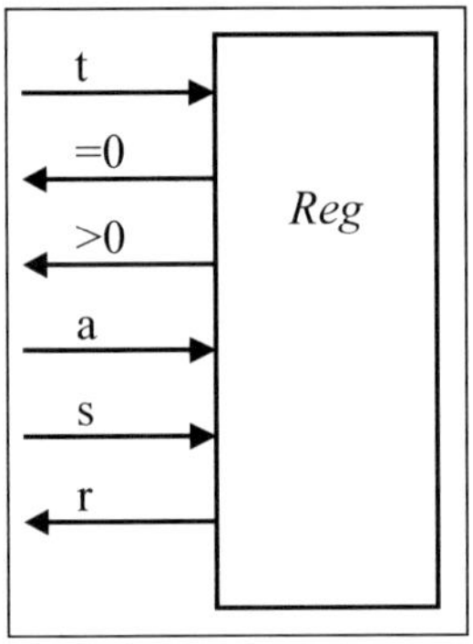

Abb. 2.23: Darstellung des Automaten *Reg*.

Zustand	Eingang	Zustand	Ausgang	Bemerkung
x	a	$x+1$	r	für $x \geq 0$
x	s	$x-1$	r	für $x > 0$
0	s	0	r	
x	t	x	>0	für $x > 0$
0	t	0	=0	

Tab. 2.7: Automatentabelle des Automaten *Reg*.

<u>Lemma 5:</u>
Der Automat *Reg* wird durch ein Netz aus N({E, W, Z}) im strengen Sinn simuliert.

<u>Beweis:</u>
Das Netz, das die Behauptung erfüllt, ist in Abb. 2.24 dargestellt.∎

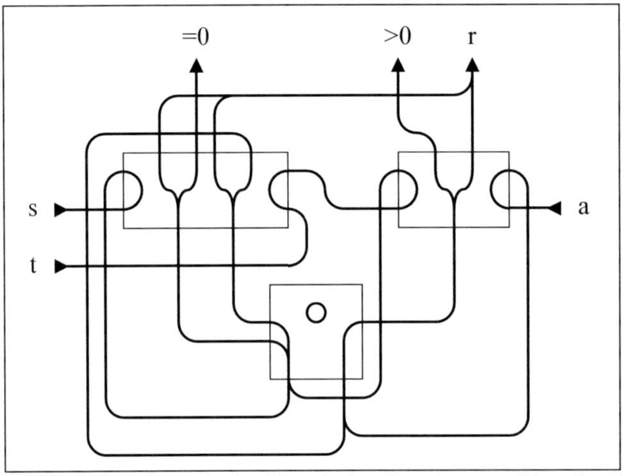

Abb. 2.24: Beweis der Simulation im strengen Sinn des Automaten *Reg* durch ein Netz aus *N*({E, W, Z}).

Es werden nun eine Definition und eine Bemerkung aus der theoretischen Informatik zitiert, auf die im Folgenden zugegriffen wird.

Definition 7: **Registermaschine**

Eine *Registermaschine* ist eine Maschine, die folgende Elemente besitzt:

- Endlich viele Register x_i, $i \in \mathbb{N}_+$; jedes Register kann eine beliebige Zahl aus $\mathbb{N}$ aufnehmen.
- Ein endliches Programm, das wie folgt definiert ist:
  - Für jedes Register x_i und jeden *Index* $j \in \mathbb{N}_+$ ist
    - $x_i := x_i + 1$,
    - $x_i := x_i - 1$,
    - `if` $x_i = 0$ `goto j`

    ein *Befehl*.
  - Weiter gilt:
    - `j : B` ist ein Programm, wenn B ein *Befehl* ist.
    - $P_1 ; P_2$ ist ein Programm, wenn P_1 und P_2 bereits Programme sind.

Ohne Einschränkung seien die Programmzeilen mit Indizes so durchnummeriert, dass der *i*-ten Programmzeile der Index *i* voransteht.

Die Semantik eines Programms ist dabei folgendermaßen festgelegt:

`j : P`	Dies Programm wird genauso ausgeführt wie P.
`if` $x_i = 0$ `goto j`	Falls der aktuelle Wert des Registers x_i ungleich null ist, arbeitet die Registermaschine in der Programmzeile nach diesem `goto` weiter. Ansonsten wird als nächstes die Programmzeile ausgeführt, vor der der Index j steht.

Bemerkung: **Berechnungsuniversalität** (ohne Beweis)

Die oben definierten Registermaschinen sind berechnungsuniversell, d. h. mit ihnen können alle berechenbaren Funktionen bei geeigneter Kodierung berechnet werden.

Nach diesen Vorbemerkungen kann nun die zentrale Aussage über die Rödding-Netze bewiesen werden:

Satz 2: ***Rödding-Netze und Registermaschinen***

Zu jeder Registermaschine R existiert ein Rödding-Netz über endlichen Mealy-Automaten und dem Automaten *Reg*, das R simuliert.

Beweis:

Sei R eine Registermaschine mit *n* Registern. Dann wird die Arbeit von R simuliert von dem Rödding-Netz in Abb. 2.25, das *n* Automaten *Reg* sowie einen Automaten P_R mit endlichen Zustandsraum enthält. Die Register-Automaten *Reg* bilden die *n* Register von R nach, und P_R kodiert die Programmstruktur. Über den Eingang START wird ein Impuls aufgenommen. Nach der Simulation von R durch das Netz wird über den Ausgang HALT wieder ein Impuls abgegeben. Auf die Halteproblematik von Registermaschinen soll hier nicht näher eingegangen werden, wobei das Rödding-Netz auch diesen Sachverhalt korrekt simuliert.

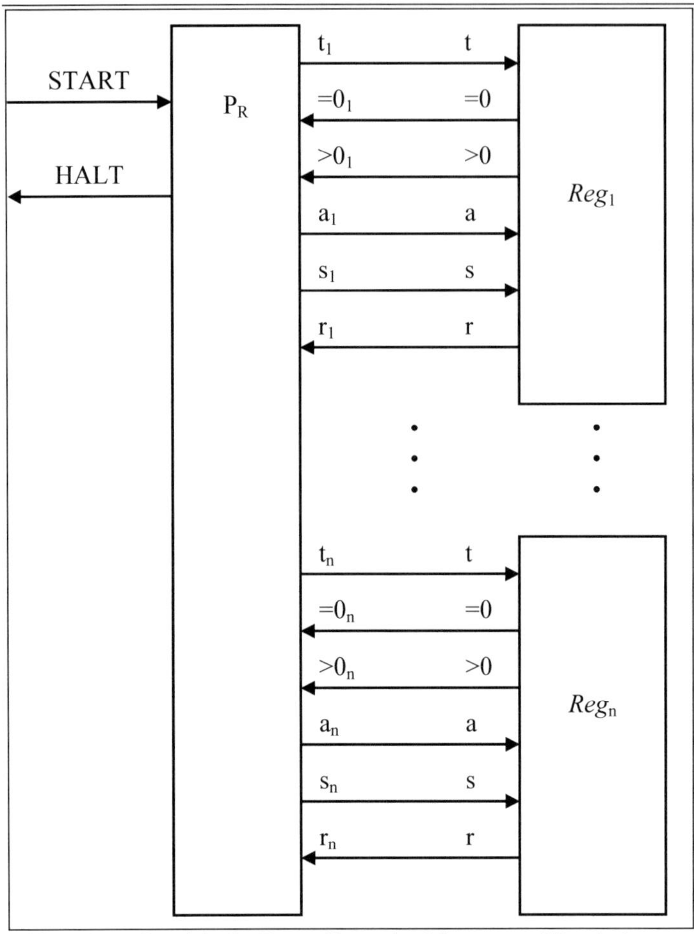

Abb. 2.25: Graphische Darstellung des Netzes zur Simulation von Registermaschinen.

Es wird nun erklärt, wie P_R arbeitet, d. h. wie das Programm der Registermaschine auf P_R abgebildet wird. Ohne Einschränkung hat das Programm t Zeilen. Jedem Befehl `j : B_j` von R entspricht ein Ausgabesignal o_j von P_R:

- Falls B_j die Form $x_i := x_i + 1$ hat, setzt man $o_j \equiv a_i$.
- Falls B_j die Form $x_i := x_i - 1$ hat, setzt man $o_j \equiv s_i$.
- Falls B_j die Form `if` $x_i = 0$ `goto k` hat, setzt man $o_j \equiv t_i$.
- $o_{t+1} \equiv$ HALT.

Sei s_0 der initiale Startzustand von P_R, dann definiert man (δ, λ) von P_R für $1 \leq j \leq t$ und $1 \leq i \leq n$ folgendermaßen, wobei die o_i wie oben definiert sind:

$$(s_0 , \text{START}) \rightarrow (1 , o_1)$$
$$(j , r_i) \rightarrow (j+1 , o_{j+1})$$
$$(j , >0_i) \rightarrow (j+1 , o_{j+1})$$
$$(j , =0_i) \rightarrow (k , o_k) \text{, falls } B_j \equiv \texttt{if } x_i = 0 \texttt{ goto } k \quad \blacksquare$$

Mit Lemma 5, Satz 1 und Satz 2 folgt jetzt sofort:

Satz 3: **Rödding-Netze und Berechnungsuniversalität**
Rödding-Netze über E, W und *Reg* bzw. über E, W und Z sind berechnungsuniversell.

2.3.2.2 Dynamische Labyrinthe

Nach dem kurzen Ausflug in die Automatentheorie wird nun wieder das Augenmerk auf die Dynamischen Labyrinthe als Untersuchungsmaterial gerichtet. In verschiedenen Projekten[58], bei denen deutsche, indonesische und chinesische Schüler Aufgaben in der Welt der Dynamischen Labyrinthe bearbeiteten, konnte durch die Theorie des prädikativen versus funktionalen Denkens das unterschiedliche Verhalten beim Bauen von zweckdienlichen Labyrinthen erklärt werden. Zur Bestimmung der bevorzugten kognitiven Struktur wurden die Untersuchungssitzungen mit Video aufgezeichnet und das Verhalten der VP qualitativ interpretiert.
Bevor hier aufgezeigt wird, wie sich die kognitiven Strukturen der VP beim Umgang mit dem Dynamischen Labyrinthe Set zeigen, soll noch die Hardware des Sets vorgestellt werden. Das original Dynamische Labyrinthe Set besteht aus einem Holzbrett mit einer Lochrasterung und folgenden Bausteinen.

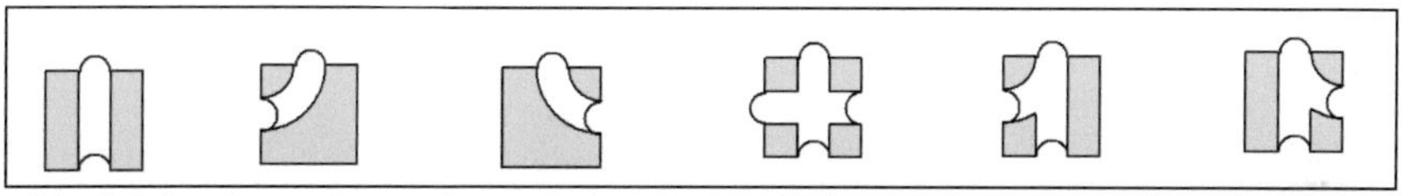

Abb. 2.26: Graue Bausteine aus den Dynamischen Labyrinthen: Gerade, Kurve (links bzw. rechts), Kreuzung und Einmündung (links bzw. rechts).

Die grauen Bausteine (Abb. 2.26) sind für die VP einfacher in der Handhabung als die roten Bausteine (Abb. 2.27) in dem Sinne, dass sie nur einen internen Zustand annehmen und damit der erreichte Ausgang nur vom Eingang und nicht vom internen Zustand abhängt (Tab. 2.8, Tab. 2.9). Mit den grauen Bausteinen kommen in der Regel alle VP sofort intuitiv zurecht. Eine kleine Ausnahme bildet die Kreuzung in Kombination mit Weiche und bzw. oder Flip-Flop. Dieses Phänomen wird später noch beschrieben.

[58] Vgl. Xu (1994), S. 2.

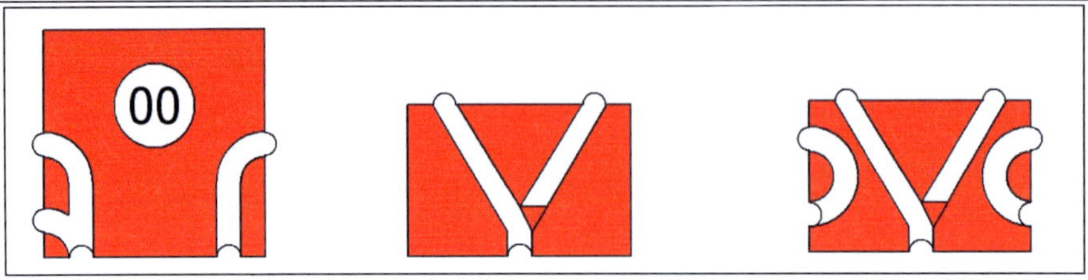

Abb. 2.27: Rote Bausteine aus den Dynamischen Labyrinthen: Zähler, Flip-Flop und Weiche.

In Anlehnung an die Automatentheorie (vgl. Kapitel 2.3.2.1) ergeben sich für die obigen Bausteine folgende Automatentabellen.

<table>
<tr><th>Name</th><th>Darstellung</th><th>Zustand</th><th>Eingang</th><th>Zustand</th><th>Ausgang</th><th>Bemerkung</th></tr>
<tr><td rowspan="4">Zähler</td><td rowspan="4">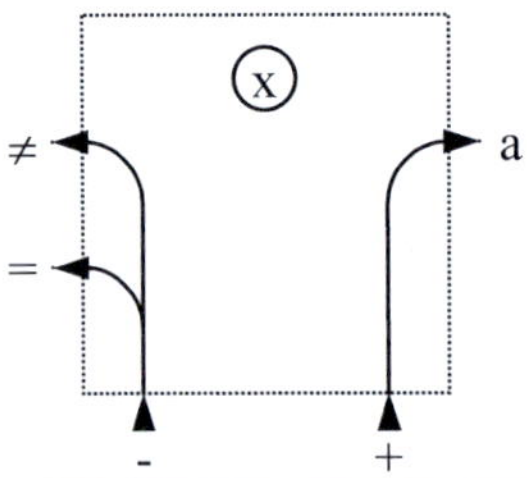
</td><td>x</td><td>+</td><td>x+1</td><td>a</td><td>0 ≤ x ≤ 9</td></tr>
<tr><td>10</td><td>+</td><td colspan="2">nicht definiert</td><td></td></tr>
<tr><td>x</td><td>-</td><td>x-1</td><td>≠</td><td>0 < x ≤ 10</td></tr>
<tr><td>0</td><td>-</td><td>0</td><td>=</td><td></td></tr>
<tr><td rowspan="2">Flip-Flop</td><td rowspan="2">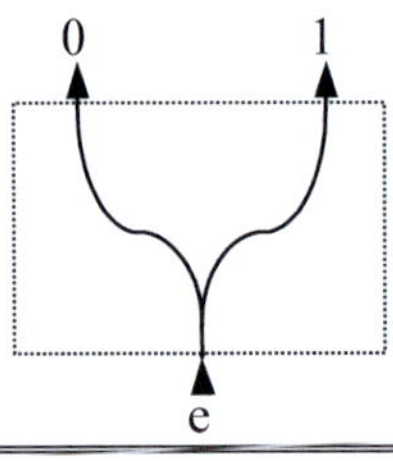
</td><td>l</td><td>e</td><td>r</td><td>0</td><td></td></tr>
<tr><td>r</td><td>e</td><td>l</td><td>1</td><td></td></tr>
<tr><td rowspan="6">Weiche</td><td rowspan="6">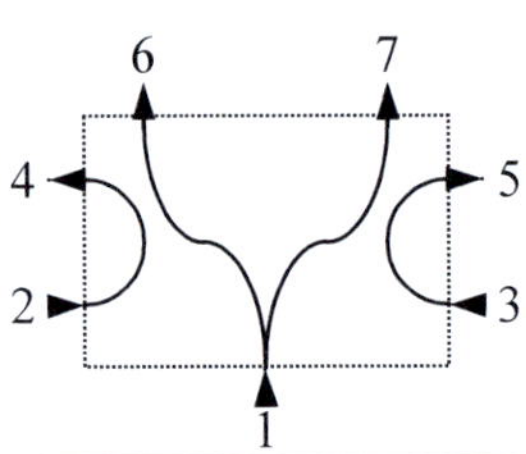
</td><td>l</td><td>1</td><td>l</td><td>6</td><td></td></tr>
<tr><td>r</td><td>1</td><td>r</td><td>7</td><td></td></tr>
<tr><td>l</td><td>2</td><td>l</td><td>4</td><td></td></tr>
<tr><td>r</td><td>2</td><td>l</td><td>4</td><td></td></tr>
<tr><td>l</td><td>3</td><td>r</td><td>5</td><td></td></tr>
<tr><td>r</td><td>3</td><td>r</td><td>5</td><td></td></tr>
</table>

Tab. 2.8: Automatentabelle der Bausteine aus dem Dynamischen Labyrinthe Set (Teil 1).

Name	Darstellung	Zustand	Eingang	Zustand	Ausgang	Bemerkung
Gerade, Linkskurve und Rechtskurve		z	e	z	a	
Kreuzung	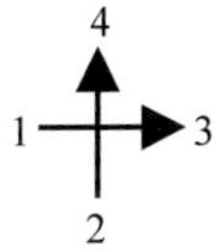	z	1	z	3	
		z	2	z	4	
Einmündung (links und rechts)		z	1	z	3	
		z	2	z	3	

Tab. 2.9: Automatentabelle der Bausteine aus dem Dynamischen Labyrinthe Set (Teil 2).

Die VP lernen die Bausteine des Dynamischen Labyrinthe Sets nicht über die Automatentabelle kennen, sondern durch den praktischen Umgang mit den Funktionsweisen der Bausteine. Die einfach zu merkende Grundregel lautet dabei „Immer der Nase nach!“ oder auch „Durch die Einbuchtungen hereinfahren und aus den Ausbuchtungen herausfahren!“. Der Begriff Nase entstand dabei als Synonym für die Ausbuchtungen. Zusätzlich zu den Bausteinen und dem Steckbrett existiert noch ein Stift, mit dem die konstruierten Maschinen und damit auch die konstruierten Algorithmen überprüft werden können. Die Grundregel ist so einfach und intuitiv, dass überlicherweise beim Einsatz der grauen Bausteine nach einer kurzen Eingewöhnungsphase keine Schwierigkeiten auftreten. Eine kleine Ausnahme bildet teilweise die Kreuzung. Bei den ersten Konstruktionen von Maschinen, die mehr als einen Ausgang aus einem Eingang heraus ansteuern sollen, z. B. 2er- und 3er-Verteiler, möchten einige VP die Kreuzung als indeterminierten Automaten verwenden, da sie von außen wissen, welcher Weg jeweils genommen werden soll. Einen Hinweis darauf, dass die Kreuzung eine reine Wegkreuzung ohne Möglichkeit des Abbiegens ist, führt dann meistens zu einer näheren Beschäftigung mit der Weiche oder dem Flip-Flop. So sind die manchmal auftretenden Schwierigkeiten mit der Kreuzung nur temporär in der Eingewöhnungsphase vorhanden.

Nach der Vorstellung der Materialien der Untersuchungsmethode Dynamische-Labyrinthe-Aufgaben werden nun die Unterschiede im Umgang mit diesem Material in Abhängigkeit der kognitiven Strukturen der VP erläutert.

Bei Individuen mit einer prädikativen kognitiven Struktur erfolgt das Zurechtlegen von Sinnzusammenhängen anhand von Eigenschaften und deren Strukturen. Im Umgang mit den Dynamischen Labyrinthen äußert sich das dahingehend, dass das Hauptaugenmerk z. B. auf die Zustände des Zählers sichtbar in der Anzeige oder eine erwartete bzw. gewünschte Symmetrie gelegt wird. Einigen prädikativ Denkenden ist z. B. nicht einsichtig, dass das Funktionieren einer konstruierten Maschine unabhängig von den Zählerinhalten ist, dass diese etwa auch abgedeckt werden können. Ihre Aufmerksamkeit ist eher auf die erwarteten Zählerinhalte gerichtet, als auf die für die Wirkung relevanten Bausteine (z. B. der Eingang in eine Additionsschleife). Bei komplexeren Aufgaben jedoch kann ein Wandel eintreten, so dass prädikative VP relevante Eigenschaften von bereits konstruierten Teilnetzen erkennen und diese als Module wieder verwenden.

Bei Individuen mit einer funktionalen kognitiven Struktur erfolgt das Zurechtlegen von Sinnzusammenhängen anhand von Tätigkeiten und deren Zusammenwirken. Dies zeigt sich im Umgang mit Dynamischen Labyrinthen dahingehend, dass ihr Hauptaugenmerk auf denjenigen Stellen im Netz liegt, die für das Funktionieren des Algorithmus relevant sind, z. B. der Eingang in eine Additionsschleife und die Wirkung des Nulltests im Zähler. Sie bauen auch eher effizient im Sinne eines kurzen eleganten Weges, da sie den Aufwand des Prozesses mitbedenken. Auch bauen sie in der Regel im Informationsfluss des Automatennetzes. Bei umfangreicheren Aufgaben kann es jedoch sein, dass sie sich in ihren komplexeren Wegen „verlaufen“, da sie sich nicht in handlichen Unterstrukturen, sondern nur im Vorwärtskommen, Nähern der Lösung orientieren.

Diese grundlegenden Unterschiede sollen nun beispielhaft an typischen Konstruktionen zum 2er- und 3er-Verteiler mit einer bzw. zwei Weichen beschrieben werden. Unter einem 2er-Verteiler versteht man z. B. eine Sortiermaschine für abwechselnd aufeinander folgende grüne und gelbe Flaschen. Eine korrekte Lösung findet sich in Abb. 2.28 b).

Unter der Annahme, dass zuerst eine gelbe Flasche ankommt und die Weiche sich im Zustand „Links“ befindet, kann man das Problem auf die Frage reduzieren, wie die grüne Flasche die rechte Seite der Weiche erreicht, wenn die gelbe diese bereits passiert hat. Dabei ist der sinnvolle Weg der grünen Flasche keine Eigenschaft der grünen Flasche, sondern die vorangegangene gelbe Flasche muss einen Prozess starten, der die Änderung des Weges für die nachfolgende grüne Flasche bewirkt. Diese Antizipation im Prozesshaften macht die Aufgabe für VP mit einer prädikativen kognitiven Struktur besonders schwierig, während VP mit einer funktionalen kognitiven Struktur diesen Wirkungszusammenhang problemlos erkennen.

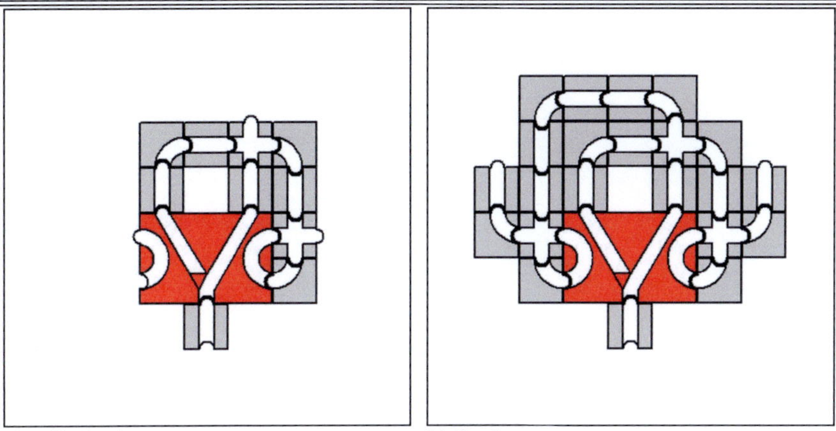

a) teils fertig b) fertig

Abb. 2.28: Dynamische Labyrinthe: 2er-Verteiler.

In Abb. 2.28 a) ist der erste Teil der Aufgabe erfüllt. Die gelbe Flasche würde den linken Ausgang der Weiche verlassen und die nachfolgende grüne Flasche den rechten, aber auch alle anderen folgenden Flaschen würden die Weiche über den rechten Ausgang verlassen. Es ist interessant, dass einige prädikative VP, obwohl sie die Ähnlichkeit der Situation erkennen, es nur äußerst mühsam schaffen, die vollständige Lösung zu konstruieren.

Wenn die VP im Anschluss an diese Aufgabe einen 3er-Verteiler (z. B. eine Sortiermaschine für abwechselnd periodisch aufeinander folgende grüne, gelbe und blaue Flaschen) bauen sollen, tritt unter Umständen ein interessantes Phänomen auf. Einige VP mit einer prädikativen kognitiven Struktur erkennen die Struktur des 2er-Verteilers und nutzen dessen Eigenschaften aus, indem sie ihn als Modul weiterverwenden. Eine typische, so entstandene Lösung zeigt Abb. 2.29. Diese VP haben dann auch in der Regel keine Probleme mehr, diese grundlegende Idee auf beliebige *n*-Verteiler zu übertragen. Einige VP mit einer funktionalen kognitiven Struktur äußern, dass das Problem komplexer ist, als das vorangegangene, ohne auf die gegebenen Ähnlichkeiten einzugehen. Sie bauen dann häufig ihren 2er-Verteiler komplett ab und versuchen einen neuen Algorithmus zum Sortieren von drei Objekten zu finden und haben Schwierigkeiten, die beiden notwendigen Teile organisiert zu bekommen.

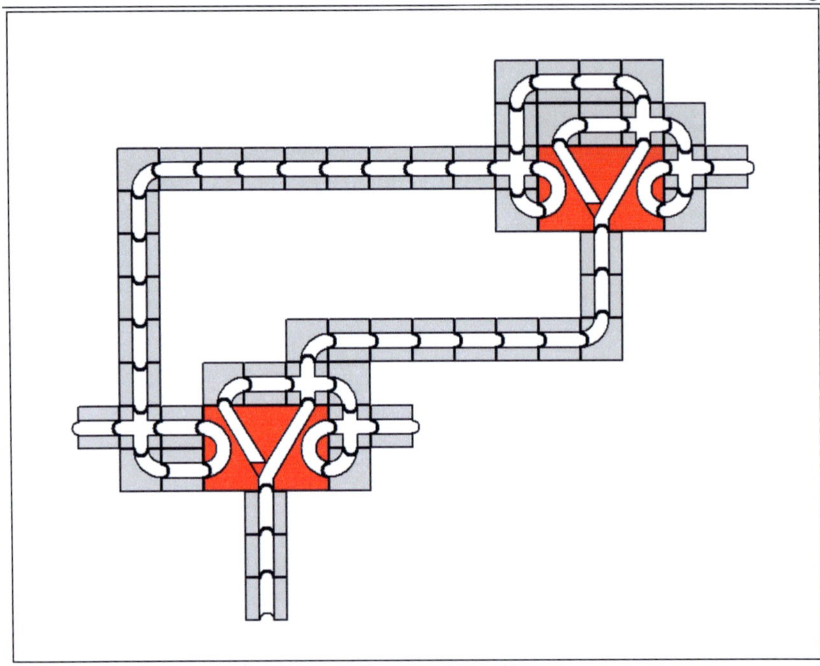

Abb. 2.29: Dynamische Labyrinthe: 3er-Verteiler.

2.3.2.3 CoDyLa

Nach der Darstellung der Dynamischen Labyrinthe als Untersuchungsmethode sollen nun kurz die Vorteile und der Übergang zur Untersuchungsmethode CoDyLa erläutert werden. Wie bereits angedeutet, machte der große Umfang der Dokumentation, speziell die Rekonstruktion der Bauschritte aus den Videodokumentationen, die qualitative Auswertung äußerst mühsam. Im Zuge des DFG-Projekts (SCHW 579/3-1) „Individuelle Unterschiede in der Kognition mathematischer Begriffsbildung“ wurde eine Erweiterung der bisherigen qualitativen Videoanalyse durch quantitative Methoden entwickelt. Die Untersuchungsmethode CoDyLa ermöglicht es nun, die gesamten baulichen Aktionen einer VP bei der Konstruktion von Automatennetzen online per Computer zu erfassen.

Das Untersuchungswerkzeug CoDyLa besteht aus einem elektronischen Brett, das über eine digitale I/O-Karte mit einem Computer verbunden ist. Auf einem Raster von 24 mal 18 Positionen können die Bausteine aus dem Baukasten "Dynamische Labyrinthe", zusätzlich versehen mit einer magnetischen Kodierung, gesteckt werden. Ein elektromagnetisches Kodierungssystem ermöglicht zu jedem Zeitpunkt die automatisierte computerunterstützte Erfassung der aktuellen Lage, d. h. die Art, die Richtung und der interne Zustand eines jeden gesteckten Bauteils wird erkannt. Wenn eine VP mit dem Sensorstift durch ein Automatennetz fährt, wird diese Bahn im Computer aufgezeichnet. Grundsätzlich gilt, dass die VP durch die computerisierte Datenerfassung nicht gestört oder behindert wird. Der Computer ist für die VP nicht relevant und kann sie deshalb auch nicht ablenken oder gar irritieren (vgl. Abb. 3.61 auf Seite 150).

Mit den erfassten Untersuchungsdaten lassen sich sehr einfach Bilder wie in Abb. 2.28 und Abb. 2.29 erzeugen, welche die Situation auf dem Brett zu einem beliebigen Untersuchungszeitpunkt wiedergeben. Eine vollständige tabellarische Auflistung der Handlungen der VP lässt sich ebenfalls ohne Aufwand erzeugen.

3 Empirische Arbeiten

Nach der kurzen theoretischen Einleitung in die dem empirischen Teil dieser Arbeit zugrundeliegende Theorie werden im Folgenden die beiden durchgeführten Experimente vorgestellt und unter Rückgriff auf die Theorie ausgewertet.

3.1 Vorstellung der Versuchspersonengruppe (VP-Gruppe)

In Pilotstudien zur Untersuchungsmethode QuaDiPF mit Messung der Augenbewegungen hat sich gezeigt, dass diese Untersuchungsart von den VP einen hohen Grad an Disziplin verlangt, in dem Sinne, dass sie z. B. während der Messung der Daten den Kopf möglichst ruhig halten müssen. Weiterhin wirkt sich der zur Messung benötigte Helm, den die VP tragen müssen, zum Teil nach einiger Zeit negativ auf das Wohlbefinden der VP aus. Da wir mit den Aufgaben, wie in Kapitel 2 beschrieben, Problemlösungsvorgänge untersuchen wollen, verlangt die Untersuchung auch ein möglichst gleichmäßiges konzentriertes und motiviertes Mitdenken der VP. Ein rasches unreflektiertes Anbieten einer Lösungsfigur bei den Musterergänzungsaufgaben aus dem Grund, dass man aus Motivationsmangel nicht mehr mitdenken kann oder möchte, entzieht sich weitestgehend einer sinnvollen Auswertung. In den Vorstudien hat sich ebenfalls gezeigt, dass mit Absinken der Konzentration der VP, die erhobenen Messdaten der Augenbewegungen größeren Messfehlern unterliegen und somit eine Auswertung erschweren.

Der zweite Untersuchungsteil mit der Methode CoDyLa sollte in Abänderung der bisher durchgeführten Untersuchungen mit den Dynamischen Labyrinthen (vgl. Kapitel 2.3.2) nicht an mehreren Terminen mit aufeinander aufbauenden, in den Schwierigkeitsstufen steigenden Lektionen durchgeführt werden, sondern in einem einzigen Durchgang. Der dafür vorgesehene Aufgabensatz sieht eine Einarbeitung in den Umgang mit den Dynamischen Labyrinthen für die VP vor, die bis zu diesem Zeitpunkt keinerlei Vorwissen zur Automatentheorie und deren Anwendung haben, und erst recht nicht über spezifisches Vorwissen zum Lösen dieser teils sehr komplexen Probleme verfügen. Da diese Einarbeitung und die Bearbeitung der Aufgaben eine längere Zeit beanspruchen, wird von den VP verlangt, dass sie in der Lage sind, konzentriert und intensiv über einen Zeitraum von mindestens zwei Stunden problemlösend zu denken.

Es ergab sich die günstige Gelegenheit, 12 männliche Schachspieler mit Turniererfahrung als Teilnehmer am empirischen Teil dieser Arbeit zu gewinnen.

Die Deutsche Wertungszahl[59] der VP lag im Dezember 2000 zwischen 1393 und 2095 und im Dezember 2001 zwischen 1364 und 2112. Die Hauptanforderung über einen längeren Zeitraum konzentriert problemlösend zu denken, ist für solche Versuchspopulation natürlich nichts Ungewöhnliches.
Der Teil mit der Untersuchungsmethode QuaDiPF mit Eyetracker wurde im Dezember 2000 durchgeführt, der Teil mit der Untersuchungsmethode CoDyLa im Dezember 2001. Das Alter der VP lag im Dezember 2000 zwischen 17 und 41 Jahren und dementsprechend im Dezember 2001 zwischen 18 und 42 Jahren.

3.2 Untersuchung QuaDiPF-Eye

Der QuaDiPF-Eye-Untersuchungsteil dauert im Schnitt eine Stunde. Den VP werden neun verschiedene QuaDiPF-Aufgaben zur Lösung vorgelegt (Abb. 3.1). Der verwendete Aufgabensatz ist dabei so gewählt, dass er identisch ist mit dem Aufgabensatz, der in der Gruppe um Jan Born, Medizinische Universität zu Lübeck, eingesetzt wurde und zwar in einer Anschluss-EEG-Studie[60] zu einer ersten EEG-Studie[61] zum funktionalen vs. prädikativen Problemlösen. Zum Abschluss wird den VP das Gemälde „Kreuztragung Christi“ von Pieter Bruegel der Ältere (Abb. 3.2) gezeigt, das sie nach eigenem Ermessen eine Zeit lang betrachten, um dann eine Bildbeschreibung zu geben. Während des Betrachtens der QuaDiPF-Aufgaben sowie des Bruegel Bildes werden die Augenbewegungen der VP registriert. Die gesamte Untersuchung wird auf Video aufgezeichnet und später transkribiert.[62]
Anhand der ersten Aufgabe a00 wird zwischen der VP und dem Interviewer die Aufgabenstellung geklärt. Die VP meldet sich bei jeder der anschließenden Aufgaben, sobald sie meint, eine Lösungsfigur gefunden zu haben und diese begründen zu können. Die Registrierung der Augenbewegungen wird daraufhin beendet, die VP zeichnet die von ihr erdachte Lösungsfigur auf ein Aufgabenblatt (Abb. 3.3) und begründet diese.

---

[59] DWZ (Deutsche Wertungszahl)
Das deutsche Wertungssystem lehnt sich eng an das Wertungssystem der FIDE an und wurde 1991 eingeführt. Bei der Entwicklung wurden die Erfahrungen aus dem Ingo-System des Deutschen Schachbunds und dem Nationalen Wertzahlensystem des Deutschen Schachverbands berücksichtigt. Die Skala reicht vom Anfänger (DWZ ca. 500) bis zum Großmeister (DWZ > 2700). Die Berechnung der Zahlen erfolgt dezentral und es wird immer mit den jeweils aktuellen Zahlen gerechnet. (Quelle: Deutscher Schachbund e. V.)

[60] Die Daten befinden sich noch in der Auswertung.

[61] Vgl. Mölle / Schwank / Marshall / Klöhn / Born (2000).

[62] Vgl. Armbrust (2001b).

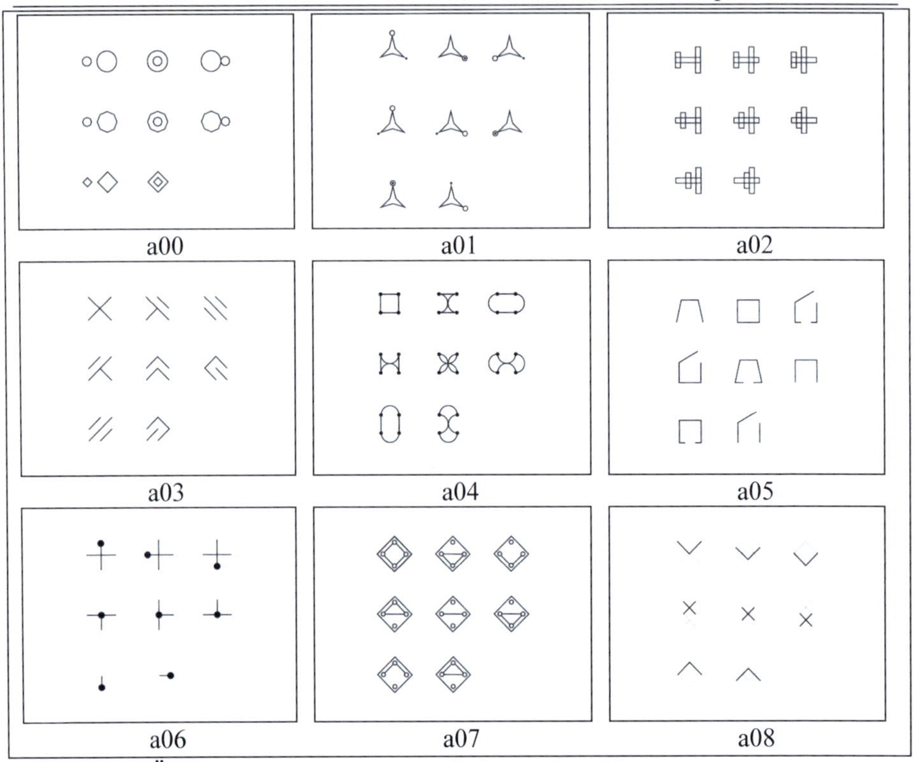

Abb. 3.1: Übersicht aller QuaDiPF-Aufgaben a00 – a08.

Abb. 3.2: Pieter Bruegel der Ältere: „Kreuztragung Christi“.

Vor der abschließenden Bildbetrachtung wird jede VP noch zu ihrer Bearbeitung der QuaDiPF-Aufgaben befragt:

- Gab es Aufgaben, die du besonders schwer oder leicht fandest?
- Warum fandest du diese Aufgabe(n) schwerer / leichter?
- Kannst du beschreiben, wie Du zu Lösungen gekommen bist?

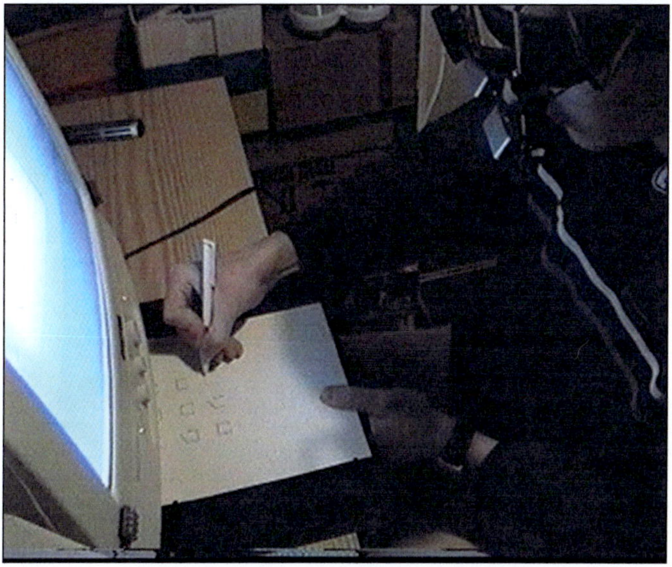

Abb. 3.3: Versuchsaufbau QuaDiPF mit Eyetracker.

3.2.1 Eyetracker Technik und Programm „QuaDiPF-Eye“

3.2.1.1 Eyetracker Technik

Der verwendete Eyetracker der Firma SMI, der bei der QuaDiPF-Eye-Untersuchung eingesetzt wird, arbeitet nach dem Prinzip der direkten Cornealreflektometrie. Näheres zu dieser Messmethode und ihren Alternativen findet man z. B. bei Galley.[63]

Der für die VP bemerkbare Teil des Eyetracker-Messsystems ist ein Helm mit zwei Hochleistungsinfrarotkameras (Abb. 3.3). Das System ist so ausgelegt, dass durch eine zusätzliche Lageregistrierung des Helms zum Monitor leichte Kopfbewegungen keinen Einfluss auf die Registrierung der Augenbewegung haben. Damit kann auf kopfstabilisierende Maßnahmen, wie Beißbretter oder ähnliches verzichtet werden. Jede Infrarotkamera registriert die Pupillenstellung eines Auges. Diese Pupillenstellung muss in Bezug gebracht werden zu denjenigen Ort auf dem Bildschirm, den das Auge anblickt. Dafür sind vor Beginn einer Registrierung der Pupillenstellung Kalibrierungs- und Validierungsvorgänge notwendig. Da bei

---

[63] Vgl. Galley (2001), S. 264ff.

unserer QuaDiPF-Eye-Untersuchung eine VP nach jeder Aufgabenbetrachtung ihre Lösungsfigur auf ein Blatt aufzeichnet und dabei relativ große Kopfbewegungen vollführt (wobei diese Bewegungen auch zu Berührungen des Helms z. B. mit den Händen führen können), führen wir die Kalibrierungs- und Validierungsvorgänge vor jeder neuen Aufgaben durch. Es hat sich gezeigt, dass die Helmkameras tatsächlich häufig nachjustiert werden müssen.

Das Eyetracker-Messsystem arbeitet mit einer zeitlichen Auflösung von 250 Hz. Damit können alle vier Millisekunden getrennt für das linke und das rechte Auge die angeschauten Bildschirmpunkte (x-, y-Koordinate der Pixel) und zusätzlich für jedes Auge ein Wert, der im Zusammenhang zur Pupillengröße steht, registriert werden. Das Eyetracker-Messsystem legt dazu eine Auflistung an, wie sie auszugsweise in Tab. 3.1 wiedergegeben ist. Hinsichtlich der QuaDiPF-Eye-Untersuchung ergeben sich z. B. im Falle einer 15-sekündigen besonders schnellen Aufgabenbearbeitung 3750 solcher Messwertezeilen, im Falle einer 300-sekündigen besonders langen Aufgabenbearbeitung 75000 Messwertezeilen.

Interne Rechnerzeit (in ms)	Linkes Auge			Rechtes Auge		
	Pixelkoordinaten		Pupillen größe	Pixelkoordinaten		Pupillen-größe
	x	y		x	y	
246388	513,0	389,8	1036,0	510,7	388,9	1067,0
246392	512,7	389,4	1042,0	510,7	388,5	1073,0
246396	512,5	389,0	1042,0	510,5	388,4	1073,0
246400	512,4	389,0	1034,0	510,1	388,5	1069,0
246404	512,5	388,5	1031,0	510,2	387,1	1064,0
246408	512,6	387,9	1031,0	510,2	386,1	1064,0

Tab. 3.1: Auszug aus den Eyetracker-Daten während einer Fixation.

3.2.1.2 Software QuaDiPF-Eye zur Analyse und Auswertung

Um diese Daten visualisieren und auswerten zu können, wurde von uns im Rahmen des DFG-Projekts (SCHW 579/3-1) „Individuelle Unterschiede in der Kognition mathematischer Begriffsbildung“ eine Software namens QuaDiPF-Eye (aktuelle Version 1.5.4.18 / Borland Delphi 7) entwickelt, die im Folgenden beschrieben wird.

Die aktuelle Version von QuaDiPF-Eye beinhaltet unter anderem folgende Funktionen:

- Augenbewegungen bei QuaDiPF-Eye-Untersuchungen visualisieren
- Fixationen bei QuaDiPF-Eye-Untersuchungen visualisieren
- Blick(Gazes)-bereiche definieren und nach Bereichs(Gazes)-gruppen suchen
- Bereichs(Gazes)-gruppen automatisch exportieren
- Bilder aller Darstellungen als Bitmap-Dateien speichern
- Daten über Bearbeitungszeiten, Fixationen und Sakkaden als Excel-Tabellen und/oder Textdateien exportieren

Bei der Verwendung muss zunächst eine Untersuchung geöffnet werden (Abb. 3.4), dabei muss darauf geachtet werden, dass die Untersuchungsdaten eine bestimmte Struktur aufweisen. Wichtig ist, dass es einen Unterordner „Aufgaben“ gibt, in dem alle Aufgaben als Bitmap-Dateien gespeichert sind. Diese Dateien müssen mit 24-Bit-Farbauflösung vorliegen und einen Namen der Form „a*xy*.bmp“ haben, wobei *x* und *y* beliebige Ziffern von 0 bis 9 sein können. Außerdem befinden sich weitere Unterordner für die einzelnen VP im Untersuchungsordner. Diese Ordner haben Namen der Form „VP*ab*“, wobei *ab* für die Nummer der VP steht. In den VP-Ordnern befinden sich alle EDF- und/oder ASCII-Dateien mit den zur VP gehörenden Augendaten. Hier tragen die Dateien Namen der Form „vp*ab*a*xy*.edf“ bzw. „VP*ab*A*xy*.asc“, wobei *a*, *b*, *x* und *y* wiederum für beliebige Ziffern von 0 bis 9 stehen können, die die jeweilige VP-Nummer bzw. Aufgabennummer spezifizieren.

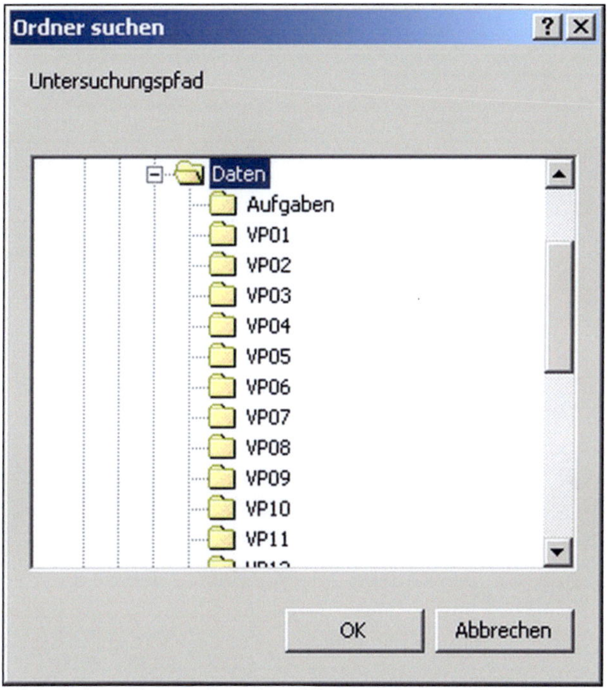

Abb. 3.4: Screenshot des „Untersuchung öffnen“-Dialogs im Programm QuaDiPF-Eye.

Die EDF-Dateien enthalten alle Untersuchungsdaten in einer komprimierten Form, wie sie von der Eyetracker-Steuerungssoftware der Firma SMI gespeichert werden. Diese EDF-Dateien werden beim Öffnen durch das Programm QuaDiPF-Eye automatisch mit Hilfe eines von der Firma SMI mitgelieferten Tools in ASCII-Dateien folgender Form umgewandelt:

```
** CONVERTED FROM VP01A00.EDF on Sat Dec 23 18:54:36 2000
** DATE: Sat Dec 23 17:22:04 2000
** TYPE: EDF_FILE BINARY EVENT SAMPLE TAGGED
** VERSION: EYELINK REVISION 2.04 (Oct 02 1999)
** RECORDED BY Windows Sample Experiment
**

MSG       58379 DISPLAY_COORDS 0 0 1023 767
MSG       210164 CALIBRATION HV9 LR LEFT    GOOD
MSG       210164 CALIBRATION HV9 LR RIGHT   GOOD
MSG       233061 VALIDATION HV9 LR LEFT  GOOD ERROR 0.17 avg. 0.46 max  OFFSET 0.82 deg. -1.0,-23.9 pix.
MSG       233061 VALIDATION HV9 LR RIGHT GOOD ERROR 0.45 avg. 0.86 max  OFFSET 0.27 deg. -0.8,-7.8 pix.
MSG       244163 TRIALID PIX1 a00.bmp
MSG       245782 DRIFTCORRECT LR REPEATING due to large error...
MSG       246295 DRIFTCORRECT LR LEFT  at 512,384  OFFSET 1.75 deg.  1.0,-44.0 pix.
MSG       246295 DRIFTCORRECT LR RIGHT at 320,40  OFFSET 2.70 deg.  11.0,-67.0 pix.
START     246316 LEFT RIGHT SAMPLES EVENTS
PRESCALER 1
VPRESCALER 1
PUPIL AREA
EVENTS GAZE LEFT RIGHT
SAMPLES GAZE LEFT RIGHT RATE 250.00
SFIX L    246316
SFIX R    246316
246316      516.5     387.4    1043.0     513.7     386.5    1069.0
===
246472      513.2     385.5    1050.0     511.0     382.0    1067.0
MSG       246474 DISPLAY ON
MSG       246475 SYNCTIME
246476      513.4     385.1    1050.0     511.1     381.9    1067.0
===
246784      520.5     385.5     829.0     509.8     386.3     835.0
EFIX L    246316    246784    472         515.9     384.9      990
EFIX R    246316    246784    472         512.0     383.4     1019
SSACC L   246788
SSACC R   246788
246788      518.6     386.7     825.0     507.5     387.1     831.0
===
246820      426.2     391.2     785.0     403.8     377.2     789.0
ESACC L   246788    246820    36          518.6     386.7     426.2     391.2     4.00     168.3
ESACC R   246788    246820    36          507.5     387.1     403.8     377.2     4.54     188.2
SFIX L    246824
SFIX R    246824
246824      419.4     391.4     785.0     394.7     377.9     789.0
===
246916      418.0     381.6     697.0     392.8     373.3     695.0
EFIX L    246824    246916    96          418.9     384.0      724
EFIX R    246824    246916    96          394.0     376.3      731
SSACC L   246920
SSACC R   246920
246920      418.2     381.6     697.0     392.8     373.4     695.0
===
246944      518.0     397.8     669.0     485.7     389.6     668.0
ESACC L   246920    246944    28          418.2     381.6     518.0     397.8     4.27     268.2
ESACC R   246920    246944    28          392.8     373.4     485.7     389.6     4.00     254.4
SFIX L    246948
SFIX R    246948
246948      525.3     397.7     671.0     491.3     392.1     666.0
===
247444      538.1     406.0     585.0     513.2     399.1     591.0
EFIX L    246948    247444    500         530.7     397.3      622
SSACC L   247448
247448      542.0     406.0     585.0     513.2     398.9     591.0
EFIX R    246948    247448    504         502.1     392.3      611
SSACC R   247452
247452      547.4     406.1     585.0     517.2     395.3     591.0
247456      554.0     454.3     344.0     526.6     392.0     540.0
SBLINK L 247460
247460        .         .         0.0     528.7     418.2     435.0
247464        .         .         0.0     531.0     444.9     331.0
SBLINK R 247468
247468        .         .         0.0       .         .         0.0
===
247572        .         .         0.0       .         .         0.0
EBLINK L 247460     247572    116
EBLINK R 247468     247572    108
247576        .         .         0.0       .         .         0.0
247580      524.1     420.3     443.0     519.9     397.5     454.0
247584      524.3     385.2     501.0     523.6     369.2     520.0
247588      527.9     380.7     548.0     524.1     370.4     551.0
ESACC L  247448     247588    144         542.0     406.0     527.9     380.7     6.47      47.1
ESACC R  247452     247588    140         517.2     395.3     524.1     370.4    10.05     126.1
```

Tab. 3.2: Auszug aus der Datei VP01A00.asc.
Die Zeichen „===“ markieren Auslassungen.

Die Informationen dieser ASCII-Dateien sind dabei folgendermaßen zu lesen. Die Datei entstand am 23.12.2000 um 18:54 Uhr aus der EDF-Datei „vp01a00.edf" (Tab. 3.2, Z. 1).[64] Die Untersuchung fand am 23.12.2000 um 17:22 Uhr statt (Z. 2). Die Bildschirmauflösung beträgt 1024 mal 768 Pixel (Z. 8). Die Kalibrierung (Z. 9f) und die Validierung (Z. 11f) sind mit dem Ergebnis „gut" und exakteren Angaben zu Validierung notiert. Der Name des gezeigten Bildes ist „a00.bmp" (Z. 13). Die Driftkorrektur (Z. 14-16) wurde durchgeführt und die Werte notiert. Der Startzeitpunkt (interne Rechnerzeit) der Untersuchung ist in Zeile 17 und die zeitliche Auflösung von 250 Hz – 4 ms ist in Zeile 22 festgehalten. Der Zeitpunkt (interne Rechnerzeit) der eigentlichen Bildpräsentation ist in den Zeilen 27 und 28 registriert.

Die Standardzeilen (z. B. Z. 25, 26 und 29) haben die in Tab. 3.1 dargestellte und in Abschnitt 3.2.1.1 erklärte Form (interne Rechnerzeit in ms und jeweils 3 Zahlen für das linke und das rechte Auge: x- und y-Pixelkoordinate und die Pupillengröße). Die meisten Standardzeilen wurden in der Tab. 3.2 nicht dargestellt. Die Auslassungen wurden durch die Marke „===" gekennzeichnet. So fehlen z. B. zwischen den Zeilen 25 und 26 in der Tab. 3.2 die 38 Standardzeilen von 246320 ms bis 246468 ms.

Jeder Beginn einer Fixation (***S***tart ***FIX***ation) ist mit Angabe des Auges und der Startzeit notiert (z. B. Z. 23, 24). Jedes Ende einer Fixation (***E***nd ***FIX***ation) ist mit Angabe des Auges, der Startzeit, der Endzeit, der Zeitdauer, der x- und y-Durchschnittskoordinate und einer Durchschnittspupillengröße notiert (z. B. Z. 31, 32).

Jeder Beginn einer Sakkade (***S***tart ***SACC***ade) ist mit Angabe des Auges und der Startzeit notiert (z. B. Z. 33, 34). Jedes Ende einer Sakkade (***E***nd ***SACC***ade) ist mit Angabe des Auges, der Startzeit, der Endzeit, der Zeitdauer, der x- und y-Anfangskoordinate, der x- und y-Endkoordinate, des Sakkadenwinkels und der maximalen Geschwindigkeit notiert (z. B. Z. 37, 38). Während einer Sakkade kann es zum Blinzeln kommen. Jeder Beginn eines Blinzelns (***S***tart ***BLINK***) ist mit Angabe des Auges und der Startzeit notiert (z. B. Z. 62, 65). Jedes Ende eines Blinzelns (***E***nd ***BLINK***) ist mit Angabe des Auges, der Startzeit, der Endzeit und der Zeitdauer notiert (z. B. Z. 68, 69). Da die Pupillenstellung während der Blinzelvorgänge eines Auges mit der Messmethode der direkten Cornealreflektometrie nicht erfasst werden können, enthalten die Standardzeilen während des Blinzelns außer der internen Rechnerzeit keine Informationen (z. B. Z. 66, 67). Falls das Blinzeln für eine kurze Zeit nur ein Auge betrifft, gilt dies analog für dieses Auge (z. B. Z. 63, 64).

Mit der Software QuaDiPF-Eye kann man die gesamten Bearbeitungszeiten aller VP für alle Aufgaben in eine Text- bzw. Excel-Datei exportieren, um damit Übersichten wie Tab. 7.1 auf Seite 219 zu erstellen. Des Weiteren kann man die Fixationszeiten und die Sakkadenwinkel mit den zugehörigen

[64] Die nun folgenden Zeilenangaben in diesem Kapitel beziehen sich, wenn nicht explizit anders angegeben, auf Tab. 3.2 auf Seite 52.

Sakkadendurchschnittsgeschwindigkeiten aller VP für alle Aufgaben in eine Text- bzw. Excel-Datei exportieren, um damit z. B. eine quantitative Analyse wie im Abschnitt 3.2.3 ab Seite 116 durchzuführen.
Zur Analyse der Blickbewegung einer VP bei einer Aufgabe muss zunächst die zugehörige ASCII-Datei geöffnet werden. Die Auswahl geschieht über folgenden Dialog (Abb. 3.5).

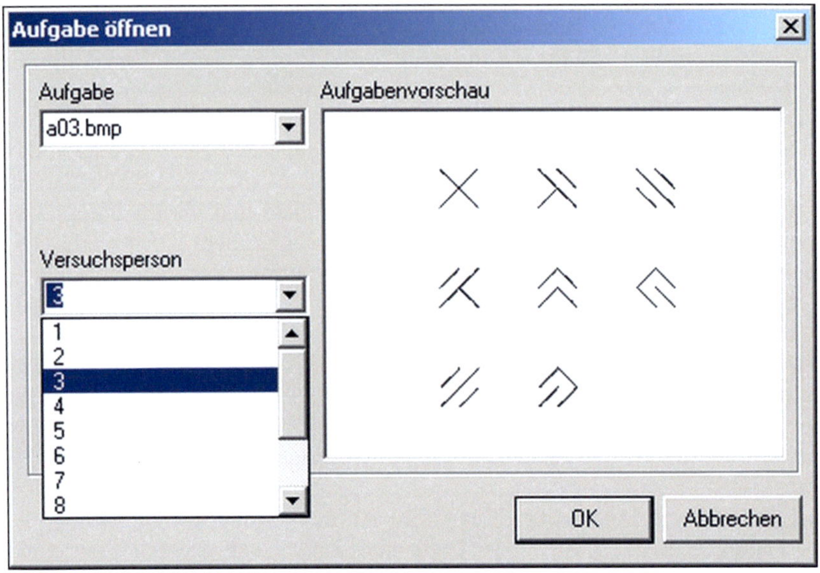

Abb. 3.5: Screenshot des „Aufgabe öffnen"-Dialogs im Programm QuaDiPF-Eye.

Die Standarddarstellung liefert eine Visualisierung auf Basis einer Fixations- und Sakkadenanalyse. Dabei wird auf die automatische Fixations- und Sakkadenanalyse des Eyetracker-Messsystems zurückgegriffen (vgl. Fixations- und Sakkadenmarkierung in Tab. 3.2). In dieser Art der Darstellung (Abb. 3.6) werden Fixationen durch Kreise dargestellt. Der Mittelpunkt der Kreise ist der durchschnittliche zentrale Ort der gesamten Fixation, in dem Sinne, dass das Auge bei Fixationen nicht vollständig ruhig steht (vgl. Galley[65]). Die Gesamtdauer einer Fixation wird durch die Größe des zugehörigen Kreises repräsentiert. Hier wird festgelegt, dass der Durchmesser des Kreises proportional zur Dauer der Fixation ist. Zur vereinfachten Vorstellung sind im rechten unteren Bildrand jeweils drei Kreise mit den Größen für 1000 ms, 500 ms und 250 ms eingeblendet. Die Fixationszeiten liegen im Allgemeinen im Millisekundenbereich und haben in der Regel Werte kleiner als 500 Millisekunden. Die Sakkaden werden reduziert auf Verbindungsgeraden, die vom Mittelpunkt des vorangehenden Fixationskreises zum Rand des folgenden Fixationskreises gehen. Dadurch können die Blickpfade in

[65] Vgl. Galley (2001), S. 238ff, S. 274.

Bezug auf ihre zeitliche Reihenfolge verfolgt werden. Auf die Darstellung des exakten Verlaufes einer Sakkade mit all ihren Feinkrümmungen wird zu Gunsten der Übersichtlichkeit verzichtet.

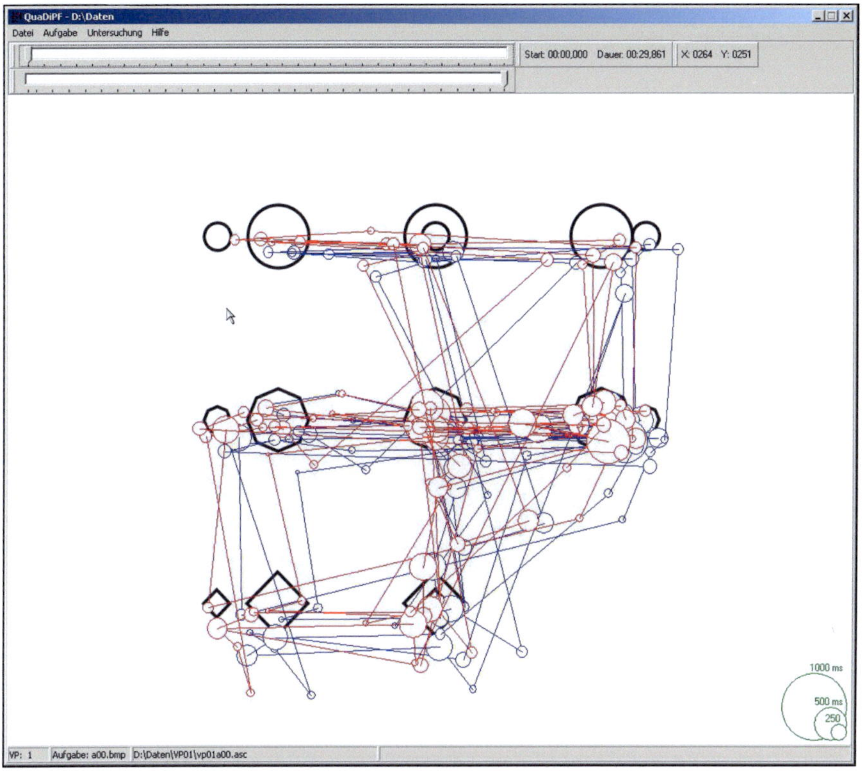

Abb. 3.6: Darstellung der Blickbewegungen des linken und rechten Auges der VP01 beim Betrachten der Aufgabe a00, mit Trennung und Kennzeichnung der Fixations- und Sakkadenabschnitte (Gesamtdauer 29,86 s).

Wie man aus der Abbildung (Abb. 3.6) sieht, konzentrieren sich die Fixationsorte auf die Figuren. Fasst man also alle Fixationsorte zusammen, die auf eine Figur fallen, kann man von Blicken oder Blickgruppen, engl. gazes, sprechen. Man hat somit nur noch soviel Orte zu verarbeiten, wie es zusammengehörige Figuren auf der Vorlage gibt, hier also immer 8 bzw. 9, wenn man das leere Feld mitzählt, wohin die VP ihren Vorschlag platzieren sollen.

Über die beiden Schieberegler lässt sich das Zeitfenster der Darstellung auf zwei Arten variieren: Entweder durch Einstellung des Startzeitpunktes und der Dauer oder durch Einstellung des Start- und Endzeitpunktes des gewünschten Zeitfensters. Es ist auch möglich, die Anzeige auf ein beliebiges Auge zu reduzieren. Die

entstehenden Bilder aller Darstellungen lassen sich abspeichern. Solche Bilddateien sind in dieser Arbeit an verschiedenen Stellen eingefügt.
Es ist ebenfalls möglich, bei der Darstellung auf eine Strukturierung in Fixationen und Sakkaden zu verzichten.

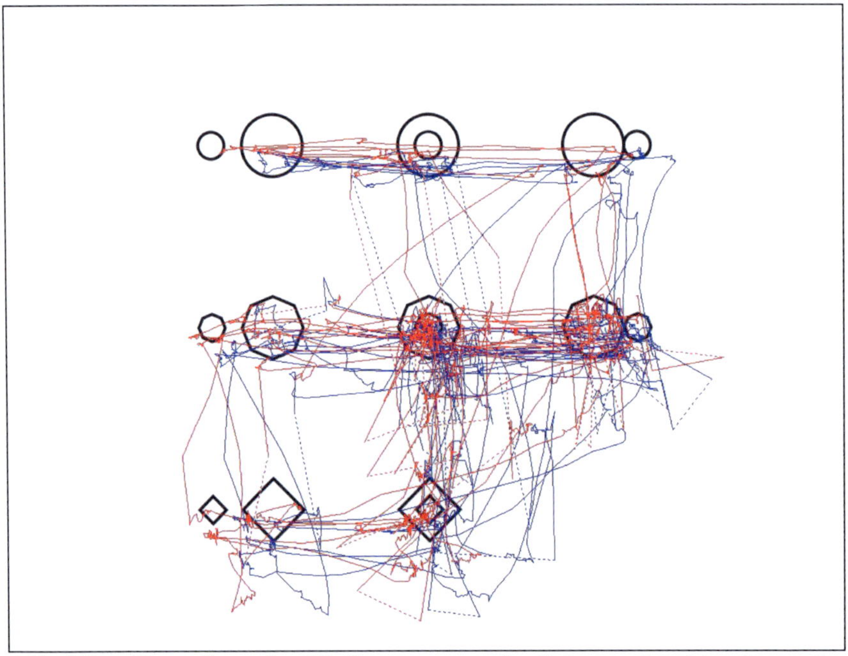

Abb. 3.7: Darstellung der Blickbewegungen des linken und rechten Auges der VP01 beim Betrachten der Aufgabe a00, so, wie sie sich unmittelbar aus den Pupillenstellungen ergeben (Gesamtdauer 29,86 s).

Da die Pupillenstellungen während der Blinzelvorgänge eines Auges mit der Messmethode der direkten Cornealreflektometrie nicht erfasst werden können, tauchen Blinzelvorgänge, die ausschließlich während Sakkaden und nicht während Fixationen stattfinden, in den so erzeugten Abbildungen als gestrichelte Linien auf. Solche Visualisierungen der Eyetracker-Daten, die die gesamten Blickbewegungen während einer Aufgabenbearbeitung zeigen, erweisen sich häufig als untauglich, da sie aufgrund der Datenfülle sehr schnell sehr unübersichtlich werden.

Blickpfadanalyse

Mit den Eyetracker-Daten können die Augenbewegungen der VP während der Bearbeitung der Aufgaben als Grundlage einer qualitativen und quantitativen Auswertung benutzt werden. Die Software QuaDiPF-Eye unterstützt solche Auswertungen unter anderem durch spezielle Gazesanalysen. Bei der Analyse der Blickpfade werden die einzelnen Matrixfelder der Aufgaben angesprochen. Die

Felder werden wie die Einträge einer Matrix nach Zeilen und Spalten durchnummeriert. Es ergibt sich damit folgendes Bezeichnungssystem (Abb. 3.8).

F11	F12	F13
F21	F22	F23
F31	F32	F33

Abb. 3.8: Bezeichnungssystem für die neun Felder innerhalb einer QuaDiPf-Aufgabe.

Bei der genauen Einteilung der neun Bereiche wird der Anwender durch die Software QuaDiPF-Eye unterstützt (Abb. 3.9).

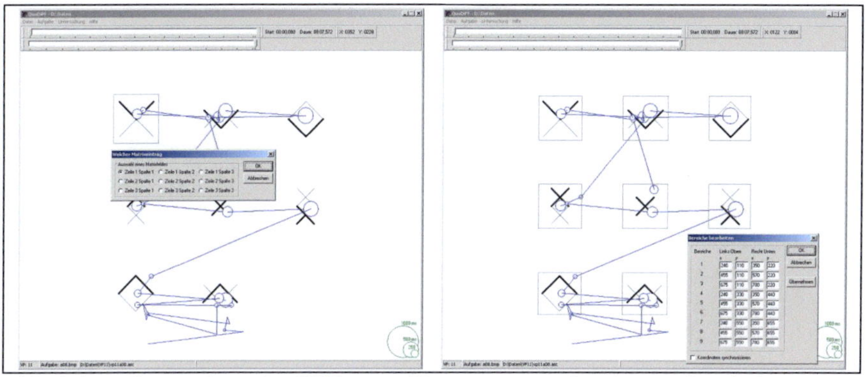

Abb. 3.9: Screenshots der Hilfen zur Unterstützung des Anwenders beim Einteilen der Bereiche durch die Software QuaDiPF-Eye.

Es wird in dieser Arbeit mit zwei Typen von Blickpfadabbildungen gearbeitet. Einmal solche, die die gesamten während der Bearbeitung einer Aufgabe erhobenen Blickpfade zeigen und zum anderen solche, die aussagekräftige, überblickbare Ausschnitte darstellen.

Die Software kann Blickpfade bestimmter Gazesgruppen suchen, so dass in den großen Datenmengen bemerkenswerte Blickpfade, wie z. B. in Abb. 3.25 auf Seite 87 oder in Abb. 3.33 auf Seite 99 gefunden werden können. Weiterhin kann die Software die prozentualen Anteile beliebiger aufgabenspezifisch frei wählbarer Gazesgruppen an der Gesamtblickzeit für alle VP und alle Aufgaben in Text- bzw. Excel-Dateien exportieren. Diese Daten ermöglichen dann eine quantitative Analyse, wie in Abschnitt 3.2.3.3 ab Seite 132.

Bei der Betrachtung bzw. der Analyse der Blickpfade drängt sich die Frage auf, inwieweit die erfassten und dargestellten Orte mit den Orten der tatsächlichen Augenbewegungen übereinstimmen. Die räumliche Auflösung des verwendeten Gerätes garantiert eine Zuordnung der Blickpunkte zu den neun Matrixfeldern der

QuaDiPF-Aufgaben. Eine räumliche Auflösung innerhalb der Matrixfelder, wie sie zum Teil bei der Auswertung wünschenswert sein könnte, (vgl. Kapitel 3.2.2) kann wegen der räumlichen Fehlerabweichungen des Gerätes nicht realisiert werden, auch wenn die visualisierten Darstellungen manchmal diesen Eindruck hervorrufen. Im Folgenden wird zwecks Übersichtlichkeit bei den Darstellungen der Blickbewegungen nur noch ein Auge berücksichtigt. Da beide Augen aus biologischen Gründen stets parallel geführt werden, gehen dabei keine Informationen verloren (Abb. 3.6, Abb. 3.7). Leichte Abweichungen basieren auf Kalibrierungsproblemen und beeinflussen den Sachverhalt nicht.

		VP01	VP02	VP03	VP04	VP05	VP06	VP07	VP08	VP09	VP10	VP11	VP12
Linkes - rechtes Auge	a00	0,988	0,967	0,987	0,785	0,853	0,924	1,000	0,969	0,662	0,847	0,863	0,917
	a01	0,737	0,974	0,609	0,832	0,549	0,967	0,875	0,988	0,532	0,978	0,452	0,736
	a02	0,842	0,999	0,745	0,982	0,812	0,973	0,923	0,750	0,972	0,883	0,691	0,950
	a03	0,931	0,968	0,793	0,984	0,805	0,971	0,886	0,906	0,923	0,988	0,922	0,959
	a04	0,901	0,999	0,832	0,987	0,955	0,963	0,958	0,971	0,918	0,950	0,385	0,972
	a05	0,938	0,999	0,892	0,991	0,785	0,998	0,927	0,944	0,951	0,973	0,902	0,960
	a06	0,732	0,997	0,798	0,938	0,958	0,998	0,963	0,936	0,908	0,641	0,912	0,940
	a07	0,896	0,935	0,909	0,975	0,910	0,993	0,830	0,840	0,521	0,873	0,683	0,964
	a08	0,783	0,967	0,597	0,913	0,907	0,882	0,969	0,890	0,968	0,828	0,873	0,983
	Bild	0,527	0,752	0,774	0,959	0,891	0,866	0,953	0,851	0,917	0,621	0,805	0,870
Linkes Auge	a01 – a07	-0,040	0,095	0,011	-0,255	-0,037	0,028	0,089	-0,060	-0,037	-0,049	0,146	-0,024

Tab. 3.3: Korrelationen der gepaarten Stichproben der Fixationszeiten für das linke und rechte Auge bei allen Aufgaben und VP im Vergleich zur Korrelation der gepaarten Stichprobe der Fixationszeiten für Aufgabe a01 mit a07 beim linken Auge für alle VP.

			VP01	VP02	VP03	VP04	VP05	VP06	VP07	VP08	VP09	VP10	VP11	VP12
Sakkadenwinkel	Linkes – rechtes Auge	a00	0,749	0,693	0,978	0,243	0,551	0,938	0,981	0,938	0,573	0,796	0,833	0,790
		a01	0,313	0,887	0,390	0,973	0,092	0,718	0,939	0,959	0,989	0,880	0,541	0,841
		a02	0,648	0,972	0,720	0,923	0,296	0,817	0,865	0,819	0,958	0,856	0,639	0,807
		a03	0,643	0,937	0,835	0,954	0,913	0,796	0,915	0,849	0,916	0,960	0,905	0,972
		a04	0,889	0,943	0,800	0,933	0,933	0,981	0,953	0,943	0,877	0,742	0,713	0,922
		a05	0,827	0,956	0,910	0,969	0,830	0,893	0,907	0,914	0,928	0,900	0,764	0,920
		a06	0,849	0,944	0,679	0,943	0,966	0,896	0,952	0,772	0,849	0,626	0,844	0,927
		a07	0,764	0,905	0,911	0,958	0,914	0,889	0,926	0,906	0,544	0,724	0,790	0,924
		a08	0,713	0,898	0,872	0,935	0,859	0,861	0,893	0,892	0,929	0,799	0,676	0,983
		Bild	0,275	0,958	0,229	0,975	0,684	0,866	0,948	0,919	0,796	0,108	0,708	0,859
	Linkes Auge	a01 – a07	0,120	0,295	0,013	0,086	-0,127	0,048	0,113	-0,028	-0,158	0,065	0,298	-0,108
Sakkadengeschwindigkeit	Linkes – rechtes Auge	a00	0,883	0,825	0,927	0,798	0,490	0,851	0,956	0,904	0,554	0,832	0,741	0,833
		a01	0,685	0,920	0,667	0,945	0,065	0,810	0,887	0,962	0,940	0,947	0,519	0,795
		a02	0,801	0,930	0,667	0,907	0,154	0,860	0,858	0,839	0,925	0,788	0,650	0,842
		a03	0,858	0,895	0,728	0,913	0,888	0,848	0,851	0,821	0,932	0,963	0,864	0,949
		a04	0,914	0,963	0,680	0,900	0,904	0,954	0,885	0,958	0,899	0,837	0,628	0,909
		a05	0,902	0,960	0,805	0,950	0,797	0,924	0,806	0,924	0,916	0,928	0,712	0,899
		a06	0,838	0,947	0,606	0,958	0,941	0,971	0,918	0,885	0,951	0,584	0,681	0,912
		a07	0,720	0,917	0,844	0,929	0,893	0,928	0,859	0,913	0,514	0,849	0,732	0,925
		a08	0,746	0,827	0,806	0,900	0,854	0,875	0,842	0,897	0,904	0,714	0,733	0,978
		Bild	0,639	0,884	0,748	0,923	0,712	0,869	0,918	0,888	0,829	0,535	0,771	0,860
	Linkes Auge	a01 – a07	0,044	0,108	0,050	0,048	-0,133	0,044	0,113	-0,014	-0,136	0,044	0,307	-0,118

Tab. 3.4: Korrelationen der gepaarten Stichproben der Sakkadenwinkel bzw. Sakkadengeschwindigkeit für das linke und rechte Auge bei allen Aufgaben und VP im Vergleich zur Korrelation der gepaarten Stichprobe der Sakkadenwinkel bzw. Sakkadengeschwindigkeit für Aufgabe a01 mit a07 beim linken Auge für alle VP.

Wir betrachten dazu die auf drei Nachkommastellen gerundeten Korrelationen als Ergebnisse des T-Tests bei gepaarten Stichproben, und zwar einmal für die Fixationszeiten (Tab. 3.3), und zum anderen für die Sakkadenwinkel und die Sakkadengeschwindigkeiten (Tab. 3.4). Für jede der VP werden die Korrelationen zwischen dem linken und dem rechten Auge für jede Aufgabe und als Vergleich die Korrelation zwischen zwei zufällig gewählten Aufgaben (a01 und a07) beim linken Auge bestimmt. Die fast immer großen Korrelationen über alle Aufgaben und VP hinweg sind ein statistisches Argument, die quantitative Auswertung der Augendaten und die qualitative Auswertung der Blickpfade auf die Daten jeweils eines Auges zu beschränken. Ausreißer wie der Wert 0,385 bei VP11 / a04 erklären sich aus Kalibrierungsproblemen. Der Vergleich der Bewegungen des linken Auges bei zwei unterschiedlichen Aufgaben führt erwartungsgemäß zu sehr kleinen Korrelationen: Die Bewegungen eines Auges beim Betrachten zweier verschiedener Aufgaben stehen offensichtlich in keinem Zusammenhang zueinander.

3.2.2 Qualitative Auswertung

Die Kriterien zur qualitativen Auswertung sind angelehnt an die bisherigen „klassischen" QuaDiPF-Untersuchungen, d. h. Untersuchungen ohne Augenbewegungserfassung, ergänzt durch zusätzliche Kriterien, die man durch die Eyetracker-Daten erhält.

3.2.2.1 Gesamtanalyse der Begründungen zu allen Aufgaben

In einem Expertenrating mit zwei Beteiligten ergaben sich folgende Bewertungen der VP-Begründungen der Lösungsfiguren hinsichtlich eines funktionalen und / oder prädikativen Charakters (Tab. 3.5). Auffällig ist, dass die Lösungsfigur zu a05 im Wesentlichen prädikativ und die Lösungsfigur zu a06 im Wesentlichen funktional begründet worden ist, was jeweils durch die Konstruktion der Aufgaben nahegelegt ist. VP04, VP06, VP10, VP12 fallen durch häufige prädikative Argumentationen auf; VP02, VP05, VP09, VP11 durch häufige funktionale Argumentationen. VP01 gehört tendenziell eher zu den prädikativen Argumentieren; VP08 tendenziell eher zu den funktionalen Argumentieren. VP03 und VP07 argumentieren eher ausgewogen, sowohl prädikativ als auch funktional. Zehn der zwölf VP weisen also nach dem Expertenrating eine Vorliebe entweder für funktionales oder für prädikatives Argumentieren auf, acht von ihnen sogar eine sehr ausgeprägte Vorliebe.
Anmerkung: Bei der Analyse der verbalen Begründungen der Lösungsfiguren ist zu beachten, dass VP11 insofern besonders auffällig ist, als dass sie sich immer extrem kurz fasst, dafür aber reichhaltig Gestik einsetzt. Weiter fällt auf, dass VP08 sich vergleichsweise sehr lange Zeit nimmt, eine Aufgabe zu überdenken, mit dem Ergebnis, dass sie dann auch sehr viel zu der Aufgabe zu bemerken hat; zumeist sowohl prädikative wie auch funktionale Aspekte.

	a00			a01			a02			a03			a04			a05			a06			a07			a08		
VP01	+	*p*		-	$p^{f'}$		-	$p^{f'}$		+	**f**		+	$p^{f'}$		+	**f**	T97	+	**f**		+	*p*		+	fp	
VP02	+	**f**		+	$\mathbf{f}^{p}$		+	$p^{f'}$	T79 B82	+	**f**		+	$\mathbf{f}^{p'}$		-	*p*		+	**f**		+	*p*	T108	+	**f**	
VP03	+	p^{f}		+	fp		+	$\mathbf{f}^{p}$	B81	+	**f**		+	pf		+	*p*		+	**f**		+	*p*		+	**f**	B114
VP04	+	*p*		+	*p*	T72	+	$\mathbf{f}^{p}$		-	*p*	T83	-	*p*	T90	+	*p*	T95 B99	-	*p*	T104 B106	+	$\mathbf{f}^{p}$		+	*p*	B116
VP05	-	*p*		+	pf	T73 B76	+	**f**	T78 B81	+	**f**	T85	+	**f**	T91	+	*p*	T96 B102	-	**f**	T104	+	**f**	T109	+	**f**	
VP06	+	**f**		+	*p*	T72	+	*p*	T78	-	*p*	T84	-	*p*	T90	+	*p*	T96	-	**f**	T105 B106	+	*p*		+	**f**	T114 B114
VP07	-	**f**	T70 B71	+	pf		-	**f**	T79	+	*p*		-	*p*		+	*p*		+	**f**	T104 B106	+	*p*	T107 B110	+	*p*	B116
VP08	+	**f**		+	*p*		+	**f**		+	p^{f}	T84 B89	+	$\mathbf{f}^{p}$		+	*p*		+	**f**		+	**f**		+	**f**	
VP09	+	*p*		+	$\mathbf{f}^{p'}$	T73 B77	+	**f**	B81	+	**f**	T85 B86	-	**f**	T92	+	*p*		+	**f**		+	**f**		+	**f**	T112
VP10	+	*p*		+	p^{f}	T74 B75	+	$\mathbf{f}^{p}$		-	*p*	B87	+	$p^{f'}$		+	p^{f}		-	**f**		+	*p*		+	*p*	T111 B116
VP11	+	*p*		+	pf		+	**f**		+	**f**	T85 B86	+	**f**	T91 B94	+	*p*		+	**f**	B106	+	**f**	B110	+	**f**	T113 B115
VP12	+	*p*	T70 B71	-	*p*		-	*p*	T80	-	*p*		-	*p*	T90 B93	+	*p*		-	*p*	T103 B106	+	*p*	T107 B110	+	*p*	B116

Tab. 3.5: Qualitative Analyse der Begründungen der Lösungsfiguren.

Erklärungen zur Tabelle:

- Ein hochgestelltes f bzw. p zeigt an, dass diese Art der Argumentation zwar vorkommt, aber wenig ausgeprägt ist; bei einem hochgestellten f ' bzw. p ' ist die Ausprägung noch geringer.
- fp bzw. pf je nach Reihenfolge des Auftretens in der Argumentation bei gleicher Gewichtung.
- +: „korrekte“ Lösungsfigur; -: „fehlerhafte“ Lösungsfigur
  Die Aufgaben sind so konstruiert, dass eine eindeutige Lösungsfigur das Bild logisch stimmig mit einem einfachen, durchgängigen Bildungsgesetz vervollständigt.
- Txx: Transkriptstelle siehe Einzelanalyse Seite xx; Bxx: Blickpfade siehe Einzelanalyse Seite xx.

Als Grundlage für das Expertenrating wurde eine Übersicht mit potentiellen Argumentationsmustern herangezogen (Tab. 3.6).

a00: „Einführungsaufgabe“ 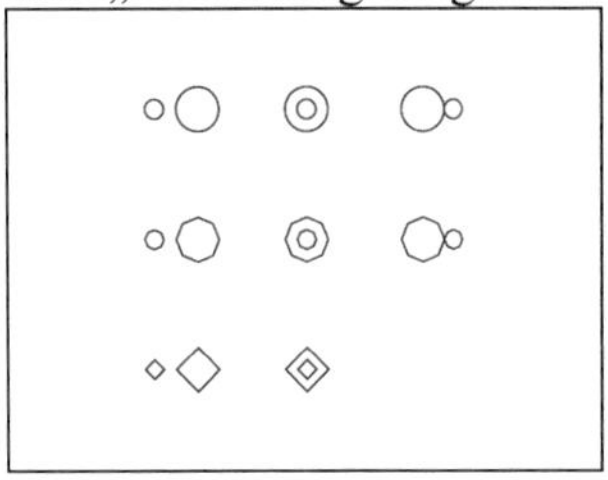	**f**	Kleine Figur wandert durch die Große
	p	Kleine Figur befindet sich relativ zur großen links, mittig, rechts
a01: „Mercedesstern“ 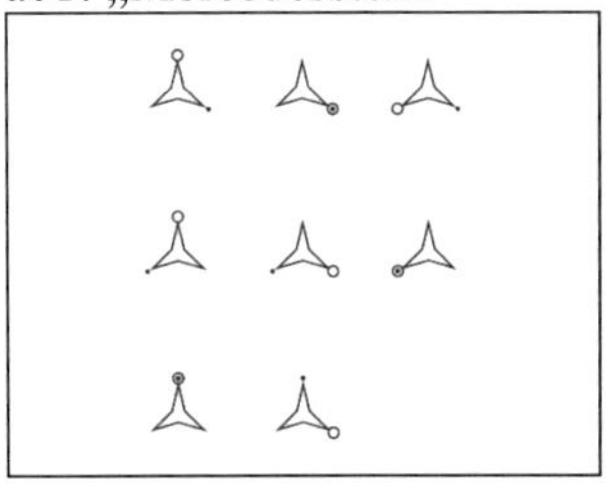	**f**	Punkt wandert spaltenweise, Kreis wandert zeilenweise
	p	Punkt zeilenweise konstant, Kreis spaltenweise konstant
	pf	1. (Problem: Leserichtung von links nach rechts) Zeilenweise: Punkt an konstanter Pos., Kreis an unterschiedlicher Pos. Spaltenweise: Kreis an konstanter Pos., Punkt an unterschiedlicher Pos. 2. „Mengen“-Bildung mit Drehung innerhalb der „Menge“
a02: „Balken” 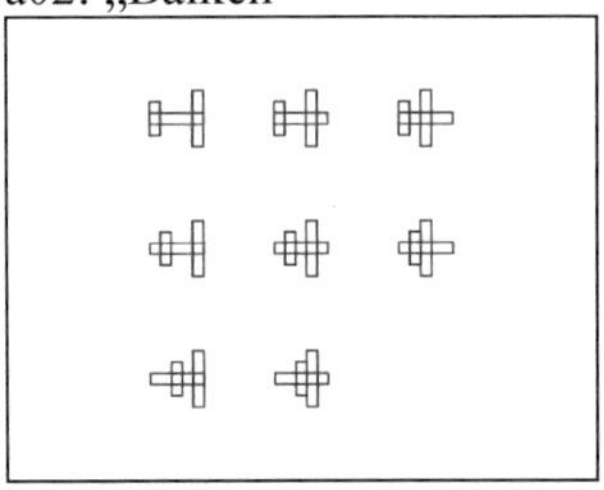	**f**	Kleiner Balken wandert spaltenweise, großer Balken wandert zeilenweise dynamisch: *zwei* Bewegungsschritte
	p	Kleiner Balken zeilenweise konstant, großer Balken spaltenweise konstant statisch: *drei* Ortszustände
	pf	(Problem: Leserichtung von links nach rechts) - analog a01
a03: „Stabdrehen“ 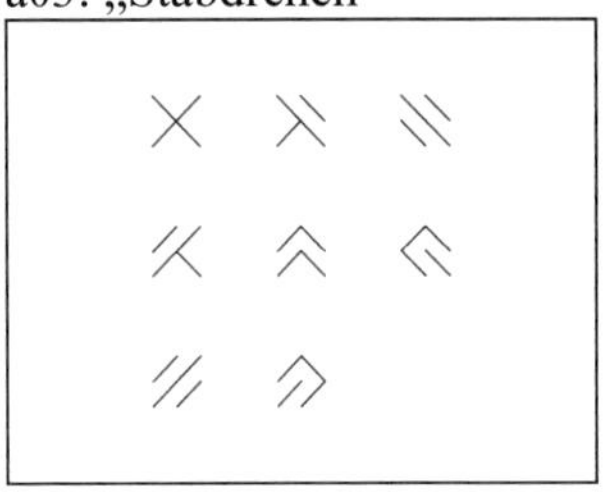	**f**	Teilstriche drehen sich zeilen- und spaltenweise
	p	Zeilen- und spaltenweise bleibt je eine Diagonale konstant
	pf	Zeilenweise: Zwei Striche in identischer Lage, zwei Striche in unterschiedlicher Lage Spaltenweise: Zwei Striche in identischer Lage, zwei Striche in unterschiedlicher Lage

Aufgabe		
a04: „Blumenaufgabe“ 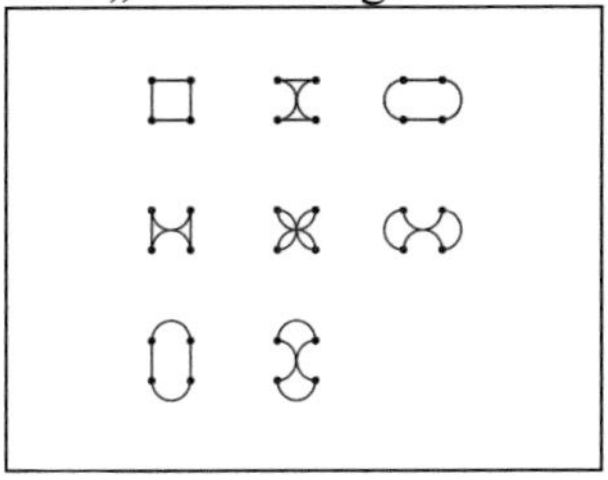	**f**	Deckel und Boden werden spaltenweise erst nach innen gezogen, dann nach außen Seiten werden zeilenweise erst nach innen gezogen, dann nach außen
	p	Deckel und Boden bleiben zeilenweise konstant Seiten bleiben spaltenweise konstant
	pf	(Problem: Leserichtung von links nach rechts) Zeilenweise: Deckel/Boden konstant, Seitenwände variabel Spaltenweise: Seitenwände konstant, Deckel/Boden variabel
a05: „Hausaufgabe“ 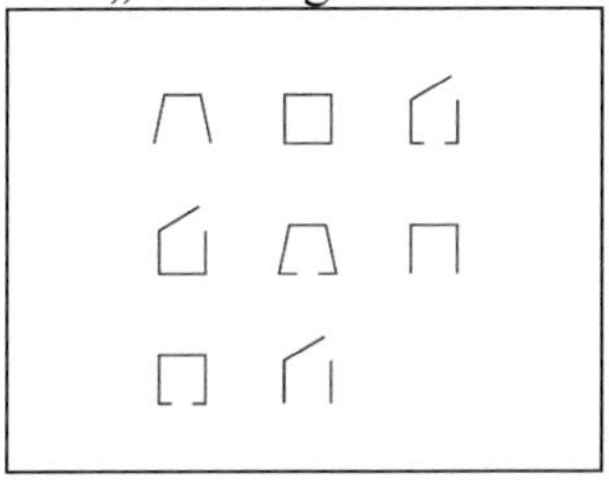	**f**	Keine in sich stimmige Argumentation bekannt Ansatz: Böden wachsen zu
	p	1. Gleichverteilung von Eigenschaften der Deckel, Böden, Seiten in Zeilen und Spalten 2. Gleichverteilung von Eigenschaften der Böden und der darauf gestellten Kästen in Zeilen und Spalten 3. Dreiermengenbildung
a06: „Punkt am Kreuz“ 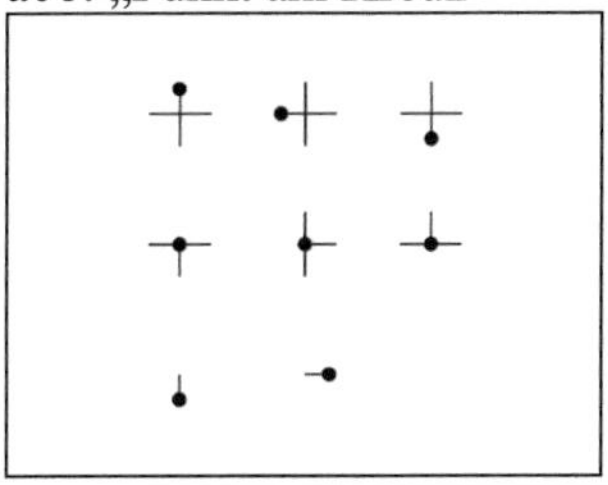	**f**	Das Gesamtobjekt dreht sich jeweils zeilenweise Der Punkt rutsch spaltenweise nach unten und nimmt dabei Striche weg
	p	Keine in sich stimmige Argumentation bekannt Ansatz: in der letzten Zeile fehlt an dem Punkt der Strich, der noch nicht da war im Bezug auf die mittlere Zeile
a07: „Gummiband“ 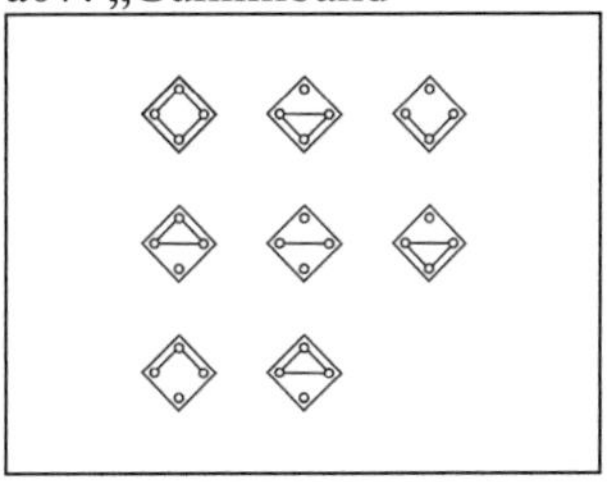	**f**	Zeilenweise wird das Gummiband nach unten gezogen, spaltenweise nach oben
	p	1. Zeilen- und spaltenweise bleibt jeweils ein Teilstück der inneren Figur konstant 2. Paarbildung

a08: „X“ 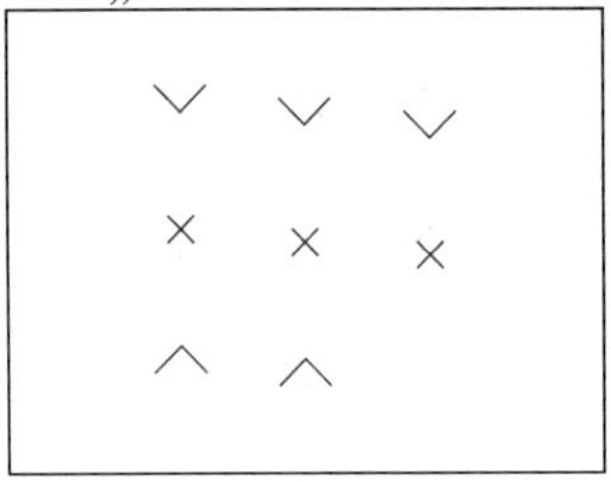	**f**	Zeilenweise rutscht die dicklinige Teilfigur nach unten, die dünnlinige nach oben; Spaltenweise verschieben sich die Seitenwände der dicklinigen Teilfiguren gegeneinander, gleiches gilt für die dünnlinigen Teilfiguren
	p	1. Paarbildung 2. Zeilenweise befinden sich die dick- bzw. dünnlinigen Teilfiguren an je drei verschiedenen Positionen (unten, Mitte, oben) Spaltenweise befinden sich die Größer-, Kleinerzeichen bzw. das Kreuz an je drei verschiedenen Positionen (links, Mitte, rechts); Alternativ: spaltenweise existieren zweimal drei unterschiedliche Grundformen (V, Kreuz, Dach) jeweils an der gleichen Position

Tab. 3.6: Potentielle für diese VP-Gruppe relevante Argumentationsmuster

Generell ist bei der Analyse von VP-Begründungen zu berücksichtigen, dass Ortsbeschreibungen von Figuren sowohl statisch als auch dynamisch erfolgen können (z. B. statisch: ist oben, ist unten; dynamisch: wandert von da [oben] nach da [unten]). Zusammenfassungen von Figuren zu Mengen können ebenfalls einen statischen oder dynamischen Aspekt haben (z. B. statisch: Objekte zusammenfassen, die sich nur in ihrer Bodeneigenschaft offen zu sein, halboffen zu sein, geschlossen zu sein unterscheiden; dynamisch: Objekte als ein Objekt gegeben zu verschiedenen Zeitpunkten auffassen, dessen Boden zusammenwächst). Bei der Analyse der Verwendung von Verben ist zu beachten, dass in jedem vollständigen, grammatikalisch korrekten deutschen Satz ein Verb vorkommt. Selbst wenn eine VP ein Verb benutzt, das keinen statischen Zusammenhang beschreibt (wie z. B. eine Figur liegt auf einer anderen), sondern ein Verb verwendet, das einen dynamischen Gehalt hat (wie z. B. eine Figur dreht sich um eine andere), folgt daraus nicht unmittelbar, dass eine funktionale, nicht aber eine prädikative Sichtweise vorliegt. Z. B. nutzt VP07 bei a08 die Verben *drehen*, *vertauschen* und *verdrehen*[66]. Trotzdem handelt es sich um eine prädikative Argumentation, denn VP07 nutzt diese Verben zur Beschreibung der Figuren, ohne dass sie einen durchgehenden Prozess der Entwicklung der Figuren ausdrückt (z. B. „dreht sich darum“ ist bei ihr als Beschreibung der Anordnung zu werten).

Die in Tab. 3.5 zusammengefassten Ergebnisse des Expertenrating beruhen auf detaillierten Einzelanalysen der VP-Begründungen. Um die Bewertungen an dieser Stelle einsichtig zu machen, werden im Folgenden zu allen VP-Begründungen Belegstellen angegeben, die die vorgenommenen Bewertungen rechtfertigen

[66] Vgl. Armbrust (2001b: Arb. 39.2), S. 12.

können (Tab. 3.7). Selbstverständlich muss für einen genaueren Nachvollzug jeweils die Gesamttranskriptstelle herangezogen werden.

VP01	a00	*p*	„in der zweiten Reihe war es dann gleich“, „wie das oben auch gewesen ist“
	a01	*p*	Dreiermengenbildung
		f	„dass das Ganze mit so 'nem dreiflügligen Wandern zu tun hat“, „dann habe ich sozusagen den offensichtlich fehlenden hier um 120 Grad gekippt“
	a02	*p*	„der kleine Querbalken ... stabil bleibt“
		f	„Das ist mir nicht ganz klar geworden ... dann habe ich mich nur noch darüber, ... so danach orientiert, was mit dem ... größeren Querbalken **passiert**, das er immer um eine, jeweils eine Stelle weiter nach links **wandert**.“ VP01 kann in der dritten Zeile diesen Prozess, dass tatsächlich um zwei Stellen gewandert wird, nicht durchspielen. „dann muss er, wenn er drei Stellen wandert“
	a03	**f**	„an welchen Stellen sich von diesen vier Strichen was **ändert**“
	a04	*p*	„die linke untere Reihe wie die rechte Spalte ... dat selbe sind“
		f	„was sozusagen beide Reihen {VP meint untere Zeile und rechte Spalte} zum Abschluss bringt ..., dass man diese nach innen geklappten Flügel auch nach außen **klappt**“
	a05	**f**	„die Diagonale ... die eine Leiste **verliert**.“, „die Diagonale ..., eine die zuwächst.“
	a06	**f**	„während der oben **fällt** ... im Gegenuhrzeigersinn **runterfällt**.“, „dass er im Gegenuhrzeigersinn **steigt**“
	a07	*p*	„spiegelverkehrt zu, zur obersten Reihe“
	a08	**f**	zeilenweise: „nach oben **wandert**“
		p	zeilenweise: „wobei dann die unterste Reihe ganz offensichtlich ... spiegelverkehrt ist ...“ (vgl. a07)
VP02	a00	**f**	zeilenweise: „**wandert** von links ...“ spaltenweise: „**verändern** sich die Formen“
	a01	**f**	„fängt dieser runde Große überall links an und **geht** einmal um die Figur“ / „muss ... hier aufhören, weil hier oben **angefangen** ist und **endet** dann also hier“
		p	„kleine schwarze Punkt ... unten rechts ... unten links ... oben“ „kleine schwarze Punkt ... immer auf der gleichen Stelle“
	a02	*p*	„links bleibt immer dieses, diese gleiche Form links“, „Und hier drei versetzt.“ (vgl. VP01)
		f	„**geht** dann drei nach links hier”
	a03	**f**	„dann **verändert** sich dieser zu dem “
	a04	*p*	„bleiben ... zwei Striche gleich“
		f	„**ziehen** sich die Figuren erst beim zweiten Mal ein, dann wieder aus.“
	a05	*p*	Deckel: „Dachformen“, „offen“ Böden: „Boden“, „fest“, „offen“, „fehlt“, „geschlossen“, „kleines Loch“, „großes Loch“, „zu“, „ganzes Loch“ Seiten: „Schrägen“
	a06	**f**	„**wandern** die Punkte von oben“
	a07	*p*	„die sind gleich und die sind gleich“
	a08	**f**	zeilenweise: „**wandert** ... der heller Strich nach oben und dieser nach unten ...“ spaltenweise: „**wandern** der dunkle und helle zusammen nach links und dieser helle und dunkle nach rechts“
	a00	*p*	„alles linksseitig“, „alles rechtsseitig“, „die Symbole sind die gleichen“
		f	„man kann sagen, er **wandert** rüber“
	a01	**f**	„Der **schwappt** einmal rüber“, „der **geht** einmal rüber“
		p	„Der Punkt bleibt immer gleich“
	a02	**f**	„der **schiebt** sich immer eine Einheit weiter rüber“
		p	„alles bleibt gleich, bis auf der große Balken“

VP03	a03	**f**	„wurde der hier **weggenommen**, der wurde in die waagerechte **gedreht**“
	a04	*p*	„Die Sachen bleiben immer gleich an der Seite“
		f	„[VP durchfährt die dritte Zeile und macht mit beiden Händen Bewegungen nach innen und außen.]“, „erst kommt der Kreis innen rein und dann **driftet** er wieder auseinander“
	a05	*p*	zeilenweise gleichmäßige Verteilung Deckel: „zu“ , „Quaderseiten“, „verkürzt“, „offen“, „steht nach oben hin ab“ Böden: „komplett offen“, „halb offen“, „komplett zu“ Seiten: „die Schräge“, „glatt“
	a06	**f**	„dann haben wir ne Linksdrehung ... nächste Drehung sind wir bis hier“
	a07	*p*	„aus Symmetriegründen“
	a08	**f**	zeilenweise: „**wandert** sozusagen von oben nach unten“ spaltenweise: nicht vorhanden
VP04	a00	*p*	„immer dieselben sind in der Reihe“, „einmal da außen“, „da in der Mitte“, „einmal rechts außen“
	a01	*p*	Ort "Punkt in der Mitte" vgl. zu anderen Orten
	a02	**f**	„je weiter man hier nach rechts geht, desto näher **rückt** der Stab **ran**“
		p	„bleiben immer gleich in diesen Reihen“
	a03	*p*	„in etwa gleich sind, nur einfach seitenverkehrt“ (Paarbildung)
	a04	*p*	Paarbildung (spiegeln, drehen)
	a05	*p*	Dreiermengenbildung: „drei verschiedene Formen“, jede Form hat drei unterschiedliche Böden
	a06	*p*	„Stab zeigt immer in eine Richtung in denen die vorausgegangenen ... überhaupt noch nicht ... hingezeigt haben“
	a07	**f**	„geht das hier nach oben, hier geht das einen mehr nach oben“, „dann geht's hier genauso wieder runter“
		p	„sieht genauso aus wie der“ (Paarbildung F11-F33)
	a08	*p*	Paarbildung (Eckfiguren) „hier sieht's auch etwa so aus“, „Sieht auch gleich aus“
VP05	a00	*p*	überall links das kleine Element“, „das kleine in dem großen Element“, „das kleine rechts neben dem Element“ (fehlerhafte Lösung: prädikativ unpräzise)
	a01	*p*	„der schwarze Punkt in jeder Zeile fix ist“
		f	„der Kreis ... im Uhrzeigersinn ... um die Spitzen geht“
	a02	**f**	„**geht** der kleine Balken ... also über die Spalten ... von links nach rechts. Und der große Balken von rechts nach links“
	a03	**f**	„wird es oben rechts **gedreht** der Balken und dann unten links“
	a04	**f**	„Die Seiten werden erst nach innen **gebogen**, dann nach außen **geklappt**.“
	a05	*p*	zeilenweise gleichmäßige Aufteilung - Bezeichnungsschwierigkeiten
	a06	**f**	„Jede Figur ist von Spalte zu Spalte ... **gedreht** ... gegen Uhrzeigersinn.“
	a07	**f**	„von Zeile zu Zeile wird das Gummiband oben **gelöst** und immer eine Stufe nach unten, d. h. oben, Mitte, unten **festgepinnt**“
	a08	**f**	zeilenweise: „werden die Figuren von oben nach unten bzw. von unten nach oben ineinander **geschoben**“ spaltenweise: „Von rechts nach links bzw. von links nach rechts **verschoben**.“
VP06	a00	**f**	„**geht** dieser kleine **durch** den quasi durch“
	a01	*p*	Punkt und Kreis statisch
	a02	*p*	statische Ortsbeschreibung der Lage der Balken „ganz links außen, hier halb links außen und hier halt in der Mitte“
	a03	*p*	„zwei gleiche, also zwei ähnliche Muster“ (ist verdreht)
	a04	*p*	„weil z. B. bei diesem Bild a04, das war das ja gerade davor“ (a03 „zwei ähnliche Muster“)
	a05	*p*	zeilenweise gleichmäßige Aufteilung: systematischer Bezug auf alle relevanten Eigenschaften genommen

VP	Aufgabe	Art	Äußerung
	a06	**f**	„das Ding **dreht** sich immer um einen bestimmten Punkt.“
	a07	*p*	„ein ähnliches Bild wie bei ... 04, 05.“ (VP bezieht sich tatsächlich hier auf a03 und a04) (Paarbildung) „das hier als Mittelpunkt ... die liegen sich wieder gegenüber“
	a08	**f**	zeilenweise: „Das Obere **rutscht** nach unten ... das Untere **rutscht** nach oben“ spaltenweise: „das habe ich gar nicht mehr beguckt.“
VP07	a00	**f**	„der kleinere Kreis von ... innen nach außen **wandert**“
	a01	*p*	„kleine schwarze Punkt immer oben sitzt“
		f	„der große **rumwandert**“
	a02	**f**	„weil der Längere jeweils weiter nach innen **läuft** und der Kleinere immer nach weiter nach rechts“
	a03	**f**	„weil hier immer der untere **weggebrochen** wird, sozusagen **gedreht** wird um 90 Grad.“
	a04	*p*	„Der in der Mitte bleibt stehen und alles andere wechselt sich ab.“ Paarbildung: „Also die drehen sich um 90 Grad.“
	a05	*p*	zeilenweise: „Viereck“, „Trapez“, „dieses mit dem Dach dadrauf“; „wobei die {Böden} natürlich unterschiedlich ... der Strich unterschiedlich lang ist“
	a06	**f**	„Weil der Punkt **wandert**.“, „die Zacken, dieses Kreuz immer, oder die Striche immer **weniger werden**“
	a07	*p*	„weil hier sich sozusagen alles spiegelt“ (Paarbildung)
	a08	*p*	„der Punkt in der Mitte ist sozusagen wieder fix“, „Diese beiden Reihen sind halt wieder identisch“
VP08	a00	**f**	„einmal hat sich die Position hier **verändert**“, „**schiebt sich** immer weiter **rüber**“
	a01	*p*	Punkt und Kreis statisch
	a02	**f**	„weil sich das **nie verschiebt**“, „weil es immer einen weiter **wandert**“
	a03	*p*	„und zwei Striche bleiben immer gleich“, „also entweder die beiden oder die beiden“, „bleiben diese beiden Striche gleich“, „bleiben die beiden Striche gleich“
		f	„erst **dreht** sich der eine und dann der andere“ bis aus einen Satz am Ende durchgehend prädikative Argumentation über jeweils zwei gleichbleibende Striche
	a04	**f**	„einmal **gehen** die zusammen, **ziehen** sich so zusammen und ein **ziehen** die sich so nach außen“
		p	„Die beiden gegenüberliegenden Seiten bleiben immer identisch“
	a05	*p*	gleichmäßige Verteilung: Deckel, Seiten, Boden Reihenfolge der Figuren („versetzt“)
	a06	**f**	„die Objekte **drehen** sich jeweils“
	a07	**f**	„Es kommt also nur auf die Striche an, die sich da **verändern**“, „im Prinzip **klappt** man dann, **geht** man dann von oben nach unten, **wandert** man so“, „dann **spannt** man das nach unten ...“
	a08	**f**	zeilenweise: „wenn ich das so **runterziehe**“; „das **geht** immer weiter nach unten bzw. das andere immer weiter nach oben“ spaltenweise: „**verschieben** sich die ... **verändern** ihre Position auch langsam zueinander“
VP09	a00	*p*	„hier sind diese Vierecke immer“, „ist genau das gleiche Zeichen, ... spiegelverkehrt und näher dran“
	a00	*p*	„hier sind diese Vierecke immer“, „ist genau das gleiche Zeichen, ... spiegelverkehrt und näher dran“
	a01	**f**	spaltenweise: „es **bewegt** sich die Kugel immer herum, die schwarze Kugel“ zeilenweise: „**wandert** ... diese Kugel rum“
		p	spaltenweise: „diese bleibt immer gleich“
	a02	**f**	„**geht** der hier **näher ran** ... **geht** nochmal **näher ran**“, „Von dieser Seite **geht** der Kleinere **näher dran**“
	a03	**f**	„der **dreht** sich einmal so rum und dann muss immer sich die Gegenseite so rum **drehen**“
	a04	**f**	„die Entgegensetzen werden immer **reingezogen**“

	a05	*p*	Die Lösungsfigur hat die Eigenschaften bzgl. Seiten, Boden, Deckel, die im Sinne einer gleichmäßige Aufteilung fehlen. (VP09 benutzt den Ausdruck „Reihe" sowohl für Spalten als auch für Zeilen.)
	a06	**f**	„Einmal, weil dieses sich einfach so **rumdreht**. Dann bei diesem, der **geht** von oben nach unten", „wenn er dann oben **ankommt**, so wie hier, dann **nimmt** er immer diese beiden Streifen mit."
	a07	**f**	„Weil hier **geht** dann dieser Strich in die Mitte rein und nach der Mitte **kommt** dann immer dies zusammen."
	a08	**f**	dritte Spalte: „Weil der Strich **wandert** nach da, der Strich **wandert** nach da." dritte Zeile: „**geht** Schwarz runter und leicht Schwarz nach oben", „sich das einfach **verrückt** hat"
VP10	a00	*p*	„die kleine Figur ist erst außen links, dann bei dem mittleren ist die innen drin und außen ist die halt rechts dran"
	a01	*p*	Dreiermengenbildung
		f	„Weil man die Dinger immer **drehen** kann"
	a02	**f**	„und der [VP zeigt auf den kleinen vertikalen Balken in F11] **geht** jeweils um einen Schritt weiter näher ran"
		p	„das ist ja immer ganz außen der lange Strich"
	a03	*p*	„zweimal vorhanden", „um 30 Grad verschoben" (Paarmengenbildung)
	a04	*p*	„sind die Striche als Kurve nach innen gemalt", „Weil das ja ganz unten steht, muss das ja jeweils nach außen sein."
		f	„hier **geht** das dann auch da nach außen"
	a05	*p*	Dreiermengenbildung: „Quadrat", „Figur", „diesem"
		f	„wird ein Stück **rausgenommen**", „wird der unterste Strich **rausgenommen**"
	a06	**f**	„die kann man nach links **drehen** die ganzen Sachen."
	a07	*p*	„hier ist das entgegengesetzt", „Und hier ist das immer unten." VP hat auch vier Punkte ohne Verbindungslinien in Erwägung gezogen („oder vielleicht ganz weg").
	a08	*p*	„ist ... gespiegelt" (Paarmengenbildung)
VP11	a00	*p*	„ist dasselbe immer und das ist auch dasselbe, halt nur eben rechts da dran"
	a01	*p*	„der kleine Punkt bleibt immer gleich"
		f	„Und der **wandert**."
	a02	**f**	„der große Querbalken, der **verschiebt** sich immer eins nach links und der, mhm, also der fängt da an."
		p	„Quatsch, das ist auch noch falsch. Moment. Zwei, drei, der bleibt immer gleich" (VP11 verbessert seine ursprüngliche Lösungsfigur.)
	a03	**f**	„**verschiebt** sich erst und danach der", „**dreht** sich praktisch"
	a04	**f**	„die **gehen** also als Kreis nach innen und dann nach außen"
	a05	*p*	Die Lösungsfigur hat die Eigenschaften bzgl. Seiten, Boden, Deckel, die im Sinne einer gleichmäßige Aufteilung fehlen. „was hier fehlt"
	a06	**f**	„das ist praktisch immer 90 Grad gegen den Uhrzeigersinn."
	a07	**f**	„Da **gehen** diese beiden erstmal zur Mitte und dann nach unten jeweils."
	a08	**f**	zeilenweise: „Das **geht** jeweils eine Stufe praktisch runter" spaltenweise: nicht vorhanden
VP12	a00	*p*	„ist der immer davor", „Da ist er in der Mitte und da ist er dahinter"
	a01	*p*	„pro Zeile ist jeweils ein Punkt"
	a02	*p*	„das soll ein Abstand von zwei sein dazwischen wie hier die beiden zwei"
	a03	*p*	„von jeder Sorte sind zwei. Einmal senkrecht nach oben hin, schräg nach rechts"
	a04	*p*	„Es gibt jeweils zwei", „passen zusammen, sind aber nur um, äh, 90 Grad gedreht."
	a05	*p*	Dreiermengenbildung: „Hauptfigur", „gibt immer drei Bestandteile" (VP12 bezieht sich dabei auf die Bodenarten.)

	a06	*p*	Die Ausrichtung der Figuren bezogen auf den Punkt muss in jeder Zeile ordnungsgemäß eingehalten werden.
	a07	*p*	„Weil es sind von jeder Sorte zwei.“ (Paarbildung)
	a08	*p*	„diese beiden passen zusammen“ (Paarbildung)

Tab. 3.7: Auszüge zur Bewertung der VP-Begründungen. (Stärke der Ausprägung von **f** bzw. *p* ist bei diesen Belegstellen nicht extra ausgewiesen; dies ist erst bei der Erstellung der Übersichtstabelle – Tab. 3.5 – erfolgt.)

Im Folgenden werden wir auf einige spezifische Argumentationen der VP näher eingehen und dabei gegebenenfalls auch ihre Blickpfade mit untersuchen (siehe Tab. 3.5).

3.2.2.2 Einzelfallanalyse von Begründungen und Blickpfaden zu a00

Der Schwierigkeitsgrad dieser Aufgabe ist als gering einzuschätzen, wie auch die Bearbeitungszeiten der VP zeigen (vgl. Tab. 7.1 auf Seite 219). Der Sinn dieser Aufgabe besteht im Kennenlernen der Aufgabenstellung und nicht im problemlösenden Bearbeiten, d. h. insbesondere, dass eine Analyse der Lösungsargumentation bei dieser Aufgabe nicht sehr aufschlussreich sein kann.

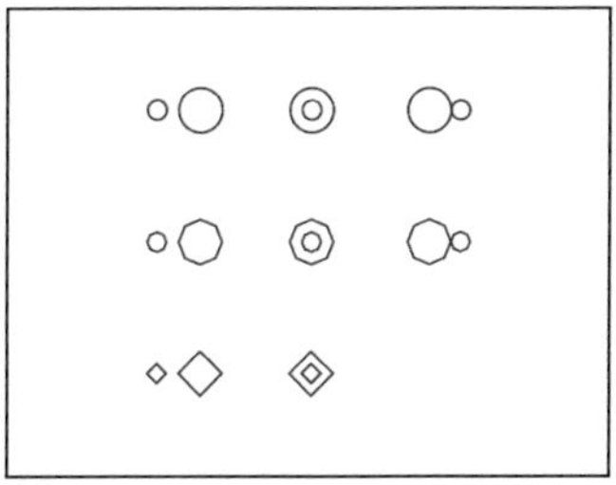

Abb. 3.10: QuaDiPF a00.

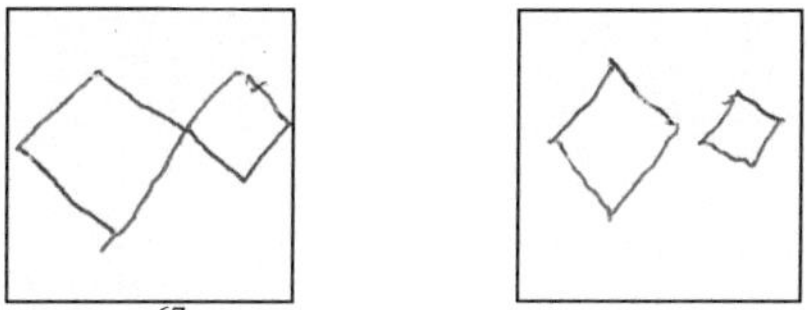

a) VP α[67] b) VP05, VP07

Abb. 3.11: Lösungsfiguren QuaDiPF a00.

	VP-Gruppe		Abb. 3.11 a)		Abb. 3.11 b)	
N	12		10		2	
Minimum	25,72 s	VP11	25,72 s	VP11	27,61 s	VP05
Maximum	79,43 s	VP12	79,43 s	VP12	28,55 s	VP07
Mittelwert	35,67 s		37,19 s		28,08 s	
Median	29,21 s		31,42 s		28,08 s	
StdAbw	15,16 s		16,30 s		0,67 s	

Tab. 3.8: Bearbeitungszeiten QuaDiPF a00.

[67] VP α: Alle anderen Versuchspersonen außer den explizit genannten. (vgl. Abkürzungsverzeichnis auf Seite 290)

Zur Argumentationsanalyse

Die Überlegungen von VP12 (Trans. 3.1) führen tatsächlich zur in Abb. 3.11 linken Lösungsfigur (BZ: 79,43 s).

> Ich begründe das aus dem Grund, weil hier [VP durchfährt die erste Spalte von oben nach unten.] dieser kleine Kreis [VP zeigt auf den kleinen Kreis in F11.] immer vor diesem [VP zeigt auf den großen Kreis in F11.] kleinen Kreis, vor dem großen Kreis ist. Hier [VP durchfährt die zweite Spalte von oben nach unten.] ist er da drin und hier [VP durchfährt die dritte Spalte von oben nach unten.] ist er dahinter. [I: Ja.] Oder war das verkehrt oder Spalten oder Zeilen bezogen? [I: Nein, du sollst es sowohl spalten- als auch zeilenbezogen erklären.] Ja, also spaltenbezogen [VP durchfährt die erste Spalte von oben nach unten.] ist der immer davor [VP durchfährt die erste Spalte von oben nach unten.] [I: Ja.]. Da [VP durchfährt die zweite Spalte von oben nach unten.] ist er in der Mitte und da [VP durchfährt die dritte Spalte von oben nach unten.] ist er dahinter [I: Ja.]. Und da [VP durchfährt die erste Zeile von links nach rechts.] sind Kreis, wie man das [VP durchfährt die zweite Zeile von links nach rechts.] nennt, sind Achtecke oder. Und das [VP durchfährt die dritte Zeile von links nach rechts.] sind, ähm, Bögen, üh, sind Quadrate [I: Ja.] dahinter. Und deswegen mache ich das so [VP durchfährt die dritte Spalte von oben nach unten und die dritte Zeile von links nach rechts.].

Trans. 3.1: Transkriptausschnitt QuaDiPF VP12 a00.

VP07 kommt zur in Abb. 3.11 rechten Lösungsfigur, die sie wie folgt begründet (BZ: 28,55 s):

> Naja, zum einen, weil in jeder Zeile [VP durchfährt die erste Zeile.] von der, der Kreis sozu, der kleinere Kreis von, von, von innen nach außen wandert. [I: Mhm.] Ja, und weil's in der Senkrechten [VP durchfährt die dritte Spalte.] in der Spalte [VP durchfährt die dritte Spalte.] eben jeweils der Kreis außen ist. Hätte ich jetzt so gesagt.

Trans. 3.2: Transkriptausschnitt QuaDiPF VP07 a00.

Bei einer funktionalen kognitiven Strategie kann es passieren, dass die dynamische Wanderbewegung des kleineren Teils der Figur durch den größeren im Vordergrund steht und die exakte Position der Teile zueinander vernachlässigt und am Ende auch nicht überprüft wird. Außer VP07 hat auch noch VP05 eine solche Lösungsfigur angegeben.[68] Weder VP07 noch VP05 fallen im gesamten Verlauf der Untersuchungen durch typisches prädikatives Verhalten auf. Insbesondere erweist sich VP05 als sehr leistungsstark bei funktionalen Überlegungen (BZ: 27,61 s).

[68] Vgl. Armbrust (2001a), S. 56 und Armbrust (2001b), S. 3.

Zur Blickpfadanalyse

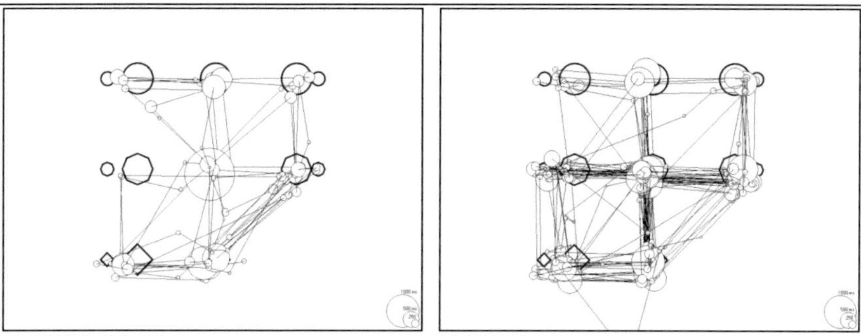

a) VP07: 28,55 s b) VP12: 79,43 s

Abb. 3.12: Blickpfade a00 VP07 und VP12.
a) VP07 Gesamt: 28,55 s
b) VP12 Gesamt: 79,43 s

Der Vergleich der Blickpfade von VP07 und VP12 (Abb. 3.12) weist auf unterschiedliche Herangehensweisen hin. VP07 betrachtet im besonderen Ausmaß F23 und F32 unter Berücksichtigung von F31, während VP12 sich stärker auch in den Zeilen und teils den Spalten orientiert. Relativ betrachtet gilt das Interesse von VP12 besonders der zweiten Zeile sowie F22 und F32.

3.2.2.3 Einzelfallanalyse von Begründungen und Blickpfaden zu a01

Die sehr unterschiedlichen Bearbeitungszeiten (Tab. 3.9; vgl. Tab. 7.1) weisen auf einen unterschiedlichen Schwierigkeitsgrad hin, der mit a01 für die VP gegeben ist.

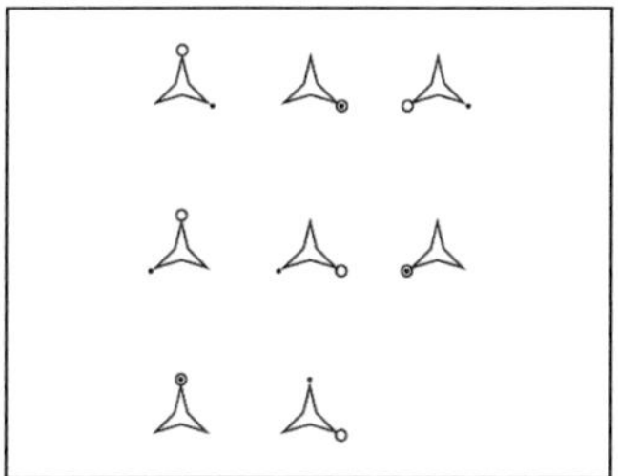

Abb. 3.13: QuaDiPF a01.

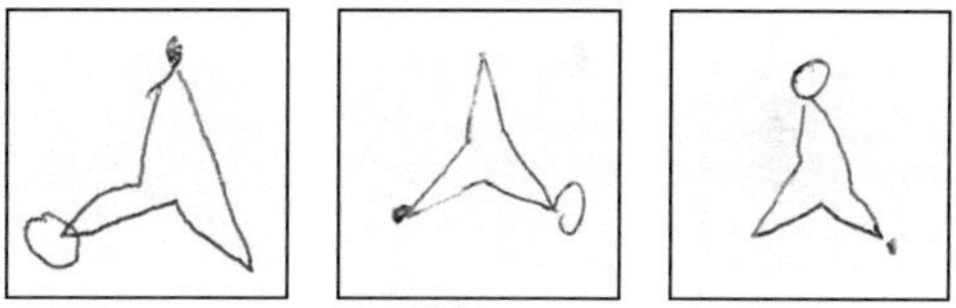

a) VP α b) VP01 c) VP12

Abb. 3.14: Lösungsfiguren QuaDiPF a01.

<table>
<tr><td></td><td colspan="2">VP-Gruppe</td><td colspan="2">Abb. 3.14 a)</td><td colspan="2">Abb. 3.14 b)</td><td colspan="2">Abb. 3.14 c)</td></tr>
<tr><td>N</td><td colspan="2">12</td><td colspan="2">10</td><td colspan="2">1</td><td colspan="2">1</td></tr>
<tr><td>Minimum</td><td>15,76 s</td><td>VP05</td><td>15,76 s</td><td>VP05</td><td rowspan="2">43,78 s</td><td rowspan="2">VP01</td><td rowspan="2">200,57 s</td><td rowspan="2">VP12</td></tr>
<tr><td>Maximum</td><td>200,57 s</td><td>VP12</td><td>150,65 s</td><td>VP11</td></tr>
<tr><td>Mittelwert</td><td>88,35 s</td><td rowspan="3"></td><td>81,59 s</td><td rowspan="3"></td><td colspan="2" rowspan="3"></td><td colspan="2" rowspan="3"></td></tr>
<tr><td>Median</td><td>99,02 s</td><td>99,02 s</td></tr>
<tr><td>StdAbw</td><td>60,15 s</td><td>52,46 s</td></tr>
</table>

Tab. 3.9: Bearbeitungszeiten QuaDiPF a01.

<u>*Zur Argumentationsanalyse*</u>

Die verbalen Argumentationen der 12 VP bei dieser Aufgabe beruhen mit einer Ausnahme, auf die später noch eingegangen wird, in der Regel auf der Zerlegung der Grundfigur in das an einen Dreispitz erinnernde mittige Objekt, in einen Kreis und in einen Punkt. Die Lösungsargumentation bezieht sich dann im Wesentlichen auf die Position des Kreises und des Punktes in den verschiedenen Figuren.

Prädikative Überlegung

Bei einer typischen Bearbeitung, die auf einer eher prädikativen Logik beruht, wird über die gleichbleibende Position des Kreises in den Spalten und eine gleichbleibende Position des Punktes in den Zeilen argumentiert. Beispielsweise bietet die VP04 eine Lösung, die auf dieser Idee basiert (BZ: 21,05 s).

> Also das Ding [VP zeigt auf den großen Kreis in F33.] gehört da hin, weil hier [VP zeigt nacheinander auf die großen Kreise in F13, F23 und F33.] alle in so einer Reihe sind und hier [VP zeigt auf den großen Kreis in F22.] immer zwei, äh, äh solche Kreise und so ein Kreis mit 'nem Punkt drin [VP zeigt auf den Kreis mit Punkt in F12.] ist. Und das Ding [VP zeigt auf den Punkt in F33.] gehört da hin, ja, das weiß ich gar nicht, ähm, ja richtig, weil hier [VP zeigt auf den Punkt in F11.] einmal so, äh, so 'n, die Dinger immer in die Richtung zeigen [VP zeigt auf den Punkt in F11 und F13.] und hier [VP zeigt kurz auf die Punkte in der zweiten Zeile.] einmal in die Richtung und hier [VP zeigt auf die Punkte in der dritten Zeile.] dann immer beides mal nach oben. Würd' ich einfach mal sagen.

Trans. 3.3: Transkriptausschnitt QuaDiPF VP04 a01.

Eine vom Prinzip ähnliche Lösung, die aber beim ersten Lesen offensichtlicher einleuchtet, bietet die VP06 (BZ: 98,80 s).

> Äh, du hast ja gesagt spalten- und zeilenweise. Und, ähm, also ich hab jetzt darauf geachtet, dass es halt spaltenweise ist hier [VP zeigt auf die erste Spalte.] immer, ne, der Große [VP zeigt auf den großen Kreis in der ersten Spalte.] oben, äh, der Große [VP zeigt auf den großen Kreis in der zweiten Spalte.] rechts und dann hier wahrscheinlich der Große [VP zeigt auf den großen Kreis in der dritten Spalte.] links unten. Und, äh, zeilenweise habe ich jetzt den, den Kleinen genommen [VP zeigt auf die erste Zeile.] immer halt rechts unten [VP zeigt auf den kleinen Punkt in der ersten Zeile.], links unten [VP zeigt auf den kleinen Punkt in der zweiten Zeile.] und hier oben [VP zeigt auf den kleinen Punkt in der dritten Zeile.].

Trans. 3.4: Transkriptausschnitt QuaDiPF VP06 a01.

Funktionale Überlegung

Neben diesen Lösungsargumentationen, die auf der konstanten Eigenschaft der Positionsgleichheit beruhen, gibt es noch Lösungen, die eine eher funktionale Sichtweise eines Wanderungsprozesses des Kreises innerhalb einer Zeile und bzw. oder eines Wanderungsprozesses des Punktes innerhalb einer Spalte zur Grundlage haben. In einer besonders ausgeprägten Form wird eine solche Lösungsfigur von der VP09 angeboten (BZ: 34,49 s).

> Warum? Weil es bewegt sich die Kugel [VP zeigt im Uhrzeigersinn auf die drei Ecken in F13.] immer herum, die schwarze Kugel. Einmal geht sie von da [VP zeigt auf die rechte untere Ecke in F13.] nach da [VP zeigt auf die linke untere Ecke in F13.] und dann geht sie von da [VP zeigt auf die linke untere Ecke in F23.] nach da [VP zeigt auf die obere Ecke in F23.] und dann ist sie hier oben [VP zeigt auf die obere Ecke in F33.]. [I: Mhm.] Und diese [VP zeigt auf den Kreis in der dritten Spalte.] bleibt immer gleich und hier wandert die Kugel [VP zeigt auf den Kreis in F32.], diese Kugel [VP zeigt auf den Kreis in F31.] rum [VP zeigt im Uhrzeigersinn die Ecken von F31 und F32.], oh, die größere Kugel und ist dann links unten [VP zeigt auf den Kreis in F33.].

Trans. 3.5: Transkriptausschnitt QuaDiPF VP09 a01.

Die VP09 beschreibt hier eine Bewegung der „Kugel“, sie meint damit den Punkt in der dritten Spalte. Nach einem kurzen Einwurf, dass „diese immer gleich bleibt“, der sich auf den Kreis in der dritten Spalte bezieht, beschreibt sie die Wanderung der „Kugel“ – „dieser Kugel“, dieses Mal meint sie damit den Kreis in der dritten Zeile. Interessanterweise benutzt sie bei ihrer Lösungsbegründung den Begriff Kugel sowohl für den Punkt als auch für den Kreis, obwohl es offensichtlich in Bezug auf ihre Eigenschaften keine gleichen Objekte sind. Weiterhin unterstützt sie durch ihr Deuten auf das Aufgabenblatt nonverbal die verbale Argumentation auf der Grundlage einer Bewegung bzw. Wanderung, die offensichtlicher Weise auf dem statischen Aufgabenblatt nicht dargestellt ist.

Weitere Vorkommnisse

Es gibt auch einige VP, die eine Mischargumentation heranziehen, d. h. sie argumentieren sowohl mit der Konstanz in der Lage eines Objektes als auch mit einer Bewegung des jeweils anderen Objektes. Ein Beispiel stellt die Lösung der VP05 dar (BZ: 15,76 s).

> Weil der schwarze Punkt [VP zeigt auf den Punkt in F13.] in jeder Zeile fix ist und der Kreis [VP zeigt auf den Kreis in F31.] im Uhrzeigersinn nach, ja, im Uhrzeigersinn [VP macht mit der rechten Hand eine Kreisbewegung im Uhrzeigersinn], äh, um die Spitzen geht.

Trans. 3.6: Transkriptausschnitt QuaDiPF VP05 a01.

Analog zur Lösung der VP05 mit der Begründung des feststehenden Punktes und des sich im Uhrzeigersinn um die Grundfigur bewegenden Kreises innerhalb einer Zeile, könnte man auch eine Argumentation in den Spalten angeben, bei der der Kreis konstant bleibt und sich der Punkt dreht. Interessanterweise wird von den VP, die eine solche Mischargumentation verwenden, die Begründung in der Zeile der Begründung in der Spalte vorgezogen. Konkret wählen in der hier beschriebenen VP-Gruppe fünf Teilnehmer eine solche Mischargumentation über die Zeile und kein Teilnehmer eine analoge Lösung über die Spalte. Dieses Phänomen, dass die Zeilen den Spalten vorgezogen werden, taucht im Folgenden häufiger auf. Wir erklären es damit, dass unsere VP durch das von Kindheit an antrainierte zeilenweise Lesen von links nach rechts die Richtung der Lösungssuche beeinflusst. Eine Mischargumentation mit einem gewichtigen prädikativen Anteil gibt VP10 (BZ: 107,76 s). Sie konstruiert eine Ordnungsstruktur, indem sie je drei Objekte, die *nicht* in einer Zeile oder Spalte liegen, zu Dreiermengen zusammenfasst. Zunächst konzentriert sie sich auf das Objekt in der ersten Zeile, bei dem der Punkt in dem Kreis liegt und stellt fest, dass dieses Objekt auch in der zweiten und dritten Zeile auftaucht, nur mit dem Unterschied, dass sich die Position des Kreises mit dem inneliegenden Punkt jeweils „um einen“ (Trans. 3.7, Z. 4) geändert hat. Die VP benutzt zwar das Verb „drehen“, dies aber eher in einer abgehackten Weise und nicht als durchgehend kontinuierlichen Prozess; es ist die Zugehörigkeit eines Objekts zu einer Klasse, die im Vordergrund steht. Die beiden anderen Objektmengen werden analog behandelt, wobei das Besorgen der nächsten Figuren durch Nachlinksdrehen um das Zentrum entsteht.

Weil, jetzt muss ich mal kurz gucken, mhm sch... so 'ne Aufgaben liegen mir überhaupt nich, äh, absolut nicht. Weil man die Dinger [VP zeigt auf F12.] immer drehen kann [VP macht mit der Hand Halbkreisbewegung gegen den Uhrzeigersinn.]. Wenn ich diesen [VP zeigt auf die rechte untere Ecke in F12.] um einen nach da [VP macht Drehbewegung im Uhrzeigersinn zur linken unteren Ecke in F12.] hin drehe, taucht das hier [VP zeigt auf die linke untere Ecke in F23.] wieder auf. Wenn ich den [VP macht Drehbewegung im Uhrzeigersinn zur oberen Ecke in F23.] nochmal einen in die, nach links drehe, taucht der oben wieder auf [VP zeigt auf die obere Ecke in F31.] wieder auf. [I: Mhm.] Und wenn ich diesen [VP zeigt auf F11.] jetzt, nee, mache ich erst diesen [VP zeigt auf F13.], denn dieser kommt wieder. Wenn ich diesen [VP macht Drehbewegung im Uhrzeigersinn zur oberen Ecke in F13.] jetzt einen nach links drehe, taucht der hier [VP zeigt auf F21.] wieder auf, und wenn ich den nochmal nach links drehe, taucht der hier [VP zeigt auf F32.] wieder auf. Und wenn ich diesen [VP zeigt auf F11.] nach links drehe [VP macht Drehbewegung im Uhrzeigersinn über F11.], taucht der hier [VP zeigt auf F22.] wieder auf, und wenn ich nochmal nach links drehe [VP macht Drehbewegung im Uhrzeigersinn zur linken unteren Ecke in F22.], müsste es dieser [VP zeigt auf F33.] sein. [I: Mhm.] Ah, müsste ich aber [VP beginnt nachzuzeichnen.], ah, ah, [VP zeichnet nicht nach.] der Zeichnung ist ja egal.

Trans. 3.7: Transkriptausschnitt QuaDiPF VP10 a01.

<u>Zur Blickpfadanalyse</u>

Eine Analyse der Blickpfade bei dieser Aufgabe hilft in Bezug auf die Untersuchung der kognitiven Struktur der VP in den Fällen nicht weiter, in denen zeilen- und / oder spaltenweises Betrachten sowohl als Grundlage einer prädikativen wie auch als Grundlage einer funktionalen Überlegung dienen kann. Unterschiede zeigen sich gleichwohl zwischen einer Mengenbetrachtung wie bei VP10 (Abb. 3.15) und konsequenten Zeilen- und / oder Spaltenbetrachtungen, wie z. B. bei VP05 (Abb. 3.16) und VP09 (Abb. 3.17).

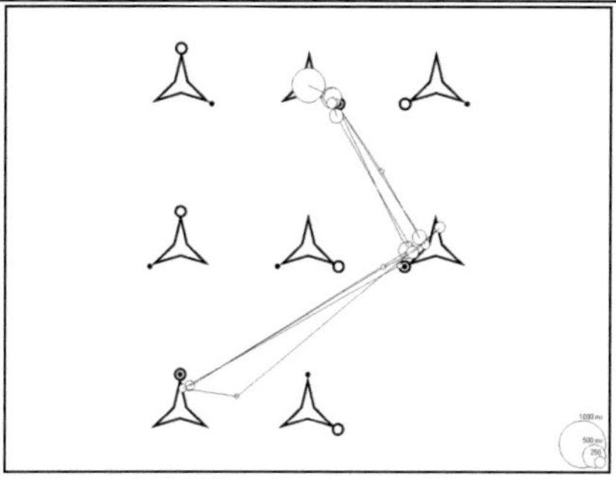

a) Start: 74,24 s ; Dauer: 5,52 s

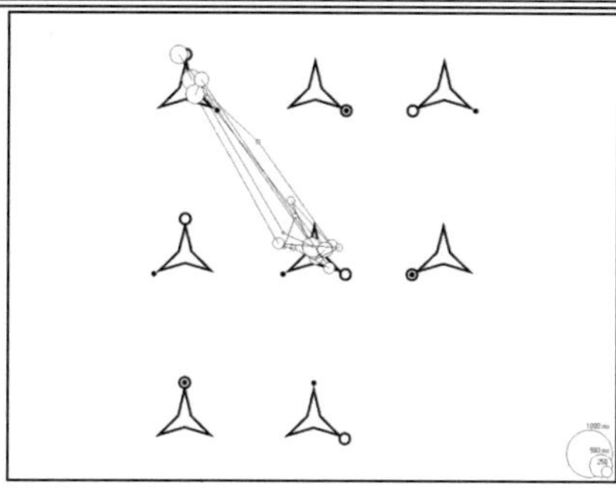

b) Start: 89,83 s ; Dauer: 4,86 s

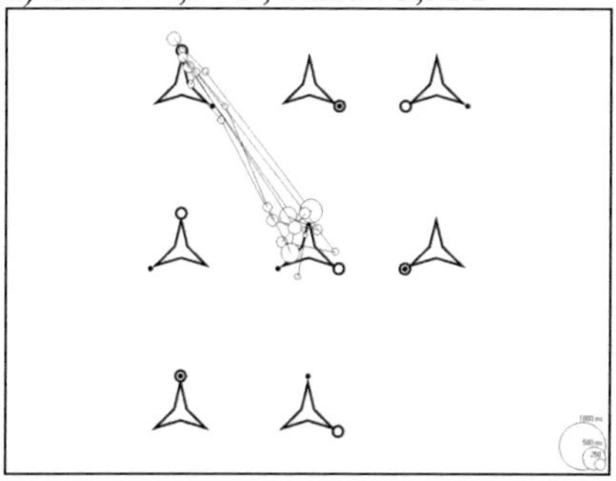

c) Start: 98,61 s ; Dauer: 5,42 s

Abb. 3.15: Blickpfade a01 VP10.

a) Start: 74,24 s Dauer: 5,52 s
b) Start: 89,83 s Dauer: 4,86 s
c) Start: 98,61 s Dauer: 5,42 s

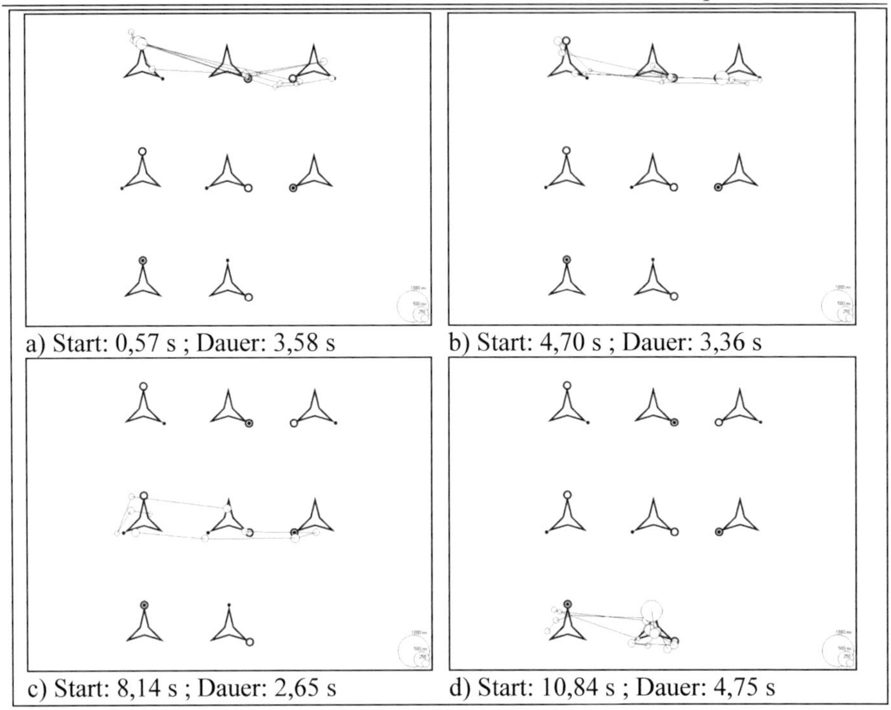

Abb. 3.16: Blickpfade a01 VP05.

a)	Start:	0,57 s	Dauer:	3,58 s
b)	Start:	4,70 s	Dauer:	3,36 s
c)	Start:	8,14 s	Dauer:	2,65 s
d)	Start:	10,84 s	Dauer:	4,75 s

Bei VP05 und VP09 sind die Blickpfade bis auf Übergänge vollständig angegeben, wie sich aus den Startzeiten und der jeweiligen Dauer ergibt.

In Abb. 3.16 analysiert VP05 zunächst zweimal die erste Zeile, dann die zweite und die dritte Zeile und kommt zu einer Lösungsfigur. Diese Blickpfade passen offensichtlich zu der von ihr gegebenen Lösungsbegründung (Trans. 3.6 auf Seite 73).

VP09 analysiert in Abb. 3.17 zunächst die beiden ersten Figuren in der ersten Spalte, dann die gesamte erste Spalte, um anschließend 20 Sekunden lang die dritte Zeile und die dritte Spalte zu untersuchen. Auch diese Blickpfade passen zur Lösungsbegründung (Trans. 3.5 auf Seite 73) der VP, die auf einer dynamischen Sichtweise sowohl in den Zeilen als auch in den Spalten basiert.

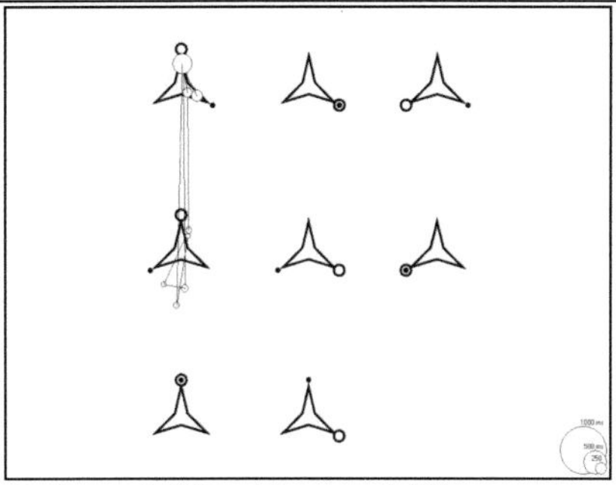

a) Start: 1,73 s ; Dauer: 1,97 s

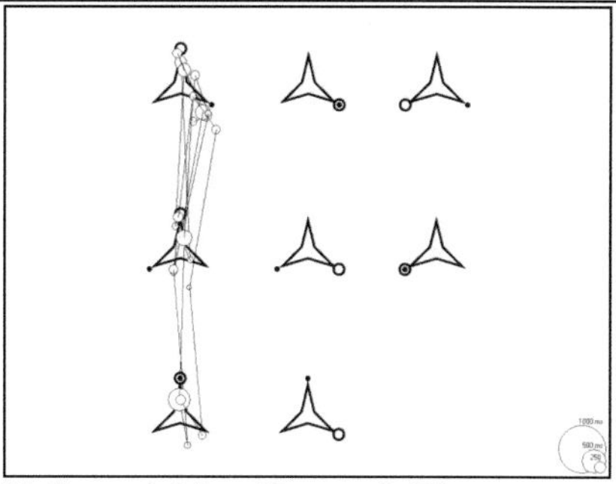

b) Start: 4,24 s ; Dauer: 5,27 s

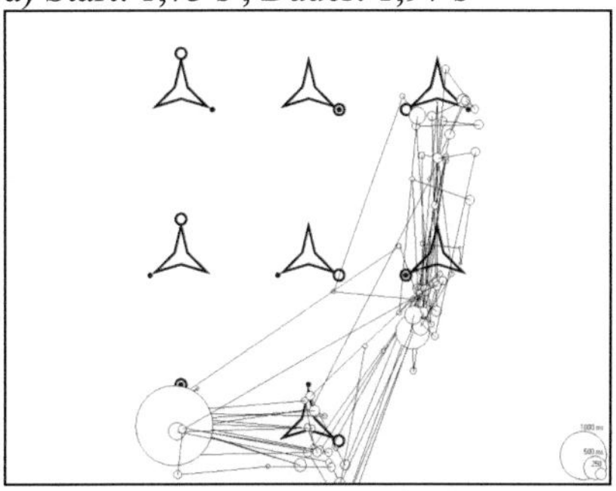

c) Start: 10,28 s ; Dauer: 24,21 s

Abb. 3.17: Blickpfade a01 VP09.

a)	Start: 1,73 s	Dauer: 1,97 s
b)	Start: 4,24 s	Dauer: 5,27 s
c)	Start: 10,28 s	Dauer: 24,21 s

3.2.2.4 Einzelfallanalyse von Begründungen und Blickpfaden zu a02

Diese Aufgabe wird insgesamt sehr zügig bearbeitet. Es wird der zweitkleinste Wert der Mediane bei den Bearbeitungszeiten (Tab. 3.10; vgl. Tab. 7.1) erreicht.

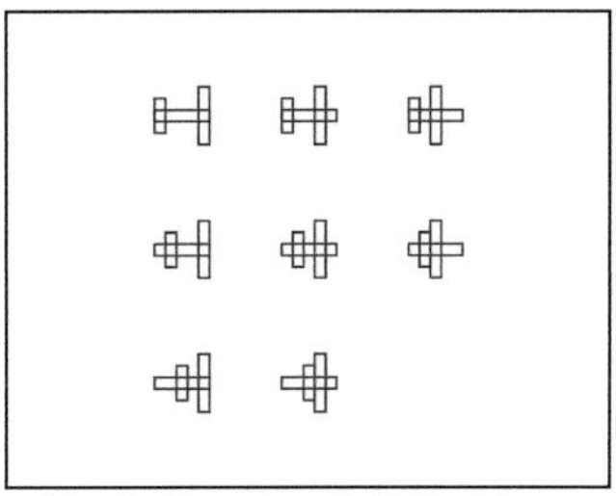

Abb. 3.18: QuaDiPF a02.

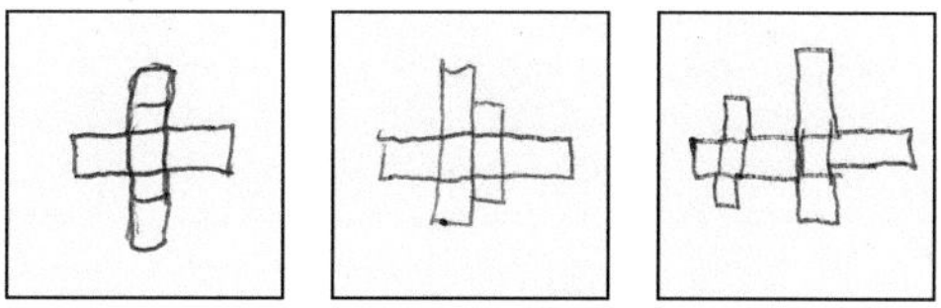

a) VP α b) VP01, VP07 c) VP12

Abb. 3.19: Lösungsfiguren QuaDiPF a02.

	VP-Gruppe		Abb. 3.19 a)		Abb. 3.19 b)		Abb. 3.19 c)	
N	12		9		2		1	
Minimum	15,07 s	VP03	15,07 s	VP03	35,74 s	VP07	42,61 s	VP12
Maximum	120,14 s	VP08	120,14 s	VP08	54,67 s	VP01		
Mittelwert	38,62 s		36,72 s		45,20 s			
Median	32,26 s		23,35 s		45,20 s			
StdAbw	28,08 s		32,33 s		13,39 s			

Tab. 3.10: Bearbeitungszeiten QuaDiPF a02.

Zur Argumentationsanalyse

Die verbalen Argumentationen der VP beruhen im Wesentlichen auf zwei verschiedenen Varianten.

Prädikative Überlegung

Bei einer typischen Bearbeitung, die auf einer eher prädikativen Logik beruht, wird über die gleich bleibenden Positionen der kleinen und großen Balken in den Spalten bzw. Zeilen argumentiert. Beispielsweise bietet die VP06 eine Lösung, die auf dieser Idee basiert (BZ: 23,35 s).

> Ja, das, äh, gleiche Argument wie vorhin, also der, äh, mittlere Lange ist quasi so die Basis [VP zeigt den horizontalen Balken in allen Feldern.] oder so. Und äh ja, spaltenweise [VP zeigt auf die erste Spalte.] der Große [VP zeigt auf den großen vertikalen Balken in der ersten Spalte] halt hier unten, hier [VP zeigt auf den großen vertikalen Balken in der zweiten Spalte], äh, halb, halb rechts und hier [VP zeigt auf den großen vertikalen Balken in der dritten Spalte.] genau in der Mitte. Und der Kleine, ähm, [VP zeigt auf den kleinen vertikalen Balken in der ersten Zeile.] ganz links außen, hier [VP zeigt auf den kleinen vertikalen Balken in der zweiten Zeile.] halb links außen und hier [VP zeigt auf den kleinen vertikalen Balken in der dritten Zeile.] halt in der Mitte und deswegen ist das [VP zeigt auf F33.] dann so.

Trans. 3.8: Transkriptausschnitt QuaDiPF VP06 a02.

Funktionale Überlegung

Bei einer typischen Bearbeitung, die auf einer eher funktionalen Logik beruht, wird über die Verschiebung der Balken argumentiert: Der kleine Balken wandert in den Spalten und der große Balken wandert in den Zeilen. Beispielsweise bietet die VP05 eine Lösung, die auf dieser Idee basiert (BZ: 23,10 s).

> Ähm. Auch wieder zeilenweise [VP zeigt auf die erste Zeile.], in der ersten Zeile geht der kleine Balken [VP zeigt auf den kleinen vertikalen Balken in F11.] von rechts, also über die Spalten [VP zeigt auf die erste Spalte.] von rechts, nee, von links nach rechts. Und der große Balken [VP zeigt auf den großen vertikalen Balken in F13.] von rechts nach links [VP zeigt auf den großen vertikalen Balken in F12.] und, äh ja, hier [VP zeigt auf die vertikalen Balken in F33.] treffen sie sich. [I: Ok.] Ähm. [I: Ja, du kannst ruhig noch was sagen.] Nee, mh. Ja, ja, nee. Also ich hoffe, die Begründung war, konnte man verstehen. [VP lacht.]

Trans. 3.9: Transkriptausschnitt QuaDiPF VP05 a02.

Charakteristisch für solche prozesshaften funktionalen Argumentationen ist deren Begleitung durch besonders auffällige nonverbale Handlungen. Ein Beispiel hierfür bietet VP07 (BZ: 35,74 s).

> Begründung, weil der Längere jeweils weiter nach innen läuft [VP macht mit der rechten Hand Bewegung von rechts nach links.] und der Kleinere immer nach weiter nach rechts [VP macht mit der linken Hand Bewegung von links nach rechts.]. Also der Größere nach links, der Kleinere nach rechts [VP macht mit der rechten Hand Bewegung von rechts nach links und mit der linken Hand Bewegung von links nach rechts]. Ja.

Trans. 3.10: Transkriptausschnitt QuaDiPF VP07 a02.

Weitere Vorkommnisse

Eine Mischargumentation, die nicht als rein funktional bewertet wird, findet sich bei VP02, da der kontinuierliche Prozess bei ihr durch Wörter wie „um einen“ ergänzt ist. (Trans. 3.11, Z. 7f, BZ: 20,10 s). Es gibt einen Versuch die Anordnung der Figuren funktional auf die Reihe zu bekommen (mit dem kleinen oder großen Balken passiert etwas). Aber die Formulierungen (VP02: „Und hier drei versetzt.“) zeigen, dass die Orts-, Zustandsbeschreibungen (Orte 1, 2 und 3) im Vordergrund stehen. Tatsächlich wandert ein Balken von Ort 1 nach 2 und dann nach 3, es handelt sich also um zwei Schritte. Zu unterscheiden ist, wo der Balken ist bzw. was er tut.

> Hm, also erstmal hat die Figur so 'nen Kasten [VP zeigt auf den horizontalen Balken in F13.], 'n Viereck, Rechteck. Hm, sieht aus wie ein Flugzeug, höhö. Ähm, [VP zeigt auf den kleinen Balken in F11.] links bleibt immer dieses, diese gleiche Form links [VP zeigt auf den kleinen Balken in F12, dann in F13.]. Hier [VP zeigt auf den kleinen Balken in F21.] in, ähm, äh, einen versetzt [VP zeigt auf den kleinen Balken in F22, dann in F23.]. Und hier [VP zeigt auf F31, F32 und F33.] drei versetzt. Und dieser lange Balken [VP zeigt auf den großen Balken in F11.] versetzt sich auch um einen nach links [VP zeigt auf F12 und F13.] von rechts nach links [VP zeigt auf F21, F22 und F23.] und dann bleibt hier [VP zeigt auf F33.] der kleine Balken wie hier [VP zeigt auf F32 und F31.] und der rechte [VP zeigt auf F33.] geht dann drei nach links hier [VP zeigt auf F32.] zwei, hier [VP zeigt auf F31.] wieder, also hier ist er an der Anfangsstellung. Hier [VP zeigt auf F32.] geht er einen nach links und hier [VP zeigt auf F33.] geht er zwei.

Trans. 3.11: Transkriptausschnitt QuaDiPF VP02 a02.

Obwohl der Schwierigkeitsgrad dieser Aufgabe sehr niedrig ist (Tab. 3.10), legen sich doch drei VP eine andere als die Standardlösung zurecht, darunter zweimal Abb. 3.19 b). Ähnlich wie bei Aufgabe a00 (vgl. Abschnitt 3.2.2.2, Seite 70) scheint hier wieder der Prozess der wandernden Balken starken Vorrang vor der zu erreichenden Endposition zu haben: VP07 fällt dadurch auf, dass sie sowohl bei Aufgabe a00 als auch a02 über das Ziel „hinausschießt“. (Trans. 3.10)

Die hier einmalig vorkommende Lösungsfigur (Abb. 3.19 c); VP12, BZ: 42,61 s) beruht auf einer Überlegung, die die teils gegebenen konstanten Abstände zwischen dem kleinen und großen Balken in den Spalten berücksichtigt. Die Blickpfadanalyse zeigt über alle Aufgaben, dass VP12 häufig nur zwei Figuren in ihre Überlegungen mit einbezieht und nicht noch eine dritte, diese Schwäche führt zu einem insgesamt schlechteren Abschneiden bei den QuaDiPF-Aufgaben. Von allen VP dieser VP-Gruppe kann sich VP12 nur die am wenigsten schlüssigen Lösungsfiguren zurechtlegen (vgl. Tab. 7.3 auf Seite 221). Dieses Phänomen passt auch zu Schwierigkeiten von VP12 bei dem Untersuchungsteil CoDyLa.

> Die Lösung ist richtig, weil das [VP zeigt auf F33.] soll ein Abstand von zwei sein [I: Mhm.] dazwischen wie hier [VP zeigt auf F21.] die beiden zwei [I: Mhm.]. Moment [VP zeichnet in seiner Lösung.], zwei noch nachbessern. Also hier [VP zeigt auf F33.] soll ein Abstand von zwei sein. Wie hier [VP zeigt auf F21.] diese beiden, das sind ja auch zwei. [I: Mhm.] Zwei Zentimeter, zwei Zentimeter Abstand. Und jeweils immer pro Spalte [VP zeigt abwechselnd auf F12, F22 und F32.] ist immer einer drüber, einer drüber. Jeweils [VP zeigt auf die dritte Spalte.] drei drüber, äh, zwei drüber [VP zeigt auf F33.] zwei Zentimeter drüber.

Trans. 3.12: Transkriptausschnitt QuaDiPF VP12 a02.

<u>*Zur Blickpfadanalyse*</u>

Eine Analyse der Blickpfade bei dieser Aufgabe a02 hilft in Bezug auf die Untersuchung der kognitiven Struktur der VP wenig weiter, da die hauptsächlichen Argumentationswege bei allen Lösungen auf einen Vergleich innerhalb der Zeilen bzw. der Spalten abzielen, und somit keine Auffälligkeiten innerhalb der Blickpfade zu erwarten sind. Die Blickpfade der VP stehen nicht im Widerspruch zu ihren Erklärungen der Lösungsfiguren.

Interessanterweise zeigen fast alle VP eine starke Strukturierung bei ihrer Betrachtung der Aufgabe. Es kommen fast ausschließlich Blickpfade längs der Zeilen und Spalten vor. Es scheint offensichtlich so zu sein, dass den VP relativ schnell klar ist, dass die Struktur der Aufgabe auf den Zeilen und Spalten beruht und sich deshalb z. B. diagonale Blickpfade nicht lohnen. Einige Beispiele finden sich in der folgenden Abbildung. Es ist jeweils die gesamte Beobachtungszeit dargestellt.

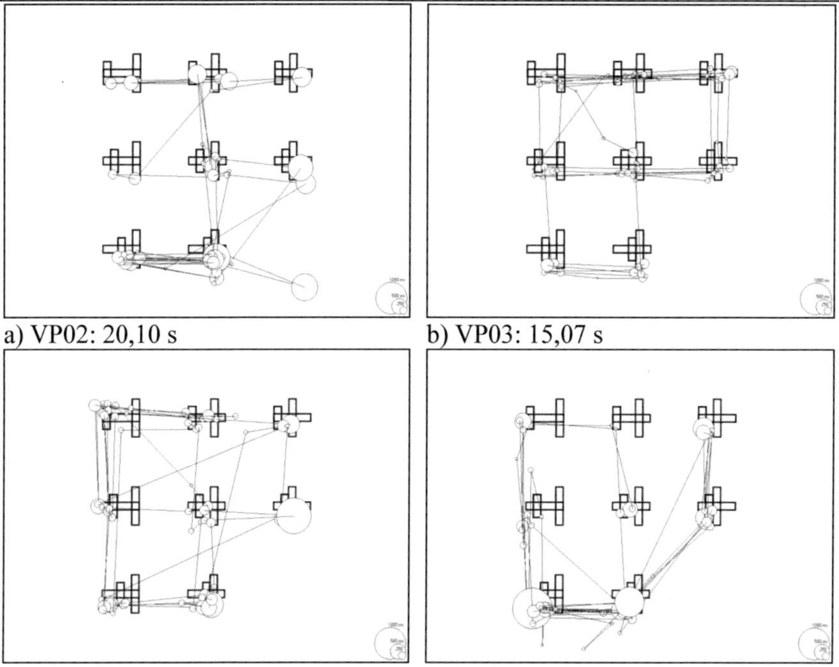

a) VP02: 20,10 s b) VP03: 15,07 s

c) VP05: 23,10 s d) VP09: 21,90 s

Abb. 3.20: Blickpfade a02 VP02, VP03, VP05 und VP09.
a) VP02 Gesamt: 20,10 s
b) VP03 Gesamt: 15,07 s
c) VP05 Gesamt: 23,10 s
d) VP09 Gesamt: 21,90 s

Einzel-Blickpfadanalyse

Eine genauere Analyse der Effizienz einiger VP bei der Lösung der Aufgabe a02 soll anhand der Blickpfade von VP02 erfolgen. Abb. 3.21 zeigt ihre gesamten Blickpfade, unterteilt in vier Abschnitte. Ausgehend von der Mitte – die VP erhalten die Aufforderung vor der Bildpräsentation einen Punkt in der Mitte des Bildschirms zwecks Eichung zu fixieren – betrachtet die VP zunächst 3,46 Sekunden lang die erste Zeile. Danach betrachtet sie für 8,36 Sekunden kurz die zweite, anschließend intensiv die dritte Zeile und dann 5,02 Sekunden die zweite Spalte mit einem zwischenzeitlichen Vergleich des Feldes F23. Abschließend, wie zur Überprüfung der gebildeten Idee, betrachtet sie noch einmal für 3,55 Sekunden die dritte Zeile. Der gesamte Vorgang dauerte dabei nur 20,10 Sekunden.

Erstaunlich mag erscheinen, dass VP02 auch das leere Feld F33 betrachtet (Abb. 3.21 b). Man kann aus den Daten nachrechnen, dass es tatsächlich nur zu einem geringen Teil (nämlich unter 2‰ aller Betrachtungszeiten) vorkommt, dass VP ihren Blick in das Feld für die Lösungsfigur gleiten lassen. Wir interpretieren dieses als einen Vergleich mit einer am hingeschauten Ort gedachten Lösungsfigur. Folgt man dieser Auffassung, könnte VP02 bereits vor Ablauf von 12 Sekunden Überlegungen zum Aussehen einer Lösungsfigur angestellt haben.

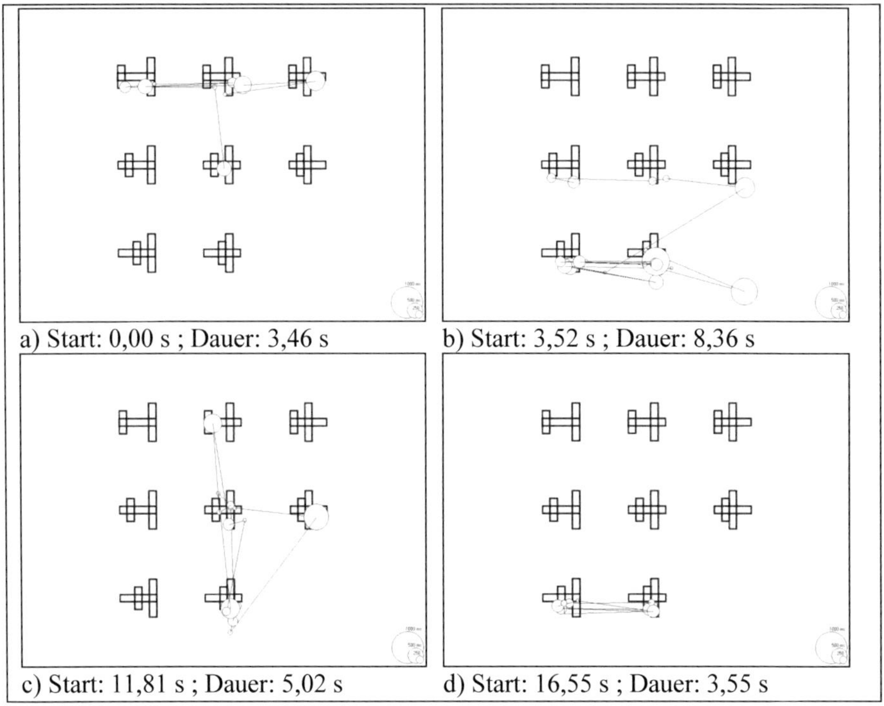

Abb. 3.21: Blickpfade a02 VP02.
a) Start: 0,00 s Dauer: 3,46 s
b) Start: 3,52 s Dauer: 8,36 s
c) Start: 11,81 s Dauer: 5,02 s
d) Start: 16,55 s Dauer: 3,55 s

3.2.2.5 Einzelfallanalyse von Begründungen und Blickpfaden zu a03

Diese Aufgabe ist für die VP eine besondere Herausforderung. Die Bearbeitungszeiten sind im Vergleich zu den anderen Aufgaben, insbesondere zu den vorangegangenen Aufgaben, deutlich höher. Eine vergleichbar schwierige Aufgabe stellt nur noch a05 dar. Für alle anderen Aufgaben gibt es mindestens eine VP, der es gelingt, sie in weniger als ca. der Hälfte der Zeit zu lösen (vgl. Tab. 7.1). Dazu passt auch, dass der Mittelwert und der Median vergleichsweise sehr hoch sind.

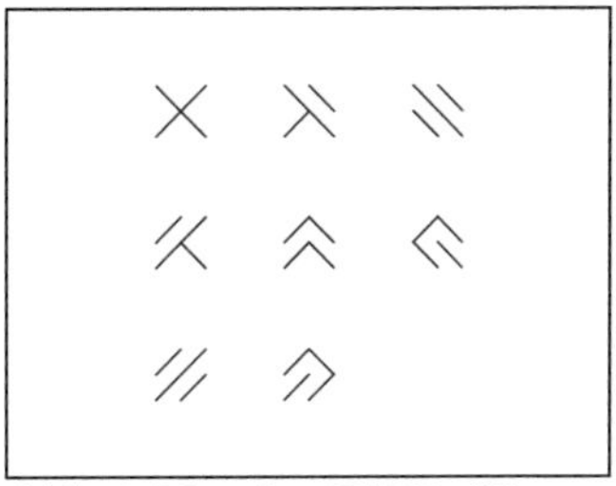

Abb. 3.22: QuaDiPF a03.

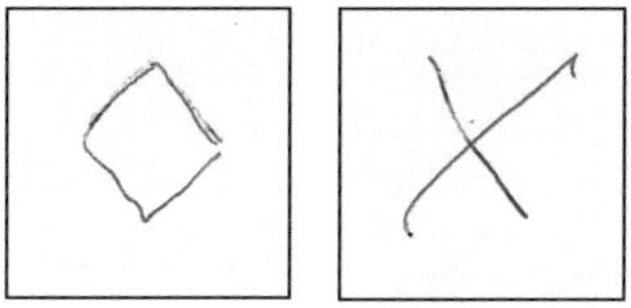

a) VP α b) VP04, VP06, VP10, VP12

Abb. 3.23: Lösungsfiguren QuaDiPF a03.

	VP-Gruppe		Abb. 3.23 a)		Abb. 3.23 b)	
N	12		8		4	
Minimum	48,37 s	VP04	48,88 s	VP02	48,37 s	VP04
Maximum	331,87 s	VP05	331,87 s	VP05	203,50 s	VP06
Mittelwert	121,46 s		132,39 s		99,61 s	
Median	82,08 s		93,30 s		73,29 s	
StdAbw	88,37 s		98,67 s		70,43 s	

Tab. 3.11: Bearbeitungszeiten QuaDiPF a03.

Zur Argumentationsanalyse

Die verbalen Argumentationen der VP beruhen im Wesentlichen auf zwei verschiedenen Varianten.

Prädikative Überlegung

Es kommt eine prädikative Überlegung vor, die aufgrund von Paarbildung zu einem Kreuz als Lösungsfigur führt (Abb. 3.23 b). Die VP, die sich diese Lösung zurechtlegen, rücken von der Aufgabenstellung ab, sich eine Lösungsfigur auszudenken, die sich sowohl in die Zeilen als auch in die Spalten nach einer durchgehenden Systematik gut einfügt und entwickeln eine Lösungsfigur, die die mittlere Figur nicht in die Logik mit einbezieht. Es werden die Paare (F12, F21), (F13, F31) und (F23, F32) identifiziert. Zu F11 fehlt das Gegenstück. Diese wird mit der Lösungsfigur geliefert. In dieser Art gehen vier der zwölf VP vor. Für ein Beispiel siehe Trans. 3.13 (VP04, BZ: 48,37 s).

Ich zeichne das jetzt mal einfach. [VP zeichnet Lösung.] Ich glaube, das ist einfach ein Kreuz. [I: Hm.] Warum? Ähm, weil die beiden hier [VP zeigt auf F13 und F31.] in etwa gleich sind, nur einfach seitenverkehrt, so, so. [I: Hm.] Die beiden sind hier [VP zeigt auf F12 und F21.] in etwa gleich, also nur umgedr-, gespie-, umgedreht. Und die [VP zeigt auf F32 und F23.] sind gleich. Das Mittlere [VP zeigt auf F22.] weiß ich nicht, ob das zählt, das hat ja keinen Gegenüber. Und die beiden [VP zeigt auf F11 und F33.] sind gegenüber genau dasselbe. [I: Mhm.] Würde ich sagen.

Trans. 3.13: Transkriptausschnitt QuaDiPF VP04 a03.

Es zeigt sich gleichwohl, dass die VP, die eine solche prädikativ zurechtgelegte Lösungsfigur anbieten, einen Makel an ihrer Überlegung empfinden (Trans. 3.14, BZ: 203,50 s).

> Ähm, ja weil, äh, ich weiß nich, weil ich mich für 'ne Lösung entscheiden musste. Also es sind hier [VP zeigt abwechselnd auf F13 und F31.] halt zwei gleiche, also zwei ähnliche Muster, ne. [I: Mhm.] Nur verdreht, hier [VP zeigt auf F23 und F32.] auch und hier [VP zeigt auf F12 und F21.] auch. Also quasi um die Mitte herum gruppiert und, ähm ja, wenn ich das hier [VP zeigt auf F22.] als Mittelteil nehme, ja dann muss ich das hier [VP zeigt auf F11, dann auf F33.] halt irgendwie anders umdrehen, und da ein Kreuz immer so aussieht, sieht das halt so aus.

Trans. 3.14: Transkriptausschnitt QuaDiPF VP06 a03.

Eine denkbare prädikative Überlegung, die zu einer Lösungsfigur wie in Abb. 3.23 a) führt, stellt keine dieser VP an. Dazu müsste man die Figuren auf ihre Invarianten hin überprüfen und könnte dann feststellen, dass die eine „Diagonale“ zeilenweise und die andere „Diagonale“ spaltenweise konstant bleibt. VP08 hat die invarianten Komponenten in den Figuren ausgemacht und diese ausführlich beschrieben; mit ihrem knappen Schlusssatz reißt sie verbal an, dass sie auch eine Verwandtschaft der Figuren mittels eines Prozesses *sieht* (Trans. 3.15, BZ: 235,86 s).

> Also, je nachdem wie man das jetzt. Also entweder ich. Also es. Im Prinzip kann man es [VP zeigt auf F11.] in vier Einzelstriche aufteilen das Ganze [VP deutet auf die vier Teilstriche in F11.]. [I: Mhm.] Und zwei Striche bleiben immer gleich, also entweder die beiden [VP zeigt auf den linken unteren und rechten oberen Strich in F11.] oder die Beiden [VP zeigt auf den linken oberen und rechten unteren Strich in F11.]. Und dann je nachdem, ob man so [VP durchfährt die erste Zeile.] wandert bleiben. Also wenn man so wandert, bleiben diese beiden Striche gleich [VP zeigt den linken oberen und rechten unteren Strich in F11, F12 und F13.]. [I: Mhm.] Wenn man, äh, jetzt runter geht [VP durchfährt die erste Spalte.] als Linie, dann bleibt, bleiben die beiden Striche [VP zeigt auf den linken unteren und rechten oberen Strich in F11.] gleich und die anderen. Erst dreht sich der eine und dann der andere [VP zeigt auf F21.]. [I: Mhm.]

Trans. 3.15: Transkriptausschnitt QuaDiPF VP08 a03.

Funktionale Überlegung

Eine funktionale Lösungsargumentation basiert auf der prozessorientierten Sichtweise eines sich drehenden Stabes in Zeilen und Spalten. In den Zeilen dreht sich zunächst der Stab rechts oben und dann links unten. In den Spalten dreht sich zunächst der Stab links oben und dann rechts unten. Eine solche Argumentation wendet z. B. die VP05 an (BZ: 331,87 s).

Weil in 'er, in jeder Zeile [VP zeigt fortgesetzt in der ersten Zeile hin und her.] wird erst oben rechts gedreht der Balken [I: Mhm.] und dann unten links. Also erster Schritt eine Spalte weiter oben rechts gedreht, zweiter Schritt unten links gedreht [I: Mhm.] und das ist hier dann auch der Fall. Erst oben rechts [VP zeigt auf F31.] hab' ich das [VP zeigt auf F32.] und dann [VP zeigt auf F33.] unten links [VP zeigt auf F32.] hab' ich das [VP zeigt auf F33.]. [I: Mhm.] Ja. Und hier [VP zeigt auf die zweite Spalte.] gibt es sicherlich dann auch noch 'ne Möglichkeit das anzu-, z. B. erst oben links [VP zeigt auf F12.] gedreht wird von oben nach unten [VP zeigt auf die dritte Spalte.], erst oben links gedreht wird [VP zeigt auf F13; I: Mhm.] und dann [VP zeigt auf F23.] unten rechts gedreht wird.

Trans. 3.16: Transkriptausschnitt QuaDiPF VP05 a03.

Bei solchen funktionalen verbalen Argumentationen sind deiktische Ausdrucksweisen und begleitende Handbewegungen auffällig. So nimmt VP09 wiederholt Bezug auf die Striche, die sie sich in Bewegung denkt, durch „der“ und deutet die Drehung durch ihre Fingerbewegung an (Trans. 3.17, BZ: 78,93 s). VP11 führt den Drehprozess mit ihrer Hand vor (Trans. 3.18, BZ: 69,00 s).

Ja, der [VP dreht den Finger über dem linken oberen Strich in F13.] dreht sich einmal so rum [I: Mhm.] und dann muss immer sich die Gegenseite [VP dreht den Finger wechselnd über dem linken oberen und dem rechten unteren Strich in F23.] auch nochmal so rum [VP dreht den Finger wechselnd über dem linken oberen und dem rechten unteren Strich in F33.] drehen. Und der [VP zeigt auf F31.] dreht sich und dann dreht sich einmal hier [VP dreht den Finger über dem rechten oberen Strich in F31.] der so rum [I: Mhm.], so dass hier zu diesem Gebilde kommt [VP zeigt auf den rechten oberen Strich in F32.] und dann muss dieser [VP dreht den Finger über dem linken unteren Strich in F32.] sich auch nochmal rumdrehen. Und dann hat man das [VP zeigt auf F33.]. [I: Ok.] Oder die Gegenseite [VP zeigt wechselnd auf den rechten oberen und linken unteren Strich in F32.].

Trans. 3.17: Transkriptausschnitt QuaDiPF VP09 a03.

Öhh. Der Balken rechts oben [VP zeigt auf den rechten oberen Strich in F11.] verschiebt sich erst und danach der links unten [VP zeigt auf den linken unteren Strich in F12.]. [I: Mhm.] Also der dreht sich praktisch so quer [VP macht eine Drehbewegung mit der rechten Hand über der Aufgabe.] und das jedesmal.

Trans. 3.18: Transkriptausschnitt QuaDiPF VP11 a03.

Zur Blickpfadanalyse

Bei der Analyse der Blickpfade lassen sich einige interessante Sachverhalte beobachten. Wie gerade gesehen, argumentiert VP09 ausschließlich über die dritte Spalte und die dritte Zeile (Trans. 3.17) und VP11 ausschließlich über die Zeilen (Trans. 3.18). Darin spiegeln sich die Blickpfade dieser VP wider. VP09 betrachtet im Wesentlichen nur die Spalten und die letzte Zeile (Abb. 3.24 a). VP11 betrachtet fast ausschließlich nur die Zeilen (Abb. 3.24 c).

Ganz anders hingegen verlaufen die Blicke der VP10 bei dieser Aufgabe (BZ: 67,14 s). Die Blickhäufigkeit in den „Diagonalen“ ist besonders auffällig (Abb. 3.24 b). Eine feinere Aufschlüsselung zeigt, dass offensichtlich Paare zusammengedacht werden (Abb. 3.25 a-e). Tatsächlich legt sich VP10 ein Kreuz wie in Abb. 3.23 b) zurecht.

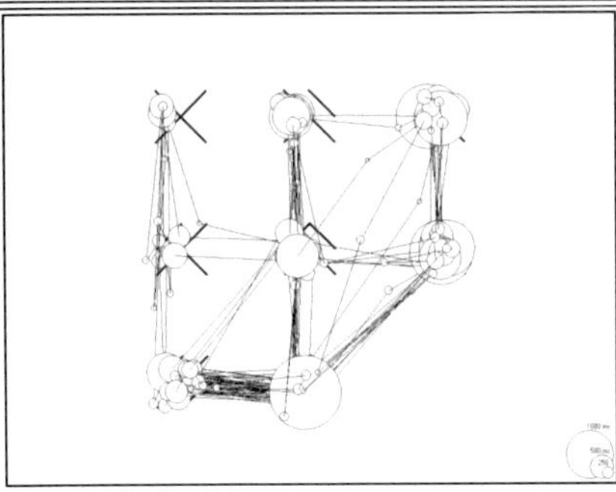

a) VP09: 78,93 s

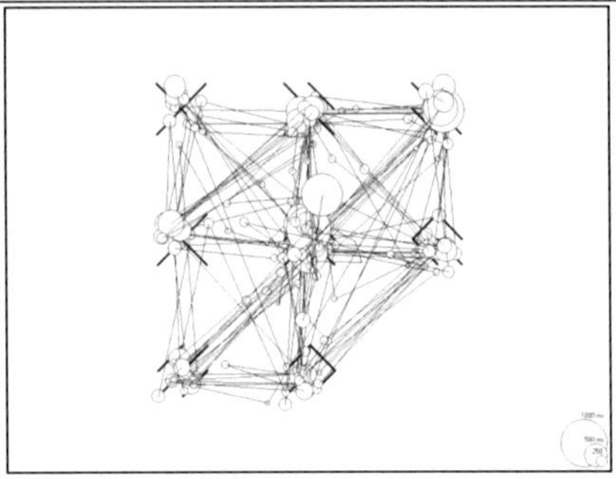

b) VP10: 67,14 s

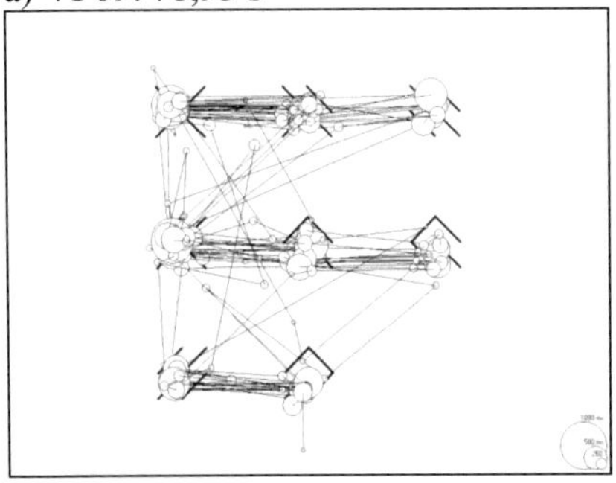

c) VP11: 69,00 s

Abb. 3.24: Blickpfade a03 VP09, VP10 und VP11.

a) VP09 Gesamt: 78,93 s
b) VP10 Gesamt: 67,14 s
c) VP11 Gesamt: 69,00 s

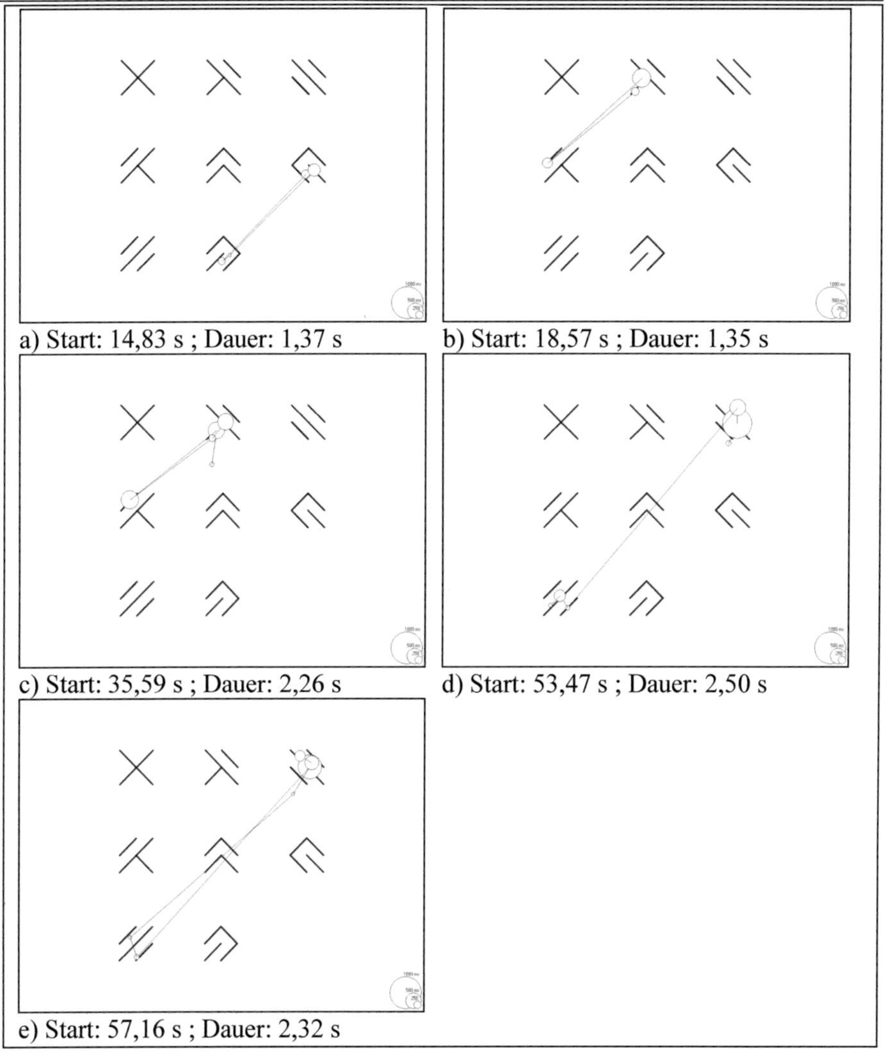

a) Start: 14,83 s ; Dauer: 1,37 s

b) Start: 18,57 s ; Dauer: 1,35 s

c) Start: 35,59 s ; Dauer: 2,26 s

d) Start: 53,47 s ; Dauer: 2,50 s

e) Start: 57,16 s ; Dauer: 2,32 s

Abb. 3.25: Blickpfade a03 VP10.

a) Start: 14,83 s Dauer: 1,37 s
b) Start: 18,57 s Dauer: 1,35 s
c) Start: 35,59 s Dauer: 2,26 s
d) Start: 53,47 s Dauer: 2,50 s
e) Start: 57,16 s Dauer: 2,32 s

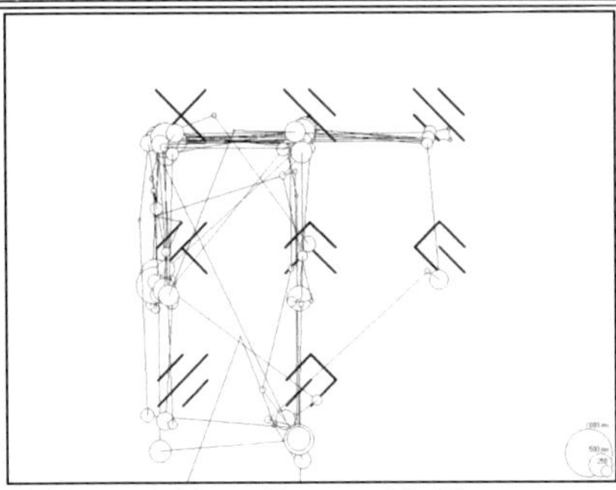

a) Start: 0,00 s ; Dauer: 30,00 s

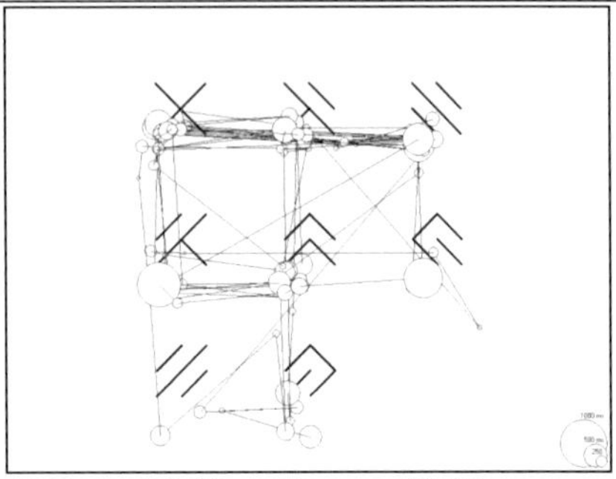

b) Start: 30,00 s ; Dauer: 30,00 s

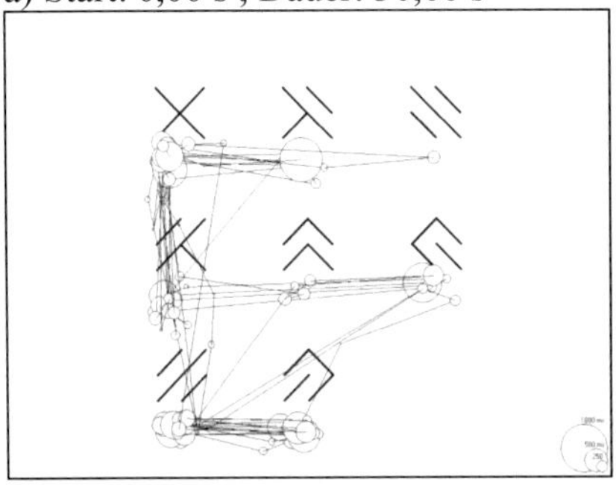

c) Start: 60,00 s ; Dauer: 30,00 s

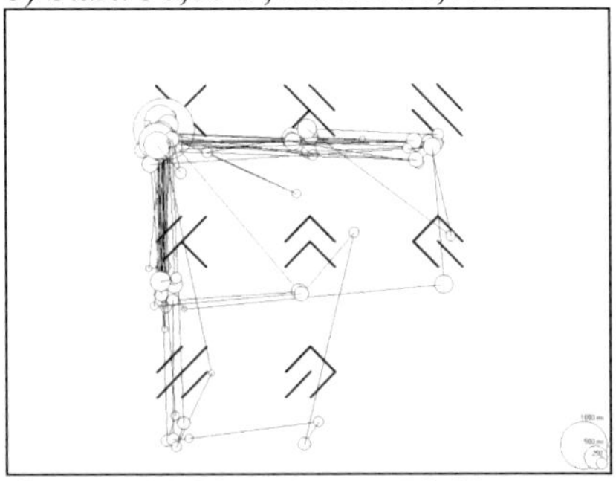

d) Start: 90,00 s ; Dauer: 30,00 s

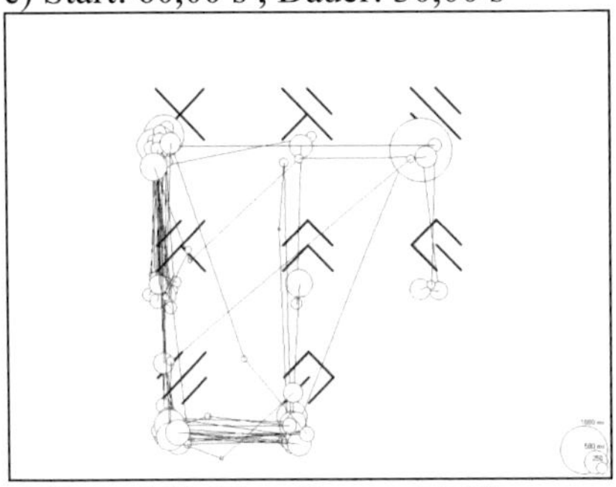

e) Start: 120,00 s ; Dauer: 30,00 s

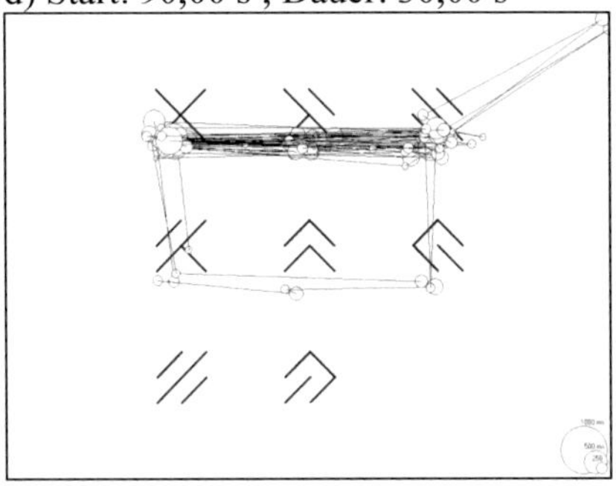

f) Start: 150,00 s ; Dauer: 30,00 s

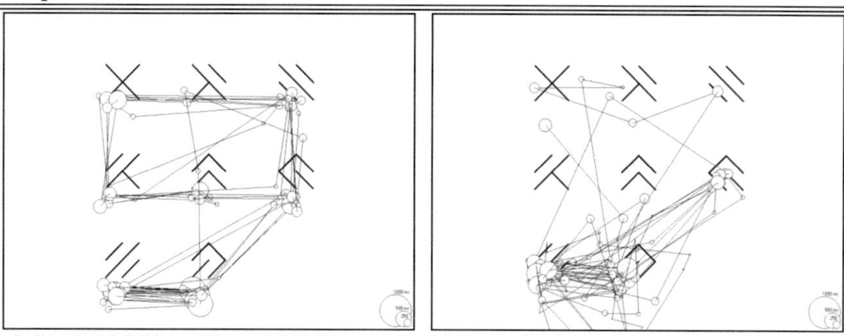

g) Start: 180,00 s ; Dauer: 30,00 s h) Start: 210,00 s ; Dauer: 25,86 s

Abb. 3.26: Blickpfade a03 VP08.

a)	Start: 0,00 s	Dauer: 30,00 s
b)	Start: 30,00 s	Dauer: 30,00 s
c)	Start: 60,00 s	Dauer: 30,00 s
d)	Start: 90,00 s	Dauer: 30,00 s
e)	Start: 120,00 s	Dauer: 30,00 s
f)	Start: 150,00 s	Dauer: 30,00 s
g)	Start: 180,00 s	Dauer: 30,00 s
h)	Start: 210,00 s	Dauer: 25,86 s

VP08 nimmt häufig jeweils drei Figuren in einer Zeile oder Spalte miteinander ausdauernd in den Blick. Dieses intensive Betrachten ermöglicht ihr auch die schwierig zu erkennenden Invarianten bezüglich der Zeilen und Spalten in den Figuren zu identifizieren.

3.2.2.6 Einzelfallanalyse von Begründungen und Blickpfaden zu a04

Die Aufgabe a04 liegt bezüglich ihres Herausforderungscharakters, den sie für die VP dieser Untersuchungsreihe darbietet, im Mittelfeld: der Median der Bearbeitungszeiten der Aufgabe ist der mittlere Wert aller Mediane (vgl. Tab. 7.1).

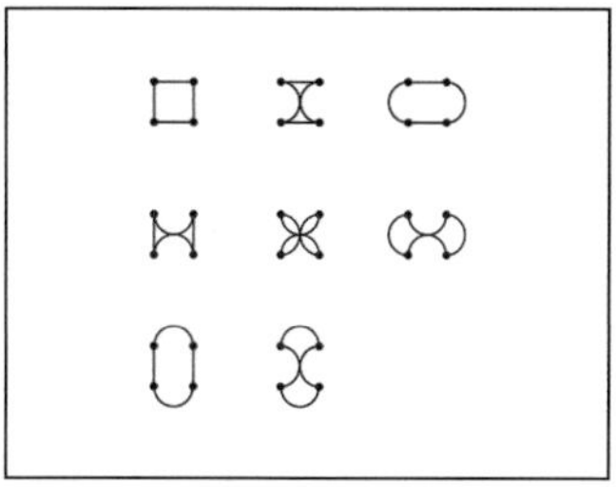

Abb. 3.27: QuaDiPF a04.

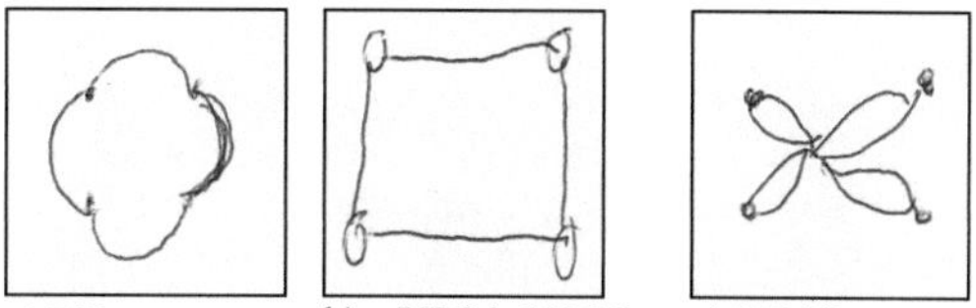

a) VP α b) VP04, VP06, VP07, VP12 c) VP09

Abb. 3.28: Lösungsfiguren QuaDiPF a04.

	VP-Gruppe		Abb. 3.28 a)		Abb. 3.28 b)		Abb. 3.28 c)	
N	12		7		4		1	
Minimum	14,04 s	VP06	23,07 s	VP11	14,04 s	VP06	152,74 s	VP09
Maximum	152,74 s	VP09	133,32 s	VP08	40,96 s	VP12		
Mittelwert	61,87 s		68,90 s		26,86 s			
Median	44,21 s		62,67 s		26,23 s			
StdAbw	45,14 s		37,55 s		12,23 s			

Tab. 3.12: Bearbeitungszeiten QuaDiPF a04.

Teils erklären sich die kurzen bis sehr kurzen Bearbeitungszeiten dadurch, dass VP ihre Strategie der Paarbildung nun zum wiederholten Mal anwenden (Lösungsfigur: Abb. 3.28 b). Diese Option mag auch eine intensivere Auseinandersetzung verhindert haben. Betrachtet man die Bearbeitungszeiten der VP α (Lösungsfigur: Abb. 3.28 a), zeigt sich, dass eine logisch stichhaltigere Sichtung auch mit einer geringen Bearbeitungszeit möglich ist. Die ungewöhnlichere Lösungsfigur von VP09 beansprucht in diesem Fall mit ungefähr 153 Sekunden die längste Bearbeitungszeit.

<u>*Zur Argumentationsanalyse*</u>

Prädikative Überlegung

Drei der VP sehen einen direkten Zusammenhang zur vorangehenden Aufgabe (Trans. 3.19, BZ: 19,71 s, Trans. 3.20, BZ: 14,04 s, Trans. 3.21, BZ: 40,96 s).

> Ich denk' mal, das ist genau wieder wie beim anderen.

Trans. 3.19: Transkriptausschnitt QuaDiPF VP04 a04.

> Ja, gleiche Argumenten wie vorhin, ne.

Trans. 3.20: Transkriptausschnitt QuaDiPF VP06 a04.

> Ja, das ist eine ähnliche Lösung wie gerade.

Trans. 3.21: Transkriptausschnitt QuaDiPF VP12 a04.

Tatsächlich argumentieren sie, wie bei der vorangegangenen Aufgabe, über eine erkannte Paarbildung (Trans. 3.22).

> Ja, das ist eine ähnliche Lösung wie gerade. Es gibt jeweils zwei [VP zeigt abwechselnd auf F12 und F21.] [I: Mhm.], dieser ist zwar hier [VP zeigt abwechselnd auf F12 und F21.] gedreht, zwar um 90 Grad gedreht. Dieser [VP zeigt abwechselnd auf F23 und F32.] ist auch, passen zusammen, sind aber nur um, äh, 90 Grad gedreht. Jeweils, jeweils [VP zeigt abwechselnd auf F13 und F31.] auch. 'Nen Quadrat [VP zeigt auf F33.], wenn man das dreht, bringt das nicht viel. Das [VP zeigt auf F33.] ist die neue Lösung und das [VP zeigt auf F22.] ist der Mittelpunkt.

Trans. 3.22: Transkriptausschnitt QuaDiPF VP12 a04.

Eine denkbare prädikative Überlegung, die auf der Erkenntnis der zeilenweise invarianten Deckel und Böden, sowie spaltenweise invarianten Seitenwände beruht, ist in dieser VP-Gruppe nicht vorgekommen.

Funktionale Überlegung

Eine vollständige funktionale Lösungsargumentation basiert auf der prozessorientierten Sichtweise von sich ein- und ausziehenden Seitenwänden bzw. Deckel und Böden. Die VP dieser VP-Gruppe, die sich auf eine Prozessorganisation einlassen, argumentieren wie VP11 (Trans. 3.23, BZ: 23,07 s).

> Äh. Links und rechts [VP zeigt auf die Seiten in F11.], die gehen also als Kreis nach innen [VP zeigt auf die Seiten in F12.] und dann nach außen [VP zeigt auf die Seiten in F13.]. [I: Mhm.] Jedes Mal dann wiederholt sich das [VP deutet über die Aufgabe.]. [I: Gibt's noch 'ne Erklärung in den Spalten, das war ja in den Zeilen erklärt?] Hier oder was? [VP durchfährt nacheinander die Spalten; I: Ja.] Da habe ich nicht drauf geachtet. Ja, ist vielleicht das. Nee, Moment. [23"] Ja, ist dasselbe praktisch, ne. Erst nach innen, dann nach außen.

Trans. 3.23: Transkriptausschnitt QuaDiPF VP11 a04.

Ihre Argumentation zeigt eine typisch funktionale Lösungsstrategie eines Veränderungsprozesses innerhalb der Zeilen. Auch die Lösungsbegründung der VP05 beruht eindeutig auf einer typisch funktionalen kognitiven Strategie (Trans. 3.24, BZ: 47,02 s).

> Von, äh, das ist das. Die Seiten [VP zeigt auf F11.] werden erst nach innen gebogen [VP zeigt auf F12.], dann nach außen geklappt [VP zeigt auf F13.]. Hier [VP zeigt auf F11.] genauso nach innen [VP zeigt auf F21], dann nach außen geklappt [VP zeigt auf F31.]. Und, äh, hier [VP zeigt auf die zweite Reihe.] auch genauso und da [VP zeigt auf die zweite Spalte] auch genauso. Also im Grunde, wenn ich außen Ausgangspunkt 'ne Gerade [VP zeigt auf F11.], dann wird die nach innen gezogen [VP zeigt auf F12.] und der Halbkreis, der sich dann ergibt, wird nach außen geklappt [VP zeigt auf F13.]. Ja. Und hier [VP zeigt auf F33.] sind halt alle nach außen geklappt, weil sie hier [VP zeigt auf F23.] erst nach innen und dann hier [VP zeigt auf F33.] nach außen und hier [VP zeigt auf F31, danach auf F32.] erst nach innen und dann [VP zeigt auf F33.] nach außen.

Trans. 3.24: Transkriptausschnitt QuaDiPF VP05 a04.

Weitere Vorkommnisse

Geklärt werden muss noch, wie die Lösungsfigur Abb. 3.28 c) (VP09, BZ: 152,74 s) zustande gekommen sein kann. VP09 selbst drückt ihre Unsicherheit über die Korrektheit ihrer Lösungsfigur während der Begründung aus (Trans. 3.25, Z. 2f und 8f).

> Ja, jetzt kommt die Begründung. Ähm ja, die Entgegengesetzten [VP schließt und öffnet den Daumen und Zeigefinger über F33.] werden immer reingezogen. [I: Mhm.] Und dann bin ich mir unschlüssig, wie sie [VP schüttelt den Kopf.], ob die dann, teilweise gehen die hier [VP zeigt auf F22.] wieder nach außen [VP macht mit beiden Armen eine Bewegung nach außen.] und teilweise gehen die [VP macht mit beiden Armen eine Bewegung nach innen.] von da [VP zeigt auf F12.], wenn diese [VP zeigt auf den oberen und unteren Strich in F12.] reingezogen werden, dann kommt so [VP zeigt auf F22.] ein Muster raus. Aber wenn diese da [VP zeigt auf die linke und rechte Seite in F21.] reingezogen werden, dann gehen sie wieder nach außen weg, das ist halt [VP zuckt mit den Schultern.].

Trans. 3.25: Transkriptausschnitt QuaDiPF VP09 a04.

Die Argumentation zeigt wesentliche Züge einer funktionalen Strategie einer Prozessanalyse. Es scheint aber so, dass VP09 nicht in der Lage ist, sich einen vollständigen Prozess, der über eine gesamte Zeile bzw. Spalte funktioniert, auszudenken. Sie ist stark auf den Prozess des Reingezogenwerdens fixiert (vgl. Trans. 3.25, Z. 2, 6f). Sie erkennt auch eine Bewegung nach außen (vgl. Trans. 3.25, Z. 3f), schafft es aber nicht, sie vollständig in die Lösungskonstruktion zu integrieren. Insgesamt bleibt sie dann sozusagen stecken bei einer Lösungsfigur, die identisch ist mit der in F22.

<u>*Zur Blickpfadanalyse*</u>

Die Blickpfadausschnitte aus der Bearbeitung der VP12 passen zu der zu simplen prädikativen Lösungsargumentation der VP (Trans. 3.22). In ihren Blickpfaden verweilt sie eindeutig auch auf den Paarmengen, die sie in ihrer Lösungsargumentation verwendet (Abb. 3.29).

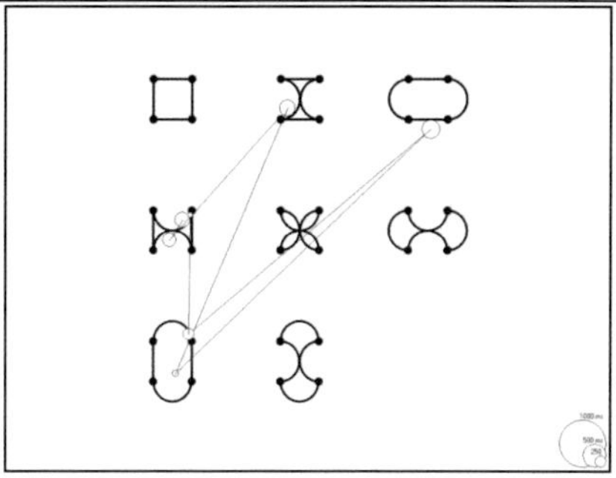

a) Start: 8,59 s ; Dauer: 2,20 s

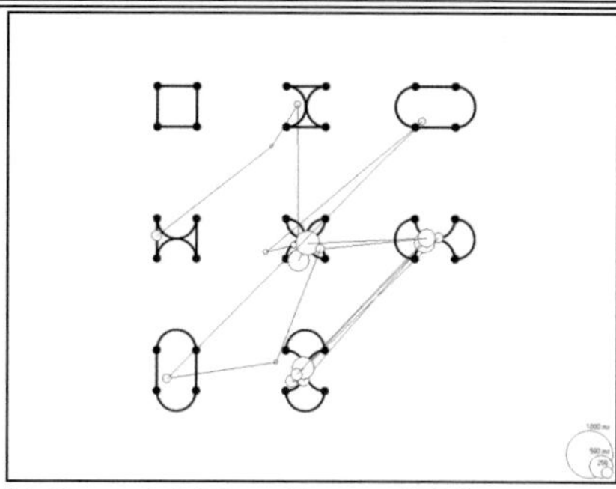

b) Start: 16,33 s ; Dauer: 5,39 s

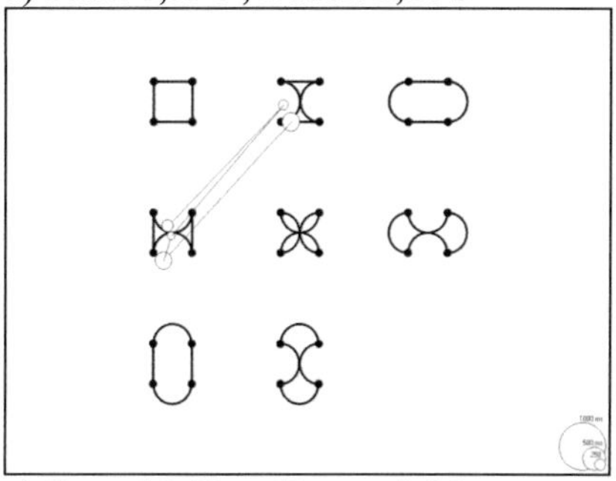

c) Start: 23,28 s ; Dauer: 1,56 s

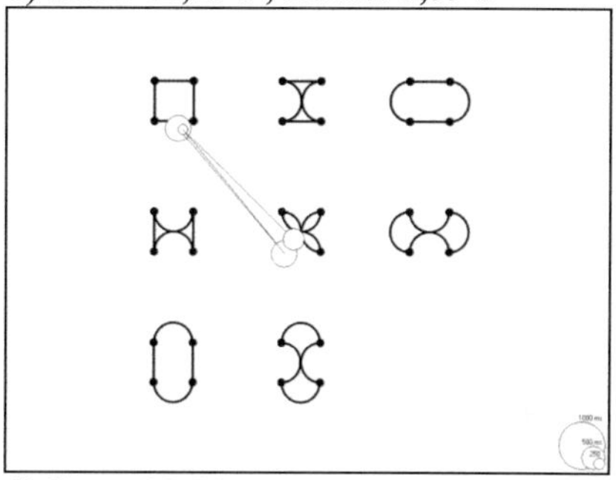

d) Start: 25,70 s ; Dauer: 1,84 s

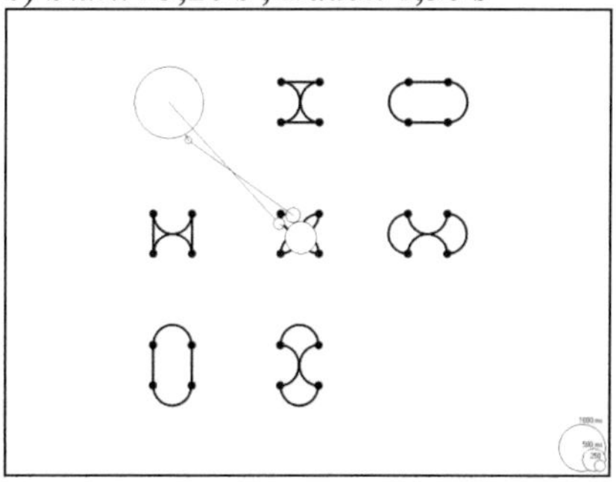

e) Start: 36,48 s ; Dauer: 3,19 s

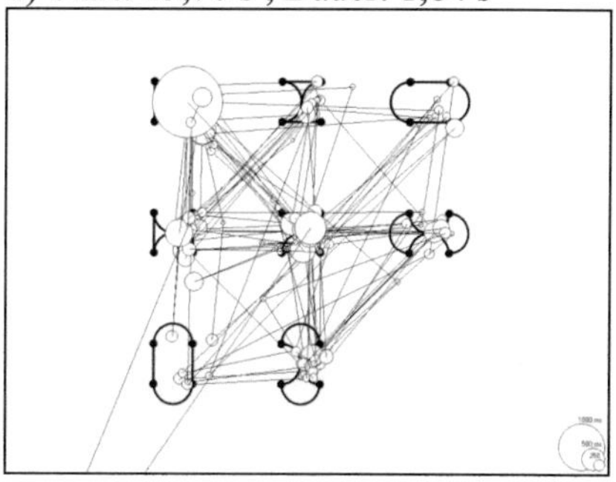

f) Gesamt: 40,96 s

Abb. 3.29: Blickpfade a04 VP12.

a) Start: 8,59 s Dauer: 2,20 s
b) Start: 16,33 s Dauer: 5,39 s
c) Start: 23,28 s Dauer: 1,56 s
d) Start: 25,70 s Dauer: 1,84 s
e) Start: 36,48 s Dauer: 3,19 s
f) Gesamt: 40,96 s

Ein bemerkenswerter Zusammenhang besteht auch zwischen den Blickpfaden von VP11 und ihrer Lösungsbegründung. Als der Interviewer nach einer Erklärung in den Spalten fragt (vgl. Trans. 3.23, Z. 3ff), äußert die VP, dass sie die Spalten nicht beachtet hat. Die Analyse der Gesamtheit aller Blickpfade innerhalb der Bearbeitungszeit zeigt, dass die VP offensichtlich die Spalten nicht berücksichtigt (Abb. 3.30). Nach weiteren 23 Sekunden Nachdenkens gibt die VP dann zu Protokoll, dass die Spalten sich analog zu den Zeilen verhalten. Es ist davon auszugehen, dass die VP erst auf die Frage des Interviewers über eine Systematik innerhalb der Spalten nachdenkt und ungefähr die gleiche Zeit zur Analyse braucht wie bei ihrer ersten Bearbeitung auf Basis der Zeilen.

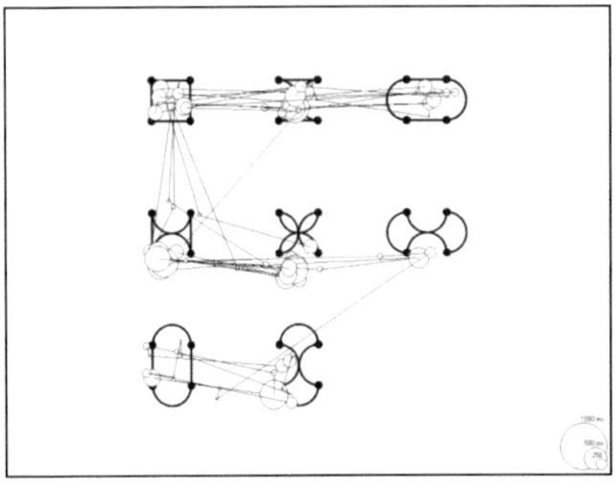

Abb. 3.30: Blickpfade a04 VP11.
Gesamt: 23,07 s

3.2.2.7 Einzelfallanalyse von Begründungen und Blickpfaden zu a05

Diese Aufgabe ist wie a03 für die VP eine besondere Herausforderung. Bezüglich der Bearbeitungszeiten erreichen das Minimum, der Mittelwert und auch der Median die höchsten Werte; das Maximum liegt mit 4 Sekunden unwesentlich unter dem höchsten Maximum bei a03 (vgl. Tab. 7.1).

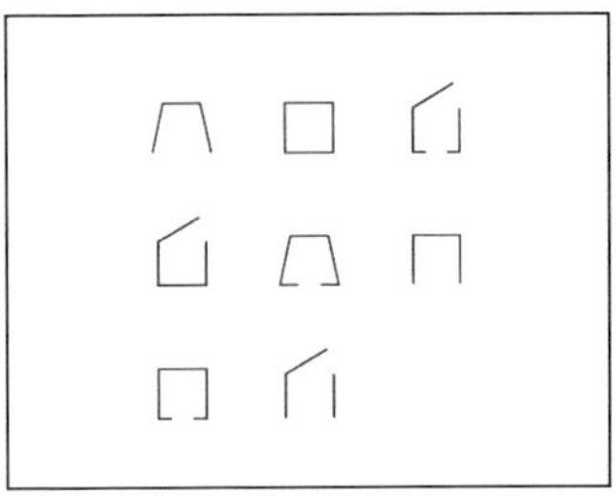

Abb. 3.31: QuaDiPF a05.

a) VP α b) VP02

Abb. 3.32: Lösungsfiguren QuaDiPF a05.

	VP-Gruppe		Abb. 3.32 a)		Abb. 3.32 b)	
N	12		11		1	
Minimum	49,69 s	VP10	49,69 s	VP10	107,10 s	VP02
Maximum	327,78 s	VP08	327,78 s	VP08		
Mittelwert	122,17 s		123,54 s			
Median	107,54 s		107,97 s			
StdAbw	77,28 s		80,90 s			

Tab. 3.13: Bearbeitungszeiten QuaDiPF a05.

Zur Argumentationsanalyse

Prädikative Überlegung

Variante 1

Eine elegante prädikative Lösung basiert auf Mengenbildung über den Eigenschaften der geometrischen Figuren. Es lassen sich verschiedene Mengen ausmachen, die jeweils aus drei Elementen bestehen. Eine Analyse führt dazu, die Menge der „Häuser“ (F13, F21, F32), der „Quadrate“ (F12, F23, F31) und der „Trapeze“ (F11, F22, F33) auszumachen. Eine andere Analyse kann dazu führen, die Menge der unten ganz offenen Objekte (F11, F23, F32), der unten teils offenen Objekte (F13, F22, F31) und der unten geschlossenen Objekte (F12, F21, F33) auszumachen. Die Lösungsfigur ergibt sich jeweils als das in diesen Mengen fehlende Objekt. Für ein Beispiel der ersten Variante der Mengenbildung siehe Trans. 3.26 (VP04, BZ: 71,19 s).

So. Ja, also formschön ist es nicht. Das soll so aussehen wie das hier [VP zeigt auf F11.] zugeschlossen. Ähm, das begründe ich jetzt so: Ähm, hier [VP zeigt die Felder der ersten Zeile.] sind jeweils drei verschiedene Formen. Einmal hat das [VP zeigt auf F11.], haben die jeweils einen leeren Boden. Einmal [VP zeigt auf F12.] einen halb voll, äh, leeren, ja, einen halben Boden und einmal überhaupt keinen. Das kann man hier dran sehen: einmal voll [VP zeigt auf F12.], gar nichts [VP zeigt auf F23.] und einmal halb [VP zeigt auf F31.]. Einmal hier [VP zeigt auf F13.], äh, halb, einmal voll [VP zeigt auf F21.] und einmal gar nicht [VP zeigt auf F32.]. Und hier [VP zeigt auf F11.] fehlt das dann. Einmal gar nicht [VP zeigt auf F22.], einmal halb und dann muss [VP zeigt auf F33.] einmal voll sein. Würd' ich mal sagen.

Trans. 3.26: Transkriptausschnitt QuaDiPF VP04 a05.

Variante 2

Eine andere prädikative Lösung hat zur Grundlage, dass Zeilen und Spalten daraufhin untersucht werden, in welchen Ausprägungen die Eigenschaften der Deckel, Seiten und Böden vorliegen: Es gibt jeweils zwei gerade und einen schrägen Deckel, zwei gerade Seitenpaare und ein schräges, einen offenen, einen halboffenen und einen geschlossenen Boden. Für ein Beispiel siehe den Transkriptausschnitt von VP06 (Trans. 3.27, BZ: 122,74 s).

> Ja. Ähm, geschlo-, äh, offen [VP zeigt auf den Boden in F11.], geschlossen [VP zeigt auf den Boden in F12.], halb geschlossen [VP zeigt auf den Boden in F13.]. Geschlossen [VP zeigt auf den Boden in F21.], halb offen [VP zeigt auf den Boden in F22.], offen [VP zeigt auf den Boden in F23.]. Halb offen [VP zeigt auf den Boden in F31.], geschlossen [VP zeigt auf den Boden in F32.], also muss einer [VP zeigt auf den Boden in F33.] ne, äh, halb offen [VP zeigt auf den Boden in F31.], offen [VP zeigt auf den Boden in F32.], geschlossen [VP zeigt auf den Boden in F33.]. Dann, äh, fehlt, äh, würd' in dieser Reihe [VP zeigt auf die dritte Zeile.] halt diese, diese Schrägen noch fehlen und, ähm ja, geschlossen [VP zeigt auf den Deckel in F11.], geschlossen [VP zeigt auf den Deckel in F12.], offen [VP zeigt auf den Deckel in F13.], offen [VP zeigt auf den Deckel in F21.], geschlossen [VP zeigt auf den Deckel in F22.], geschlossen [VP zeigt auf den Deckel in F23.], geschlossen [VP zeigt auf den Deckel in F31.], offen [VP zeigt auf den Deckel in F32.], geschlossen [VP zeigt auf den Deckel in F33.].

Trans. 3.27: Transkriptausschnitt QuaDiPF VP06 a05.

VP06 erweist sich insgesamt als eher prädikativ argumentierend. Auf Grund der Aufgabenstruktur führt auch für funktionale VP nur schwerlich ein Weg daran vorbei, sich auf eine prädikative Sichtung der Figuren einzulassen (s. a. *Funktionale Überlegung* auf Seite 96). Zum Vergleich zu Trans. 3.27 sei hier noch die Argumentation einer VP angeführt, die sich die Zusammenhänge zwischen den gegebenen Figuren gerne funktional zurechtlegt (Trans. 3.28; VP05, BZ: 112,94 s).

> Die Figur unterteile ich in zwei Teile. Einmal die untere Linie, wie die aufgebaut ist, und wie, ähm, das Oberteil aufgebaut ist. In jedem, äh, in jeder Zeile habe ich zwei Kästen in der Grund-, also im Grunde zwei Kästen, zwei rechteckige, zwei rechteckige Formen plus das andere Symbol, ich weiß nicht, was das für eins ist. Mit den zwei schie-, äh, was ist das für ein Modell, äh ja, weiß ich nicht. [VP lacht.] Und, äh, in jeder Zeile ist, ähm, im Grunde der aufgeklappte Kasten und, äh, in jeder Zeile ist einmal unten 'ne durchgezogene Linie, eine gestrichelte Linie bzw. mit dem Loch und einmal ohne Strich und bei dem Letzten in der letzten Zeile, letzte Spalte fehlt halt noch der, als Boden der durchgezogene Strich und das Teil, was halt kein Kasten ist in dem Sinne oder kein Quadrat ist. Ja.

Trans. 3.28: Transkriptausschnitt QuaDiPF VP05 a05.

Offensichtlich hat die VP05 einige Schwierigkeiten bei der verbalen Benennung der einzelnen Eigenschaften. Sie argumentiert aber korrekt über die Auftretenshäufigkeiten der einzelnen Eigenschaften in jeder Zeile und Spalte.

Insgesamt argumentieren VP04, VP10 und VP12 per Mengenbildung, VP03, VP05, VP06, VP07, VP09 und VP11 über Zeilen oder Spalten, VP01, VP02 und VP08 argumentieren individuell und können diesen beiden Gruppen nicht zugeordnet werden (zu VP01 siehe Trans. 3.29, zu VP02 und VP08 siehe unter *Weitere Vorkommnisse* auf Seite 97).

Funktionale Überlegung

Eine funktionale Analyse führt bei dieser Aufgabe normalerweise nicht weiter. Funktionale VP haben bei der Bearbeitung deutlich größere Probleme (VP05, BZ: 112,94 s; VP11, BZ: 103,66 s).

In seltenen Fällen kommt es vor, dass sich jemand die Parkettierung nach rechts und unten fortgesetzt vorstellt und dabei einen Verlauf erkennt, der in den Diagonalen von links oben nach rechts unten in einem Schließen und Öffnen der

Objekte besteht. In unserer VP-Gruppe hat VP01 in diese Richtung argumentiert (Trans. 3.29, BZ: 128,43 s).

> Jahe, das ist fast 'ne, 'ne ja willkürliche Entscheidung, weil ich mir angeguckt habe [VP räuspert sich.], was auf den erkennbaren Diagonalen von links oben nach rechts unten abläuft. [I: Ähm.] Und, äh, offensichtlich ist die Diagonale, die oben in der Mitte anfängt eine, die eine Leiste verliert. Und die Diagonale, die links oben anfängt, eine die zuwächst. Und daraufhin habe ich mir gedacht, das ist offensichtlich diagonal konstruiert, und dann müsste es da ganz zuwachsen.

Trans. 3.29: Transkriptausschnitt QuaDiPF VP01 a05.

Anmerkung: Die Feststellung, dass sich ein Objekt mit einer bestimmten Eigenschaft in einer weiteren Zeile an einer wohlbestimmten Position befindet, damit eine Abfolge der Muster beibehalten wird, reicht nicht aus, um eine funktionale Sichtweise zu attestieren. Das Beibehalten-Wollen von Ordnung ist ein prädikatives Ziel.

Weitere Vorkommnisse

Die VP02 (BZ: 107,10 s) versucht eine Analyse über die Verteilung der Eigenschaften der Figuren, kommt aber zu keiner schlüssigen Lösung, da sie sich an der Feststellung orientiert, dass eine Figur mit schrägem Seitenpaar und einer (irrtümlich identifizierten) Dachform fehlt: siehe Abb. 3.32 b).

VP08 (BZ: 327,78 s) nimmt sich auch bei dieser Aufgabe wieder auffällig lange Zeit, die sie nutzt, um sich intensiv mit den der Aufgabe innewohnenden Systematiken zu beschäftigen und liefert eine umfangreiche, unterschiedliche Aspekte ansprechende Argumentation für ihre Lösungsfigur.

Zur Blickpfadanalyse

Lösungsargumentation gemäß prädikativer Variante 1

Im Fall von VP04, die über Mengenbildung argumentiert, lässt sich das Erschließen der Aufgabe sehr schön in den Blickpfaden verfolgen (Abb. 3.33). Nach knapp 23 Sekunden verfängt sich der Blick an den „Quadraten", um dann unmittelbar danach die „Häuser" zusammen zu blicken. Hier scheint der Moment der Ausbildung einer Idee zu sein, die sofort im Anschluss verifiziert wird. Aus den Blickpfaden von VP04 werden hier acht einzelne Intervalle herausgegriffen, da noch ein Vergleich mit den Blickpfaden von VP05 erfolgen soll.

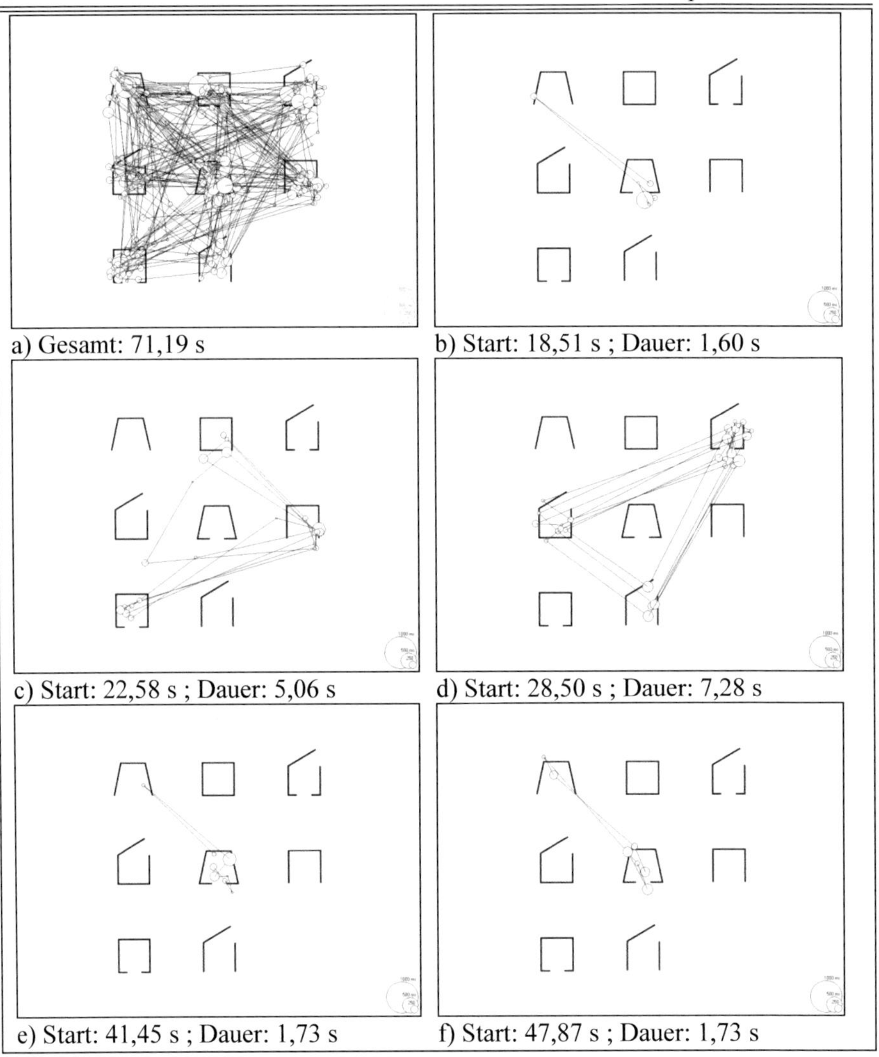

a) Gesamt: 71,19 s

b) Start: 18,51 s ; Dauer: 1,60 s

c) Start: 22,58 s ; Dauer: 5,06 s

d) Start: 28,50 s ; Dauer: 7,28 s

e) Start: 41,45 s ; Dauer: 1,73 s

f) Start: 47,87 s ; Dauer: 1,73 s

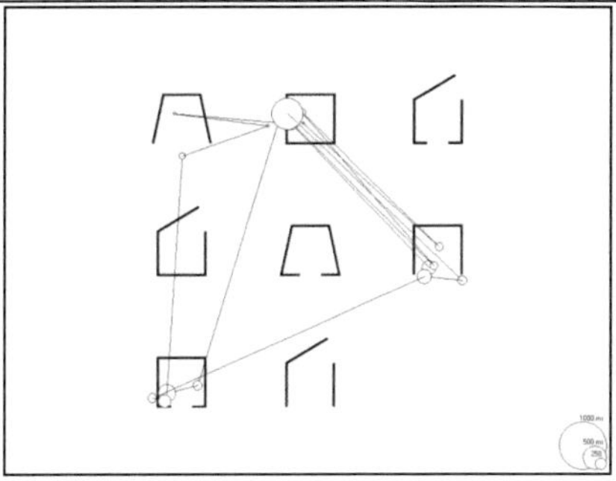

g) Start: 51,08 s ; Dauer: 4,56 s

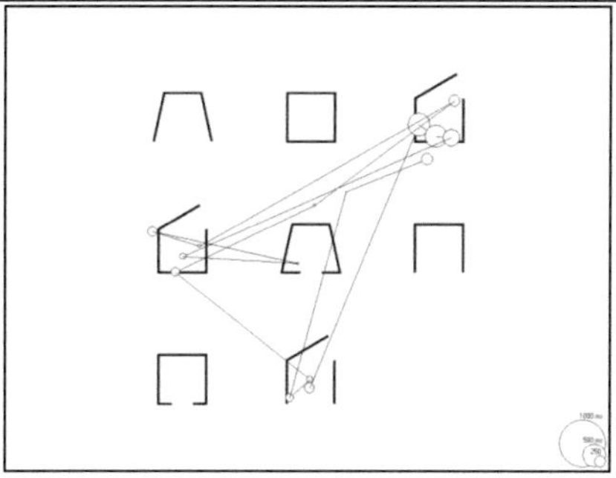

h) Start: 56,01 s ; Dauer: 3,83 s

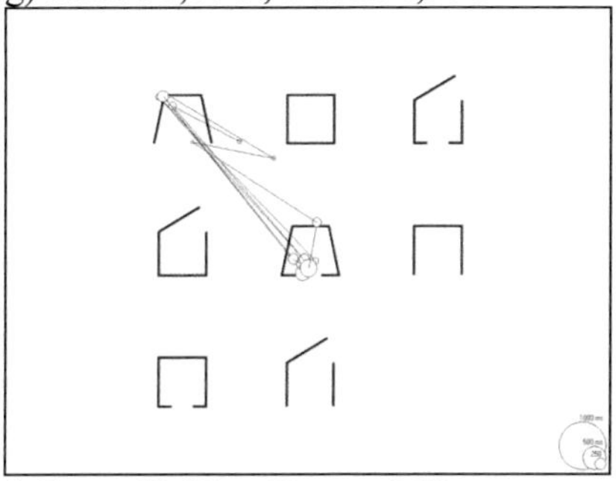

i) Start: 62,55 s ; Dauer: 3,33 s

Abb. 3.33: Blickpfade a05 VP04.

a) Gesamt: 71,19 s
b) Start: 18,51 s Dauer: 1,60 s
c) Start: 22,58 s Dauer: 5,06 s
d) Start: 28,50 s Dauer: 7,28 s
e) Start: 41,45 s Dauer: 1,73 s
f) Start: 47,87 s Dauer: 1,73 s
g) Start: 51,08 s Dauer: 4,56 s
h) Start: 56,01 s Dauer: 3,83 s
i) Start: 62,55 s Dauer: 3,33 s

Lösungsargumentation gemäß prädikativer Variante 2

VP05, die sich die Aufgaben gerne funktional zurechtlegt, ist ein interessanter Kandidat für eine intensivere Analyse der Blickpfade. Wenn sie bei a05 auf eine stimmige Lösungsfigur kommen möchte, bleibt ihr nichts anderes übrig, als sich auch auf eine prädikative Sichtung einzulassen. Im Vergleich zu VP04 braucht sie etwa 25% mehr Zeit zur Lösungskonstruktion. Bezeichnend sind bereits die allerersten Blicke von VP05: Ihre Blicke wandern von der ersten Figur (F11) zur zweiten (F12) und werden nicht bis zur dritten (F13) fortgesetzt (Abb. 3.34 a). Es kann keine Transformation konstruiert werden, die F11 in F12 überführt und die sich fortsetzen lässt. VP05 probiert es daraufhin in der ersten Spalte, das gleiche Problem tritt ein (Abb. 3.34 b).

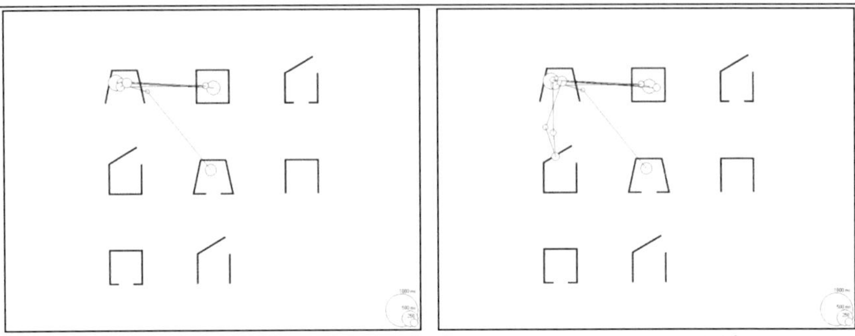

a) Start: 0,00 s ; Dauer: 2,83 s b) Start: 0,00 s ; Dauer: 4,10 s

Abb. 3.34: Blickpfade a05 VP05.
a) Start: 0,00 s Dauer: 2,83 s
b) Start: 0,00 s Dauer: 4,10 s

Diese Mühe auf eine brauchbare Idee zukommen, spiegelt sich in den Blickpfaden von VP05 wider, die im Folgenden vollständig in einzelnen, nahtlos aufeinander folgenden Intervallen wiedergegeben sind. Interessant ist dabei auch ein Vergleich des Erfolges von VP04 und VP05, der sich mit den Blicken – und dem Durchdenken – einstellt. Während VP04 nach knapp 23 Sekunden auf eine Idee kommt (Abb. 3.33 c), fällt es VP05 schwer in diesem Zeitrahmen einen Zusammenhang zwischen den Figuren zu sehen. Nach 45 Sekunden Bearbeitungszeit identifiziert VP04 bereits zweifelsfrei alle drei relevanten Mengen, während VP05 noch zu keinem schlüssigen Blickmuster kommt. Sie hat, wie bereits erwähnt, Startprobleme (Abb. 3.34), versucht dann zwar die beiden Trapezformen zusammen zu sehen (Abb. 3.35 c), das liefert ihr aber noch keine Idee. Die Mengen, die VP04 sieht, erschließen sich ihr nicht, stattdessen versucht sie verschiedentlich Figuren zusammen zu sehen (siehe z. B. Abb. 3.35 e). Letztendlich legt sie ihrer Konstruktion keine durchgehende Ordnung zu Grunde (vgl. die bis zum Ende eher ungeordneten Blickpfade Abb. 3.35, sowie Trans. 3.28).

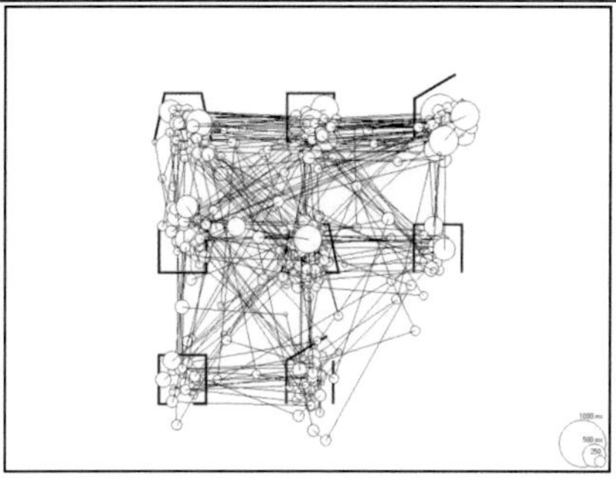

a) Gesamt: 112,94 s

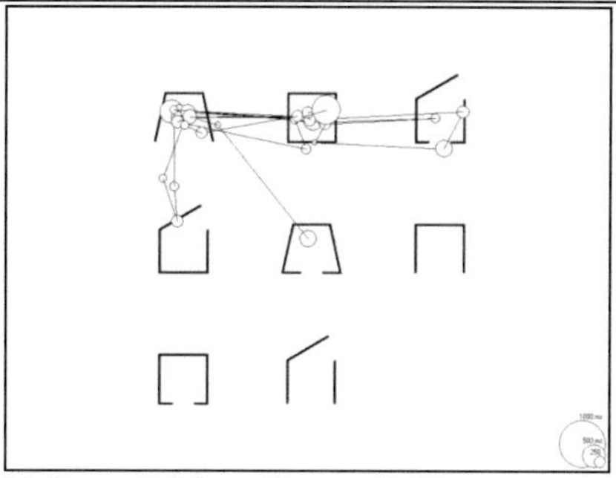

b) Start: 0,00 s ; Dauer: 8,61 s

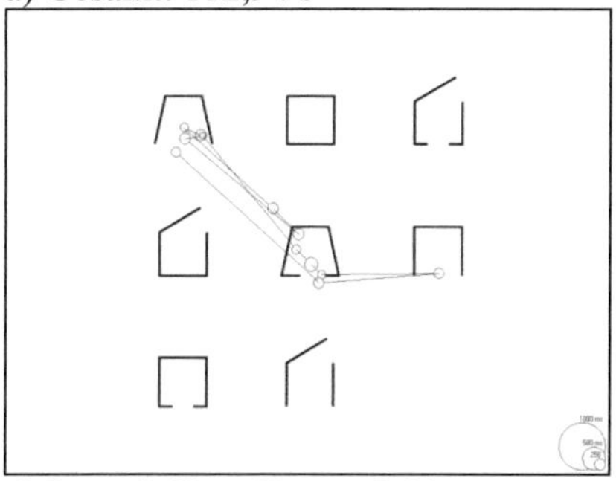

c) Start: 8,22 s ; Dauer: 3,13 s

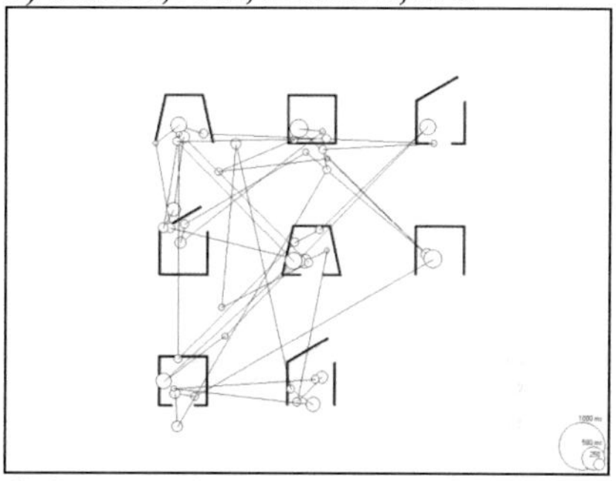

d) Start: 11,35 s ; Dauer: 11,74 s

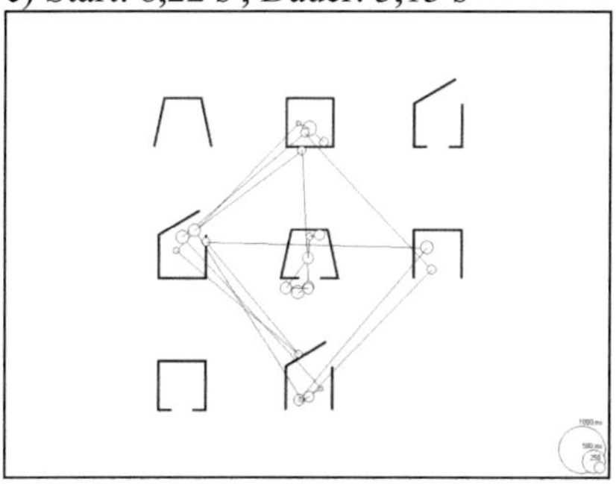

e) Start: 22,90 s ; Dauer: 5,87 s

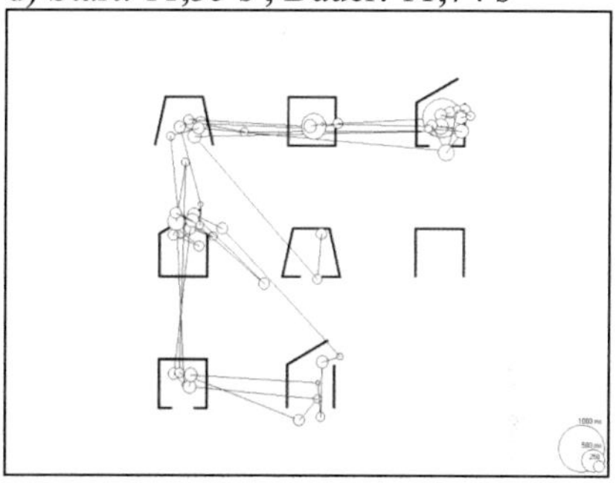

f) Start: 28,77 s ; Dauer: 16,25 s

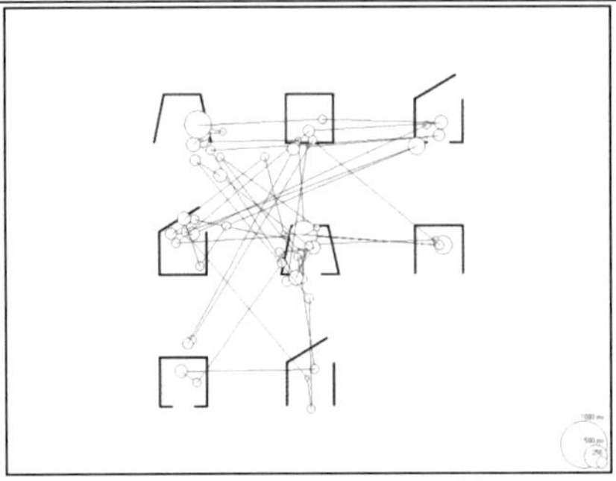

g) Start: 45,02 s ; Dauer: 15,66 s

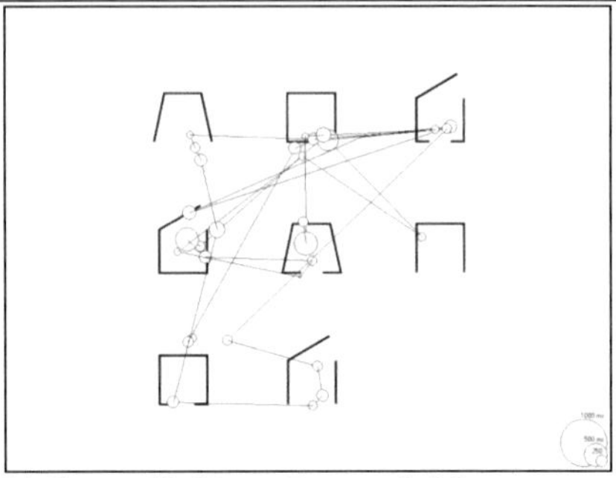

h) Start: 60,29 s ; Dauer: 9,00 s

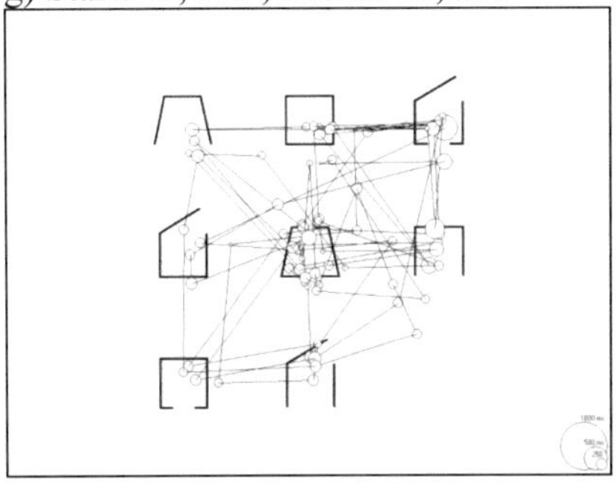

i) Start: 69,29 s ; Dauer: 19,97 s

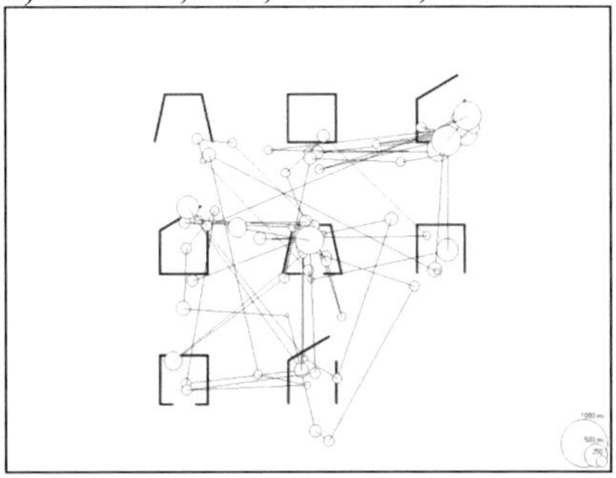

j) Start: 88,87 s ; Dauer: 24,08 s

Abb. 3.35: Blickpfade a05 VP05.

a)	Gesamt:	112,94 s		
b)	Start:	0,00 s	Dauer:	8,61 s
c)	Start:	8,22 s	Dauer:	3,13 s
d)	Start:	11,35 s	Dauer:	11,74 s
e)	Start:	22,90 s	Dauer:	5,87 s
f)	Start:	28,77 s	Dauer:	16,25 s
g)	Start:	45,02 s	Dauer:	15,66 s
h)	Start:	60,29 s	Dauer:	9,00 s
i)	Start:	69,29 s	Dauer:	19,97 s
j)	Start:	88,87 s	Dauer:	24,08 s

Abschließend lässt sich zu dieser Aufgabe sagen, dass sie es ermöglicht, eine typische prädikative Lösungsstrategie über eine geeignete Mengenbildung einwandfrei innerhalb der Blickpfade zu identifizieren und dagegen eine prädikative Lösungsstrategie abzusetzen, die ein standardmäßiges Zeilen- und Spaltenbetrachten verwendet.

3.2.2.8 Einzelfallanalyse von Begründungen und Blickpfaden zu a06

Diese Aufgabe stellt für die meisten VP keine besondere Anforderung dar, wie die Minima und die Mediane zeigen (vgl. Tab. 7.1).

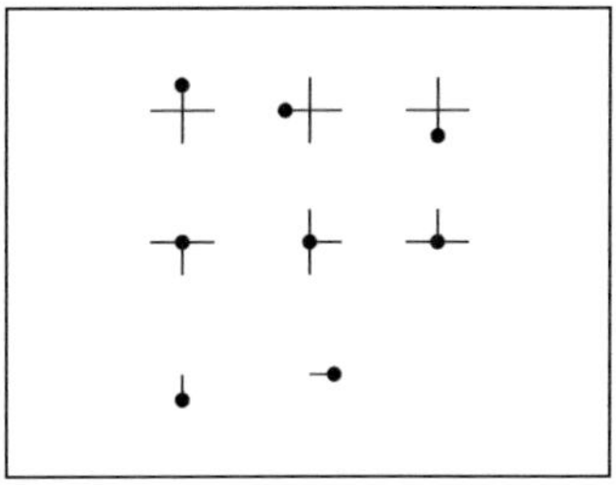

Abb. 3.36: QuaDiPF a06.

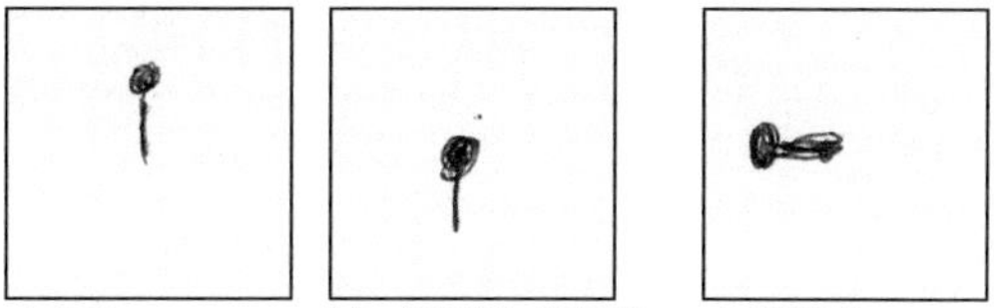

a) VP α b) VP04, VP05, VP10, VP12 c) VP06

Abb. 3.37: Lösungsfiguren QuaDiPF a06.

	VP-Gruppe		Abb. 3.37 a)		Abb. 3.37 b)		Abb. 3.37 c)	
N	12		7		4		1	
Minimum	18,59 s	VP11	18,59 s	VP11	32,83 s	VP05	33,26 s	VP06
Maximum	169,12 s	VP08	169,12 s	VP08	160,29 s	VP12		
Mittelwert	72,82 s		79,54 s		70,95 s			
Median	39,46 s		40,54 s		45,33 s			
StdAbw	57,77 s		63,21 s		60,12 s			

Tab. 3.14: Bearbeitungszeiten QuaDiPF a06.

Zur Argumentationsanalyse

Prädikative Überlegung

Variante 1

Eine (unvollständige) prädikative Sichtung beruht darauf, dass man zeilenweise Invarianz bei den Figuren feststellt: In der ersten Zeile „Kreuz", in der zweiten Zeile „T", in der dritten Zeile „Strich". Die Ausrichtung dieser Figuren, bezogen auf den Punkt, muss pro Zeile ordnungsgemäß eingehalten werden: Einmal unter dem Punkt, einmal seitlich des Punktes, einmal über dem Punkt. In dieser Richtung argumentiert VP12 (Trans. 3.30, BZ: 160,29 s).

> Also der Punkt ist ausschlaggebend. [I: Mhm.] Einmal [VP zeigt auf F11.] ist das, also der Punkt [VP zeigt auf den Punkt in F11.] ist immer ausschlaggebend. Einmal [VP zeigt auf F11.] ist das unterm Punkt, einmal [VP zeigt auf F12.] mit dem Punkt gleich und einmal [VP zeigt auf F13.] überm Punkt und das [VP zeigt auf F11.] ist immer das Symbol dafür. Pro Reihe [VP zeigt auf die erste Zeile.] [I: Mhm.] ein Symbol, einmal drunter [VP zeigt auf F11.], einmal seitlich [VP zeigt auf F12.] und einmal drüber [VP zeigt auf F13.]. Da [VP zeigt auf F21.] ist das Symbol dies, dies T, das ist einmal gleich. Moment, nee, da [VP zeigt auf F21.] ist einmal drunter, da [VP zeigt auf F22.] ist es gleich und da [VP zeigt auf F23.] ist es drüber. [I: Mhm.] Hier ist der Punkt [VP zeigt auf den Punkt in F31.] (aus...) einmal drüber [VP zeigt auf F31.], einmal gleich [VP zeigt auf F32.], einmal drunter [VP zeigt auf F33.].

Trans. 3.30: Transkriptausschnitt QuaDiPF VP12 a06.

Variante 2

Eine andere (unvollständige) prädikative Sichtung beruht darauf, dass man sich darauf einlässt, dass in die letzte Zeile ein Strich mit einem Punkt gehört. Das genaue Verhältnis dieser beiden Objekte untereinander ergibt sich aus einer spaltenweisen Analyse. Bezogen auf den Punkt, befindet sich der kleine Strich immer an derjenigen der vier Positionen, an der er noch nicht vorhanden war (Trans. 3.31, VP04, BZ: 38,37 s).

> Also. [VP zeichnet Lösung.] Da ist der Punkt und der Stab nach unten. [I: Mhm.] Begründen tu ich das damit, dass immer diese Kleinen hier [VP zeigt auf F31.], hier jeweils so ein großer Punkt [VP zeigt auf den Punkt in F32.] ist und so ein kleiner Stab [VP zeigt auf den Strich in F32.] dabei. Und der Stab zeigt immer in eine Richtung, in denen die vorausgegangenen [VP zeigt wechselnd auf F12 und F22.], also die oberen, noch nicht, überhaupt noch nicht, in keiner Weise hingezeigt haben. Hier [VP zeigt auf den Strich in F31.] zeigt er nach oben und hier [VP zeigt auf die Striche in F21 und F11.] haben sie immer nur zur Seite oder nach unten gezeigt. Hier [VP zeigt auf den Strich in F32.] zeigt er zu der Seite, also nach links, und bisher haben sie [VP zeigt auf die Striche in F22.] immer nur nach unten, nach oben und nach rechts gezeigt. Und hier [VP zeigt auf F33.] haben sie [VP zeigt auf die Striche in F13.] bisher nach oben, äh, und zu beiden Seiten gezeigt und dann [VP zeigt auf den Strich in F33.] noch nicht nach unten. Dacht ich mir dann einfach nach unten ergänzt.

Trans. 3.31: Transkriptausschnitt QuaDiPF VP04 a06.

Auffällig ist, dass bei diesen beiden prädikativen Analysen der Wanderungsprozess des Punktes nicht berücksichtigt wird, so dass es zu nur fast stimmigen Lösungsfiguren kommt: Die Lösungsfigur ist „falsch“ platziert (Abb. 3.37 b).

Funktionale Überlegung

Variante 1

Eine mögliche funktionale Lösungsstrategie basiert auf der Erkenntnis einer Wanderungsbewegung des Punktes innerhalb der Spalten, wobei die Striche, an denen der Punkt entlang fährt, dabei sozusagen ausradiert werden (Trans. 3.32; VP07; BZ: 40,99 s).

> Weil der Punkt wandert. Einmal hier [VP durchfährt die erste Spalte.] von oben nach unten. [I: Mhm.] Äh tsch äh, hier [VP durchfährt die zweite Spalte.] von links nach rechts und hier [VP durchfährt die dritte Spalte.], würde ich sagen, dann von unten nach oben, wobei die, die Zacken [VP zeigt unregelmäßig auf verschiedene Felder.], dieses Kreuz immer, oder die Striche immer weniger werden.

Trans. 3.32: Transkriptausschnitt QuaDiPF VP07 a06.

Variante 2

Eine andere funktionale Lösungsstrategie läuft über den Prozess einer Drehbewegung innerhalb der Zeilen (Trans. 3.33, VP05, BZ: 32,83 s).

> Ähm. Jede Figur ist von Spalte zu Spalte im Uhrzeigersinn gedreht. Äh, gegen Uhrzeigersinn. [I: Mhm.] Ja.

Trans. 3.33: Transkriptausschnitt QuaDiPF VP05 a06.

Bei dieser Lösungsstrategie kann es vorkommen, dass die Drehbewegung der Figuren fälschlicherweise nicht um 90 Grad, sondern um einen anderen Winkel, hier um 180 Grad, gedacht wird (Abb. 3.37 c; Trans. 3.34, VP06, BZ: 33,26 s).

> Äh, das Ding dreht sich immer um einen bestimmten Punkt. Ähm, und zwar linksrum [VP macht über F11 Drehbewegung gegen den Uhrzeigersinn.], also hab ich mir halt so überlegt. [I: Mhm.] Und es wird halt immer weniger, also, ne, das ist klar [VP zeigt über die letzten beiden Zeilen.]. Und, ähm, also während das sich hier [VP zeigt auf die zweite Zeile.] in der, um die Mitte dreht, hab ich mir hier [VP zeigt auf die dritte Zeile.] halt nen festen Punkt gesucht und der war bei diesen beiden [VP zeigt auf F31 und F32.] halt dieser hier [VP zeigt auf F32.] oben. [I: Mhm.] Ja, und darum [VP zeigt auf F33.] dann gedreht.

Trans. 3.34: Transkriptausschnitt QuaDiPF VP06 a06.

Zur Blickpfadanalyse

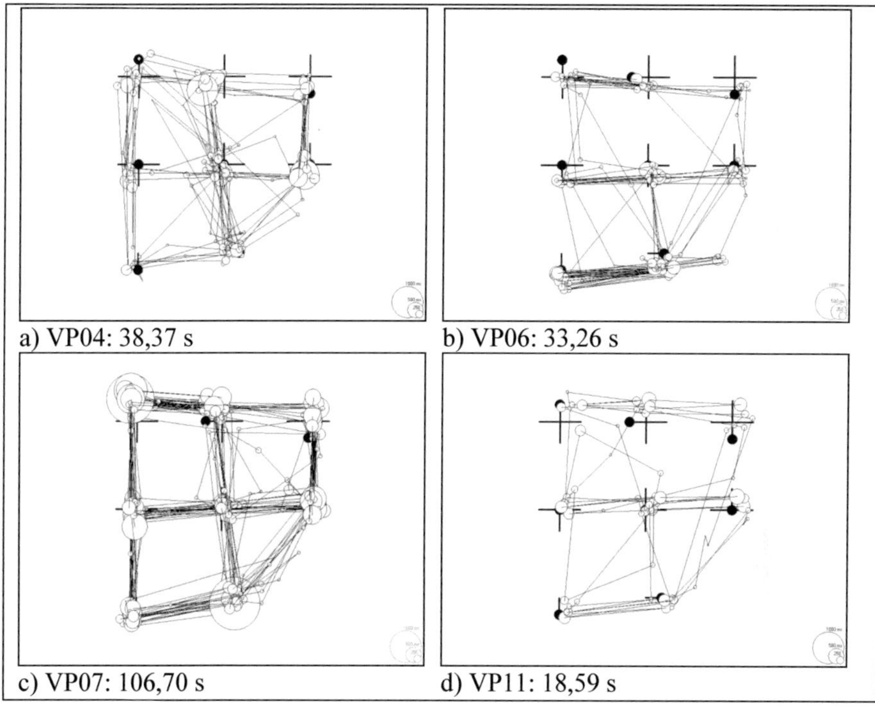

a) VP04: 38,37 s
b) VP06: 33,26 s
c) VP07: 106,70 s
d) VP11: 18,59 s

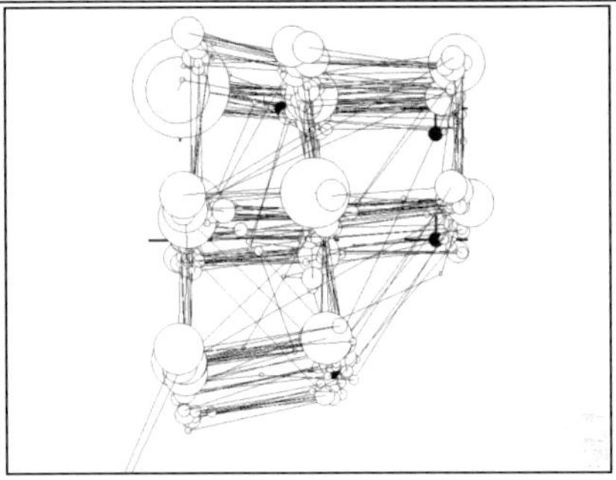

e) VP12: 160,29 s

Abb. 3.38: Blickpfade a06 VP04, VP06, VP07, VP11 und VP12.
a) VP04 Gesamt: 38,37 s
b) VP06 Gesamt: 33,26 s
c) VP07 Gesamt: 106,70 s
d) VP11 Gesamt: 18,59 s
e) VP12 Gesamt: 160,29 s

Die Blickpfade der VP passen zu der Art der Begründung. VP06, VP11 und VP12 nehmen vornehmlich eine zeilenweise Analyse vor, VP04 und VP07 betrachten zwar auch Zeilen, aber für sie sind auch die Spalten relevant (Abb. 3.38; Trans. 3.30 – Trans. 3.34).

3.2.2.9 Einzelfallanalyse von Begründungen und Blickpfaden zu a07

Bei dieser Aufgabe[69] konstruieren alle VP die gleiche Lösungsfigur. Eine solche Einheitlichkeit besteht außerdem nur bei Aufgabe a08. Abgesehen von der Bearbeitungszeit der VP08 (BZ: 258,52 s) liegen keine Auffälligkeiten in den Bearbeitungszeiten vor (vgl. Tab. 7.1).

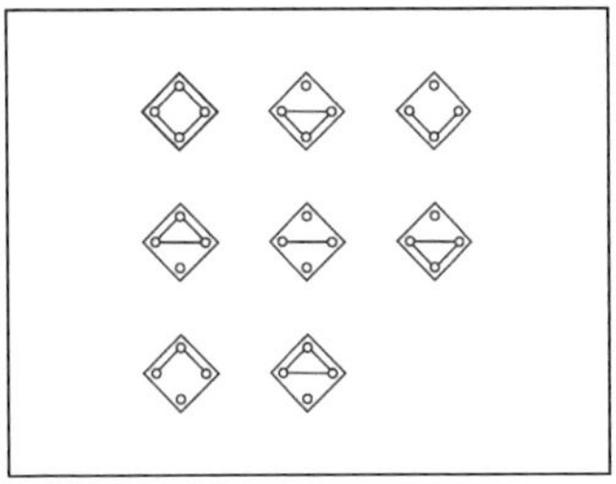

Abb. 3.39: QuaDiPF a07.

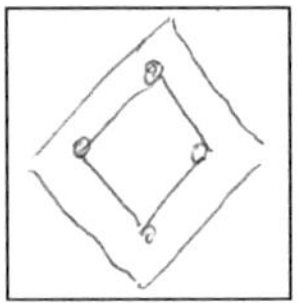

a) VP α

Abb. 3.40: Lösungsfigur QuaDiPF a07.

[69] Zu berücksichtigen ist, dass ausschließlich bei dieser Aufgabe im Untersuchungsset Figuren doppelt vorkommen (F12-F23, F21-F32 und F11-F33).

N	12	
Minimum	18,96 s	VP11
Maximum	258,52 s	VP08
Mittelwert	97,04 s	
Median	69,34 s	
StdAbw	72,07 s	

Tab. 3.15: Bearbeitungszeiten QuaDiPF a07.

Zur Argumentationsanalyse

Prädikative Überlegung

Variante 1

Bei einer prädikativen Sichtweise kann es beispielsweise zu einer Sichtung von Paaren kommen (Trans. 3.35, VP12, BZ: 80,00 s).

> Weil es sind von jeder Sorte zwei. Diese beiden [VP zeigt abwechselnd auf F21 und F32.], [I: Ja.] diese beiden [VP zeigt abwechselnd auf F12 und F23.] passen zusammen. [I: Mhm.] Ähm, diese beiden [VP zeigt abwechselnd auf F11 und F33.] passen zusammen, 'ne Drehung ist nicht sinnvoll, da es ja nichts bringt. Ähm, und hier [VP zeigt abwechselnd auf F12 und F13.] sind die unten angeordnet, diese beiden [I: Mhm.] und hier [VP zeigt abwechselnd auf F31 und F32.] sind die hier oben angeordnet, beim Quadrat [VP zeigt auf F33.] ist es egal, da kann man ja nicht sehen.

Trans. 3.35: Transkriptausschnitt QuaDiPF VP12 a07.

VP12 stellt in ihrer Begründung (Trans. 3.35, Z. 1-3) drei Paarbeziehungen innerhalb der Aufgabe her: (F21, F32), (F12, F23), (F11, F33). Mit ihrer Aussage „Weil es sind von jeder Sorte zwei.“ ist die Lösungsfigur ausreichend begründet. VP12 hat sich dennoch zusätzlich zu Anordnungen in der ersten und dritten Zeile unter Auslassung der zweiten geäußert (Trans. 3.35, Z. 4-6).

Variante 2

Eine weitere prädikative Analyse besteht darin, Symmetrien in Bezug auf die Gesamtkonstellation der gegebenen Figuren zu erkennen (Trans. 3.36, VP07, BZ: 40,99 s).

> Nja, ich würde sagen, ich hab das jetzt als Spiegelachse betrachtet. Hier [VP zeigt auf F22.] oder den Punkt sozusagen als Spiegelachse, darf man das? [VP und I lachen.] [I: Und wie kommst du dann zur Lösung?] Naja, weil, weil hier [VP zeigt auf F22.] sich sozusagen alles spiegelt. Der [VP zeigt auf F13.] spiegelt sich hier [VP zeigt auf F31.] wieder gedreht. Und der [VP zeigt auf F11.] da [VP zeigt auf F33.]. Und der [VP zeigt auf F23.] da [VP zeigt auf F21.]. Und alles um 90 Grad dann, also die innere Figur dann immer gedreht.

Trans. 3.36: Transkriptausschnitt QuaDiPF VP07 a07.

Variante 3

Es ist auch eine prädikative Analyse möglich, die sich nach Ordnungskriterien mit den in den Zeilen und Spalten vorliegenden Reihenfolgen der Figuren befasst.

Betrachten wir dazu die Argumentation von VP02 (Trans. 3.37, BZ: 155,46 s). Auffällig ist zunächst, dass sie sich beim Auffinden von Ordnung an der

Wiederholung von Elementen in den anderen Zeilen und Spalten orientiert. Bei ihrer vertieften Analyse geht VP02 darauf ein, dass in der ersten Zeile die Ordnung „ganz", „Hälfte", „Strich fällt weg" vorliegt, die sich auch in der dritten Zeile wiederfindet: „Ganz", „Hälfte mit Strich", „fällt der Strich weg" (Trans. 3.37, Z. 3-6). Im weiteren Verlauf ihrer Argumentation ändert sie ihre Bezeichnungen. Die Idee, nach einer vorliegenden Ordnung zu schauen, bleibt beibehalten (Abb. 3.41b).

So, ähm. [VP zeigt abwechselnd auf F12 und F23.] Hier [VP zeigt auf F12.] ist erstmal eine Reihenfolge, die [VP zeigt auf F12 und F23.] sind gleich und die [VP zeigt auf F21 und F32; I: Mhm.] sind gleich. Also, ähm, hier [VP zeigt auf F11.] ganz, Hälfte. [VP zeigt auf F12.] Hier wird jetzt ein Strich geteilt. Dieser Strich [VP zeigt auf F13.] fällt weg. Genauso ist das hier [VP zeigt nacheinander auf F31, F32 und F33.]. Ganz [VP zeigt auf F33.], Str- Hälfte mit Strich [VP zeigt auf F32.] und dann [VP zeigt auf F31.] fällt der Strich weg. Ähm, hier [VP zeigt auf F21.] oben Dreieck, Strich [VP zeigt auf F22.], unten Dreieck [VP zeigt auf F23.]. Hier [VP zeigt auf F13.] ist das genauso wie, ähm, [VP deutet in die erste Zeile.] hier [VP zeigt auf F13.]. Ähm, also Dreieck ohne Strich, Dreieck [VP zeigt auf F23.], Viereck [VP zeigt auf F33.], genau ja. Mh, hier [VP zeigt auf F11.] dann genauso Viereck, Dreieck mit Strich [VP zeigt auf F21.], und Dreieck ohne Strich [VP zeigt auf F31.]. Ähm, dann hier [VP zeigt auf F13.] Strich, Dreieck ohne Strich [VP zeigt auf F13.], Strich [VP zeigt auf F22.], Dreieck oben [VP zeigt auf F31.], auch ne Reihenfolge. Ja, das wars, glaub ich. Ja. Ja.

Trans. 3.37: Transkriptausschnitt QuaDiPF VP02 a07.

Funktionale Überlegung

Bei einer funktionalen Sichtweise wird ein Prozess der Veränderung innerhalb der Zeilen bzw. Spalten verwendet. Eine Erklärung dieser Art wird von VP05 gegeben. Sie beschreibt dabei explizit ihre Vorstellung von verschiedenen Fixierungen eines Gummibandes auf einem Nagelbrett. Diese Vorstellung und der damit verbundene Prozess, also die elementare Grundlage der Lösungsstrategie dieser VP, ist in den geometrischen Figuren der Aufgabenstellung nicht explizit dargestellt und lässt Rückschlüsse auf die kognitive Strategie der VP zu. Bei ihrer verbalen Begründung geht VP05 in Bezug auf die Veränderung von oben nach unten bzw. von unten nach oben fehl. Der Veränderungsprozess ist VP05 jederzeit eindeutig klar, wie sich in den Handbewegungen zeigt. Nur diesen Prozess in Worte zu kleiden, bereitet VP05 Schwierigkeiten. Man muss davon ausgehen, dass eine nonverbale Repräsentation des Prozesses die Grundlage für die Analyse von VP05 ist und sie später nur für den Interviewer diesen Prozess in Worte kleidet.

Die verbale Lösung von VP05 ist falsch und die gezeichnete Lösung ist richtig, demnach scheint VP05 den Denkvorgang nicht ohne weiteres in einer symbolisch-sprachlichen Form abbilden zu können.

Ja, Begründung. Also ich stell mir das, die Figur im Grunde Gummi, als ein Gummiband vor, was über, an jeder Ecke festgepinnt ist [VP deutet über die ganze Aufgabe.]. Äh, in der [VP zeigt auf F11.] von Zeile zu Zeile [VP zeigt auf die zweite Zeile.] wird das Gummiband oben [VP zeigt auf F11.] gelöst und immer eine Stufe nach unten [VP macht mit der rechten Hand stufenweise Bewegung von oben nach unten.], d. h. oben, Mitte, unten, äh, festgepinnt, äh, und zeilenwase, -weise von unten nach oben [VP macht fortgesetzt mit der rechten Hand Bewegungen von unten nach oben.], d. h. unten wird's gelöst, äh, in die Mitte gesetzt und nach oben gepinnt. Umgekehrt, nee Moment, das war, das war spaltenweise [VP durchfährt die erste Zeile.] wird's von oben nach unten [VP macht mit der rechten Hand Bewegung von oben nach unten.] und zeilen-, zeilenweise, zeilenweise wird es, Moment warte, ich muss eben überlegen, ähm, na von oben, auch, nee, von oben nach unten, was und [VP überlegt 6 sec.] auch von oben nach unten. Ja. Ja.

Trans. 3.38: Transkriptausschnitt QuaDiPF VP05 a07.

Zur Blickpfadanalyse

Die Analyse der Blickpfade kann bei dieser Aufgabe zwecks Zuordnung zu einer bestimmten kognitiven Strategie im Allgemeinen nicht zum Erfolg führen, da diese Aufgabe sowohl von VP mit einer prädikativen kognitiven Strategie, als auch von VP mit einer funktionalen kognitiven Strategie durch Betrachten der Zeilen und Spalten gelöst werden kann. Insoweit gehen wir hier nicht näher auf die Blickpfade ein. Dafür stellen wir beispielhaft ein Problem dar. Betrachten wir die Blickpfade von VP07 (Abb. 3.41 a) und VP11 (Abb. 3.41 b) im Vergleich zu VP12 (Abb. 3.41 c). VP11 argumentiert funktional über eine Entstehungsgeschichte, VP12 prädikativ über erkannte Paare. Obwohl die Blickpfade von VP07 deutlich mit denen von VP11 verwandt sind, argumentiert sie prädikativ über Symmetrien. Man mag vermuten, dass VP07 durch zeilenweises Betrachten die Verwandtschaft der ersten zur dritten Zeile erkennt. Und auf diese Weise per Symmetrieüberlegungen zur Konstruktion einer Lösungsfigur kommt.

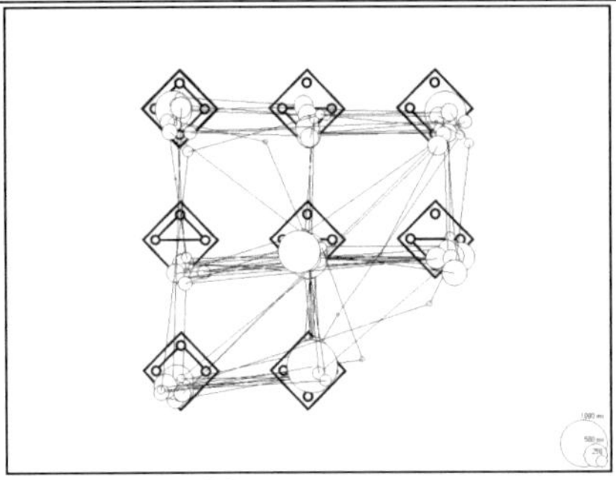

a) VP07: 40,99 s

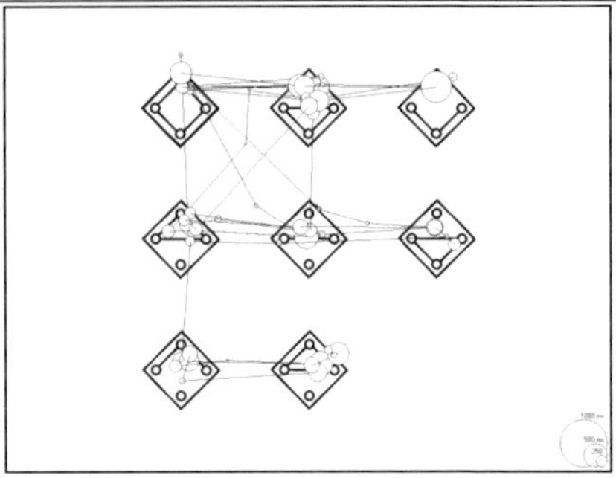

b) VP11: 18,96 s

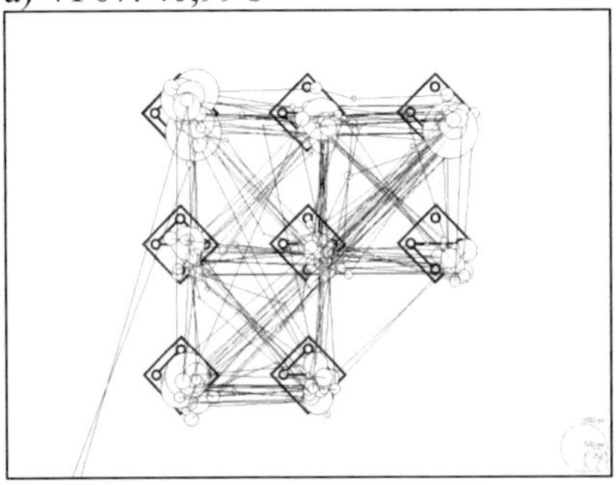

c) VP12: 80,00 s

Abb. 3.41: Blickpfade a07 VP07, VP11 und VP12.
a) VP07 Gesamt: 40,99 s
b) VP11 Gesamt: 18,96 s
c) VP12 Gesamt: 80,00 s

3.2.2.10 Einzelfallanalyse von Begründungen und Blickpfaden zu a08

Wie bei a07 konstruieren alle VP die gleiche Lösungsfigur. Abgesehen von der Bearbeitungszeit der VP08 (BZ: 188,97 s), liegen relativ kurze Bearbeitungszeiten vor (vgl. Tab. 7.1). Es handelt sich im Vergleich zu den anderen Aufgaben um eine recht einfache Aufgabe.

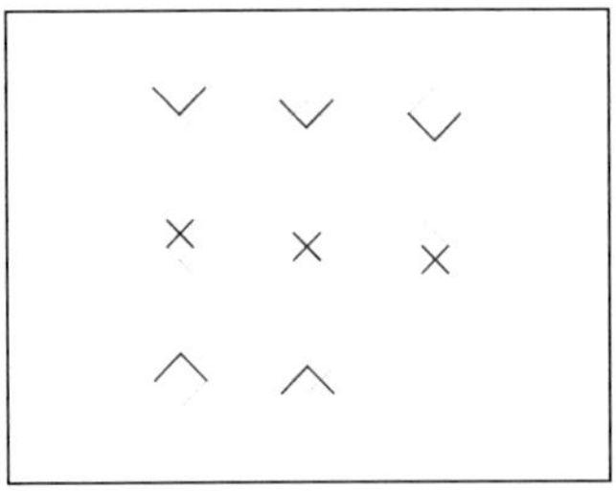

Abb. 3.42: QuaDiPF a08.

a) VP α

Abb. 3.43: Lösungsfigur QuaDiPF a08.

N	12	
Minimum	7,57 s	VP11
Maximum	188,97 s	VP08
Mittelwert	44,35 s	
Median	29,08 s	
StdAbw	50,52 s	

Tab. 3.16: Bearbeitungszeiten QuaDiPF a08.

Zur Argumentationsanalyse

Prädikative Überlegung

Variante 1

Die Argumentation zur Lösungsfindung, die auf einer eher prädikativen Sichtweise beruht, nutzt vorliegende Paare von Figuren und deren symmetrische Anordnung aus (Trans. 3.39, BZ: 21,02 s).

Ja, weil dies [VP zeigt auf F22.] ist der Mittelpunkt und hier [VP zeigt abwechselnd auf F12 und F32.] ist das jeweils irgendwie halt gespiegelt an der Spiegelachse [VP hält den Stift über F21, F22 und F23.]. [I: Mhm.] Passt das? Ja, [VP deutet mit dem Stift viele Achsen aus drei Feldern an.] die muss ab und zu mal. Aber auf jeden Fall ist dies [VP zeigt auf F31.] und das [VP zeigt auf F13.] gespiegelt, das [VP zeigt auf F11.] und das [VP zeigt auf F33.], dem [VP zeigt auf F32.] und dem [VP zeigt auf F12 und danach auf F21 und F23.]. Müssten, wie viele [VP deutet mit dem Stift viele Achsen aus drei Feldern an.] Spiegelachsen müssten denn da sein? Aber das ist ja egal oder, oder soll ich die noch nennen? Da ne Spiegelachse [VP hält den Stift über F13, F22 und F31.], da [VP hält den Stift über F21, F22 und F23.], da [VP hält den Stift über F12, F22 und F32], da [VP hält den Stift über F11, F22 und F33.]. Das dürfte so in etwa. Nee, das passt ja nicht mit dem Spiegelachsen, ha, ha. Ja, auf jeden Fall klappt das irgendwie wohl so.

Trans. 3.39: Transkriptausschnitt QuaDiPF VP10 a08.

Sachlich anzumerken ist, dass VP10 über Spiegelachsen argumentiert, tatsächlich aber die Idee der Punktspiegelung verwendet werden müsste.

Variante 2

Eine denkbare prädikative Argumentation, die über Zeilen und Spalten läuft, wird von keiner unserer VP angeboten. Die Argumentation wäre: Zeilenweise befindet sich das Objekt mit den dicken Linien an den Orten oben, mittig, unten, das Objekt mit den dünnen Linien an den Orten unten, mittig, oben. Spaltenweise befinden sich drei verschiedene Objekte mit dicken Linien – Schüssel, Kreuz, Dach und drei verschiedene Objekte mit dünnen Linien – Dach, Kreuz, Schüssel. In der ersten Spalte sind die Objekte mit dicken Linien oben, in der zweiten Spalte in der Mitte und in der dritten Spalte unten. Bei Objekten mit dünnen Linien verhält es sich bezüglich des Ortes umgekehrt – unten, mittig, oben.

Funktionale Überlegung

Die Argumentation, die auf einer eher funktionalen Sichtweise beruht, basiert bei dieser Aufgabe auf einem Wanderungsprozess der Teilstriche innerhalb der Zeilen und/oder Spalten. VP06 orientiert sich zeilenweise (Trans. 3.40, BZ: 10,12 s, vgl. die dazu passenden Blickpfade Abb. 3.44 b).

> Ja, also ähm, da bin ich jetzt mehr so zeilenweise [VP zeigt auf die erste Zeile.], nicht spaltenweise vorgegangen, das habe ich gar nicht mehr beguckt. Aber das rutscht halt quasi so runter [VP macht über der ersten Spalte eine Bewegung von F11 nach F21.], also wenn man das so sehen möchte, ne. Das Obere rutscht nach unten und das, äh, Untere rutscht nach oben und das halt dann jeweils durchgehend.

Trans. 3.40: Transkriptausschnitt QuaDiPF VP06 a08.

VP09 (Trans. 3.41, BZ: 60,56 s) argumentiert zunächst über die letzte Spalte (Z. 1-7) und dann über die letzte Zeile (Z. 7-9).

> Weil der Strich [VP zeigt auf den rechten dünnen Strich in F13.] wandert nach da [VP zeigt auf den linken dünnen Strich in F13.], der Strich [VP zeigt auf den linken dünnen Strich in F13.] wandert nach da [VP zeigt auf den rechten dünnen Strich in F13.]. [I: Mhm.] Und die beiden [VP zeigt auf die dicken Striche in F13.] genauso umgekehrt. Dann kommen die halt, geht ein Schritt nach da [VP zeigt auf die dünnen Striche in F23.], im nächsten Schritt geht der noch einen nach da [VP zeigt links neben die dünnen Striche in F23.] und dann hat man halt dieses [VP zeigt auf F33.] umgekehrte Schema. Und hier [VP zeigt auf F31.] geht schwarz runter [VP zeigt erst auf die dicken Striche in F31 und dann auf die dünnen.] und leicht schwarz nach oben oder grau. [I: Mhm.] Und dann rückt das noch einen nach oben und bei den anderen war das auch immer so, dass sich das einfach verrückt hat.

Trans. 3.41: Transkriptausschnitt QuaDiPF VP09 a08.

VP11 argumentiert zeilenweise (Trans. 3.42, BZ: 7,57 s). Die kurze Bearbeitungszeit ist beachtlich. Keine der anderen VP hat irgendeine Aufgabe noch schneller gelöst (vgl. Tab. 7.1). Der Transkriptausschnitt deckt vier Phasen ab: Bedenkzeit für die Aufgabe (schließt mit dem Ausblenden der Aufgabe), Tätigkeit des Interviewers, VP zeichnet Lösungsfigur, VP begründet Lösungsfigur. Man könnte meinen, dass VP11 nach 7,57 Sekunden noch keine endgültige Lösungsfigur entwickelt hat. Tatsächlich verbleiben ihr bis zum Zeichnen der Lösungsfigur nur weitere 6,45 Sekunden, in denen sie dem Interviewer zuschaut, wie er zum Abspeichern der Blickdaten einen Dateinamen eingibt und ihr das Blatt zum Zeichnen reicht. Es ist eher unwahrscheinlich, dass VP11 in dieser Zeit noch neue Ideen für ihre Lösungsfigur entwickelt. Das Zeichnen der Lösungsfigur erfolgt flüssig. Alles deutet darauf hin, dass VP11 tatsächlich in 7,57 Sekunden eine Lösungsfigur konstruiert hat.

00:20:38:176	I	Ok, und die Aufgabe.
00:20:46:790	VP	Ja.
00:20:48:562	I	Das ging ja fix.
00:20:50:495		[Lösung Aufgabe a08]
00:20:53:235		[VP zeichnet Lösung.]
00:21:02:084	I	Mhm, und warum ist?
00:21:03:616	VP	Also, das ist fett, ne.
00:21:04:450	I	Ja, klar. [VP lacht.] Warum ist das die Lösung?
00:21:07:112	VP	Äh, ja. Das geht jeweils eine Stufe praktisch runter [VP deutet mit dem Stift die Stufen in F11 an.]. Das [VP zeigt auf F12.] und dann ist er [VP zeigt auf F13.] ganz unten [VP zeigt auf die dicken Linien in F13.]. Und da [VP zeigt auf F21.] und so wiederholt sich das denn. [VP deutet über die Aufgabe.]

Trans. 3.42: Transkriptausschnitt QuaDiPF VP11 a08.

Zur Blickpfadanalyse

Diese Aufgabe zeichnet sich dadurch aus, dass teils extrem kurze Bearbeitungszeiten vorliegen. Innerhalb von sieben bis zehn Sekunden gelingt es VP11, VP03 und VP06 tragfähige Ideen zu entwickeln und mental eine Lösungsfigur zu konstruieren[70]. Ihre Blickpfade lassen (ohne Interpretationsspielraum) eindeutig erkennen, dass eine ausschließlich zeilenweise Analyse vorgenommen wird (Abb. 3.44). Tatsächlich argumentieren auch alle drei VP zeilenweise und stellen einen Wanderungsprozess fest.

[70] Die nächst schnellste Bearbeitungszeit ist bei a04 mit 14 s gegeben.

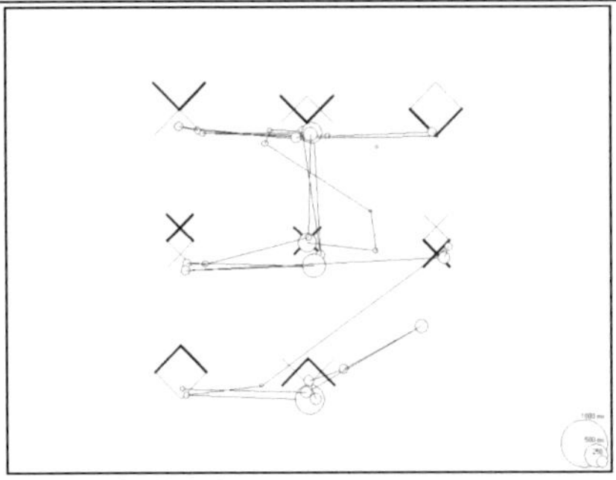

a) VP03: 8,06 s

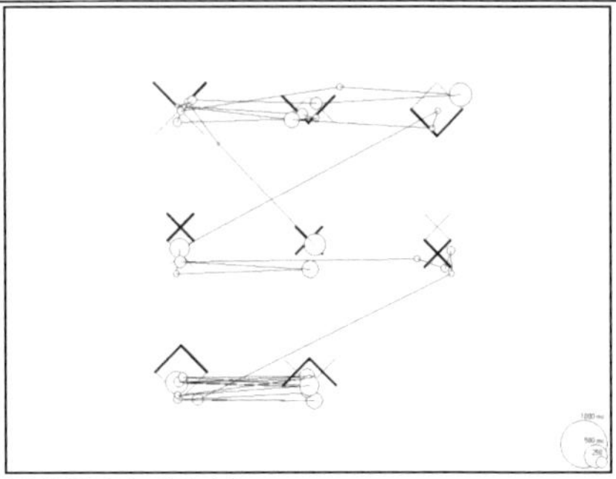

b) VP06: 10,12 s

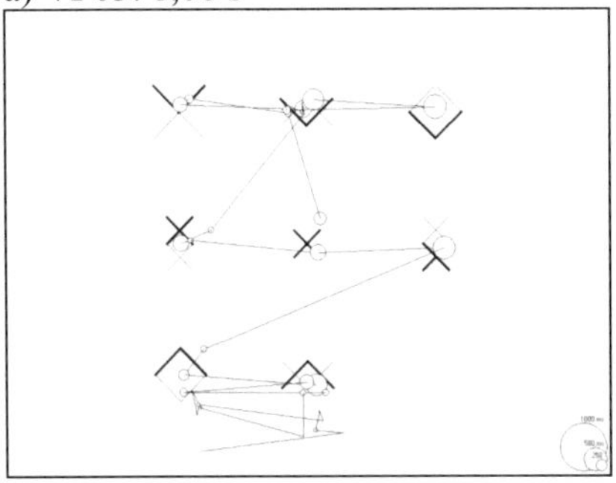

c) VP11: 7,57 s

Abb. 3.44: Blickpfade a08 VP03, VP06 und VP11.
a) VP03 Gesamt: 8,06 s
b) VP06 Gesamt: 10,12 s
c) VP11 Gesamt: 7,57 s

Betrachten wir im Einzelnen die Blickpfade von VP11 (Abb. 3.45), die mit der kürzesten Bearbeitungszeit auskommt. Sie beschäftigt sich 2,52 Sekunden mit der ersten Zeile, um dann 1,47 Sekunden die zweite Zeile einmal von links nach rechts durchzuscannen und schließlich in 1,88 Sekunden drei Sakkaden zwischen den beiden Figuren in der dritten Zeile aufzuwenden. Die mentale Voreinstellung, man könnte sagen der Bereitschaftszustand ihrer Gehirnzellen, passt zur Aufgabe. Das Betrachten der Aufgabe geht unmittelbar einher mit einer Sinnstiftung.

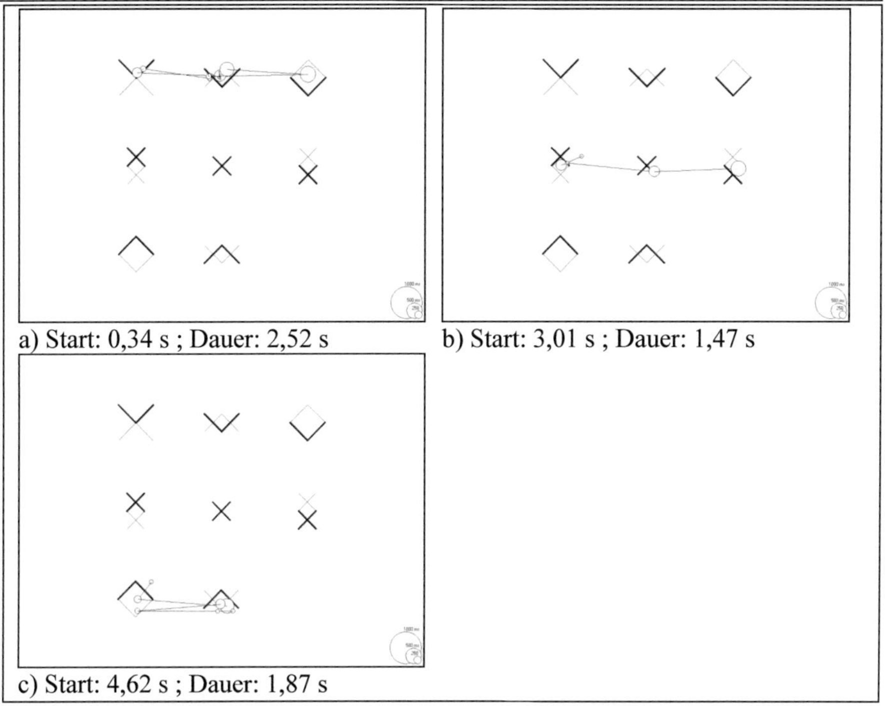

a) Start: 0,34 s ; Dauer: 2,52 s

b) Start: 3,01 s ; Dauer: 1,47 s

c) Start: 4,62 s ; Dauer: 1,87 s

Abb. 3.45: Blickpfade a08 VP11.

a)	Start:	0,34 s	Dauer:	2,52 s
b)	Start:	3,01 s	Dauer:	1,47 s
c)	Start:	4,62 s	Dauer:	1,87 s

Den vier vorliegenden prädikativen Argumentationen (sie laufen über Symmetrieüberlegungen) liegen spezielle Blickpfadmuster zugrunde. Nur bei den Blickpfaden von VP04, VP07, VP10 und VP12 (Abb. 3.46) spielen Diagonalen insoweit eine relevante Rolle, als dass das Verhältnis der vorhandenen Linien innerhalb der vier Quadranten (F11-F12-F21-F22 / F12-F13-F22-F23 / F21-F22-F31-F32 / F22-F23-F32-F33) zu den Linien innerhalb der Zeilen und Spalten vergleichsweise ausgewogen ist.

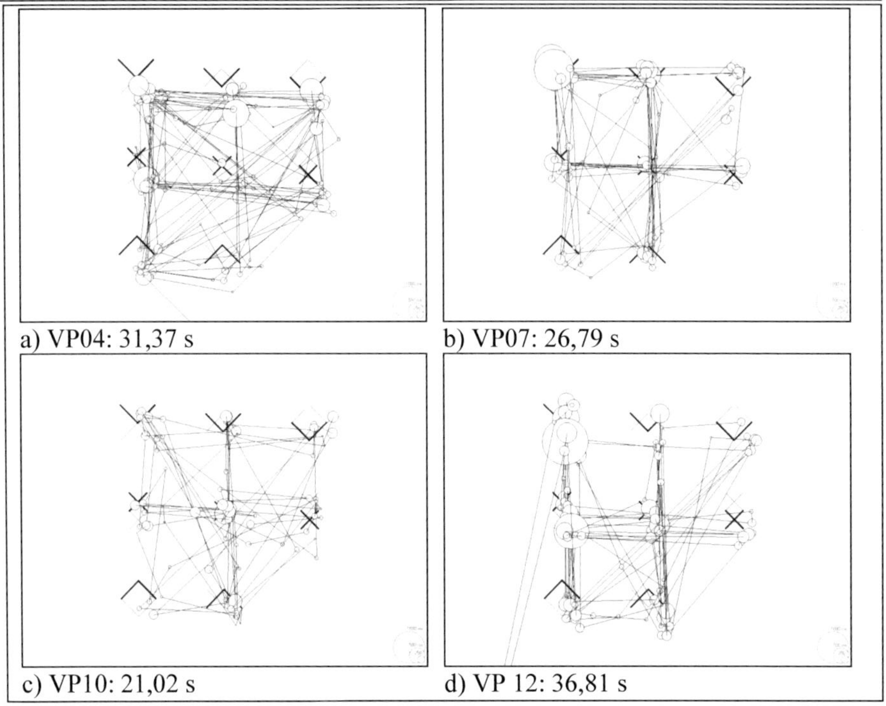

a) VP04: 31,37 s
b) VP07: 26,79 s
c) VP10: 21,02 s
d) VP 12: 36,81 s

Abb. 3.46: Blickpfade a08 VP04, VP07, VP10 und VP12.
a) VP04 Gesamt: 31,37 s
b) VP07 Gesamt: 26,79 s
c) VP10 Gesamt: 21,02 s
d) VP12 Gesamt: 36,81 s

Bei den funktionalen Argumentationsweisen ist dagegen auffällig, dass die Blickpfade in den Zeilen und / oder Spalten deutlich überwiegen (vgl. Tab. 3.5 auf Seite 61 und Tab. 7.24 auf Seite 263).

3.2.3 Quantitative Auswertung

Nach der qualitativen Auswertung der QuaDiPF-Eye-Untersuchung im vorangegangenen Kapitel, wie sie auch schon im Wesentlichen in älteren Untersuchungen durchgeführt wurde, sollen nun in diesem Abschnitt die Möglichkeiten einer quantitativen Datenanalyse und Auswertung, wie sie erst durch die Verwendung eines Eyetrackers während der Untersuchung möglich wird, diskutiert werden.

Alle Ergebnisse dieses Abschnittes basieren auf dem Programm QuaDiPF-Eye zur Darstellung und zum Umgang mit den „Augendaten“, das von mir im Zuge dieser Untersuchung geschrieben wurde. Neben den Darstellungen von Blickpfaden, wie sie in den vorangegangenen Kapitel gezeigt wurden, kann man mit dem Programm diverse statistische Daten erhalten und auswerten. Im Folgenden werden zunächst die Fixationsdauern und die Sakkadengeschwindigkeiten untersucht. Später erfolgt eine Auswertung der Gazeszeiten, d. h. eine Analyse der prozentualen Anteile an der Gesamtzeit, die die VP zum Betrachten bestimmter Bildbereiche verwenden. Interessenten können diese Software für Forschungszwecke über das Institut für Kognitive Mathematik an der Universität Osnabrück erhalten.

3.2.3.1 Fixationsdauer

Die Fixationsdauer bzw. die Sakkadenlatenz wird in der Literatur zum Teil als Maß der kognitiven Schwierigkeit einer Aufgabe angesehen, dabei ist die Fixationsdauerverlängerung jedoch nicht proportional zur Steigerung der Schwierigkeit.[71] Die Darstellung der Mediane der Fixationsdauern über alle Aufgaben (Abb. 3.47) zeigt interessante Zusammenhänge zur qualitativen Auswertung der vorangegangenen Abschnitte. Es ist offensichtlich, dass eine deutliche Spitze der Fixationsdauern bei der Aufgabe a03 liegt. Aufgrund der Bearbeitungszeiten und der Äußerungen der VP wurde bereits im Abschnitt 3.2.2.5 festgestellt, dass diese Aufgabe für diese VP-Gruppe durch ihre Stellung im Aufgabensatz besonders schwierig ist. Ebenfalls offensichtlich sind die verhältnismäßig kurzen Fixationsdauern bei den Aufgaben a00 und a01. Diese Aufgaben gehören objektiv zu den einfachen Aufgaben dieser Untersuchung und werden anscheinend auch von den VP subjektiv so empfunden. Der relativ große Wert des Medianes der Fixationsdauern der VP beim Betrachten des Gemäldes von Bruegel lässt sich nicht ohne weiteres mit den anderen Medianen vergleichen, da dieses Bild nicht wie bei den QuaDiPF-Aufgaben eine Komposition aus schwarz-weißen Strichzeichnungen mit einfachen geometrischen Figuren, sondern ein buntes, vielgestaltiges Gemälde ist. Auch die Aufgabenstellung „Präge Dir bitte ein, was Du auf dem Bild siehst.“ hat offensichtlich einen Einfluss auf die Fixationsdauer.

[71] Vgl. Galley (2001), S. 249ff, S. 273f.

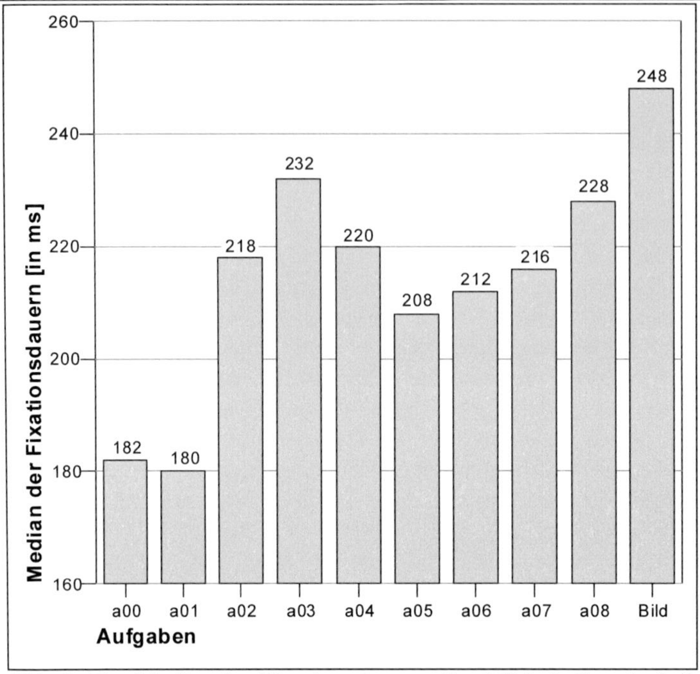

Abb. 3.47: Median der Fixationsdauern aller VP bei allen Aufgaben.

Nach diesen allgemeinen Betrachtungen zu Fixationsdauern bei QuaDiPF-Aufgaben stellt sich die für diese Untersuchung relevante Frage, ob sich aus den Fixationsdauern auf rein quantitativer Ebene Rückschlüsse auf die kognitive Struktur einer VP ziehen lassen. Dazu werden die Fixationsdauern der VP mit einer Präferenz für eine prädikative Denkweise mit den Fixationsdauern der VP mit einer Präferenz für eine funktionale Denkweise verglichen.

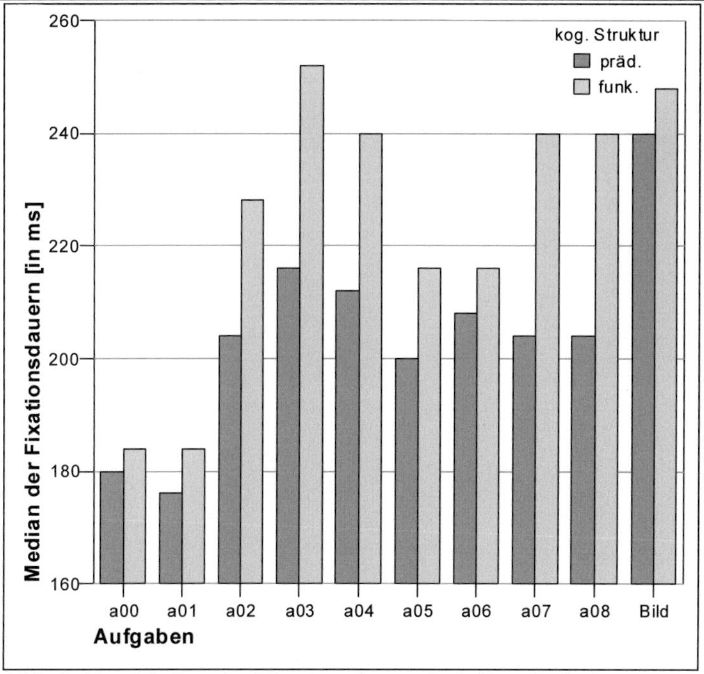

Abb. 3.48: Median der Fixationsdauern bei allen Aufgaben, unterschieden nach der kognitiven Struktur der VP (N = 10).

In Abb. 3.48 sind die jeweiligen Mediane dargestellt. Es zeigen sich Unterschiede in den Fixationsdauern, die aber nicht ohne weiteres zu interpretieren sind. So wäre nach den Vorüberlegungen zu erwarten gewesen, dass die Fixationsdauern der VP mit einer Präferenz für eine prädikative Denkweise einen größeren kognitiven Aufwand für die Aufgabe a03 aufbieten müssen, was sich in längeren Fixationszeiten niederschlagen müsste. Es könnte hier sein, dass bei der relativ kleinen Versuchspopulation der große Anteil an VP mit einer Präferenz für eine prädikative Denkweise, die diese Aufgabe nicht im Sinne der Aufgabenstellung richtig lösen, das Ergebnis verzehrt. Auch für die anderen Aufgaben können hier keine einfachen Erklärungen gegeben werden. Die Ergebnisse sind hier, wie auch bei den folgenden Analysen, nicht signifikant. Bei einer so kleinen Versuchspopulation lassen sich aber auch keine signifikanten Ergebnisse erwarten.
Die nächste Auswertung der Fixationszeiten beruht auf einer Reduzierung des Versuchspopulationsumfanges (Abb. 3.49). Es wurden nur diejenigen VP betrachtet, die eine besonders auffällige und eindeutige Präferenz für eine bestimmte kognitive Struktur haben. Der auffällig große Unterschied der Fixationsdauern bei Aufgabe a03 mit den kürzeren Fixationsdauern bei den VP mit der Präferenz für eine prädikative Denkweise lässt sich auch hier eventuell damit erklären, dass sich alle VP mit einer Präferenz für eine prädikative Denkweise aus

dieser reduzierten VP-Gruppe mit einer „unaufwändigen" Sichtung zufrieden geben. Die Fixationsdauer passt hier zum Ausmaß des kognitiven Einsatzes. Auch die Idee der Reduzierung der VP-Gruppe auf besonders eindeutige Fälle einer bestimmten kognitiven Struktur liefert keine einfachen Erklärungen für die unterschiedlichen Fixationsdauern.

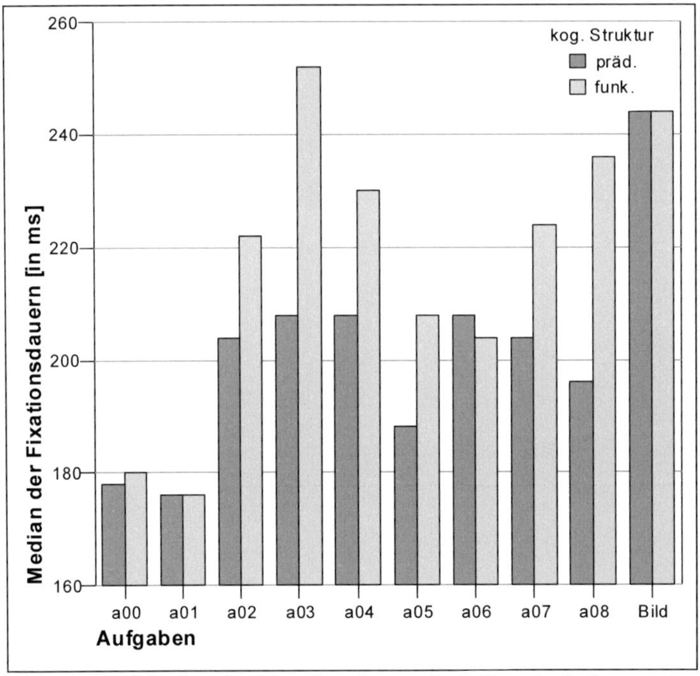

Abb. 3.49: Median der Fixationsdauern bei allen Aufgaben, unterschieden nach der kognitiven Struktur der VP (N = 8).

Eine weitere mögliche Erklärung der kürzeren Fixationsdauern der VP mit einer Präferenz für eine prädikative Denkweise beruht auf dem Zusammenhang zwischen Intelligenz und Fixationsdauer.[72] Es könnte sein, dass die VP mit einer prädikativen Präferenz intelligenter sind als die VP mit einer funktionalen Präferenz. Da die durchgeführten Untersuchungen keinen Intelligenztest beinhalten, lässt sich diese mögliche Erklärung nicht weiter kommentieren. Von einer „schachlichen Intelligenz" aus gesehen – gemeint sei hier der schachliche Erfolg (bestimmt durch die Wertungszahl, vgl. Fußnote 59 auf Seite 47) – gibt es keine auffälligen Unterschiede zwischen den beiden Gruppen, wobei dies offensichtlich ein willkürliches Kriterium ohne Aussagekraft ist.

Bei der Betrachtung der Fixationsdauern einzelner VP (Abb. 3.50) zeigt sich, dass die Fixationsdauern bei einer quantitativen Analyse keinen Rückschluss auf die

[72] Vgl. Galley / Galley (1999).

kognitive Struktur einer VP zulassen. Die individuellen Einflüsse der jeweiligen VP auf die Fixationsdauern überlagern den Einfluss der kognitiven Struktur auf die Fixationsdauern.

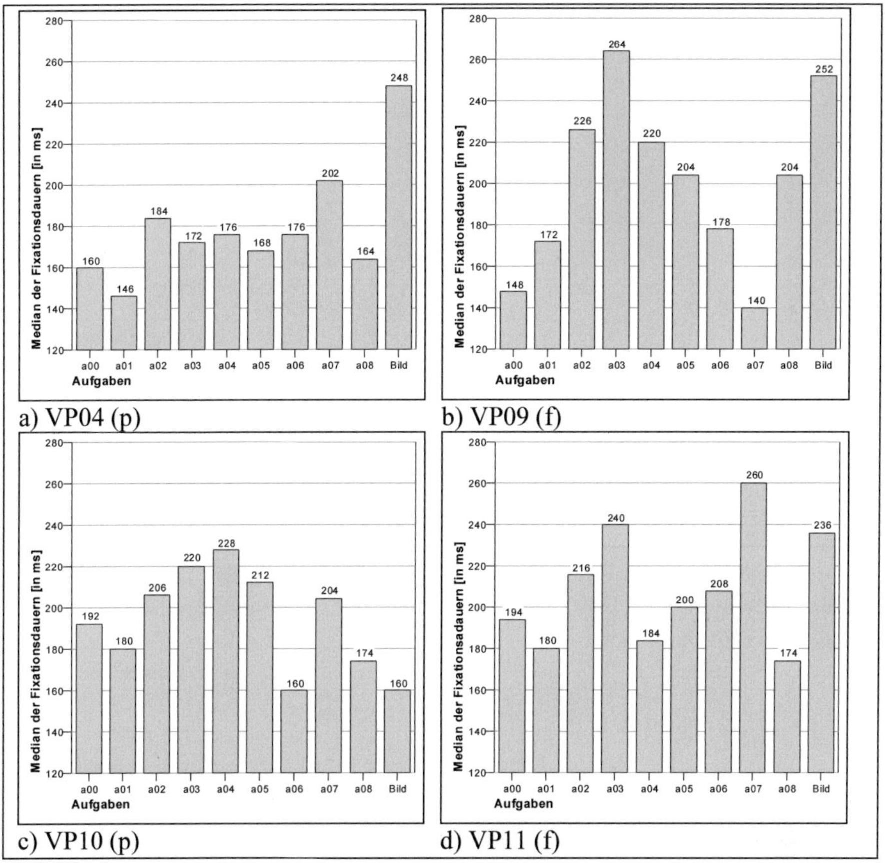

Abb. 3.50: Median der Fixationsdauern diverser VP.
a) VP04 Präferenz für eine prädikative Denkweise
b) VP09 Präferenz für eine funktionale Denkweise
c) VP10 Präferenz für eine prädikative Denkweise
d) VP11 Präferenz für eine funktionale Denkweise

VP04 (Präferenz für eine **p**rädikative Denkweise) und VP11 (Präferenz für eine **f**unktionale Denkweise) haben beispielsweise jeweils einen auffälligen Anstieg der Mediane über die Aufgaben a05, a06 zu a07, wohingegen VP09 (f) und VP10 (p) einen Abfall über die Aufgaben a04, a05 zu a06 haben.
Nach der aufgabenbezogenen Untersuchung der Fixationsdauern soll nun eine denkweisenbezogene Untersuchung folgen.

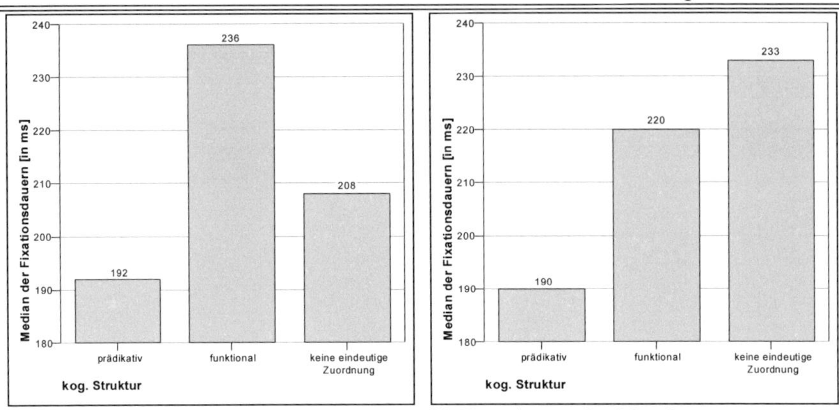

a) Zuordnung für N = 10 b) Zuordnung für N = 8

Abb. 3.51: Median der Fixationsdauern in Abhängigkeit von der kognitiven Struktur.
a) Zuordnung für N = 10
b) Zuordnung für N = 8

In Abb. 3.51 wird die Abhängigkeit der Fixationsdauern von der kognitiven Struktur dargestellt. Dabei werden einmal N = 10 und einmal N = 8 von allen VP eindeutig einer Denkweise zugeordnet. Die auf den ersten Blick auffälligen Unterschiede sind nicht signifikant und können auch nicht näher erklärt werden.
Weiterhin kann man die Fixationen nach Galley in vier Gruppen einteilen:

- Hirnstammfixationen bzw. nichtvisuelle Fixationen (< 90 ms)
- Expressfixationen (90 – 150 ms): Diese Fixationen sind zwar visuell, aber nicht semantisch / kognitiv. Bei Ravenaufgaben z. B. dienen Expressfixationen der Hemmung von Sakkaden, um in der Nähe eines Orts zu verweilen – also beim Aufenthalt innerhalb eines Gazes. Diese Hemmung der Sakkaden ist einfacher als das Auge an- bzw. still zu halten.
- Kognitive Fixationen (150 – 900 ms): Zwischen kognitiven Fixationen und der Schwierigkeit einer Aufgabe besteht ein Zusammenhang: Bei gleicher Intelligenz gibt es mit steigender Schwierigkeit einen höheren Anteil kognitiver Fixationen.
- Überlange Fixationen (> 900 ms): Überlange Fixationen sind nicht kognitiv, sondern stehen im Zusammenhang mit der Ermüdung einer VP.

Im Folgenden werden die Daten der Untersuchung unter Berücksichtigung der obigen Gruppeneinteilung der Fixationen analysiert. Dazu werden auch die Aufgaben in drei Gruppen aufgeteilt: leichte Aufgaben (a00, a01), schwierige Aufgaben (a02 – a08) und das Bild.

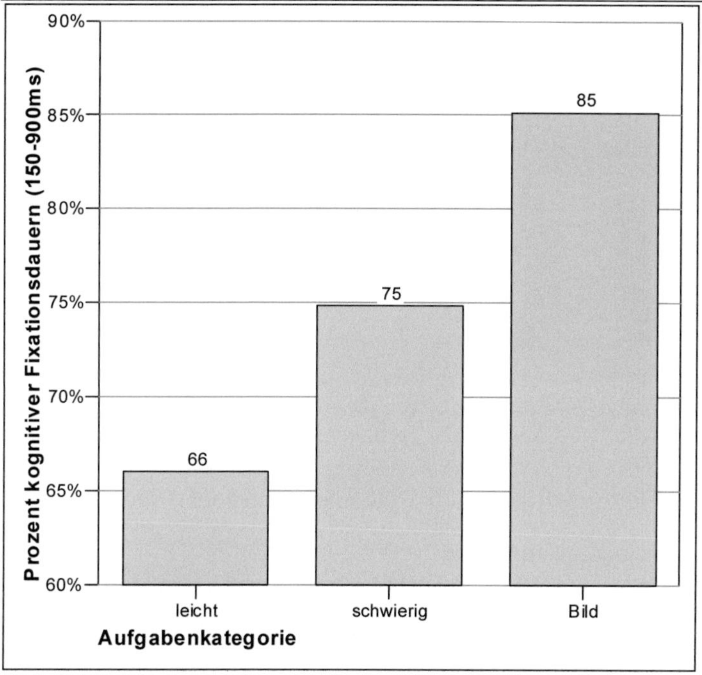

Abb. 3.52: Zusammenhang zwischen den kognitiven Fixationen und den Aufgaben.

Die quantitative Analyse der Daten bestätigt die bereits qualitativ aufgestellten Hypothesen in Bezug auf die objektive und von den VP subjektiv wahrgenommene Schwierigkeit der Aufgaben. Das oben dargestellte Ergebnis (Abb. 3.52) ist aufgrund der kleinen Datenbasis aber wiederum nicht signifikant.
Wird das Datenmaterial nach der Denkweise der VP aufgeschlüsselt und werden die nichtkognitiven Fixationen berücksichtigt, ergeben sich folgende bemerkenswerte Ergebnisse (Abb. 3.53).

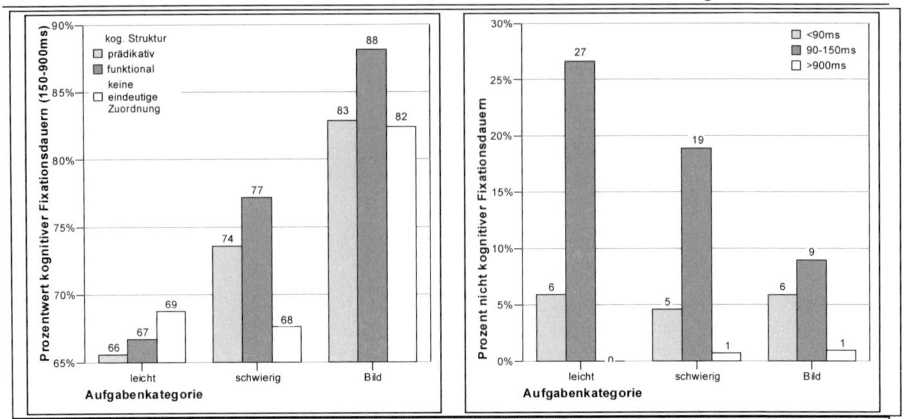

a) kognitive Fixationen / Denkweise VP b) nicht kognitive Fixationen

Abb. 3.53: Zusammenhang zwischen den Fixationen und den Aufgaben.
a) Kognitive Fixationen, unter Berücksichtigung der Denkweise der VP.
b) Nicht kognitive Fixationen.

Es besteht scheinbar ein Zusammenhang zwischen dem Prozentwert der kognitiven Fixationen und damit eventuell auch der Schwierigkeit der Aufgaben und der Denkweise der VP. Dieser Zusammenhang ist nicht signifikant und lässt sich auch nicht ohne weiteres erklären. Eindeutig ist aber, dass die VP konzentriert bis einschließlich der Bildaufgabe ohne Anzeichen von Ermüdung an der Untersuchung teilnehmen, da der Anteil der überlangen Fixationen für alle Aufgaben kleiner als zwei Prozent ist.
Zusammenfassend lässt sich festhalten, dass die QuaDiPF-Aufgaben dieser Untersuchung zu komplex sind, als dass sie ausschließlich mit einer Untersuchung der Fixationsdauern interpretiert werden könnten. Es gibt aber viele Indizien dafür, dass die Aufgaben einen größeren Einfluss auf die Fixationsdauern haben als die Präferenz der VP für eine bestimmte Denkweise.

3.2.3.2 Sakkadengeschwindigkeit

Im Folgenden wird die Sakkadengeschwindigkeit näher betrachtet, die in der Literatur auch als eine Funktion der kognitiven Kontrolle gesehen wird. Da es einen Zusammenhang zwischen der Sakkadenamplitude und der Sakkadengeschwindigkeit gibt, müssen die Amplitudenänderungen berücksichtigt werden. Hierzu bedient man sich zweier empirisch ermittelter Formeln von Galley, die den Zusammenhang zwischen der durchschnittlichen bzw. der maximalen Sakkadengeschwindigkeit und der Sakkadenamplitude herstellen:[73]

[73] Vgl. Schleicher / Galley (2005).

$$\text{durchschnittliche Sakkadengeschwindigkeit} = 380{,}4 \cdot \left(1 - e^{-0{,}06354 \cdot \text{gemessene Amplitude} - 0{,}1013}\right)$$

$$\text{maximale Sakkadengeschwindigkeit} = 549{,}3 \cdot \left(1 - e^{-0{,}08761 \cdot \text{gemessene Amplitude} - 0{,}1525}\right)$$

Bei der hier durchgeführten Untersuchung muss beachtet werden, dass der verwendete Eyetracker eine zeitliche Auflösung von 250 Hz hat, d. h. alle 4 ms werden die Daten der Augen erfasst. Für die Analyse der Sakkadengeschwindigkeit hat das beachtenswerte Folgen. Die Sakkadengeschwindigkeit g berechnet sich durch den Quotienten aus der zurückgelegten Sakkadenamplitude a in der dafür benötigten Zeit Δt. Aufgrund der zeitlichen Auflösung ist die Zeit Δt immer ein ganzzahliges Vielfaches von 4 ms bzw. $\frac{4}{1000}\text{s}$:

$$\Delta t = n \cdot \frac{4}{1000}\text{s} \quad \text{mit } n \in \mathbb{N}$$

Für die Sakkadengeschwindigkeit g und die Sakkadenamplitude a gilt nun:

$$g = \frac{a}{\Delta t}$$

$$\Leftrightarrow \quad g = \frac{a}{n \cdot \frac{4}{1000}\text{s}} = a \cdot \frac{250\,\text{Hz}}{n} \quad \text{mit } n \in \mathbb{N} \setminus \{0\}$$

Für die durch den Eyetracker messtechnisch zu bestimmenden Wertepaare aus Sakkadenamplitude und -geschwindigkeit besteht also obiger direkter Zusammenhang, d. h. alle messtechnisch zu bestimmenden Wertepaare liegen auf Ursprungsgeraden mit der Steigung $\frac{250\,\text{Hz}}{n}$ für alle $n \in \mathbb{N} \setminus \{0\}$. Einige dieser Geraden sind in Abb. 3.54 dargestellt.

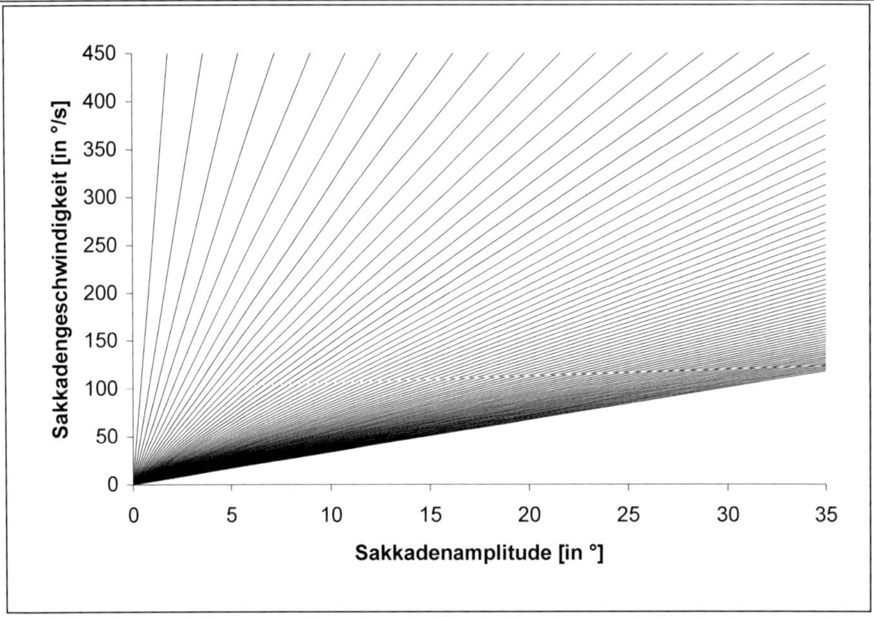

Abb. 3.54: Ursprungsgeraden messtechnisch möglicher Wertepaare aus Sakkadenamplitude und –geschwindigkeit.
Hier für $n \in [1 ; 74] \cap \mathbb{N}$ gezeichnet.

In Abb. 3.55 wird deutlich, dass sich alle Wertepaare aus einem zufällig gewählten Beispiel (VP08 und Aufgabe a03) exakt auf den Ursprungsgeraden aller messtechnisch möglichen Werte verteilen. Weiterhin sind in der Abbildung die obigen Formeln dargestellt, die den Zusammenhang zwischen der durchschnittlichen und der maximalen Sakkadengeschwindigkeit und der Sakkadenamplitude beschreiben.

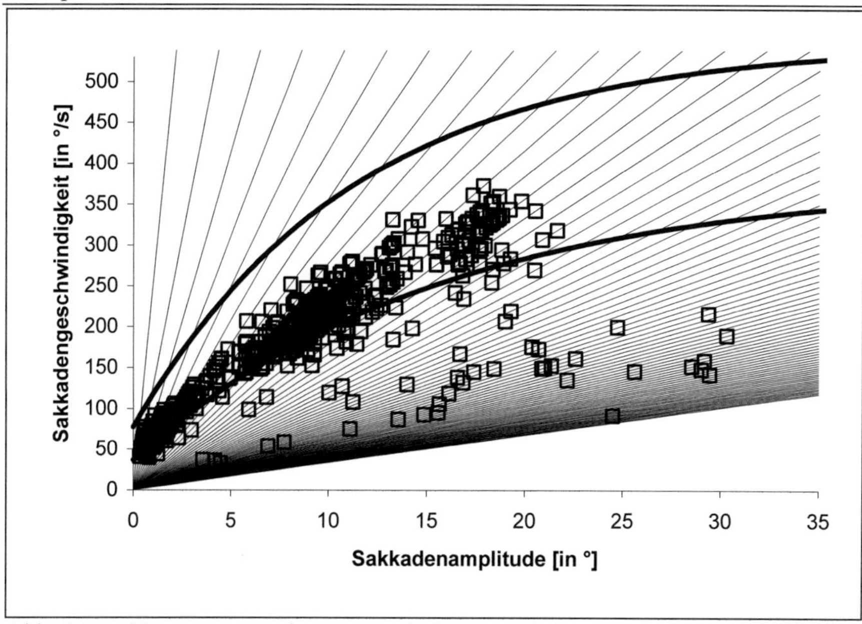

Abb. 3.55: Ursprungsgeraden messtechnisch möglicher Wertepaare aus Sakkadenamplitude und –geschwindigkeit in Verbindung mit den Wertepaaren von VP08 a03 und der Darstellung der Formeln über den Zusammenhang zwischen der durchschnittlichen bzw. der maximalen Sakkadengeschwindigkeit und -amplitude.

Nach diesen Bemerkungen über die messtechnischen Grundlagen in Bezug auf die Sakkadengeschwindigkeiten sollen diese im Folgenden quantitativ analysiert werden.

In der Literatur werden Sakkadengeschwindigkeiten unter anderem als ein Maß der kognitiven Kontrolle angesehen. Aus den Sakkaden lässt sich die Leistung operationalisieren und die Sakkadengeschwindigkeit dient als Aktivierungsindikator, wobei sich die Sakkadengeschwindigkeit nicht signifikant mit der Schwierigkeit der Aufgabe verändert.[74]

Untersucht wird hier jeweils der Mittelwert der Abweichung der Sakkadengeschwindigkeit von der zu erwartenden durchschnittlichen Sakkadengeschwindigkeit. Es zeigt sich kein einfacher, offensichtlich zu erklärender Zusammenhang zwischen dem Mittelwert der Abweichung der Sakkadengeschwindigkeiten von der Normkurve und den verschiedenen Aufgaben (Abb. 3.56). Wie man sieht, erreichen die VP im Mittel bei allen Aufgaben weniger als 100% der erwarteten durchschnittlichen Sakkadengeschwindigkeit.

---

[74] Vgl. Galley (2001), S. 272f.

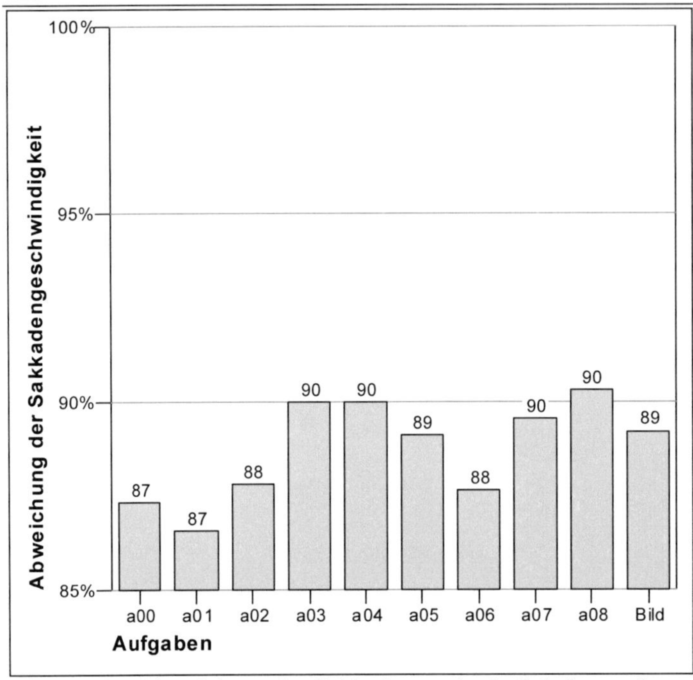

Abb. 3.56: Abweichung der Sakkadengeschwindigkeit von der erwarteten durchschnittlichen Sakkadengeschwindigkeit aller VP bei allen Aufgaben.

Es stellt sich auch hier, wie bei den Fixationsdauern, die Frage, ob sich lediglich aus den gemessenen Sakkadengeschwindigkeiten auf quantitativer Ebene Rückschlüsse auf die kognitive Struktur einer VP treffen lassen. In Abb. 3.57 werden die Sakkadengeschwindigkeiten der VP mit einer Präferenz für eine prädikative Denkweise mit den Sakkadengeschwindigkeiten der VP mit einer Präferenz für eine funktionale Denkweise verglichen.

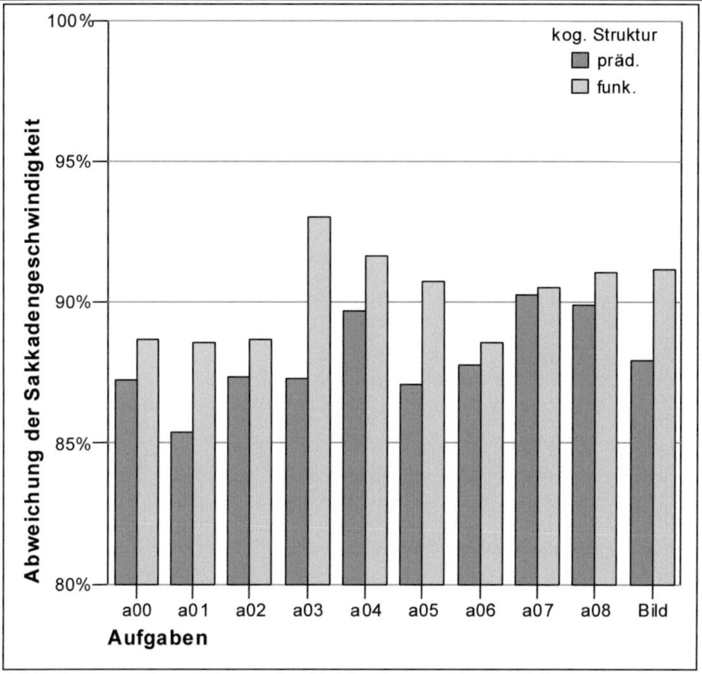

Abb. 3.57: Abweichung der Sakkadengeschwindigkeit von der erwarteten durchschnittlichen Sakkadengeschwindigkeit bei allen Aufgaben, unterschieden nach der kognitiven Struktur der VP (N = 10).

Es sind auffällige Unterschiede zu erkennen, die sich aber nicht ohne weiteres in Verbindung mit den Aufgaben erklären lassen. Auch eine Reduzierung des Versuchspopulationsumfanges (Abb. 3.58) auf diejenigen VP, die eine besonders auffällige und eindeutige Präferenz für eine bestimmte kognitive Struktur haben, zeigt ebenfalls auffällige Unterschiede, die in einem engen Zusammenhang zu den Unterschieden in Bezug auf die gesamte Versuchspopulation stehen und sich ebenfalls nicht ohne weiteres erklären lassen.

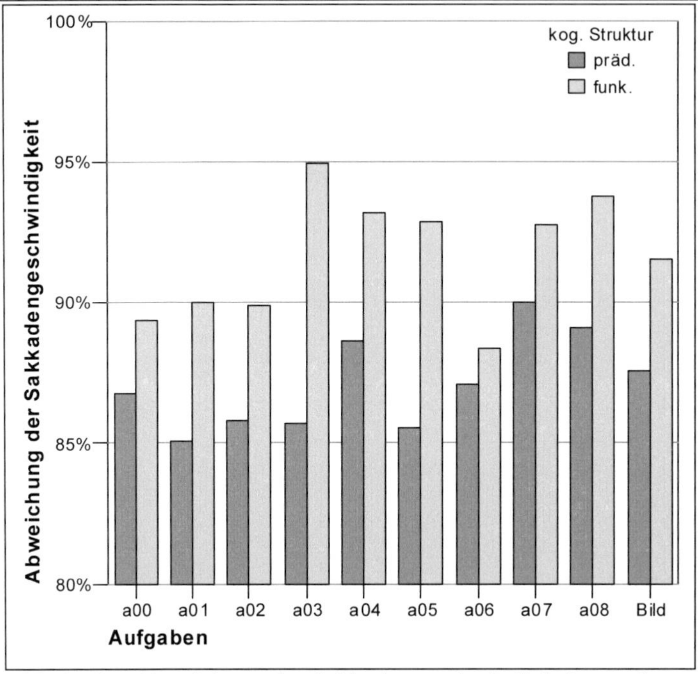

Abb. 3.58: Abweichung der Sakkadengeschwindigkeit von der erwarteten durchschnittlichen Sakkadengeschwindigkeit bei allen Aufgaben, unterschieden nach der kognitiven Struktur der VP (N = 8).

Bei der Betrachtung der Sakkadengeschwindigkeit einzelner VP (Abb. 3.59) zeigt sich, dass sie bei einer quantitativen Analyse keinen Rückschluss auf die kognitive Struktur einer VP zulässt. Die individuellen Einflüsse der jeweiligen VP auf die Sakkadengeschwindigkeit überlagern den Einfluss der kognitiven Struktur auf die Sakkadengeschwindigkeit bei den Aufgaben unserer Untersuchung.

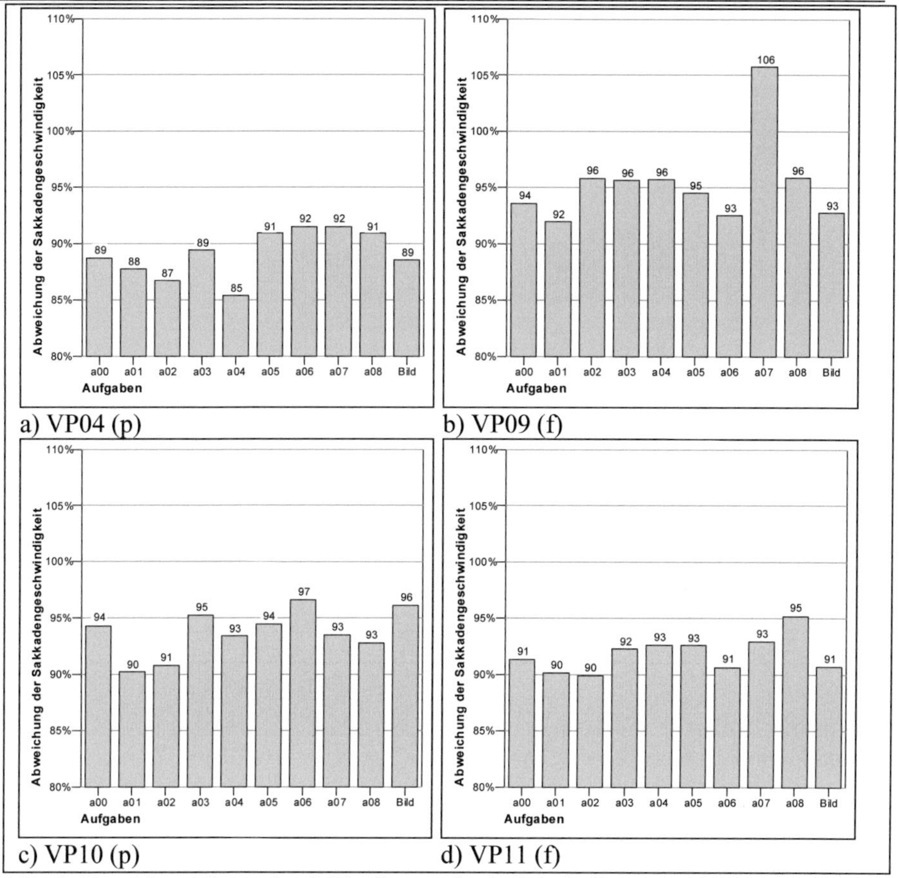

Abb. 3.59: Abweichung der Sakkadengeschwindigkeit diverser VP.

a) VP04 Präferenz für eine prädikative Denkweise
b) VP09 Präferenz für eine funktionale Denkweise
c) VP10 Präferenz für eine prädikative Denkweise
d) VP11 Präferenz für eine funktionale Denkweise

Nachdem weder die quantitative Auswertung der Fixationsdauern, noch die quantitative Auswertung der Sakkadengeschwindigkeit bei unserer Untersuchung direkte Rückschlüsse auf die kognitive Struktur einer VP zulassen, wenden wir uns nun der quantitativen Auswertung der Blickpfade zu. Bereits bei der qualitativen Auswertung in Abschnitt 3.2.2 zeigt sich, dass die Blickpfade ein großes Erklärungs- und Kategorisierungspotential für die individuelle kognitive Präferenz einer VP haben. Im folgenden Abschnitt soll nun überprüft werden, ob die Ergebnisse der qualitativen Analyse auf eine quantitative Analyse übertragbar sind.

3.2.3.3 Blickpfade

Bevor eine quantitative Analyse der Blickpfade durchgeführt wird, soll zunächst erklärt werden, was unter diesem Ansatz zu verstehen ist. Bereits in Abschnitt 3.2.2 wurden Blickpfade, wie sie sich auch in folgender Abbildung finden, qualitativ untersucht.

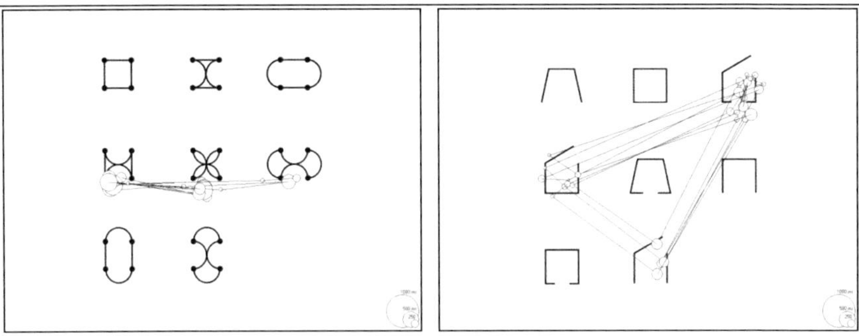

a) a04 VP11 b) a05 VP04

Abb. 3.60: Blickpfade a04 VP11 und a05 VP04.
a) Start: 11,18 s Dauer: 8,44 s Fixationsdauer: 5,81 s
b) Start: 28,38 s Dauer: 7,56 s Fixationsdauer: 4,66 s

In diesem Abschnitt soll es nun um eine quantitative Auswertung hinsichtlich der Fixationszeiten gehen. Der zentrale Begriff ist hier der Begriff *Blickgruppe*. In Abb. 3.60 a) ist ein Beispiel für eine Blickgruppe F21, F22 und F23 und in Abb. 3.60 b) ein Beispiel für eine Blickgruppe F13, F21 und F32 angegeben.[75] Unter einer Blickgruppe werden zeitlich zusammenhängende aufeinanderfolgende Fixationen verstanden, die ausschließlich einer bestimmten Gruppe von Feldern innerhalb einer Aufgabe zugeordnet werden können. Es wird für die Blickgruppe die reine Fixationsdauer durch die Software QuaDiPF-Eye bestimmt. Dabei ist offensichtlich klar, dass diese reine Fixationsdauer kleiner ist als die gesamte Dauer, die die VP bei der Betrachtung der Blickgruppe verwendet. Es wird aber nur die Summe der Fixationszeiten gebildet, da bei den dazwischen liegenden Sakkaden keine Informationsaufnahme stattfindet. Für die quantitative zeitliche Auswertung werden die Fixationszeiten aller auftretenden Fälle einer ausgewählten Blickgruppe für jede VP bei einer Aufgabe summiert und in Relation zur gesamten Fixationszeit dieser VP bei dieser Aufgabe gesetzt. Da parallel zu den Blicken auch mentale Prozesse ablaufen, könnten auch die Zeiten einschließlich der Sakkaden summiert werden und die folgenden Analysen mit diesen Werten durchgeführt werden. In

[75] Das Bezeichnungssystem für die neun Felder innerhalb der Aufgabe ist in Abb. 3.8 auf Seite 57 dargestellt.

dieser Arbeit wird aber ausschließlich der obige Ansatz der Fixationszeiten ohne Berücksichtigung der Sakkaden verfolgt.

Im ersten Schritt werden alle möglichen Paare und Dreiermengen von den neun Feldern innerhalb einer Aufgabe untersucht. Es werden die Anteile der Fixationszeiten für diese Paare und Dreiermengen in Bezug auf die gesamte Fixationszeit für alle VP und alle Aufgaben bestimmt, d. h. die Blickdauer auf bestimmte Blickgruppen im Vergleich zur Gesamtzeit. Dann wird als zusätzliche Variable die kognitive Struktur der VP hinzugefügt und die Korrelationen der Fixationszeiten für die jeweiligen Blickgruppen in Bezug auf die kognitive Struktur bestimmt. Für VP mit einer prädikativen kognitiven Struktur wird die zusätzliche Variable auf 1 und für VP mit einer funktionalen kognitiven Struktur wird die zusätzliche Variable auf 0 gesetzt. Eine betragsmäßig große positive Korrelation besagt demnach, dass die VP mit einer prädikativen kognitiven Struktur für diese Blickgruppe in Bezug auf die gesamte Summe der Fixationsdauern der Aufgabe eine nachweisbar größere anteilmäßige Fixationsdauer aufwenden. Umgekehrt besagt eine betragsmäßig große negative Korrelation, dass die VP mit einer funktionalen kognitiven Struktur einen nachweisbar größeren Anteil für diese Blickgruppe aufwenden.

Um Verwechslungen auszuschließen, werden die signifikanten betragsmäßig großen negativen Korrelationen mit ihren jeweiligen Signifikanzniveaus in Tab. 3.17 für alle VP (N = 12) und in Tab. 3.18 für eine im Umfang reduzierte Versuchspopulation (N = 8) eingetragen. Es werden im zweiten Fall nur diejenigen VP betrachtet, die eine besonders auffällige und eindeutige Präferenz für eine bestimmte kognitive Struktur haben.

		Aufgaben							
		a01	a02	a03	a04	a05	a06	a07	a08
Blickgruppen	F11,F12					**$|\rho|=0{,}677$* $\alpha=0{,}016$**			
	F13,F21						$|\rho|=0{,}636$* $\alpha=0{,}026$		
	F31,F32	**$|\rho|=0{,}688$* $\alpha=0{,}013$**							
	F11,F12,F13					**$|\rho|=0{,}607$* $\alpha=0{,}036$**			
	F11,F13,F32					**$|\rho|=0{,}583$* $\alpha=0{,}046$**			
	F12,F21,F31						**$|\rho|=0{,}593$* $\alpha=0{,}042$**		
	F13,F21,F22						**$|\rho|=0{,}738$** $\alpha=0{,}006$**		

Tab. 3.17: Betrag der signifikanten negativen Korrelationen ρ und ihre Signifikanzniveaus α für alle VP (N = 12).

		Aufgaben							
		a01	a02	a03	a04	a05	a06	a07	a08
Blickgruppen	F11,F22						|ρ|=0,645* α=0,023		
	F31,F32	**|ρ|=0,872** α=0,005**		**|ρ|=0,839** α=0,009**					
	F11,F31,F32					**|ρ|=0,741* α=0,036**			
	F12,F13,F21					**|ρ|=0,769* α=0,026**			
	F13,F21,F22					**|ρ|=0,758* α=0,029**	**|ρ|=0,597* α=0,041**		
	F13,F21,F23						|ρ|=0,597* α=0,040		
	F23,F31,F32			**|ρ|=0,816* α=0,013**					

Tab. 3.18: Betrag der signifikanten negativen Korrelationen ρ und ihre Signifikanzniveaus α für einige ausgewählte VP (N = 8).

Die signifikanten betragsmäßig großen positiven Korrelationen mit ihren jeweiligen Signifikanzniveaus werden in Tab. 3.19 (N = 12) und in Tab. 3.20 (N = 8) eingetragen.

Blickgruppen	Aufgaben a01	a02	a03	a04	a05	a06	a07	a08
F11,F22			ρ=0,633* α=0,027					
F12,F21				**ρ=0,611*** **α=0,035**				
F12,F23	ρ=0,584* α=0,046		**ρ=0,667*** **α=0,018**	**ρ=0,709**** **α=0,010**				
F12,F32							**ρ=0,705*** **α=0,010**	
F13,F31			**ρ=0,609*** **α=0,036**					
F21,F32							**ρ=0,723**** **α=0,008**	
F22,F23				ρ=0,581* α=0,048				
F23,F31				**ρ=0,626*** **α=0,029**				
F11,F12,F22				**ρ=0,727**** **α=0,007**				
F11,F13,F21	ρ=0,641* α=0,025							
F11,F21,F22			**ρ=0,637*** **α=0,026**					
F12,F13,F22	**ρ=0,651*** **α=0,022**							
F12,F13,F23							**ρ=0,704*** **α=0,011**	
F12,F13,F31							**ρ=0,686*** **α=0,014**	
F12,F21,F22				**ρ=0,714**** **α=0,009**				
F12,F22,F23		**ρ=0,718**** **α=0,009**		**ρ=0,659*** **α=0,020**				
F12,F22,F32	ρ=0,762** α=0,004							
F13,F22,F31			ρ=0,764** α=0,004					
F21,F23,F32			ρ=0,577* α=0,050					
F21,F31,F32							**ρ=0,616*** **α=0,033**	
F22,F23,F32	**ρ=0,712**** **α=0,009**						**ρ=0,587*** **α=0,045**	

Tab. 3.19: Betrag der signifikanten positiven Korrelationen ρ und ihre Signifikanzniveaus α für alle VP (N = 12).

		Aufgaben							
		a01	a02	a03	a04	a05	a06	a07	a08
Blickgruppen	F11,F22			ρ=0,786* α=0,021					
	F12,F21			**ρ=0,710*** **α=0,049**					
	F12,F23	ρ=0,709* α=0,049		**ρ=0,818*** **α=0,013**	**ρ=0,798*** **α=0,018**				
	F12,F31							**ρ=0,963**** **α=0,000**	
	F12,F32							**ρ=0,735*** **α=0,038**	
	F13,F22			ρ=0,751* α=0,032					
	F13,F31			**ρ=0,754*** **α=0,031**					
	F21,F23							**ρ=0,754*** **α=0,031**	
	F21,F32							**ρ=0,755*** **α=0,030**	
	F23,F31				**ρ=0,873**** **α=0,005**				
	F23,F32			**ρ=0,714*** **α=0,047**					
	F11,F12,F22				**ρ=0,880**** **α=0,004**				
	F11,F13,F21	ρ=0,839** α=0,009							
	F12,F13,F22	**ρ=0,769*** **α=0,026**							
	F12,F13,F23							**ρ=0,797*** **α=0,018**	
	F12,F13,F31							**ρ=0,736*** **α=0,037**	
	F12,F21,F22				**ρ=0,781*** **α=0,022**				
	F12,F22,F23		**ρ=0,932**** **α=0,001**		**ρ=0,800*** **α=0,017**				
	F12,F22,F32	ρ=0,927** α=0,001							
	F13,F22,F31			ρ=0,955** α=0,000					
	F13,F23,F32	ρ=0,729* α=0,040							
	F22,F23,F32							**ρ=0,758*** **α=0,029**	

Tab. 3.20: Betrag der signifikanten positiven Korrelationen ρ und ihre Signifikanzniveaus α für einige ausgewählte VP (N = 8).

Die Einträge der Tab. 3.17 und der Tab. 3.18 werden in Tab. 3.22 zur besseren Übersicht zusammengefasst. In Tab. 3.22 finden sich demnach alle Blickgruppen (auch ikonisch visualisiert), bei denen VP mit einer Präferenz für eine funktionale kognitive Struktur signifikant größere Anteile an Fixationszeiten bei den angegebenen Aufgaben auf diese Blickgruppen verwenden. Analog sind die Einträge der Tab. 3.19 und der Tab. 3.20 in Tab. 3.23 zusammengefasst, d. h. in dieser Tabelle finden sich demnach alle Blickgruppen, bei denen VP mit einer Präferenz für eine prädikative kognitive Struktur signifikant größere Anteile an Fixationszeiten verwenden.

Bevor die Ergebnisse der Tab. 3.22 und der Tab. 3.23 im Detail diskutiert werden, soll zunächst eine allgemeinere Analyse dieser Ergebnisse durchgeführt werden. Dazu werden zunächst die diversen Blickgruppen in verschiedene Klassen zusammengefasst. Die erste Klasse enthält die Blickgruppen, bei denen eine Zeile bzw. Spalte oder ein zusammenhängendes Paar innerhalb einer Zeile bzw. Spalte betrachtet werden. Der Zusatz „z“ bzw. „s“ hinter der Klassennummer gibt an, ob es sich um eine Zeile oder Spalte handelt. Die zweite Klasse ist der typische Zeilen- oder Spaltenübergang. Es werden drei Felder betrachtet, die in Bezug auf den Zeilen- oder Spaltenübergang zweier aufeinander folgender Zeilen bzw. Spalten zusammenhängen, d. h. es werden die letzten Felder in einer Zeile / Spalte und die ersten Felder in der folgenden Zeile / Spalte betrachtet. Der Zusatz „z“ bzw. „s“ hinter der Klassennummer gibt an, ob es sich um eine Zeile oder Spalte handelt. Die dritte Klasse besteht aus den Diagonalen mit zwei bzw. drei diagonal zusammenhängenden Feldern, wobei der Zusatz „w_1“ eine Orientierung im Sinne der ersten Winkelhalbierenden, d. h. von links unten nach rechts oben, angibt und der Zusatz „w_2“ analog eine Orientierung im Sinne der zweiten Winkelhalbierenden, d. h. von links oben nach rechts unten. Weiterhin enthält die Klasse „Doppeldiagonalen“, die mit dem Zusatz „d“ gekennzeichnet sind. Die vierte Klasse besteht aus einem Block von drei Feldern, die über Eck in einem rechten Winkel zusammenhängen. Die fünfte Klasse besteht aus sich in Zeilen, Spalten und Diagonalen gegenüber liegenden Rand- bzw. Eckfeldern. Die sechste Klasse enthält Paare und Dreiermengen von Feldern, die nicht zusammenhängend sind und nicht zur Klasse Fünf gehören. Die zwei Blickgruppen, die sich nicht einer der eben genannten sechs Klassen zuordnen lassen, bilden die siebte Klasse. Die folgende Tabelle veranschaulicht an Beispielen die sieben Klassen von Blickgruppen.

Klasse	Beispiele			
1	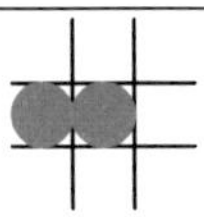 1z	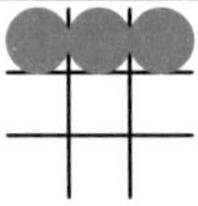 1z	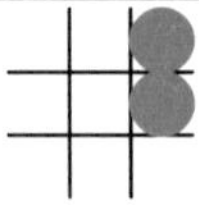 1s	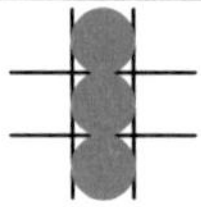 1s
2	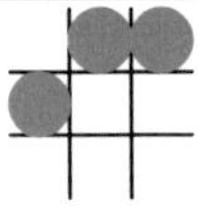 2z	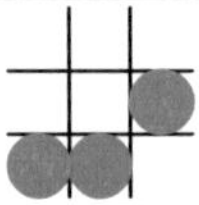 2z	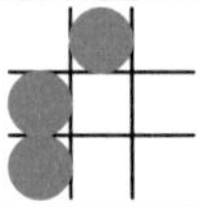 2s	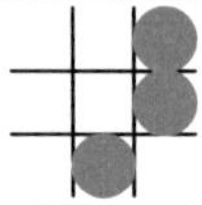 2s
3	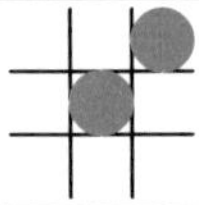 $3w_1$	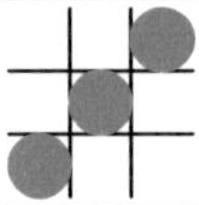 $3w_1$	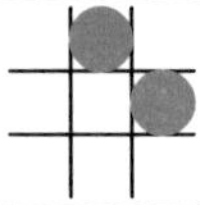 $3w_2$	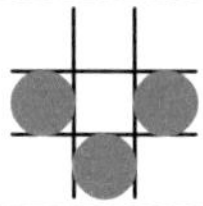 3d
4	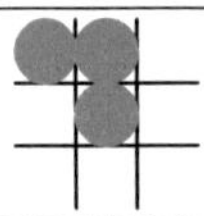	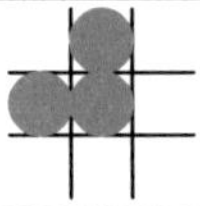	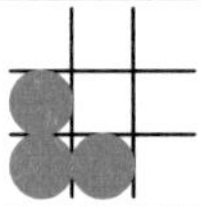	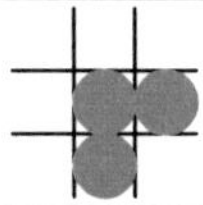
5	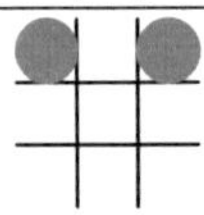	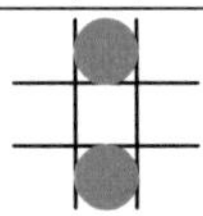	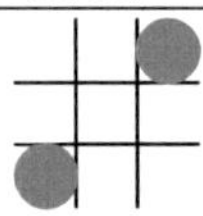	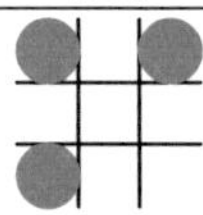
6	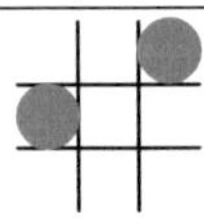	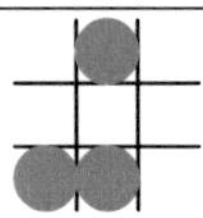	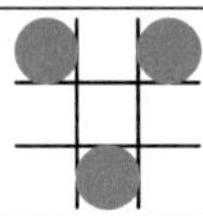	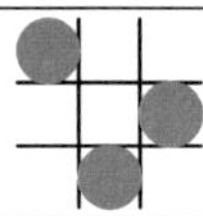
7	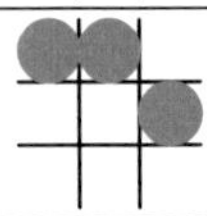	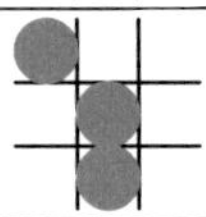		

Tab. 3.21: Beispiele für die Klasseneinteilung der Blickgruppen.

Blickgruppe	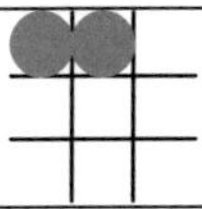	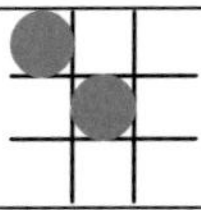	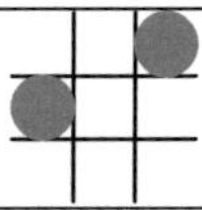	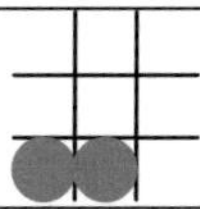	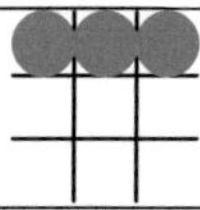
	F11, F12	F11, F22	F13, F21	F31, F32	F11, F12, F13
Aufgabe	a05 (N=12)	a06 (N=8)	a06 (N=12)	a01 (N=12) a01 (N=8) a03 (N=8)	a05 (N=12)
Klasse	1z	$3w_2$	6	1z	1z
Blickgruppe	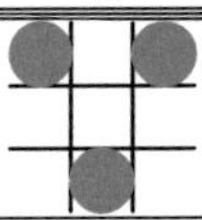	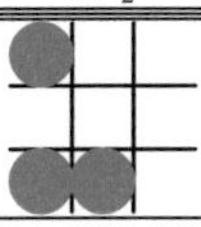	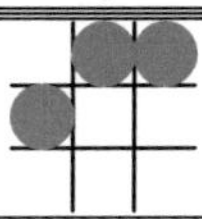	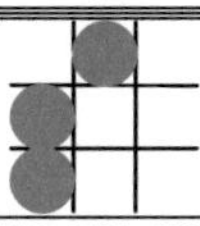	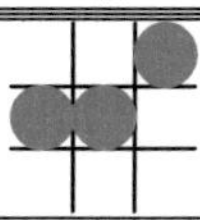
	F11, F13, F32	F11, F31, F32	F12, F13, F21	F12, F21, F31	F13, F21, F22
Aufgabe	a05 (N=12)	a05 (N=8)	a05 (N=8)	a06 (N=12)	a06 (N=12) a05 (N=8) a06 (N=8)
Klasse	6	6	2z	2s	2z
Blickgruppe	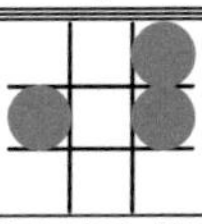	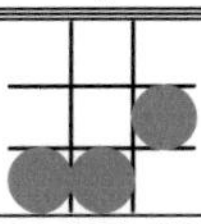			
	F13, F21, F23	F23, F31, F32			
Aufgabe	a06 (N=8)	a03 (N=8)			
Klasse	6	2z			

Tab. 3.22: Übersicht über die Blickgruppen mit einem signifikant hohen Anteil an Fixationszeiten bei VP mit einer *funktionalen* kognitiven Präferenz.

Betrachten wir die beiden Tabellen mit den Blickgruppen, die signifikant häufiger bei den VP mit einer Präferenz für eine prädikative bzw. funktionale kognitive Struktur vorkommen, zunächst überblicksartig:

- *Klasse 1* taucht zwar bei beiden Gruppen auf, stellt aber keine Trennung zwischen diesen dar. Dieser Punkt ist relativ einfach zu erklären. Das typische Leseverhalten von Text und Tabellen, die Zeilen von links nach rechts zu betrachten und in abgeschwächter Form die Spalten von oben nach unten, kommt bei allen VP häufig vor. Es gibt deshalb im Allgemeinen keine besonders auffälligen Korrelationen zwischen Blickgruppen dieser Klasse und der kognitiven Struktur.

Blickgruppe	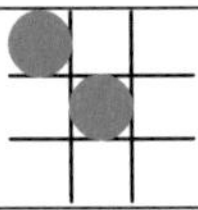	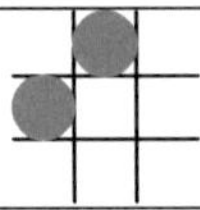	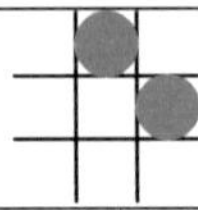	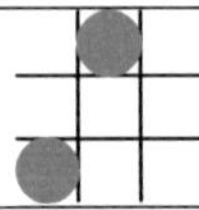	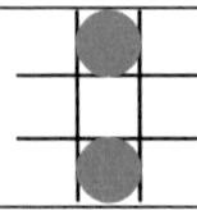
	F11, F22	F12, F21	F12, F23	F12, F31	F12, F32
Aufgabe	a03 (N=12) a03 (N=8)	a04 (N=12) a03 (N=8)	a01, a03, a04 (N=12 , N=8)	a07 (N=8)	a07 (N=12) a07 (N=8)
Klasse	$3w_2$	$3w_1$	$3w_2$	6	5
Blickgruppe	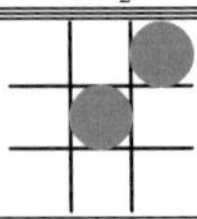	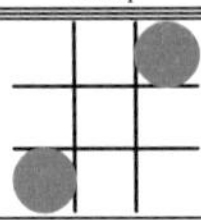	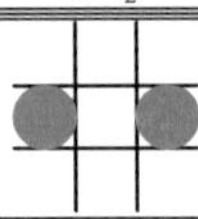	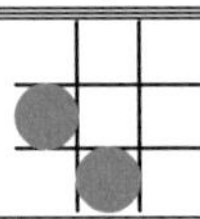	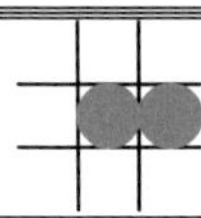
	F13, F22	F13, F31	F21, F23	F21, F32	F22, F23
Aufgabe	a03 (N=8)	a03 (N=12) a03 (N=8)	a07 (N=8)	a07 (N=12) a07 (N=8)	a04 (N=12)
Klasse	$3w_1$	5	5	$3w_2$	1z
Blickgruppe	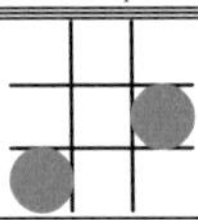	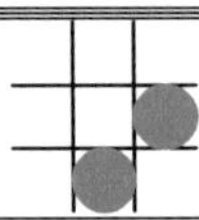	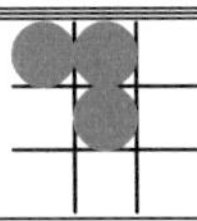	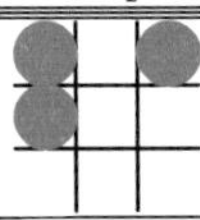	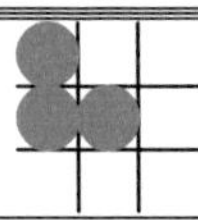
	F23, F31	F23, F32	F11, F12, F22	F11, F13, F21	F11, F21, F22
Aufgabe	a04 (N=12) a04 (N=8)	a03 (N=8)	a04 (N=12) a04 (N=8)	a01 (N=12) a01 (N=8)	a03 (N=12)
Klasse	6	$3w_1$	4	6	4
Blickgruppe	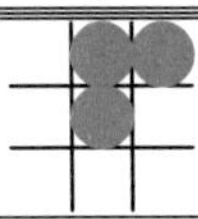	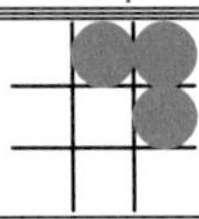	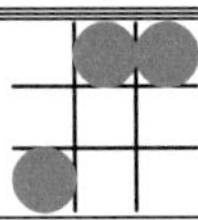	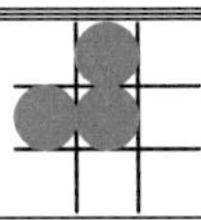	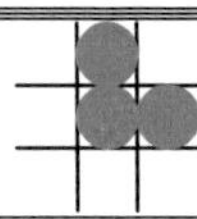
	F12, F13, F22	F12, F13, F23	F12, F13, F31	F12, F21, F22	F12, F22, F23
Aufgabe	a01 (N=12) a01 (N=8)	a07 (N=12) a07 (N=8)	a07 (N=12) a07 (N=8)	a04 (N=12) a04 (N=8)	a02, a04 (N=12 , N=8)
Klasse	4	4	6	4	4
Blickgruppe	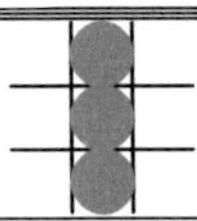	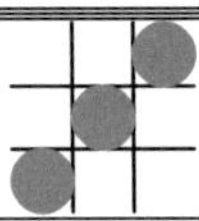	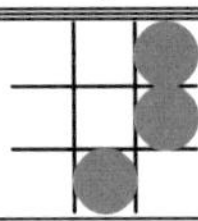	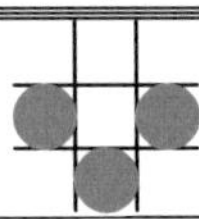	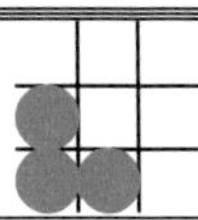
	F12, F22, F32	F13, F22, F31	F13, F23, F32	F21, F23, F32	F21, F31, F32
Aufgabe	a01 (N=12) a01 (N=8)	a03 (N=12) a03 (N=8)	a01 (N=8)	a03 (N=12)	a07 (N=12)
Klasse	1s	$3w_1$	2s	3d	4
Blickgruppe	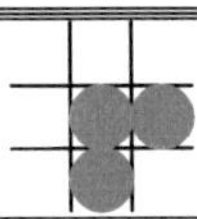				
	F22, F23, F32				
Aufgabe	a01 (N=12) a07 (N=12) a07 (N=8)				
Klasse	4				

Tab. 3.23: Übersicht über die Blickgruppen mit einem signifikant hohen Anteil an Fixationszeiten bei VP mit einer *prädikativen* kognitiven Präferenz.

- *Klasse 2* kommt gehäuft, bis auf eine Ausnahme, nur bei den VP mit einer Präferenz für eine funktionale kognitive Struktur vor. Für diese Gruppe steht ein zeilen- und spaltenweises Betrachten der Aufgabe im Vordergrund, da sie in der Regel die Aufgaben über die Vorstellung einer prozesshaften Veränderung innerhalb der Zeilen bzw. Spalten lösen. Aus den oben angegebenen Gründen kommt dies bei der ersten Klasse nicht entsprechend zum Vorschein, jedoch tritt bei dieser Gruppe der typische Zeilenübergang bzw. Zeilenwechsel, der benötigt wird um die Idee eines Prozesses in der einen Zeile in der nächsten Zeile zu verifizieren hauptsächlich auf.
- *Klasse 3* kommt bis auf eine Ausnahme nur in der Gruppe der VP mit einer Präferenz für eine prädikative kognitive Struktur vor. Der Untertyp „3d" dieser Klasse kommt ausschließlich bei der Gruppe der VP mit einer Präferenz für eine prädikative kognitive Struktur vor. Die Blickgruppen der Diagonalen gehören eher zu der typischen prädikativen Vorgehensweise des Mengenbildens über die Eigenschaften der geometrischen Figuren.
- *Klasse 4* und *Klasse 5* kommen gehäuft nur in der Gruppe der VP mit einer Präferenz für eine prädikative kognitive Struktur vor. Sowohl Dreierblickgruppen über Eck als auch gegenüberliegende Rand- bzw. Eckfelder sind ausschließlich für eine mengenorientierte Analyse der Aufgaben interessant. Eine prozesshafte Vorstellung kann auf diese Art nicht verifiziert werden. So ist es klar, dass Blickgruppen dieser Klassen nur bei VP mit einer prädikativen Präferenz gehäuft auftreten.
- Für die *Klasse 6* ist eine aufgabenspezifische Analyse erforderlich.

Betrachten wir hier die Klassen 3 bis 6 detaillierter. Die näher erläuterten relevanten Korrelationen sind zusammen mit den bereits grundlegend erläuterten Korrelationen der Klassen 1 und 2 – bis auf die beiden Ausnahmen in der Gruppe der VP mit einer *prädikativen* Präferenz – und den bereits grundlegend erläuterten Korrelationen der Klassen 4 und 5 in den Tabellen (vgl. Tab. 3.17 bis Tab. 3.20) hervorgehoben.

Bei VP mit einer Präferenz für eine *prädikative* Denkweise kommen Blickgruppen der Klasse 3 (Diagonale Blickgruppen) signifikant häufiger z. B. bei den Aufgaben a03, a04 und a07 vor. Die *prädikativen* VP versuchen hier typischerweise Eigenschaften von Paaren miteinander zu vergleichen (Blickgruppe F12, F21 bei a03 und a04, Blickgruppe F12, F23 bei a03 und a04, Blickgruppe F21, F32 bei a07 und Blickgruppe F23, F32 bei a03), während *funktionale* VP diese Aufgaben typischerweise über eine Analyse der Veränderungsprozesse innerhalb der Zeilen bzw. Spalten lösen. Bei VP mit einer *funktionalen* Denkweise kommen Blickgruppen der Klasse 3 mit geringer Korrelation und Signifikanz ($\rho = -0{,}645$ & $\alpha = 0{,}044$) ausschließlich bei der Aufgabe a06 häufiger vor. Hierfür gibt es keine einfache offensichtliche Erklärung.

Hinsichtlich Klasse 4 (Dreierblickgruppe über Eck) ist die Blickgruppe F12, F21, F22 bei Aufgabe a04 bemerkenswert. Diese Blickgruppe wird signifikant häufiger von VP mit einer Präferenz für eine *prädikative* Denkweise betrachtet. Bei dieser

Aufgabe kommt es vor, dass *prädikative* VP eine Lösungsfigur angeben, die sich ästhetisch gut ins Gesamtbild einfügt, ohne dass über die Zusammenhänge in den Zeilen und Spalten argumentiert wird. Die von der Blickgruppe erfassten drei Figuren sind achsensymmetrisch angeordnet. So hat die Blickgruppe unter diesem ästhetischen Standpunkt eine relevante Bedeutung für die Struktur der Aufgabe.

Auf die in Tab. 3.22 und Tab. 3.23 aufgelisteten weiteren Blickgruppen der Klasse 4 wird hier nicht näher eingegangen, weil sie sich nach unserem jetzigen Kenntnisstand nicht so einfach mit den typischen Komponenten *prädikativen* bzw. *funktionalen* Denkens in Zusammenhang bringen lassen.

Blickgruppen der Klasse 5 (gegenüberliegende Eck- bzw. Randfelder) kommen ausschließlich bei VP mit einer Präferenz für eine *prädikative* Denkweise signifikant häufiger vor. Die *prädikativen* VP versuchen auch hier typischerweise Eigenschaften von Paaren miteinander zu vergleichen, wobei diese Paare jeweils noch achsen-, punkt- bzw. drehsymmetrisch angeordnet sind (Blickgruppe F12, F32 bei a07, Blickgruppe F13, F31 bei a03 und Blickgruppe F21, F23 bei a07).

Klasse 6 (unzusammenhängende Felder innerhalb einer Blickgruppe) taucht bei *funktionalen* VP signifikant häufiger beispielsweise bei der Aufgabe a05 auf. Diese ist, wie bereits in Abschnitt 3.2.2.7 erläutert, typischerweise schwer für *funktionale* VP zu lösen, da es keinen Veränderungsprozess über die Spalten und Zeilen gibt. Die Standardblickweise der *funktionalen* VP sich in Zeilen bzw. Spalten zu orientieren, führt hier zu keinem Erfolg und es ist festzustellen, dass einige der *funktionalen* VP von dieser abweichen. Für das Auftreten von Blickgruppen dieser Klasse bei Aufgabe a06 lässt sich keine einfache Erklärung finden.

Klasse 6 taucht bei *prädikativen* VP signifikant häufiger bei Aufgabe a07 auf. Blickgruppen dieser Klasse machen hier Sinn, da sie eine Zusammenschau von, um den Mittelpunkt herum, symmetrisch angeordneten Figuren darstellen. Die bei den *prädikativen* VP signifikant häufiger auftretende Blickgruppe F23, F31 bei Aufgabe a04 können wir nicht weiter erklären; es handelt sich um einen Zeilensprung. Dass unzusammenhängende Figuren von *prädikativen* VP eher in den Blick genommen werden, passt zu einem typisch *prädikativen* Vorgehen, während im *funktionalen* Fall das Nacheinander-in-Folge-Entstehen das zentrale Moment ist.

Bevor im nächsten Teil der quantitativen Auswertung spezielle Kombinationen von Blickgruppen eingehender untersucht werden, kann man für die allgemeine Untersuchung der Blickgruppen aller Paare und Dreiermengen feststellen, dass schon einige quantitativ signifikante Ergebnisse gewonnen werden konnten, die sich in Bezug auf die qualitative Auswertung interpretieren lassen.

Die bisherige Auswertung hat gezeigt, dass *funktionale* VP, gemäß ihrer Präferenz für diese kognitive Struktur, ihre Lösungen über eine Prozessanalyse innerhalb der Zeilen und Spalten konstruieren und demnach auch eher typische Zeilen- und Spaltenblickmuster in ihren Augendaten zu finden sind. *Prädikative* VP hingegen konstruieren, gemäß ihrer Präferenz für diese kognitive Struktur, ihre Lösung über die Eigenschaften der auftretenden geometrischen Figuren. Bei einigen Aufgaben sind nun Invarianten bestimmter Eigenschaften jeweils nach bestimmten Mustern verteilt, die keine Zeilen bzw. Spalten bilden. Demnach ist zu erwarten, dass eine gezielte Suche nach der prozentualen Häufigkeit der Fixationzeiten solcher Muster im Vergleich zu den Fixationszeiten der Zeilen und Spalten interessante Zusammenhänge aufzeigt.

Besonderheiten in den Blickpfadmustern bei a01

Die erste Aufgabe, die in diesem Sinne zu signifikanten Unterschieden zwischen den typischen Zeilen- und Spaltenmustern und davon abweichenden Mustern führen könnte, ist a01. Die relative Lage des Punktes zum Kreis ist eine Eigenschaft, über die man auf *prädikative* Weise zur Lösung kommen könnte, statt eine zeilen- und spaltenweise Analyse vorzunehmen. Einmal liegt der Punkt innerhalb des Kreises (F12, F23, F31), einmal liegt er gegen den Uhrzeigersinn neben dem Kreis (F13, F21, F32) und einmal liegt der Punkt im Uhrzeigersinn neben dem Kreis (F11, F22). Es werden nun genau wie im vorangegangenen Abschnitt die Summe der Fixationszeiten für die Zeilen und Spalten und die Summe für dieses Muster bestimmt. Dann wird die Korrelation zur kognitiven Struktur berechnet. Für die Zeilen und Spalten ergibt sich bei der reduzierten Versuchspopulation (N = 8) eine leicht auffällige, aber nicht signifikante Korrelation ($\rho = -0{,}583$ & $\alpha = 0{,}169$), d. h. die *funktionalen* VP betrachten häufiger die Zeilen und Spalten ($\rho < 0$). Für die Summe über die drei beschriebenen Mengen ergibt sich aber kein Zusammenhang ($\rho = 0{,}100$ & $\alpha = 0{,}815$) zur kognitiven Struktur.

Besonderheiten in den Blickpfadmustern bei a03

Bei Aufgabe a03 werden die Blickgruppe F12, F21, die Blickgruppe F13, F31 und die Blickgruppe F23, F32 zusammengefasst und den Zeilen und Spalten gegenübergestellt. Die geometrischen Figuren sind jeweils durch eine Drehung um 90° ineinander überführbar und bilden deshalb die Argumentationsgrundlage für einige *prädikative* VP (vgl. Abschnitt 3.2.2.5). Für N = 12 ergibt sich für die Zeilen und Spalten $\rho = -0{,}500$ und $\alpha = 0{,}098$ und für die Alternative $\rho = 0{,}592$* und $\alpha = 0{,}042$. Für N = 8 ergibt sich für die Zeilen und Spalten $\rho = -0{,}766$* und $\alpha = 0{,}027$ und für die Alternative $\rho = 0{,}801$* und $\alpha = 0{,}017$. Obwohl eine Auffälligkeit zu erkennen ist, lässt sich kein eindeutiger Zusammenhang zwischen der kognitiven Struktur und den beiden alternativen Blickmustern nachweisen. Dieses Ergebnis ist auch damit zu erklären, dass *prädikative* VP diesen Lösungsweg nicht gezwungenermaßen wählen müssen. Wenn man alternativ die Korrelation zwischen den VP, die die Aufgabe *prädikativ* zu simpel lösen und dem prozentualen Anteil der Fixationszeiten dieses Blickmusters bestimmt, erhält man $\rho = 0{,}821$** und $\alpha = 0{,}001$. Offensichtlich besteht ein enger Zusammenhang zwischen einem auffällig intensiven Betrachten dieser Paare und der darauffolgenden *prädikativ* zu simpel erschlossenen Lösungsfigur.

Besonderheiten in den Blickpfadmustern bei a04

Bei Aufgabe a04 werden dieselben alternativen Blickgruppenpaare wie bei a03 betrachtet. Bei dieser Aufgabe kann auch kein eindeutiger Zusammenhang zwischen diesen Mustern und der kognitiven Struktur nachgewiesen werden (Für die Paarbildung ergibt sich bei N = 12: $\rho = 0{,}565$ & $\alpha = 0{,}055$ und bei N = 8:

$\rho = 0{,}566$ & $\alpha = 0{,}144$.). Es besteht aber wieder ein eindeutiger Zusammenhang zwischen der *prädikativ* zu simpel erschlossenen Lösungsfigur und dem Betrachten dieser Paare ($\rho = 0{,}798^{**}$ & $\alpha = 0{,}002$).

Besonderheiten in den Blickpfadmustern bei a05

Bei Aufgabe a05 werden die alternativen Blickgruppen durch die Menge der „Häuser", die Menge der „Quadrate" und die Menge der „Trapeze" gebildet (vgl. Abb. 2.8 auf Seite 18). Es kann kein Zusammenhang zwischen der kognitiven Struktur und der Häufigkeit des Betrachtens der Mengen bzw. der Zeilen und Spalten nachgewiesen werden. Nur VP04 ist bei dieser Aufgabe eindeutig durch das Betrachten der alternativen Blickgruppen zu identifizieren. Ihr Anteil der Fixationsdauer für diese Mengen liegt bei 22 %. Die Werte der anderen VP - alle haben nicht über diese Mengen argumentiert - liegen zwischen 1 % und 14 %.

Besonderheiten in den Blickpfadmustern bei a07

Bei der Aufgabe a07 liegen zwei Paare von jeweils im Erscheinungsbild exakt identischen Figuren (F12, F23 und F21, F32) vor. Für N = 12 zeigt sich ein leicht signifikanter Zusammenhang ($\rho = 0{,}579^{*}$ & $\alpha = 0{,}049$) zwischen der kognitiven Struktur und dem Betrachten dieser Paare (N = 8: $\rho = 0{,}529$ & $\alpha = 0{,}177$).

Besonderheiten in den Blickpfadmustern bei a08

Die Aufgabe a08 lässt es auch zu, sich an Paarmengen zu orientieren: Als Alternative zu einer zeilen- und spaltenweisen Analyse können das Paar der Kreuze (F11, F22), das Paar der Quadrate (F13, F31) und die drei nicht leeren Ecken des Gesamtbildes (F11, F13, F31) zusammengefasst werden. Der Zusammenhang zwischen der kognitiven Struktur und dem Betrachten der Zeilen und Spalten bzw. der alternativen Blickmuster ist hier hoch signifikant. Für N = 12 ergibt sich für die Zeilen und Spalten $\rho = -0{,}677^{*}$ und $\alpha = 0{,}016$ und für die Alternative $\rho = 0{,}654^{*}$ und $\alpha = 0{,}021$. Für N = 8 ergibt sich für die Zeilen und Spalten $\rho = -0{,}765^{*}$ und $\alpha = 0{,}027$ und für die Alternative $\rho = 0{,}931^{**}$ und $\alpha = 0{,}001$.

Aufgabenspezifische Einteilung der VP

Bei den bisherigen Überlegungen zur quantitativen Analyse der Blickpfade wird die Gruppeneinteilung der VP bezüglich der gesamten Untersuchung berücksichtigt. Im Folgenden sollen analoge Überlegungen zur quantitativen Analyse der Blickpfade durchgeführt werden, wobei die Gruppeneinteilung der VP aufgabenspezifisch erfolgt. Dieser Ansatz kann zu anderen Ergebnissen führen, da eine VP, die über die gesamte Untersuchung gesehen eine eindeutige Präferenz für eine bestimmte kognitive Struktur hat, bei einer einzelnen speziellen Aufgabe eine Lösungsstrategie wählen kann, die typisch ist für VP mit einer Präferenz für die andere kognitive Struktur. Informationen zur aufgabenspezifischen Einteilung finden sich unter 3.2.2.1 und dort speziell in Tab. 3.5 auf Seite 61.

Die Berechnung wird analog zu den vorangegangenen Darstellungen in diesem Kapitel durchgeführt. Der einzige Unterschied ist der gerade erläuterte bezüglich der Einteilung der VP. Um Verwechslungen auszuschließen, werden wiederum die signifikanten betragsmäßig großen negativen Korrelationen mit ihren jeweiligen Signifikanzniveaus in Tab. 3.24 und die signifikanten betragsmäßig großen positiven Korrelationen mit ihren jeweiligen Signifikanzniveaus in Tab. 3.25 eingetragen.

		Aufgaben							
		a01	a02	a03	a04	a05	a06	a07	a08
Blickgruppen	F13,F23		$\lvert\rho\rvert=0{,}656$* $\alpha=0{,}021$						
	F22,F23					$\lvert\rho\rvert=0{,}768$** $\alpha=0{,}004$			
	F31,F32	$\lvert\rho\rvert=0{,}932$** $\alpha=0{,}001$		$\lvert\rho\rvert=0{,}618$* $\alpha=0{,}032$					
	F11,F23,F32					$\lvert\rho\rvert=0{,}967$** $\alpha=0{,}000$			
	F12,F13,F21					$\lvert\rho\rvert=0{,}687$* $\alpha=0{,}014$			
	F12,F22,F23					$\lvert\rho\rvert=0{,}583$* $\alpha=0{,}047$			
	F13,F21,F23					$\lvert\rho\rvert=0{,}670$* $\alpha=0{,}017$			
	F21,F23,F31					$\lvert\rho\rvert=0{,}579$* $\alpha=0{,}048$			
	F22,F23,F31			$\lvert\rho\rvert=0{,}723$** $\alpha=0{,}008$					
	F22,F23,F32					$\lvert\rho\rvert=0{,}818$** $\alpha=0{,}001$			
	F23,F31,F32			$\lvert\rho\rvert=0{,}756$** $\alpha=0{,}004$					

Tab. 3.24: Betrag der signifikanten negativen Korrelationen ρ und ihre Signifikanzniveaus α für alle VP (aufgabenspezifische Einteilung).

Blickgruppen	Aufgaben							
	a01	a02	a03	a04	a05	a06	a07	a08
F11,F13	ρ=0,725* α=0,042							ρ=0,858** α=0,001
F11,F31								ρ=0,654* α=0,029
F12,F21				ρ=0,657* α=0,028				
F12,F23			ρ=0,586* α=0,045	ρ=0,728* α=0,011				
F12,F32							ρ=0,667* α=0,018	
F13,F31								ρ=0,832** α=0,001
F21,F22	ρ=0,716* α=0,046							
F22,F23				ρ=0,652* α=0,030				
F22,F31							ρ=0,741** α=0,006	
F23,F31				ρ=0,618* α=0,043				
F11,F12,F22				ρ=0,728* α=0,011				
F11,F12,F23							ρ=0,688* α=0,013	
F11,F13,F31								ρ=0,773** α=0,005
F11,F22,F32						ρ=0,586* α=0,045		
F12,F13,F22	ρ=0,990** α=0,000					ρ=0,767** α=0,004	ρ=0,757** α=0,004	
F12,F13,F23			ρ=0,635* α=0,026				ρ=0,828** α=0,001	
F12,F21,F22				ρ=0,730* α=0,011				
F13,F22,F31			ρ=0,626* α=0,029					
F21,F23,F32						ρ=0,857** α=0,000		

Tab. 3.25: Betrag der signifikanten positiven Korrelationen ρ und ihre Signifikanzniveaus α für alle VP (aufgabenspezifische Einteilung).

Die Einträge der Tab. 3.24 und der Tab. 3.25 werden in Tab. 3.26 bzw. Tab. 3.27 zur besseren Übersicht zusammengefasst. Dort finden sich demnach alle Blickgruppen (auch ikonisch visualisiert), bei denen VP mit einer Präferenz für eine funktionale bzw. prädikative kognitive Struktur signifikant größere Anteile an Fixationszeiten bei den angegebenen Aufgaben auf diese Blickgruppen verwenden.

Blickgruppe	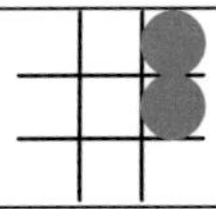	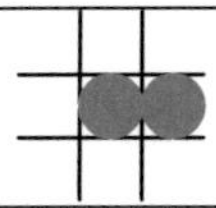	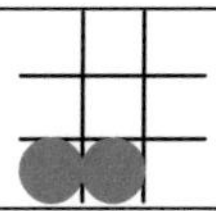	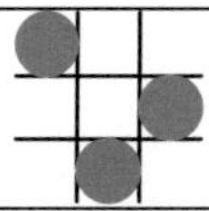	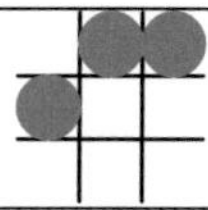
	F13, F23	F22, F23	F31, F32	F11, F23, F32	F12, F13, F21
Aufgabe	a02	a05	a01, a03	a05	a05
Klasse	1s	1z	1z	6	2z
Blickgruppe	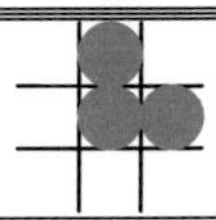	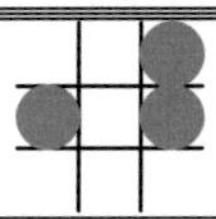	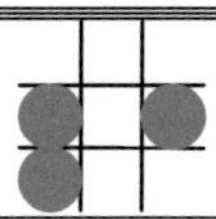	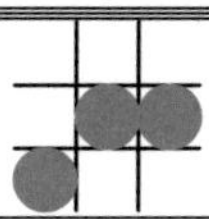	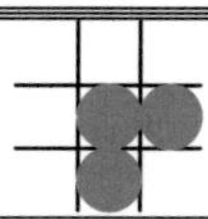
	F12, F22, F23	F13, F21, F23	F21, F23, F31	F22, F23, F31	F22, F23, F32
Aufgabe	a05	a05	a05	a03	a05
Klasse	4	6	6	2z	4
Blickgruppe	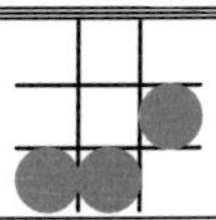				
	F23, F31, F32				
Aufgabe	a03				
Klasse	2z				

Tab. 3.26: Übersicht über die Blickgruppen mit einem signifikant hohen Anteil an Fixationszeiten bei VP mit einer *funktionalen* kognitiven Präferenz (aufgabenspezifische Einteilung).

Blickgruppe	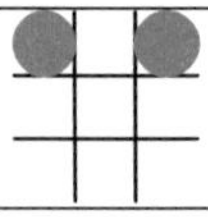	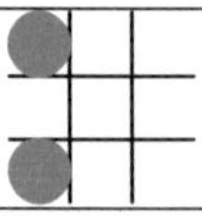	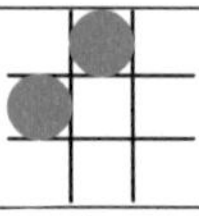	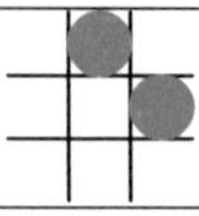	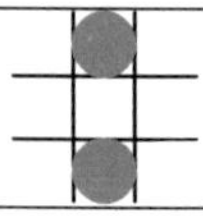
	F11, F31	F11, F31	F12, F21	F12, F23	F12, F32
Aufgabe	a01, a08	a08	a04	a03, a04	a07
Klasse	5	5	$3w_1$	$3w_2$	5
Blickgruppe	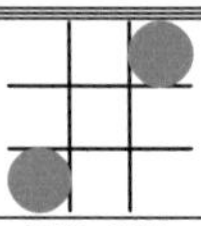	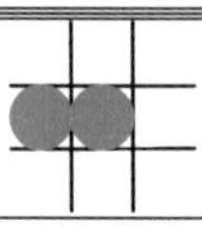	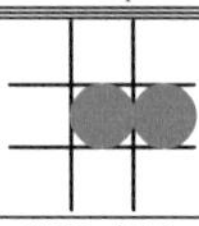	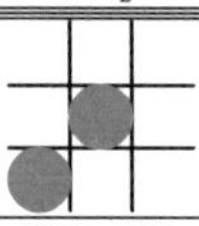	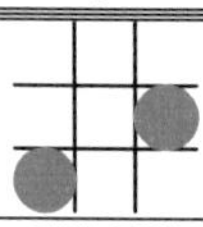
	F13, F31	F21, F22	F22, F23	F22, F31	F23, F31
Aufgabe	a08	a01	a04	a07	a04
Klasse	5	1z	1z	$3w_1$	6
Blickgruppe	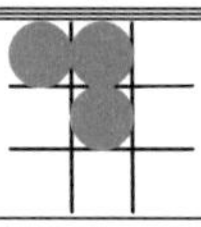	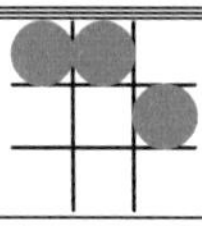	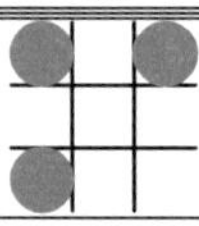	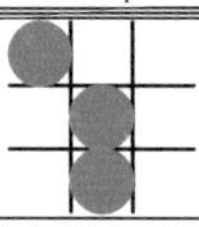	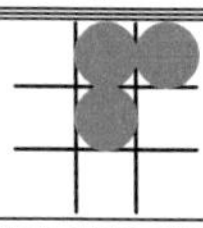
	F11, F12, F22	F11, F12, F23	F11, F13, F31	F11, F22, F32	F12, F13, F22
Aufgabe	a04	a07	a08	a06	a01, a06, a07
Klasse	4	7	5	7	4
Blickgruppe	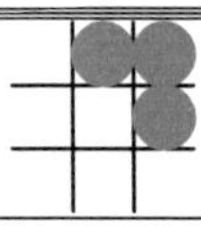	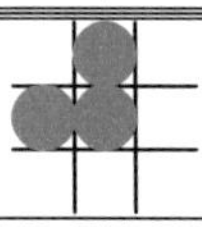	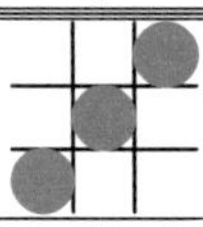	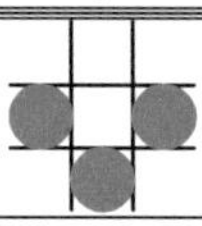	
	F12, F13, F23	F12, F21, F22	F13, F22, F31	F21, F23, F32	
Aufgabe	a03, a08	a04	a03	a06	
Klasse	4	4	$3w_1$	3d	

Tab. 3.27: Übersicht über die Blickgruppen mit einem signifikant hohen Anteil an Fixationszeiten bei VP mit einer *prädikativen* kognitiven Präferenz (aufgabenspezifische Einteilung).

Betrachten wir diese beiden Tabellen mit den Blickgruppen, die signifikant häufiger bei den VP mit einer Präferenz für eine prädikative bzw. funktionale kognitive Struktur vorkommen, fällt auf, dass die Klasse 1 wiederum bei beiden Gruppen auftritt. Dies ist aufgrund des typischen Leseverhaltens nicht verwunderlich.
Weiterhin treten Blickgruppen der Klasse 2 (Zeilensprünge) ausschließlich bei VP mit einer Präferenz für *funktionale* kognitive Strukturen auf. Die weiteren Blickgruppen, die bei der Gruppe der VP mit einer *funktionalen* Präferenz auftreten, der Klassen 4 (Dreierblickgruppe über Eck) und 6 (unzusammenhängende Felder innerhalb einer Blickgruppe ohne gegenüberliegende Eck- bzw. Randfelder) sind alle an die für *funktionale* VP schwierige Aufgabe a05 gebunden.
Blickgruppen der Klassen 3 (Diagonalen) und 5 (gegenüberliegende Eck- bzw. Randfelder) treten ausschließlich nur bei VP mit einer Präferenz für *prädikative* kognitive Strukturen auf. Das passt zu der für *prädikative* VP typischen Bearbeitungsstrategie der Eigenschaftsanalyse von Paaren und Dreiermengen. Blickgruppen der Klasse 4 kommen bei *prädikativen* VP signifikant häufiger bei verschiedenen Aufgaben (a01, a03, a04, a06, a07 und a08) vor. Gerade diese

Mengenanalyse ist eher typisch für eine *prädikative* Strategie als für eine *funktionale* Prozessanalyse. Die eine Blickgruppe der Klasse 6 taucht bemerkenswerterweise bei der für *prädikative* VP schwierigen Aufgabe a04 auf.
Die quantitative Analyse der Untersuchungsdaten mit einer aufgabenspezifischen Einteilung belegt und unterstützt demnach die bisher in diesem Kapitel aufgezeigten Analyseergebnisse, dass *funktionale* VP ihre Lösungen über eine Prozessanalyse innerhalb der Zeilen und Spalten konstruieren und dass demnach auch eher typische Zeilen- und Spaltenblickmuster in ihren Augendaten zu finden sind. *Prädikative* VP hingegen konstruieren ihre Lösung über Eigenschaften, die nicht immer von Zeilen bzw. Spalten abhängig sind. Demnach sind auch zeilen- und spaltenunabhängige Blickmuster zu erwarten.

3.3 Untersuchung CoDyLa

Im Folgenden soll auf den CoDyLa-Untersuchungsteil eingegangen werden. Bei der Beschreibung der theoretischen Grundlagen dieser Untersuchung in Kapitel 2.3.2 werden bereits ältere Untersuchungen mit der Untersuchungsmethode „*Dynamische Labyrinthe*" erwähnt, darunter auch verschiedene Promotionsprojekte. Eine Auflistung findet sich bei Xu.[76]
In allen Untersuchungen wurden die Sitzungen mit Video aufgezeichnet. In den älteren Untersuchungen waren die Videoaufzeichnungen das einzige Rohmaterial, das zur Auswertung zur Verfügung stand. Alle Netzkonstruktionen mussten mühsam und zeitaufwändig aus dem Videomaterial rekonstruiert werden. Zum Teil war dies aufgrund der Bildauflösung, des schnellen Handelns der VP und der Tatsache, dass die Hände beim Bauen Wege überdecken, nur eingeschränkt möglich. Die umfangreiche Dokumentation von Xu für acht Schüler und drei Aufgaben (acht ausführliche Transskriptbände und zwei Bände mit graphischen Darstellungen der Algorithmen-Entwicklung zu unterschiedlichen Zeitpunkten ihrer Entstehung[77]) vermittelt einen guten Eindruck des großen Aufwandes, das Videomaterial für die qualitative Untersuchung aufzubereiten.
Die Weiterentwicklung der Untersuchungsmethode „*Dynamische Labyrinthe*" zur Untersuchungsmethode „*Computerunterstützte Dynamische Labyrinthe*" (CoDyLa) ermöglicht es, ohne Rückgriff auf das erstellte Videomaterial aus Computerdaten beliebige Bauabschnitte der Automatennetzkonstruktionen der VP für jeden Zeitpunkt der Untersuchungen auszudrucken und auch automatisch Sequenzen von gesetzten und entfernten Bausteinen zu analysieren. Die vollständige Übersicht von zeitlich hintereinander liegenden Momentaufnahmen der Automatennetz-konstruktionen aller VP aus der vorliegenden Untersuchung ist in zwei Bänden mit

[76] Vgl. Xu (1994), S. 2.
[77] Vgl. Xu (1992/93).

fast 2700 konkreten Momentaufnahmen dokumentiert. Dies wäre vor dem DFG-Projekt mit vertretbarem Aufwand überhaupt nicht realisierbar gewesen.[78]

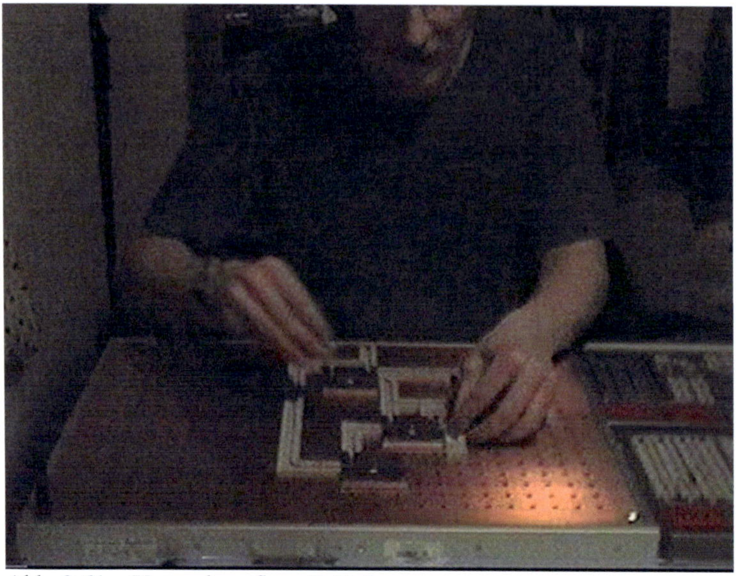

Abb. 3.61: Versuchsaufbau CoDyLa.

3.3.1 CoDyLa Technik

Die hier beschriebene CoDyLa Technik ist bereits die zweite entwickelte Version. Die erste Version beruht auf einer Kombination aus elektrischer und optischer Datenerfassung und ist für den Einsatz mit VP zu fehleranfällig. Genau wie die erste Version wurde auch die zweite, die auf elektrischer und magnetischer Datenerfassung beruht, in Zusammenarbeit mit den Werkstätten des Fachbereichs Physik – der Feinmechanischen Werkstatt und der Werkstatt für Elektronik und Informationstechnik – entwickelt und gebaut. Während der Bauzeit und der Entwicklung der hier beschriebenen zweiten Version der CoDyLa Technik war Vera Linn als wissenschaftliche Mitarbeiterin des DFG-Projektes an der Entwicklung der Hardware maßgeblich beteiligt.
Technisch gesehen benutzt die CoDyLa-Hardware die Bausteine aus dem Baukasten „*Dynamische Labyrinthe*“. Zur computergeregelten Erfassung des Setzens und Entfernens von Bausteinen, gegebenenfalls ihres Zustandes (bei Flip-Flop, Weiche, Zähler), sowie ihres Durchfahrens wird eine Magnetkodierung der Bausteine in Verbindung mit Magnetfelddetektoren im Steckbrett verwendet (Abb. 3.62 und Abb. 3.63). Der Computer registriert den Zustand der Detektoren und speichert die Informationen in geeigneter Weise in einer Datei ab.

[78] In den Arbeitsberichten – vgl. Armbrust / Libertus (2002b) – wird der Begriff Rechennetz synonym zu dem hier verwendeten Begriff Automatennetz verwendet.

In die bestehenden Bausteine wurden an ihrer Unterseite Magnete eingelassen. Nur der mechanisch aufwendige Baustein Zähler musste zum Teil neu entwickelt werden. Um den internen Zustand des Zählrades identifizieren zu können, musste die bisherige Bodenplatte aus Plastik durch ein Metallgehäuse mit Weicheisenstiften zur Weiterleitung des Magnetfeldes der Kodierungsmagneten des Zählrades ersetzt werden (Abb. 3.62 und Abb. 3.63).

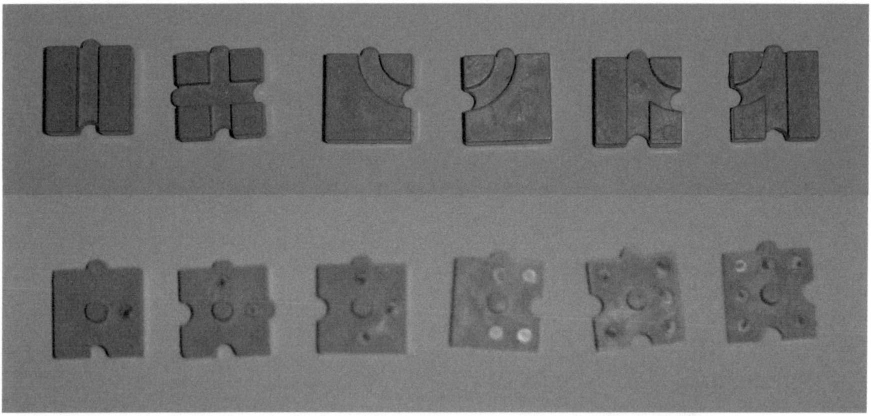

Abb. 3.62: Ansicht der einfachen Bausteine von oben und unten.

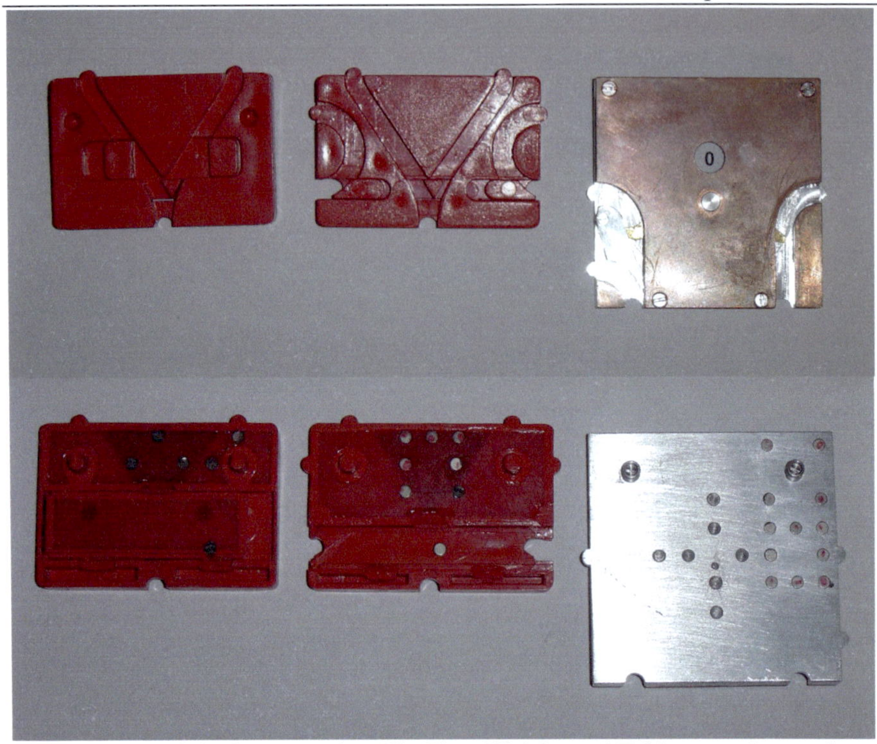

Abb. 3.63: Ansicht der Bausteine Flip-Flop, Weiche und Zähler von oben und unten.

An der Verwendung der Bausteine durch die VP hat sich demnach in Bezug auf frühere Untersuchungen nichts geändert. Das bisherige Holzbrett wurde durch ein Metallbrett mit einer Höhe von 6 cm ersetzt. Die Oberfläche des Brettes hat ein Raster von 24x18 Löchern. Mit einer Abdeckplatte kann das Raster bei Bedarf auf 16x12 Löcher reduziert werden. Das Brett ist durch ein langes Flachbandkabel mit einem Computer verbunden. Dieser ist für die VP nicht relevant und wird vom Versuchsleiter bedient. Er steht abseits und kann deshalb die VP auch nicht ablenken oder irritieren. Die VP werden durch die verbesserte Auswertungstechnik weder in ihrem Handeln noch in ihrer Aufmerksamkeit beeinflusst (Abb. 3.64 und Abb. 3.65).

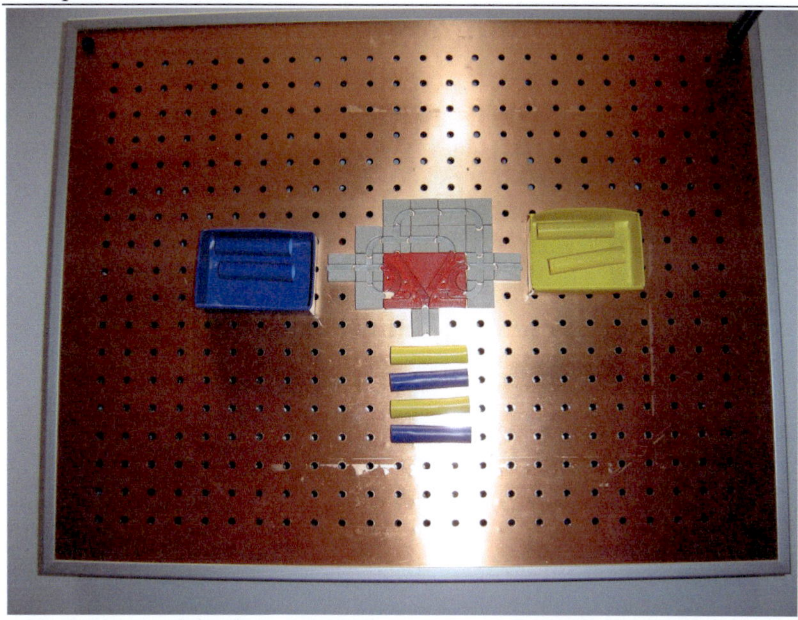

Abb. 3.64: Ansicht eines Automatennetzes zur Aufgabe 2er-Sortierer, gebaut auf dem CoDyLa-Brett.

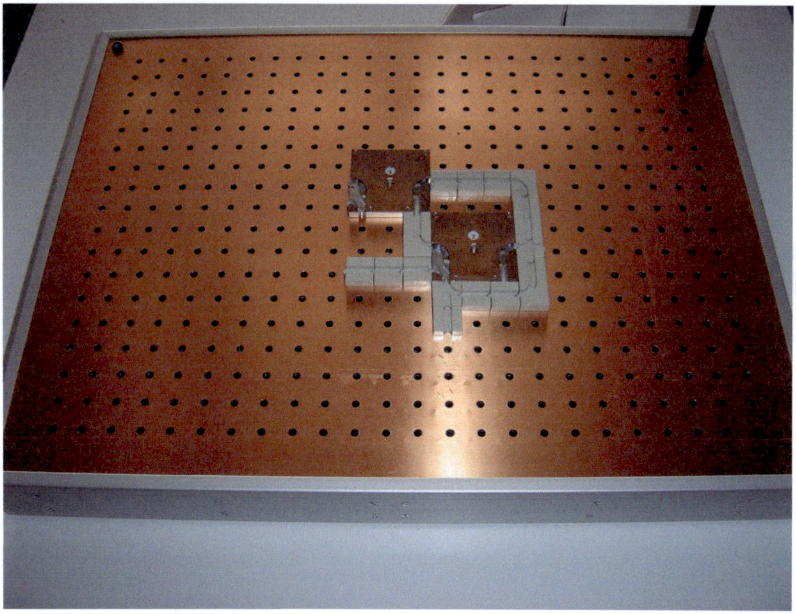

Abb. 3.65: Ansicht eines Automatennetzes zur Aufgabe Additionsnetz, gebaut auf dem CoDyLa-Brett.

Nach der Entscheidung für eine Erkennung der gesteckten Bausteine über eine Magnetdetektiertechnik stellte sich die Frage, wie per Magnetanordnung an den Böden der Bausteine diese so kodiert werden können, dass sie über eine Anordnung von Detektoren an den Rasterlöchern in ihrer Art und Orientierung erkannt werden können. Aus finanziellen Gründen sollte dabei mit möglichst wenig Detektoren ausgekommen werden. Folgende Lösung stellte sich heraus.

In dem Metallbrett befinden sich um jedes Rasterloch fünf Magnetdetektoren, die in zwei konzentrischen Kreisen um das Rasterloch angeordnet sind. Dabei befinden sich vier Magnetdetektoren im inneren Kreis und ein Magnetdetektor im äußeren Kreis.

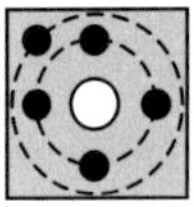

Abb. 3.66: Anordnung der Magnetdetektoren (schwarze Punkte) um das Rasterloch (mittlerer Kreis).

Beim Abscannen der aktuellen Situation auf dem Brett werden die Zustände der Magnetdetektoren an allen 24x18 Rasterlöchern abgefragt. Dieser komplette Vorgang dauert für das ganze Brett einschließlich der direkt anschließenden Auswertung ca. 60 ms. Der Zustand der Magnetdetektoren an einem Rasterloch wird von dem Brett an den Computer kodiert als fünfstellige Binärzahl, die dem Zustand der fünf Magnetdetektoren entspricht (Abb. 3.67), abgegeben.

Die Ziffer 0 wird an einer Stelle eingetragen, falls der zugehörige Magnetdetektor von einem Magneten in einem Bauteil über ihm angesprochen wird, die Ziffer 1, falls sich kein Magnetfeld im Bereich des Detektors befindet. Wenn beispielsweise an einem Rasterloch genau die Detektoren 2 und 3 ein Magnetfeld registrieren – bei einer Kreuzung könnte dies hervorgerufen werden – liefert das Brett den Code 11001 (Abb. 3.67, Abb. 3.69).

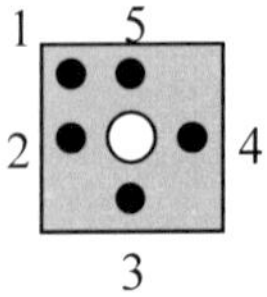

Abb. 3.67: Interne Nummerierung der Magnetdetektoren.

Es lassen sich $2^5 = 32$ verschiedene Situationen an einem Rasterloch eindeutig definieren. Damit bestehen auf der rein technischen Seite des Projektes noch Reserven, um weitere Bauteile oder Änderungen bestehender Bauteile, z. B. einen besonderen Startstein, in das Untersuchungsset zu integrieren.

In Abb. 3.68 sind die bezüglich der Anordnung der Detektoren möglichen, sinnvollen Anordnungen der Magnete unter den Bausteinen dargestellt, wobei von oben durch die Bausteine „durchgeschaut" wird.

Abb. 3.68: Mögliche Anordnungen der Magnete (schwarze Punkte) um einen mechanischen Halter (großer grauer Punkt) eines Bauteils.

Die Abb. 3.69 und Abb. 3.71 zeigen die konkrete Umsetzung für die Bausteine.

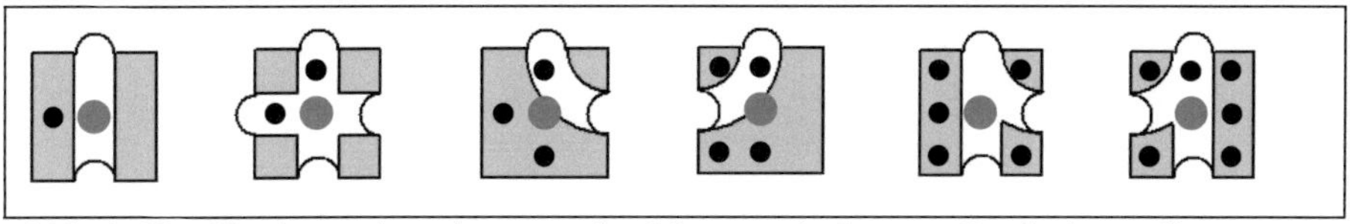

Abb. 3.69: Konkrete Anordnungen der Magnete (schwarze Punkte) um die mechanischen Halter (große graue Punkte) der einfachen Bauteile.

Man kann sich leicht davon überzeugen, dass mit dieser Anordnung der Magnete die Bausteine voneinander unterschieden werden können und sie auch in ihrer Ausrichtung (nach Norden, Osten, Süden, Westen) eindeutig bestimmt sind (zumindest, solange der Durchfahrstift mit magnetischer Wirkung nicht zum Einsatz kommt).

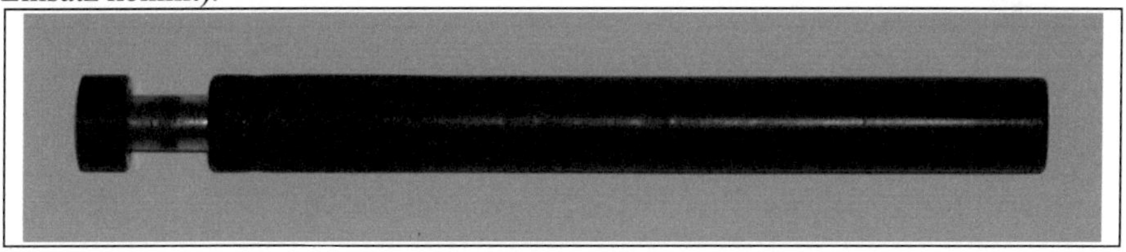

Abb. 3.70: Foto des Stiftes zum Durchfahren der Automatennetze.

Der Stift, mit dem die VP ihre konstruierten Automatennetze durchfahren, um sie auf die von ihnen geplante Funktion hin zu verifizieren, enthält einen Führungsmechanismus, damit die VP einfacher durch die Netze fahren können und eine Magnetspitze, die ebenfalls an verschiedenen Stellen des Weges von den Magnetdetektoren registriert werden kann. Damit werden alle Detektoren, bis auf den in der Ecke (im äußeren Kreis), in zweifacher Weise beansprucht: Zum einen in ihrer Funktion der Bausteinerkennung und zum anderen in ihrer Funktion des Erkennens der Stiftdurchfahrt.

Als Beispiel dient das Durchfahren einer Geraden mit dem Stift: Er wird sowohl beim Eingang als auch beim Ausgang registriert. Damit wird die Gerade als Kreuzung identifiziert (Abb. 3.69). Dieses Problem ist im Programm abgefangen. Der Stift hat eine feste Parkposition, die vom Programm abgefragt werden kann. Falls der Stift geparkt ist, lassen sich die Steckvorgänge von Bauteilen eindeutig bestimmen. Falls der Stift nicht geparkt ist, werden die möglichen Inkonsistenzen aufgelöst, sobald die Position des Stiftes eindeutig zugeordnet werden kann.

Für die Linkskurve kann die Stiftdurchfahrt am Eingang registriert werden, für die Rechtskurve am Eingang, für die Kreuzung an beiden Eingängen, für die linke Einmündung an beiden Eingängen und am Ausgang und für die rechte Einmündung an beiden Eingängen. An anderen Orten lässt sich die Stiftdurchfahrt nicht registrieren, da sich der Stift entweder nicht oberhalb eines Magnetdetektors befindet oder er sich oberhalb eines Magneten befindet. In beiden Fällen kann sein Ort nicht registriert werden. Das kann zu Erkennungsproblemen führen, wenn die VP den Stift zu hastig durch die Bausteine führen.

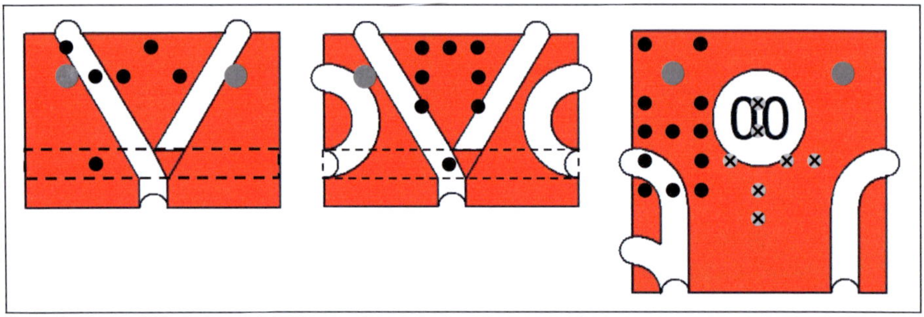

Abb. 3.71: Konkrete Anordnungen der Magnete (schwarze Punkte) um die mechanischen Halter (große graue Punkte) der Bausteine Flip-Flop, Weiche und Zähler. Für den Zähler ist zusätzlich die Anordnung der Weicheisenstifte eingetragen.

Bei den Bauteilen Flip-Flop, Weiche und Zähler verhält es sich für die Registrierung der Art, der Richtung und der Stiftdurchfahrt analog zu den eben vorgestellten Wegbausteinen. Die genannten Bauteile haben aber im Gegensatz zu den Wegbausteinen zusätzlich interne Zustände, die relevant sind und auch registriert werden sollen. Für das Flip-Flop und die Weiche sind das die Stellung des Durchgangs auf den linken bzw. rechten Weg und den zugehörigen Ausgang. Dieser innere Zustand wird bei den originalen Bauteilen des *Dynamischen-Labyrinthe-Sets* durch eingelassene Schieber mechanisch eingestellt. Diese sind in Abb. 3.71 schematisch durch das gestrichelte Rechteck angedeutet. Für die Bauteile des neuen CoDyLa-Untersuchungswerkzeuges wurde jeweils ein weiterer Magnet eingelassen, der es ermöglicht, den Zustand eindeutig zu registrieren.

Der interne Zustand des Zählers, die in ihm gespeicherte Zahl, wird bei den Originalbauteilen des *Dynamischen-Labyrinthe-Sets* durch das Verdrehen eines Zahnrades mechanisch eingestellt. Für die neuen Bauteile des CoDyLa-Untersuchungswerkzeuges wurde das Zahnrad mit einer sehr komplexen Anordnung an Magneten versehen. Aufgrund der für den Drehmechanismus notwendigen Bodenplatte, die das Magnetfeld abschirmt, entsteht das Problem, dass die Magneten beim Zähler nicht einwandfrei registriert werden können. Deshalb wurden in die Bodenplatte sieben Weicheisenstifte eingelassen (in Abb. 3.71 durch die Kreuzpunkte markiert). Die Stifte bestehen aus einem magnetisch weichen

Material mit möglichst geringer Remanenz und möglichst hoher Permeabilitätszahl μ_r. Solche Stoffe lassen sich also besonders leicht ummagnetisieren.
Die Realisierung dieser einfachen Grundidee wird dadurch erschwert, dass der Drehpunkt des Zahnrades mechanisch nicht oberhalb eines Rasterloches angeordnet werden kann, tatsächlich ist er um 2,5 mm nach unten versetzt. Es kommt so bei der Anordnung der Magnete zu der Situation, dass ein Magnet bei der einen Zahnradstellung einen Weicheisenstift komplett und dass bei dieser Magnet einer anderen Zahnradstellung einen anderen Weicheisenstift nur zu einem gewissen Anteil überdeckt. Leichtes Über- bzw. Unterdrehen des Zahnrades durch die VP führt dann dazu, dass bei prinzipiell gleicher Zahnradstellung unterschiedliche Detektoren ein Magnetfeld registrieren.
Das mechanische Spiel der Originalzähler ist zu groß, so dass mit Hilfe der feinmechanischen Werkstatt der Universität Osnabrück die Zähler neu entwickelt werden mussten. Sie sind dabei vom Prinzip gleich geblieben, um zu den anderen Bauteilen zu passen, wurden aber mechanisch gesehen exakter verarbeitet. Mit diesen Zählern lassen sich nun vom Prinzip her alle internen Zustände registrieren. Im Einsatz kommt es zum Teil vor, dass Zählerinhalte nicht korrekt erkannt werden. Diese lassen sich aber in den meisten Fällen nachträglich gut rekonstruieren.

3.3.2 CoDyLa Software

3.3.2.1 Software CoDyLa-DOS zur Brettsteuerung

Der Softwareteil CoDyLa-DOS zur Steuerung des Brettes läuft auf einem einfachen PC mit einer CPU aus der Intel 486er Generation unter dem Betriebssystem DOS und wurde von uns mit Borland Pascal 7 entwickelt. Zum einen dient er schlicht dazu, während der Untersuchung die Daten zu erfassen und diese nach der Untersuchung abzuspeichern. Weiter können mit ihm aus den Rohdaten Texttabellen erzeugt und Daten graphisch im manuellen Einzelschrittverfahren betrachtet sowie einzelne Bilder zu den Brettzuständen (Skizzen der gebauten Automatennetze) im PCX-Format gespeichert werden. Die vom Programm erzeugte Datei mit Rohdaten ist in zwei Teile, D und U, gegliedert (vgl. Zeilenbeginn und Trennzeile „DDDDD“ in Tab. 3.28).

```
1  D Name
2  D Vorname
3  D VPxx
4  D 0
5  D 14.02.1973
6  D 12.01.2005
7  D axx
8  DDDDD
9  U;1;12;17;10;89;0;0;0;0;10;10
10 U;1;12;17;12;92;11;10;1;20;1;20
11 U;1;12;17;26;54;14;11;1;10;2;10
12 U;1;12;17;27;9;14;11;2;10;2;10
13 U;0;12;17;28;14;15;11;1;10;2;10
14 U;0;12;17;28;63;15;11;2;10;2;10
15 U;1;12;17;28;69;15;11;1;10;2;10
   ⋮
```

Tab. 3.28: Struktur einer CoDyLa-Rohdatendatei.

Bereich D:
Die Zeilen 1-3 und 5-7 beinhalten nach dem kennzeichnenden „D“ jeweils einen String mit Informationen über die VP bzw. die Aufgabe. In den ersten drei Zeilen stehen der Name, der Vorname und der Codename innerhalb der Untersuchung. Die vierte Zeile enthält nach dem kennzeichnenden „D“ die Zahl 0 für eine männliche VP und die Zahl 1 für eine weibliche VP. In den Zeichenketten der Zeilen 5-7 stehen das Geburtsdatum, das Untersuchungsdatum und die Aufgabenbeschreibung, wobei die Aufgabenbeschreibung eventuell in den Zeilen acht und neun fortgesetzt wird. Den Abschluss des Datenbereiches bildet die Trennzeile „DDDDD“ (vgl. Tab. 3.28, Z. 8).

Bereich U:

Kennzeichnungen		Uhrzeit				Koordinaten		Aktion	Bauteil		
1	2	3	4	5	6	7	8	9	10	11	12
Untersuchungsteil	Korrekter Eintrag bzw. Hilfseintrag	Stunden	Minuten	Sekunden	Hundertstel	Spalte	Zeile	Durchgeführte Aktion	Art	Orientierung	Interner Zustand
⋮											
U	1	12	17	10	89	0	0	0	0	10	10
U	1	12	17	12	92	11	10	1	20	1	20
⋮											

Tab. 3.29: Struktur innerhalb des Untersuchungsteils einer CoDyLa-Rohdatendatei.

Jede Zeile des Untersuchungsteils beinhaltet eine Aktion. Die erste Zahl kennzeichnet dabei den Eintrag im Untersuchungsteil als korrekten Eintrag bzw. als

Hilfseintrag. Auf diesen Unterschied wird an späterer Stelle noch näher eingegangen. Die nächsten vier Zahlen sind die genaue Uhrzeit dieser Aktion in Stunden, Minuten, Sekunden und Hundertstel. Dann folgen die beiden Zahlen zur Kodierung der Lochkoordinaten, an denen die eigentliche Aktion (Start der Untersuchung, Setzen eines Bauteils, Entfernen eines Bauteils, Nehmen des Stifts, Ablegen des Stifts, Stiftdurchfahrt, interner Zustandswechsel eines Bauteils und Ende der Untersuchung) stattgefunden hat. Die letzten drei Zahlen kodieren das Bauteil, seine Orientierung und seinen internen Zustand.

Die erste Zeile in Tab. 3.29 ist beispielsweise folgendermaßen zu lesen: Es handelt sich um einen korrekten Eintrag der Untersuchung, der um 12:17:10,89 Uhr stattgefunden hat. Die durchgeführte Aktion war der Untersuchungsbeginn (kodiert durch die 0 in der neunten Spalte). Für den Untersuchungsbeginn sind die Informationen bezüglich der Koordinaten und des Bauteils nicht relevant. Die zweite Zeile liest sich dann so: Es handelt sich um einen korrekten Eintrag der Untersuchung, der um 12:17:12,92 Uhr stattgefunden hat. Die durchgeführte Aktion war das Setzen eines Bauteils (kodiert durch die 1 in der neunten Spalte). Gesetzt wurde dabei eine Weiche (kodiert durch die 20 in der zehnten Spalte) an dem Rasterloch (11;10) in der Orientierung Nord (kodiert durch die 1 in der elften Spalte) mit dem internen Zustand „Links“ (kodiert durch die 20 in der zwölften Spalte).

Das Programm registriert zunächst alle Aktionen und speichert sie. Zusätzlich werden einige Aktionen eventuell als Hilfseintrag gekennzeichnet (vgl. den zweiten Eintrag in jeder Zeile der Untersuchungsdaten). Die Situation liegt dann vor, wenn das Programm automatisch oder der Interviewer (I) bzw. der auswertende Anwender manuell eine Aktion als keine korrekte Aktion im Sinne der Untersuchung identifizierten. Es kann z. B. vorkommen, dass kurzzeitig beim Setzen eines Flip-Flops statt des Flip-Flops eine Rechtskurve und eine Kreuzung erkannt werden (vgl. Anordnung der Magneten in Abb. 3.69 und Abb. 3.71 ab Seite 155). Weiterhin kann es bei einem Einstecken eines Bauteils zu kurzfristigen Störungen in der Erkennung kommen (vgl. Tab. 3.28 Z. 13-15). Innerhalb von 55/100 Sekunden soll an dem Rasterloch (15,11) eine Gerade in der Orientierung West gesteckt, entfernt und wieder gesteckt worden sein. Diese Abfolge kann so von keiner VP durchgeführt werden, sie ist durch eine kurzfristige Störung in der Erkennung zu erklären. So wurden die Einträge in den Zeilen 13 und 14 als Hilfseinträge gekennzeichnet.

3.3.2.2 Software CoDyLa-WIN zur Auswertung

Die eigentliche Auswertung der Untersuchungsdaten geschieht mit dem WINDOWS-Programm CoDyLa-WIN, das von uns mit Borland Delphi entwickelt wird (aktuelle Version 2.0.1.14 / Borland Delphi 7). CoDyLa-WIN stellt vier unterschiedliche Tools zur Verfügung:

1. Aus den Rohdaten Netzgrafiken erzeugen und gegebenenfalls abspeichern. Dies kann einmal von Hand geschehen, um einzelne, spezielle Netze zu erhalten, auf der anderen Seite kann dies aber auch automatisiert nach einer bestimmten

Anzahl an Bauschritten ausgeführt werden (automatische Erzeugung der Netzgraphiken).
2. Ausgabe der Rohdaten bzw. Ausgabe in Form einer Textdatei.
3. Vorwärts- und Rückwärtsabspielen des gesamten Bauprozesses als Film in Echtzeit oder im Zeitraffer.
4. Automatische quantitative Auswertungen (z. B. Zählen der verwendeten Bauteile).

Beim Öffnen eines Datensatzes kann dieser durch die Angabe einer Videostartzeit für den weiteren Verlauf der Auswertung mit dem Videomaterial synchronisiert werden, d. h. als Zeitangaben stehen dann nicht ausschließlich die lokale Untersuchungszeit – die Uhrzeit (vgl. Tab. 3.29 auf Seite 158) – und die Zeitdauer seit Beginn der Untersuchung zur Verfügung, sondern auch die passende Videozeit eines vorhandenen digital vorliegenden Videomaterials (Abb. 3.72).

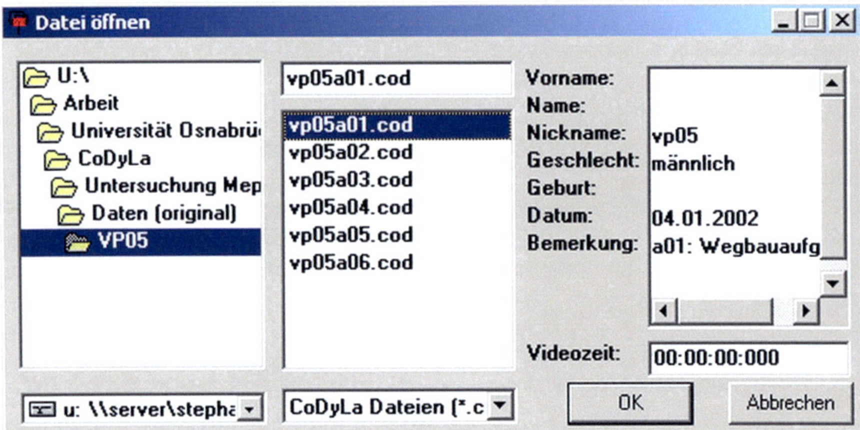

Abb. 3.72: Screenshot des „Datei öffnen"-Dialogs im Programm CoDyLa-WIN.

Das Programm unterscheidet die Darstellung der Daten als Rohdaten und der überarbeiteten Rohdaten, letztere sind die Standarddaten. Die Rohdaten beinhalten auch die Hilfseinträge, wie sie in Abschnitt 3.3.2.1 erklärt werden. Die Zuordnung eines Eintrages zu den Hilfseinträgen kann im Programm CoDyLa-WIN jederzeit erfolgen bzw. auch rückgängig gemacht werden. Die internen Zustände der roten Bauteile können auch jederzeit korrigiert werden. Diese Option ist besonders für den Baustein Zähler hilfreich, da hier teilweise die automatische Erkennung, wie in Abschnitt 3.3.1 erläutert, aus technischen Gründen versagt. In diesem Zusammenhang ist auch die Synchronisierung mit dem Videomaterial besonders hilfreich. Diese sinnvollen Korrekturen des Datenmaterials können dann auch wieder abgespeichert werden, wobei die Hilfseinträge nicht gelöscht, sondern wieder mitgespeichert werden und sie somit nicht verliert.

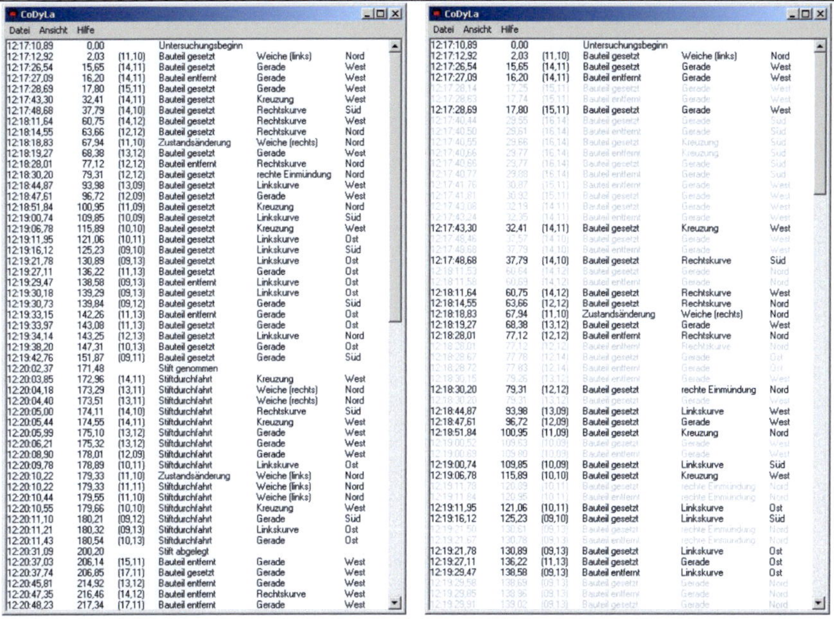

a) Standardanzeige b) Rohdatenanzeige

Abb. 3.73: Screenshots des Programms CoDyLa-WIN in den beiden Anzeigemodi.

Die Datenausgabe in eine Textdatei liefert, abhängig von der gewählten Anzeigeoption (Standarddaten bzw. Rohdaten) zwei unterschiedliche Ergebnisse (Tab. 3.30 bzw. Tab. 3.31).

```
12:17:10,89 ;    0,00 ;         ; Untersuchungsbeginn ;                   ;      ;
12:17:12,92 ;    2,03 ; (11,10) ; Bauteil gesetzt     ; Weiche (links)    ; Nord ;
12:17:26,54 ;   15,65 ; (14,11) ; Bauteil gesetzt     ; Gerade            ; West ;
12:17:27,09 ;   16,20 ; (14,11) ; Bauteil entfernt    ; Gerade            ; West ;
12:17:28,69 ;   17,80 ; (15,11) ; Bauteil gesetzt     ; Gerade            ; West ;
12:17:43,30 ;   32,41 ; (14,11) ; Bauteil gesetzt     ; Kreuzung          ; West ;
12:17:48,68 ;   37,79 ; (14,10) ; Bauteil gesetzt     ; Rechtskurve       ; Süd  ;
12:18:11,64 ;   60,75 ; (14,12) ; Bauteil gesetzt     ; Rechtskurve       ; West ;
12:18:14,55 ;   63,66 ; (12,12) ; Bauteil gesetzt     ; Rechtskurve       ; Nord ;
12:18:18,83 ;   67,94 ; (11,10) ; Zustandsänderung    ; Weiche (rechts)   ; Nord ;
```

Tab. 3.30: Ausschnitt aus einer Textdatei der Datenausgabe der Standarddaten mit Dateiendung „.txt“. Die ausgewählte Untersuchung entspricht dabei der in Tab. 3.28.

In den Beispielen ist jeweils die gleiche Untersuchung einmal als Rohdaten und einmal als Standarddaten dargestellt. Die dazu passende Bildschirmdarstellung des Programms CoDyLa-WIN findet sich in Abb. 3.73.

```
12:17:10,89 ;    0,00 ;         ; Untersuchungsbeginn ;                     ;      ;
12:17:12,92 ;    2,03 ; (11,10) ; Bauteil gesetzt     ; Weiche (links)      ; Nord ;
12:17:26,54 ;   15,65 ; (14,11) ; Bauteil gesetzt     ; Gerade              ; West ;
12:17:27,09 ;   16,20 ; (14,11) ; Bauteil entfernt    ; Gerade              ; West ;
12:17:28,14 ;   17,25 ; (15,11) ; Bauteil gesetzt     ; Gerade              ; West ;
12:17:28,63 ;   17,74 ; (15,11) ; Bauteil entfernt    ; Gerade              ; West ;
12:17:28,69 ;   17,80 ; (15,11) ; Bauteil gesetzt     ; Gerade              ; West ;
12:17:40,44 ;   29,55 ; (16,14) ; Bauteil gesetzt     ; Gerade              ; Süd  ;
12:17:40,50 ;   29,61 ; (16,14) ; Bauteil entfernt    ; Gerade              ; Süd  ;
12:17:40,55 ;   29,66 ; (16,14) ; Bauteil gesetzt     ; Kreuzung            ; Süd  ;
12:17:40,66 ;   29,77 ; (16,14) ; Bauteil entfernt    ; Kreuzung            ; Süd  ;
12:17:40,66 ;   29,77 ; (16,14) ; Bauteil gesetzt     ; Gerade              ; Süd  ;
12:17:40,77 ;   29,88 ; (16,14) ; Bauteil entfernt    ; Gerade              ; Süd  ;
12:17:41,76 ;   30,87 ; (15,11) ; Bauteil entfernt    ; Gerade              ; West ;
12:17:41,81 ;   30,92 ; (15,11) ; Bauteil gesetzt     ; Gerade              ; West ;
12:17:43,08 ;   32,19 ; (14,11) ; Bauteil gesetzt     ; Gerade              ; West ;
12:17:43,24 ;   32,35 ; (14,11) ; Bauteil entfernt    ; Gerade              ; West ;
12:17:43,30 ;   32,41 ; (14,11) ; Bauteil gesetzt     ; Kreuzung            ; West ;
12:17:48,46 ;   37,57 ; (14,10) ; Bauteil gesetzt     ; Gerade              ; West ;
12:17:48,68 ;   37,79 ; (14,10) ; Bauteil entfernt    ; Gerade              ; West ;
12:17:48,68 ;   37,79 ; (14,10) ; Bauteil gesetzt     ; Rechtskurve         ; Süd  ;
12:18:11,53 ;   60,64 ; (14,12) ; Bauteil gesetzt     ; Gerade              ; Nord ;
12:18:11,58 ;   60,69 ; (14,12) ; Bauteil entfernt    ; Gerade              ; Nord ;
12:18:11,64 ;   60,75 ; (14,12) ; Bauteil gesetzt     ; Rechtskurve         ; West ;
12:18:14,55 ;   63,66 ; (12,12) ; Bauteil gesetzt     ; Rechtskurve         ; Nord ;
12:18:18,83 ;   67,94 ; (11,10) ; Zustandsänderung    ; Weiche (rechts)     ; Nord ;
```

Tab. 3.31: Ausschnitt aus einer Textdatei der Datenausgabe der Rohdaten mit Dateiendung „.roh“. Die ausgewählte Untersuchung entspricht dabei der in Tab. 3.28.

Bei der qualitativen Auswertung von Untersuchungsdaten kann das Programm CoDyLa-WIN zusammen mit der im Institut für Kognitive Mathematik entwickelten Software zum Transkribieren sehr effizient eingesetzt werden. Wie in Abb. 3.74 zu sehen ist, können vom Auswerter gleichzeitig das Videomaterial, einschließlich des Transkripttextes, die bereits bekannten tabellarischen Datenlisten der CoDyLa-Daten, einschließlich der Videosynchronzeit und der aktuelle Brettzustand beobachtet werden. Sowohl das Video, einschließlich des Transkriptuntertitels als auch die Konstruktionsschritte des Automatennetzes können dabei auch in Echtzeit abgespielt werden. Die hervorgehobene Zeile in der tabellarischen Datenübersicht zeigt dabei die letzte Aktion auf dem Brett (Abb. 3.74).

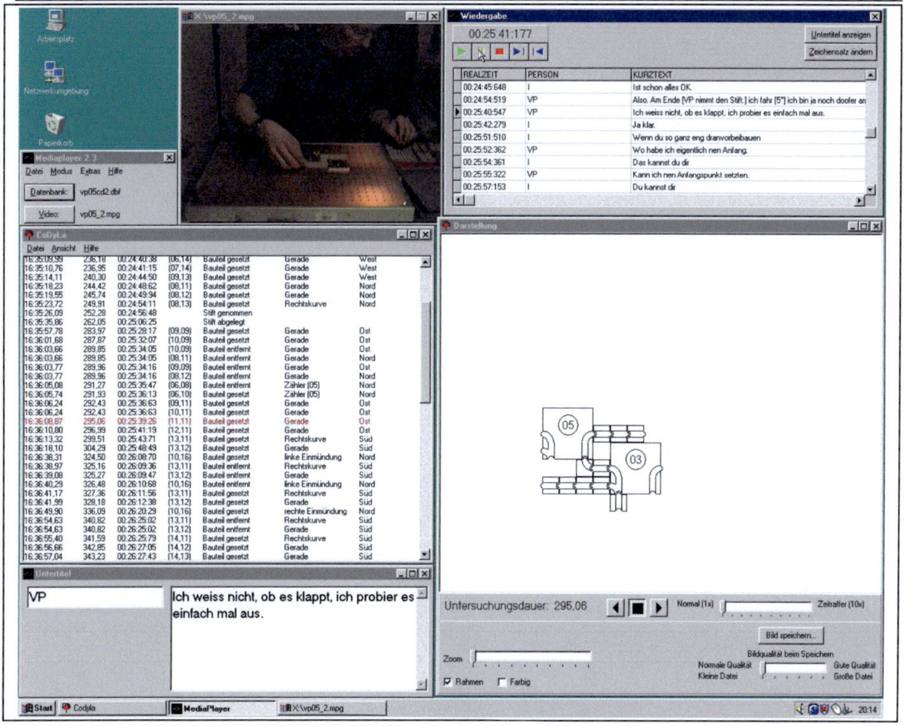

Abb. 3.74: Screenshot einer typischen Arbeitsumgebung bei der qualitativen Auswertung einer Untersuchung mit CoDyLa-WIN.

Für eine qualitative Analyse von Bausequenzen ist es sehr nützlich, dass mit CoDyLa-WIN automatisch Serien von Momentaufnahmen der Automatennetzkonstruktionen erzeugt werden (Abb. 3.76). Die Ergebnisse einer solchen automatischen Netzerzeugung zur in dieser Arbeit dargestellten Untersuchung finden sich in den Arbeitsberichten 40.2 und 40.3[79] (Abb. 3.75).

---

[79] Vgl. Armbrust (2002b).

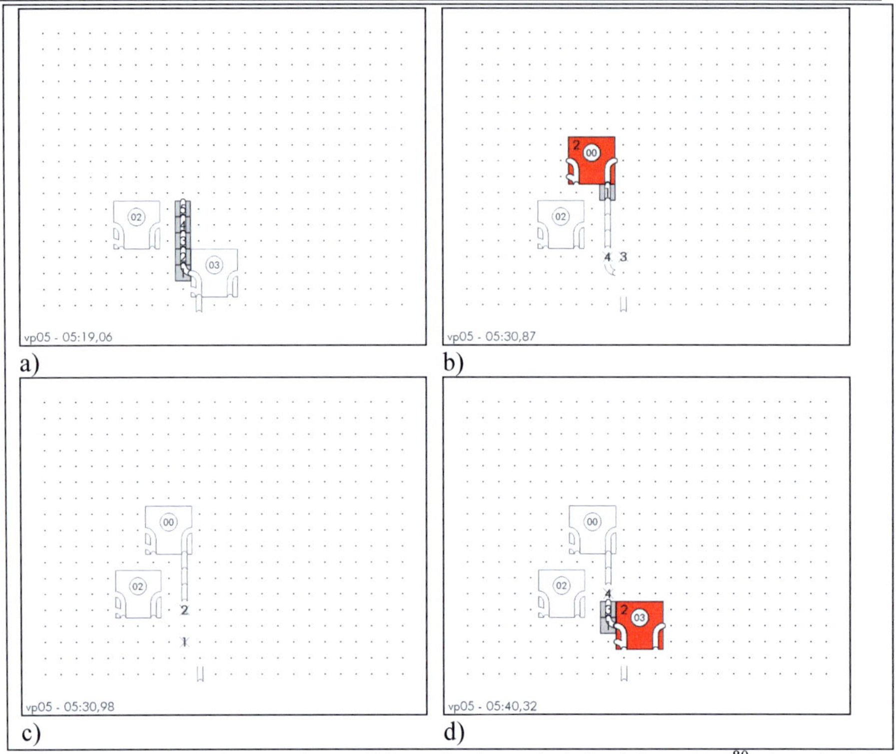

Abb. 3.75: Ausschnitt aus einer Bilderserie des Arbeitsberichtes 40.2[80] als Beispiel für die automatische Netzerzeugung.
Zunächst baut die VP in Richtung des Informationsflusses fünf Wegbausteine (a: 1-5). Diesen Weg verlängert sie um einen Wegbaustein und setzt einen Zähler an (b: 1-2). Nun möchte sie den unteren Zähler um ein Rasterloch nach oben versetzen. Dazu nimmt sie diesen Zähler weg, sowie die Gerade, die dem neuen Anschluss im Wege steht (b: 3-4). Sie entfernt zwei weitere Bausteine des Weges (c: 1-2) und baut den Zähler schließlich neu ein (d: 1-4).

[80] Vgl. Armbrust (2002b), S. 94.

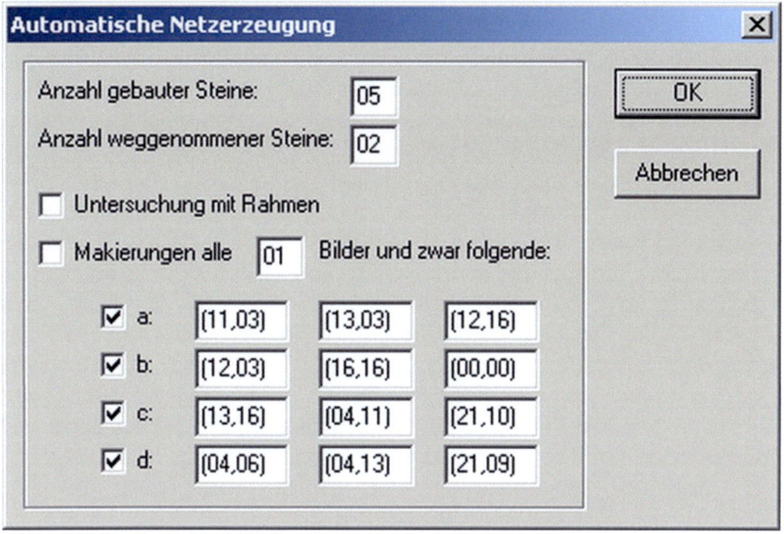

Abb. 3.76: CoDyLa-WIN – Optionen bei der automatischen Netzerzeugung.

Bei der automatischen Netzerzeugung lassen sich diverse Optionen einstellen, z. B. „Anzahl gebauter Steine“ und „Anzahl weggenommener Steine“. Dabei steht „Anzahl gebauter Steine“ für die maximale Anzahl an gesetzten Steinen, die auftreten darf, bis ein neues Bild des resultierenden Netzes generiert wird. „Anzahl weggenommener Steine“ steht entsprechend für die Anzahl der entfernten Bausteine, bis ein neues Bild des resultierenden Netzes erzeugt wird. Die Option „Untersuchung mit Rahmen“ bezieht sich auf die Frage, ob für eine Aufgabe das gesamte Brett oder nur ein Ausschnitt zur Verfügung stand. Dieser Rahmen bezieht sich auf die im Untersuchungsset vorgesehene eventuelle Verkleinerung des Brettrasters. Die Option „Markierungen alle x Bilder und zwar folgende“ bezieht sich auf Aufgaben, bei denen z. B. verschiedenfarbige Wegbausteine Teil der Aufgabe sind (als zu verbindende Eingänge und Ausgänge). Mit Hilfe der Buchstaben a, b, c und d können diese besonderen Bausteine dann auf jedem x-ten Bild markiert werden (z. B. immer zu Beginn einer neuen Seite). Vorgesehen sind bislang maximal vier verschiedene Bausteinmarkierungen. Jeder Baustein einer Markierung kann bislang an maximal drei Stellen gesetzt sein. Die entsprechenden Koordinaten sind einzutragen. Werden nicht alle drei Stellen benötigt, so wird (00,00) in die überschüssigen Felder gesetzt. Werden nicht alle vier Markierungen benötigt, so wird nur bei den benötigten ein Haken gesetzt.
Die automatischen quantitativen Auswertungen werden stetig weiterentwickelt. Im Moment existieren eine Bauteilzählung und eine Bauteilkettenzählung. Auf diese quantitative Datenanalyse wird an späterer Stelle noch genauer eingegangen.

3.3.3 Planung und Durchführung

Der CoDyLa-Untersuchungsteil dauerte im Durchschnitt pro VP ca. zwei Stunden (exakt 2 Stunden, 2 Minuten und 31 Sekunden). Er wurde auf Video aufgezeichnet und später zum Teil transkribiert. Die kürzeste Bearbeitungsdauer betrug 1 Stunde, 22 Minuten und 6 Sekunden, die längste 2 Stunden, 19 Minuten und 34 Sekunden. Bei VP12 wurde die Untersuchung bereits nach fünf von insgesamt sechs Aufgaben abgebrochen. Es waren 2 Stunden, 8 Minuten und 21 Sekunden verstrichen, bei einer zu erwartenden Bearbeitungszeit der sechsten Aufgabe von über 30 Minuten wäre die Dauer dieser Untersuchung in den Bereich von ca. 3 Stunden gekommen.[81]

Die erste Aufgabe a01 – eine Standard-Wegbauaufgabe aus den klassischen Dynamische-Labyrinthe-Untersuchungen – dient dem Kennenlernen der Wegbausteine und ihrer korrekten Verwendung. Dies ist für die restliche Untersuchung unter anderem deshalb so wichtig, weil alle beteiligten VP vor der Untersuchung noch keinerlei Erfahrung mit Mealy-Automaten im Allgemeinen und den Dynamischen Labyrinthen im Speziellen hatten. Die folgenden Aufgaben setzen aber unausweichlich einen sicheren Umgang mit den einfachen Wegbausteinen voraus. Z. B. ist der Umgang mit der Kreuzung für die VP am Anfang ungewohnt, weil sie intuitiv – so wie es ihnen auskommt – sowohl abbiegen als auch geradeaus fahren wollen, was der vollständigen Determiniertheit der Mealy-Automaten widerspricht.

Im Anschluss an die von den VP durchgeführten Konstruktionen findet jeweils eine Befragung bzw. Besprechung zwischen I und VP über die jeweilige Aufgabe statt. Dabei sollen die VP ihre Konstruktionen eingehend erläutern und die Ideen darstellen, die sie zu ihrer jeweiligen Lösung geführt haben.

Im Folgenden ist eine kurze Übersicht über die Aufgaben jeweils mit mindestens einer Lösungsmöglichkeit dargestellt.

[81] Vgl. Armbrust (2002b).

a01: Wegbauaufgabe

I: Kannst du bitte die farbigen Ein- und Ausgänge zu einem Wegenetz verbinden?

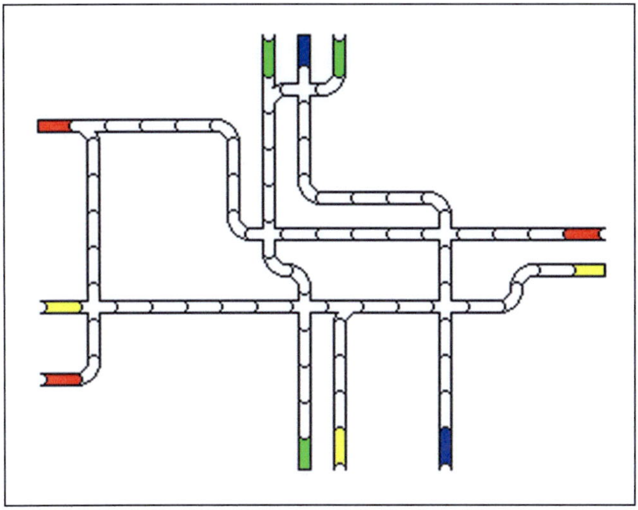

Abb. 3.77: Mögliche Lösung zu Aufgabe a01.

a02: Zweier-Verteiler mit FlipFlop

I: Mit diesem Baustein kann man zwei Sorten von grünen und gelben Flaschen sortieren, die in abwechselnder Reihenfolge [I zeigt auf die abwechselnd grün – gelb angeordneten Repräsentanten für die Flaschen] vorliegen. [VP probiert die Sortierung aus.]

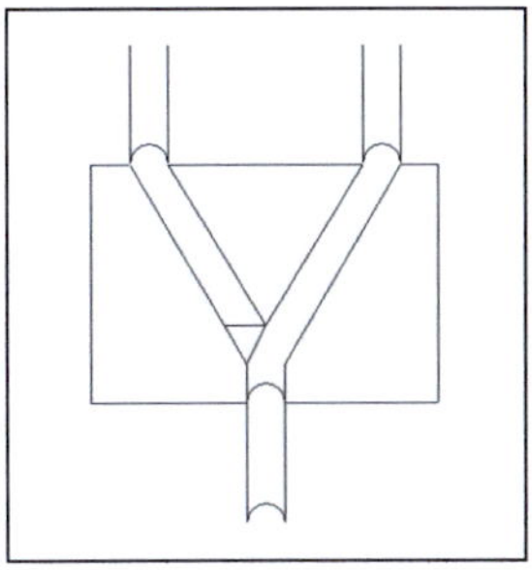

Abb. 3.78: Mögliche Lösung zu Aufgabe a02.

a03: Zweier-Verteiler mit Weiche

I: Baue jetzt bitte mit diesem Baustein eine Maschine, die dieselbe Aufgabe wie die vorherige Maschine erfüllt.

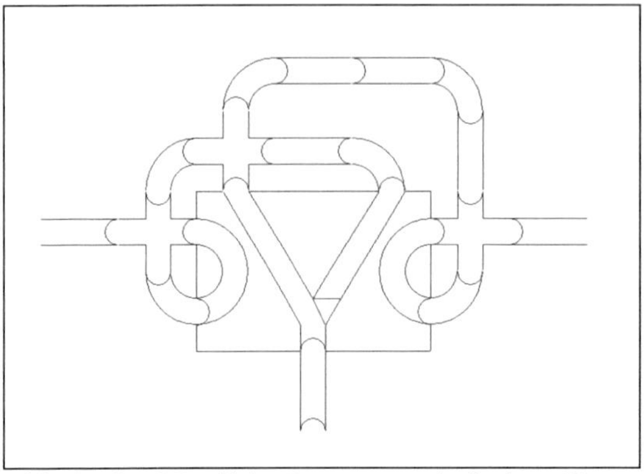

Abb. 3.79: Mögliche Lösung zu Aufgabe a03.

a04: Dreier-Verteiler mit Weiche und n-Verteiler mit Weichen bzw. Flip-Flop

I: Baue jetzt mit diesem Baustein eine Maschine, die drei verschiedene Sorten von Flaschen sortieren kann, die in abwechselnder Reihenfolge (grün – gelb – blau – grün – gelb – blau) vorliegen.

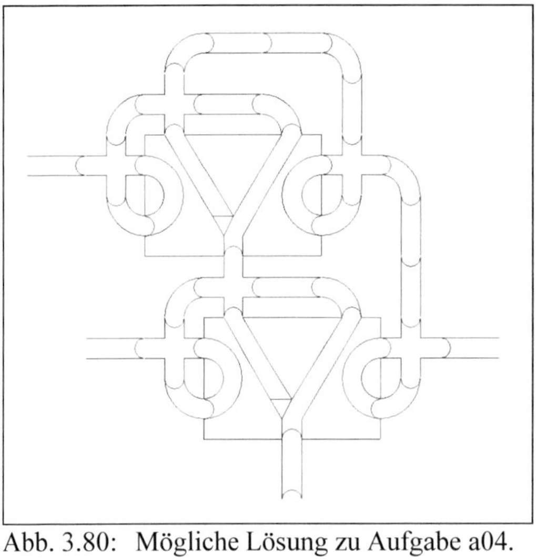

Abb. 3.80: Mögliche Lösung zu Aufgabe a04.

I: Wie könnte eine Sortiermaschine für vier, fünf oder mehr verschiedene Flaschen mit Weichen bzw. Flip-Flops realisiert werden? [VP erklärt ohne zu bauen.]

a05: Additionsnetz

I: [VP hat zunächst einen Zähler ausprobiert.] Du hast zwei Zähler. Baue eine Maschine, mit der beim Stiftdurchfahren die beiden Zählerinhalte addiert werden.

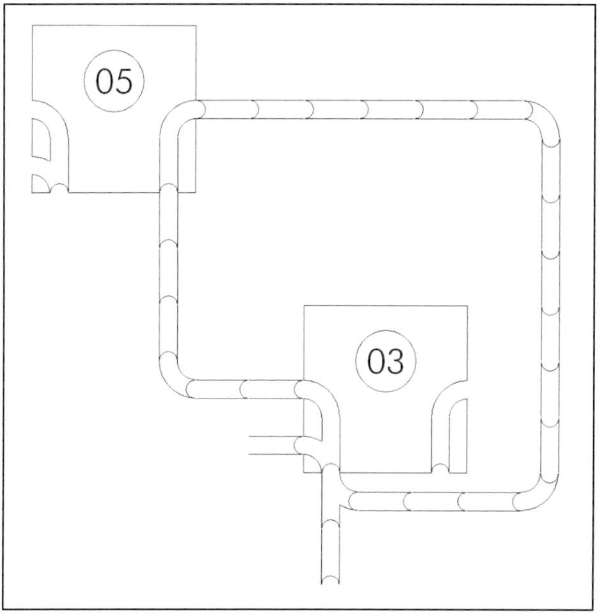

Abb. 3.81: Mögliche Lösung zu Aufgabe a05.

a06: Aufgabe $2x_1 + 2x_2$

I: Baue jetzt eine Maschine, die die Aufgabe ($2x_1 + 2x_2$) löst [Term liegt schriftlich vor.].

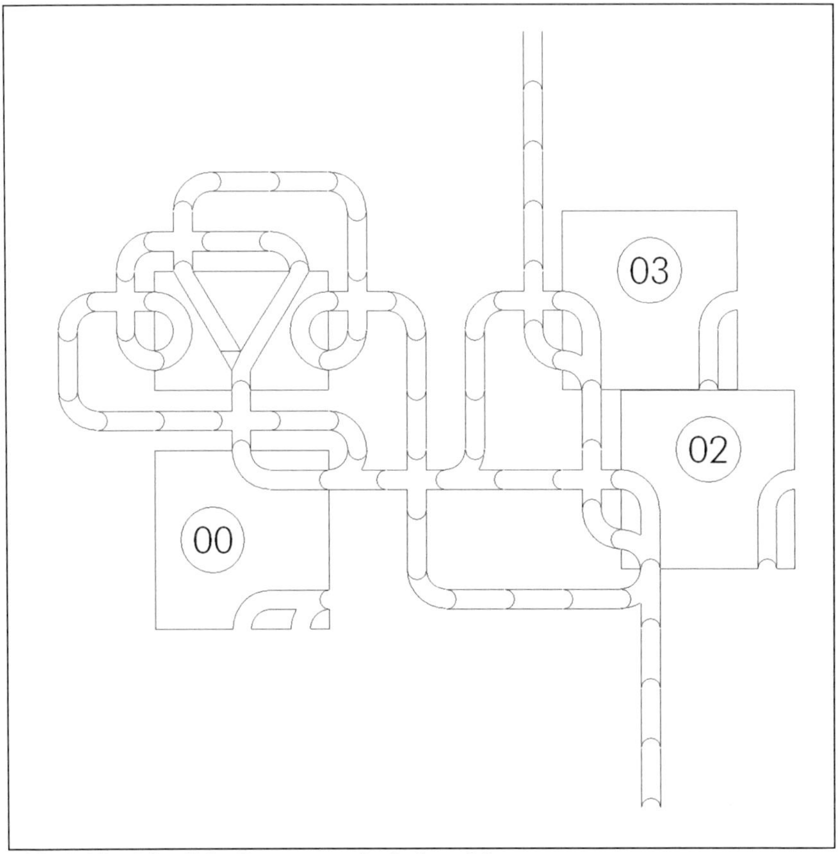

Abb. 3.82: Mögliche Lösung zu Aufgabe a06.

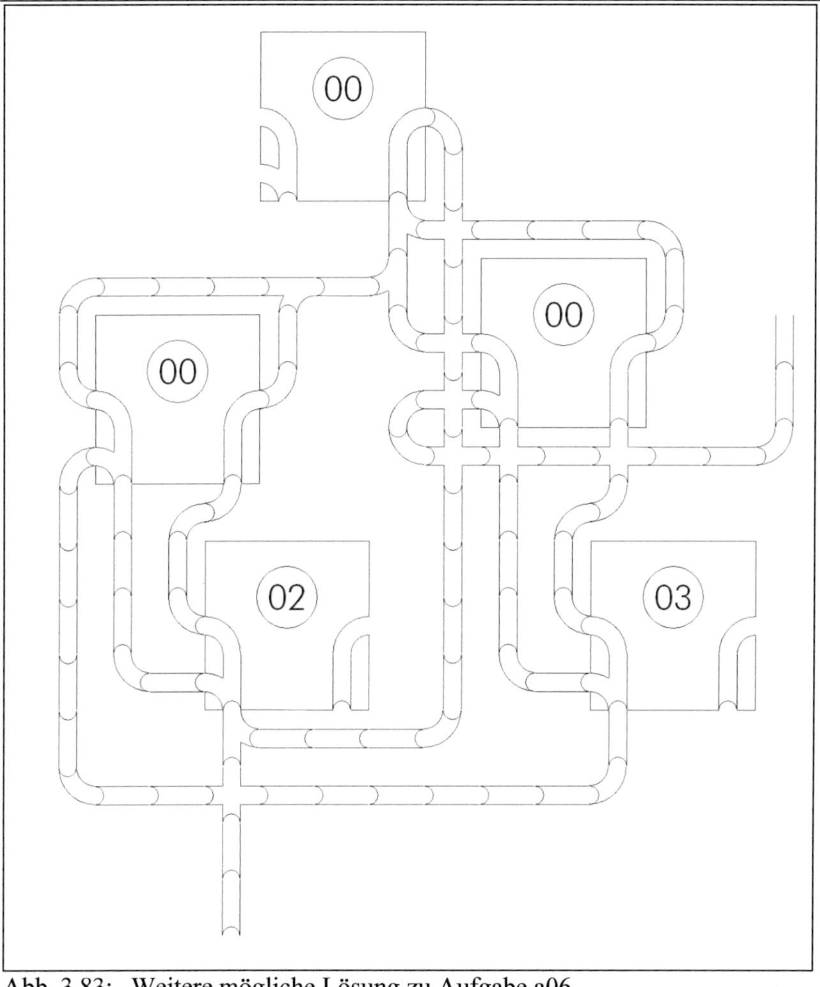

Abb. 3.83: Weitere mögliche Lösung zu Aufgabe a06.

3.3.4 Qualitative Auswertung

Die Kriterien zur qualitativen Auswertung sind angelehnt an die bisherigen „klassischen" Dynamische-Labyrinthe-Untersuchungen, d. h. Untersuchungen ohne computerunterstützte Datenerfassung, ergänzt durch zusätzliche Kriterien, die man durch die CoDyLa-Daten erhält.

Es würde den Rahmen dieser Arbeit sprengen, jedes VP-Verhalten im Detail, so wie üblich, auszuwerten und in jedem Fall zu erschließen, inwieweit prädikatives bzw. funktionales Verhalten vorliegt (z. B. hätten dafür vollständige Transkripte aller VP angefertigt werden müssen). Bis auf das Verhalten der VP04 und VP05 bei der Aufgabenbearbeitung zu a04 (siehe Abschnitt 3.3.4.7) werden von uns im

Folgenden nur exemplarische Analysen zu allen Aufgaben angegeben. Damit entfällt auch eine zu Kapitel 3.2 Untersuchung QuaDiPF-Eye analoge Übersichtstabelle (vgl. Tab. 3.5 auf Seite 61) der qualitativen Analyse der Lösungen und ihrer jeweiligen Begründungen. Eine Tabelle mit den Bearbeitungszeiten (vgl. Tab. 7.25, Seite 265) und Abbildungen aller Endnetze finden sich im Anhang 7.2 CoDyLa ab Seite 265.

Da VP12 zum Teil im Verhältnis zu den anderen VP deutlich größere Schwierigkeiten im Umgang mit den Dynamischen Labyrinthen hat, ist es teils sinnvoll, sie getrennt von den anderen elf VP zu analysieren. Dieses Phänomen zeigt sich bereits bei der Analyse der Bearbeitungszeiten (vgl. Tab. 7.25). VP12 benötigt z. B. für die Aufgabe a01 die 1,4-fache Zeit der zweitlangsamsten VP und fast zweimal so lang wie der Durchschnitt der anderen elf VP. VP12 war auch im QuaDiPF-Eye-Untersuchungsteil durch die schwächste Leistung aufgefallen, wie z. B. durch vier Fehler. Dabei ist zu beachten, dass bei der Bearbeitung der QuaDiPF-Aufgaben kein Zusammenhang zwischen Fehlern bzw. schwachen Lösungen und der Bearbeitungszeit besteht, da es für die VP jederzeit möglich war, die Bearbeitung abzurechen und eine vermeintliche Lösungsfigur anzugeben. Bei der Bearbeitung der Dynamische-Labyrinthe-Untersuchung ist kein vorzeitiges Aufhören mit einer vermeintlich richtigen Lösung möglich, da es zur jeweiligen Aufgabe gehört, den Lösungsvorschlag auf seine Funktionstüchtigkeit hin zu überprüfen.

Deshalb unterscheiden wir im Folgenden zwischen der gesamten VP-Gruppe und der VP-Gruppe ohne VP12, $\overline{\text{VP}}$-Gruppe genannt.

3.3.4.1 Einzelfallanalyse von Begründungen und Automatennetzen zu a01: Wegbauaufgabe – Eingänge mit passenden Ausgängen verbinden

Der Schwierigkeitsgrad dieser Aufgabe ist prinzipiell als gering anzusehen. Die auf den ersten Blick verhältnismäßig langen Bearbeitungszeiten von knapp zehn Minuten bis zu fast einer halben Stunde (Tab. 3.32) lassen sich dadurch erklären, dass die VP den Umgang mit den Wegbausteinen während der Aufgabe erst erlernen mussten.

	VP-Gruppe		$\overline{\text{VP}}$-Gruppe	
N	12		11	
Minimum	9:58	VP02	9:58	VP02
Maximum	28:20	VP12	19:50	VP08
Mittelwert	15:52		14:44	
Median	15:33		15:28	
StdAbw	4:46		2:49	

Tab. 3.32: Bearbeitungszeiten CoDyLa a01.

Einige Schwierigkeiten tauchen dabei auf, den Wegbaustein Kreuzung regelgerecht einzusetzen (vgl. Seite 166), da dies der intuitiven Verwendung einiger VP widerspricht.

Besonders auffällig ist, inwiefern die VP fortlaufende Wege bauen. VP01 (BZ: 11:13) und VP05 (BZ: 13:21) verfolgen jeweils eine ganz unterschiedliche Anfangsstrategie bei der Konstruktion ihrer Wegbauaufgabe. Während VP01 an relevanten Knotenpunkten im Zentrum des Brettes passende Kreuzungen und Einmündungen setzt und fast keine im Informationsfluss zusammenhängenden Wege nach über 6 Minuten gebaut hat, hat VP05 nach ca. 6 Minuten bereits Wege von Eingängen zu Ausgängen im Informationsfluss vollendet bzw. begonnen. Dafür hat sich VP05 aber offensichtlich bisher auch nur mit diesen Wegen beschäftigt, während VP01 bereits die Knotenpunkte für alle Wege vollendet hat. Bei VP01 fehlen bis auf die Einmündung für den roten Weg nur noch Geraden und Kurven.

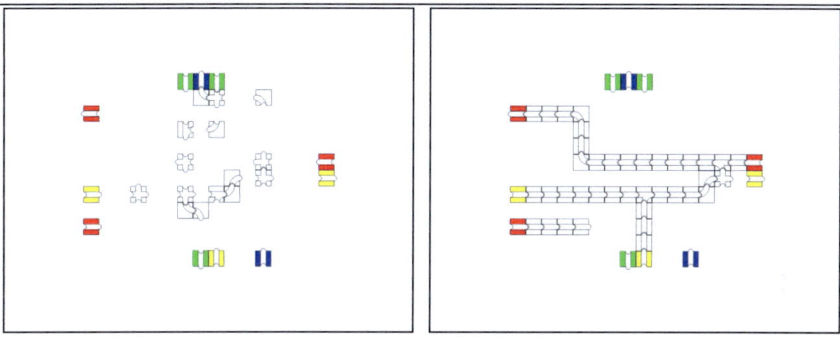

a) VP01: 6:22 b) VP05: 6:08

Abb. 3.84: Momentaufnahmen Automatennetze a01 VP01 und VP05.
a) VP01 Zeitpunkt: 6:22
b) VP05 Zeitpunkt: 6:08

Die prädikative Bearbeitungsweise von VP01 und die funktionale Bearbeitungsweise von VP05 passen zu ihrer Analyseart bei den QuaDiPF-Aufgaben.

3.3.4.2 Einzelfallanalyse von Begründungen und Automatennetzen zu a02: Zweier-Verteiler mit FlipFlop

Der Schwierigkeitsgrad dieser Aufgabe ist als sehr gering anzusehen. Die VP müssen im eigentlichen Sinne kein Automatennetz konstruieren. Diese Aufgabe dient dazu, die grundlegende Idee, einen Algorithmus – hier das abwechselnde Sortieren – in ein Automatennetz umzusetzen, zu erkennen. Nebenbei lernen die VP den ersten roten Baustein, also einen der drei Bausteine, die mehr als einen internen Zustand haben, kennen. Die Bearbeitungszeiten sind demnach unauffällig (Tab. 3.33).

	VP-Gruppe		$\overline{\text{VP}}$-Gruppe	
N	12		11	
Minimum	0:31	VP09	0:31	VP09
Maximum	7:17	VP12	2:51	VP01
Mittelwert	2:03		1:34	
Median	1:37		1:37	
StdAbw	1:49		0:47	

Tab. 3.33: Bearbeitungszeiten CoDyLa a02.

Bemerkenswert ist der Gedankengang, der bei VP09 anklingt (BZ: 0:31, Trans. 3.43), einer VP, die im QuaDiPF-Eye-Untersuchungsteil eher der Gruppe der VP mit einer Präferenz für funktionale Sichtweisen zuzuordnen ist. Sie hat die Funktionsweise des Flip-Flops rasch erkannt und kann ihr Automatennetz auch eindeutig erklären. Zweifel kommen ihr nur bei der theoretischen Erweiterung der Mealy-Automaten unter prozessorientierter Vorstellung – der parallelen zeitgleichen Verarbeitung mehrerer Impulse innerhalb des Automaten. Nach der Information vom I, dass die komplexe Erweiterung nicht gemeint ist, sind die Zweifel ausgeräumt.

> [Erklärung zum Zweier-Verteilers mit Flip-Flop] Ja. [I: Warum?] Wenn die immer abwechselnd kommen würden, ja. Weil das immer Eins-zu-eins-Aufteilung ist. [I: Ja. Kannst du das noch mal irgendwie so beschreiben, warum das jetzt funktioniert?] [3''] Ja, weil das ja, so wie ich gesagt habe, halt, wenn der eine da [VP zeigt auf den rechten Weg des Flip-Flop.] durchgeht, wird der andere automatisch zugehen [I: Ja.]. Und wenn der eine automatisch zu ist, und der geht sofort in den anderen rein, es sei denn, die kommen direkt nacheinander, dass da vielleicht die Zweite mit einem Ding reinfährt. [I: Nee, nee, also die kommen schon immer, wenn die Maschine fertig ist.] Ja, dann würde das beliebig oft funktionieren, wenn die immer im zweiten Abstand sind. [I: Ja. Ok.]

Trans. 3.43: Transkriptausschnitt CoDyLa VP09 a02.

3.3.4.3 Einzelfallanalyse von Begründungen und Automatennetzen zu a03: Zweier-Verteiler mit Weiche

Der Schwierigkeitsgrad dieser Aufgabe ist deutlich höher als bei den beiden vorangegangenen Aufgaben. Der Vergleich der Bearbeitungszeiten mit den Bearbeitungszeiten von Aufgabe a01 darf hier nicht täuschen. Während bei Aufgabe a01 die Wegbausteine von den VP erst kennen gelernt werden müssen, steckt in den Bearbeitungszeiten der Aufgabe a03 bereits ein größerer Anteil an konstruktiver Konstruktion eines Automatennetzes (Tab. 3.34).

	VP-Gruppe		$\overline{VP}$-Gruppe	
N	12		11	
Minimum	2:50	VP02	2:50	VP02
Maximum	24:52	VP12	10:50	VP01
Mittelwert	9:32		8:08	
Median	8:27		8:04	
StdAbw	5:23		2:29	

Tab. 3.34: Bearbeitungszeiten CoDyLa a03.

Alle VP haben eine Lösung dieser Aufgabe konstruiert und diese dann auch eingehend erläutert. Auf drei Einzelfälle soll exemplarisch eingegangen werden.
VP11 (BZ: 7:27) gibt, wie bereits bei den QuaDiPF-Aufgaben bemerkt, knappe, durch Gesten unterstützte Kommentare.

[Erklärung zum Zweier-Verteiler mit Weiche] Also, das ist im Prinzip dasselbe wie vorhin [I: Ja.], dass er immer nach jedem wechselt, nicht. Man muss das bloß dann hier [VP zeigt auf den linken seitlichen Weg der Weiche.] durchführen [I: Ja.], also hier [VP durchfährt den rechten seitlichen Weg der Weiche.] und dann halt hier.

Trans. 3.44: Transkriptausschnitt CoDyLa VP11 a03.

Auffällig ist ihr Endnetz (Abb. 3.85 a). In den beiden großen umschlossenen Leerräumen links und rechts oberhalb der Weiche stehen die beiden Auffangbehälter für die zu sortierenden Objekte. Die VP hat ohne spezielle Nachfrage oder Abstimmung mit I diese beiden einfach intuitiv umbaut.
VP08 (BZ: 7:03) macht einen bekannten typischen Flüchtigkeitsfehler (Abb. 3.85 b) innerhalb der Steuerungslogik. Sie bemerkt diesen Fehler nach ungefähr der Hälfte ihrer Bearbeitungszeit selbstständig und korrigiert ihn dann problemlos.

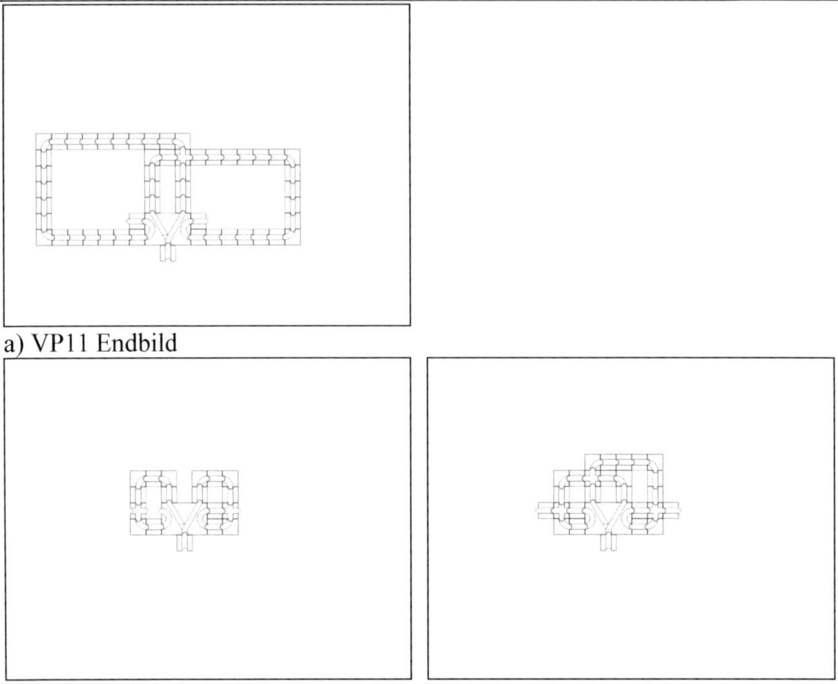

a) VP11 Endbild

b) VP08: 3:32

c) VP08 Endbild

Abb. 3.85: Momentaufnahmen Automatennetze a03 VP08 und VP11.
a) VP11 Endbild
b) VP08 Zeitpunkt: 3:32
c) VP08 Endbild

Besonders auffällig ist auch der Lösungsprozess von VP05 (BZ: 8:50). Bereits nach 1:07 Minuten erklärt sie die Vorgehensweise ihrer geplanten Maschine, ohne zuvor nennenswerte Aktionen auf dem Brett durchgeführt zu haben (Trans. 3.45).

> Also ich bin jetzt am überlegen, ob sie da wo ich wo ich die er wo sie durchlaufen wo sie als erstes [I: Ja] durchlaufen und da würde ich im Moment hierfür [VP zeigt auf den unteren Eingang der Weiche] plädieren [I: Ja], weil, wenn sie da durchgelaufen ist, dann habe ich sie praktisch schon auf einem richtigen Weg [I: Ja], wo sie hin soll. So, dann muss ich der muss ichs aber noch so konstruieren, dass sich nach Durchlauf einer gelben Flasche [I: Ja] die Weiche automatisch umstellt [I: Ja] und das ist dieser Situation nur möglich, indem ich hier rüber gehe. [VP fährt mit dem Finger von rechten Ausgang zum linken Stelleingang; I: Ja.] So d.h. dann muss hier [VP stellt den gelben Kasten links von der Weiche.] wahrscheinlich der Ausgang fürn Gelben sein [I: Ja] und hier [VP stellt den grünen Kasten rechts von der Weiche.] der von dem Grünen [I: Ja] und dann muss ich das noch irgendwie mit den Wegen entsprechend [I: Ja] verwirklichen. Fertig machen. [I: Ja]

Trans. 3.45: Transkriptausschnitt CoDyLa VP05 a03.

Bei der Umsetzung der Idee auf dem Brett versucht sie dann die beiden für die korrekte Lösung sich kreuzenden Wege innerhalb einer Brettzeile aneinander vorbei zu führen (Abb. 3.86 a, b). In Ermangelung eines passenden Bauteils scheitert dieser Versuch. VP05 versucht diesen Ansatz über einen relativ langen Zeitraum hinweg umzusetzen, währenddessen versichert sie sich immer wieder zwischendurch der Korrektheit ihrer Idee (Trans. 3.46).

> Das ist richtig, wenn ich hier [VP zeigt auf den rechten Ausgang der Weiche.] ankomme, muss ich hier [VP fährt mit dem Finger zum linken Stelleingang der Weiche.] wieder rein und da [VP fährt mit dem Finger über den linken Stellbereich zum gelben Kasten.] raus. [I: Mhm.] D.h. dann probier ich hier.

Trans. 3.46: Transkriptausschnitt CoDyLa VP05 a03.

Nach über 7 Minuten setzt sie dann die notwendige Kreuzung und baut das Automatennetz in kurzer Zeit fertig (Abb. 3.86 c, d). Ihre abschließende Beschreibung (Trans. 3.47) lässt erkennen, dass sie ein tiefgehendes Verständnis des zugrunde liegenden Prozesses besitzt, was bereits bei der ersten Erklärung zu erkennen war.

> So. Ich glaube, jetzt bin ich fertig. [VP nimmt den Stift; I: Jo.] Ich fang mal mit ner gelben Flasche an. [VP stellt von Hand den Zustand der Weiche; I: Ja.] [VP durchfährt die Maschine und legt die gelbe „Flasche" in den gelben Kasten.] Zack grüne Flasche. [VP durchfährt die Maschine und legt die grüne „Flasche" in den grünen Kasten.] Zack. [VP durchfährt die Maschine und legt die gelbe „Flasche" in den gelben Kasten.] (...) Flasche [VP durchfährt die Maschine und legt die grüne „Flasche" in den grünen Kasten.] Zack und Flasche. [Ja, jetzt hast du wieder nur vier getestet. Kannst du auch erklären, dass das ähm für beliebig viele Flaschen funktioniert und wenn ja, warum.] Es funktioniert nach meiner Konstruktion für beliebig viele Flaschen. [I: Ja.] Also ich geh davon auch aus, dass das so seinen sollte. [I: Warum denn.] Äh weil ich glaubte, dass wenn es für vier klappt, dann klappt das auch für mehrere, weil nach zwei Durchläufen bzw. spätestens nach dem dritten die der Mechanismus [VP fährt mit dem Finger wiederholt von links nach rechts und zurück über den Zustandsschieber der Weiche.] komplett mal durchgelaufen wurde. [I: Ja.] Hin, zurück und wieder hin. Ähm und jetzt warums so ist ne. [Ja, grundlegende Idee, warum das klappt.] Grundlegende Idee ist, d.h. nachdem die Flasche die Weiche durchlaufen is [I: Ja], schiebt äh verstellt im weiteren Wege die Flasche den die Weiche für die nächste grüne Flasche. [I: Ja] Also für die anders nächste andersfarbige Flasche. [I: Ja] So und das is, wenn eine durchlaufen is, z.B. die gelbe, dann wirds auch umgestellt auf die rote ah ne auf die grüne [I: Ja] und wenn die grüne dann durchläuft im weiteren Verlauf schaltet sie dann auch die Weiche wieder auf die andere Farbe, die grüne schaltet dann auf die gelbe [I: Ja] und verlässt aber, nachdem sie die Weiche durchlaufen hat und [I: Ja] den Schalter betätigt hat. Na den ja den Rest. [I: Ja ok.] So das wars.

Trans. 3.47: Transkriptausschnitt CoDyLa VP05 a03.

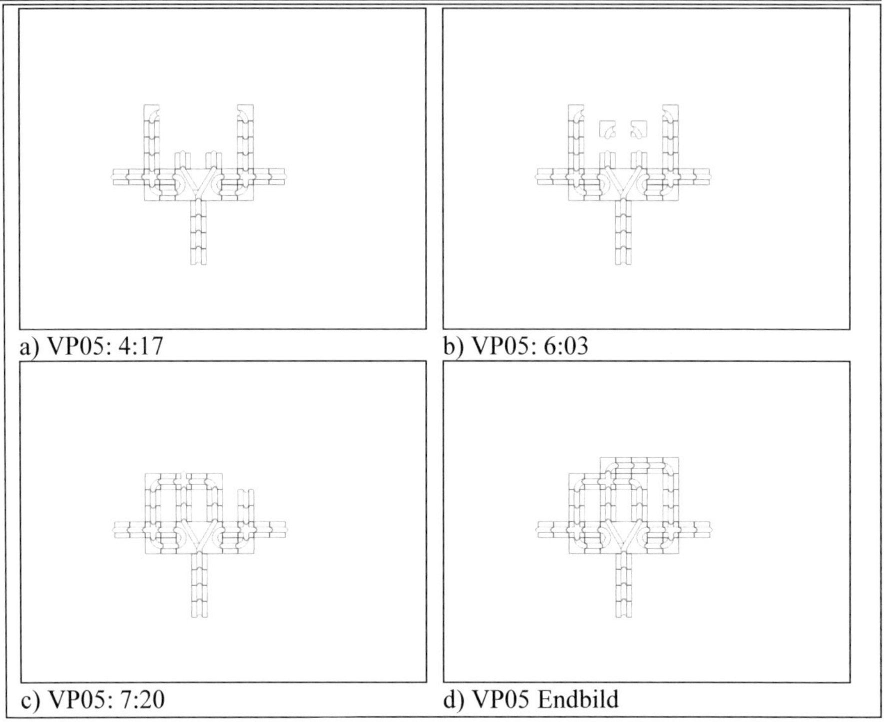

Abb. 3.86: Momentaufnahmen Automatennetze a03 VP05.
a) Zeitpunkt: 4:17
b) Zeitpunkt: 6:03
c) Zeitpunkt: 7:20
d) Endbild

3.3.4.4 Einzelfallanalyse von Begründungen und Automatennetzen zu a04: Dreier-Verteiler mit Weiche

Diese Aufgabe ist die erste Aufgabe mit erhöhtem Schwierigkeitsgrad, da die VP die Automatennetze nicht mehr nur einfach intuitiv aufbauen können, sondern die Steuerungslogik vollständig durchdenken und umsetzen müssen. Die Schwierigkeit der Aufgaben schlägt sich auch in den Bearbeitungszeiten nieder (Tab. 3.35). VP04 (BZ: 34:35) ist bei dieser Aufgabe gesondert zu betrachten, da sie einen interessanten Umweg über einen funktionstüchtigen Vierer-Verteiler gegangen ist, um letztendlich doch die eigentliche Aufgabe zu lösen. Sie hat in den von ihr benötigten knapp 35 Minuten tatsächlich drei verschiedene Aufgaben gelöst. Eine genauere Analyse von VP04 bei dieser Aufgabe erfolgt später in diesem Abschnitt.

	VP-Gruppe		$\overline{VP}$-Gruppe		$\overline{VP}$-Gruppe (ohne VP04)	
N	12		11		10	
Minimum	8:36	VP02	8:36	VP02	8:36	VP02
Maximum	34:35	VP04	34:35	VP04	22:14	VP11
Mittelwert	17:23		17:06		15:49	
Median	17:11		15:10		15:10	
StdAbw	7:13		7:30		5:00	

Tab. 3.35: Bearbeitungszeiten CoDyLa a04.

Ansteuerungsproblem

Anhand dreier Bearbeitungsbeispiele soll die besondere Komplexität von Aufgabe a04 und der benötigten Steuerungslogik dargestellt werden. VP01 (BZ: 21:19), VP02 (BZ: 8:36) und VP06 (BZ: 20:23) haben jeweils bei der zweiten eingebauten Weiche den klassischen Fehler begangen, die Steuerung für den nächsten Durchlauf an der Seite des aktuell verwendeten Ausgangs anzusetzen und somit keine Veränderung der Weichenstellung zu bewirken. Dieser „Flüchtigkeits"-fehler wurde bereits bei der vorangegangenen Aufgabe vorgestellt. Er ist hier nur bemerkenswert, da alle drei VP bei der Aufgabe a03 – dem Zweier-Verteiler – diesen Fehler nicht begangen haben und darüber hinaus sie hier auch eine zweite Weiche mit korrekter Steuerung vorliegen haben. Die VP haben ihren Fehler jeweils selbstständig bemerkt und behoben.

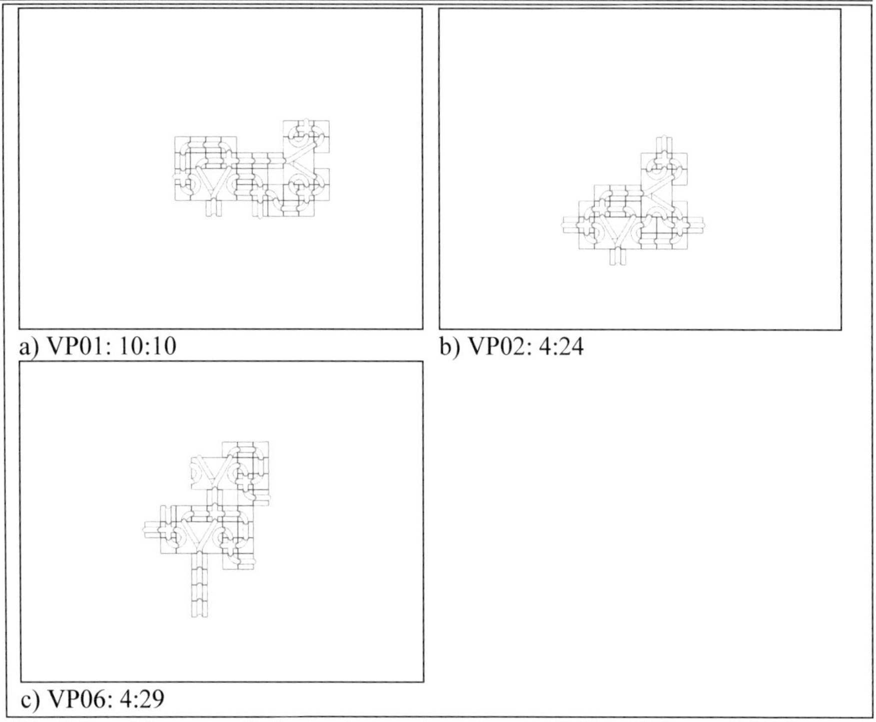

Abb. 3.87: Momentaufnahmen Automatennetze a04 VP01, VP02 und VP06.
a) VP01 Zeitpunkt: 10:10
b) VP02 Zeitpunkt: 4:24
c) VP06 Zeitpunkt: 4:29

Im Gegensatz zu den vorangegangenen Aufgaben, bei denen vom Prinzip die wenig komplexen Aufgaben von allen VP auf ähnliche Art und Weise bearbeitet und gelöst werden, zeigen sich bei dieser Aufgabe ganz unterschiedliche Strategien, die im Folgenden dargestellt werden.

Modulhafte Erweiterung des Zweier-Verteilers

Eine mögliche Strategie den Dreier-Verteiler zu konstruieren besteht darin, den Zweier-Verteiler als Modul zu benutzen und zum Dreier-Verteiler zu erweitern. In unserer VP-Gruppe wurde diese Strategie am ausgeprägtesten von VP03 (BZ: 10:51) und VP10 (BZ: 11:16) angewendet. In den Vorüberlegungen zum Bau ihres Automatennetzes nimmt sich VP03 eine zweite Weiche und beschreibt, dass sie diese als obere Weiche genauso verwenden möchte wie die erste untere Weiche (Trans. 3.48, Z. 4-8). Auch in der Umsetzung dieser Vorüberlegung wird VP03 ihrer Strategie gerecht. Die Struktur des bestehenden Zweier-Verteilers aus der vorangegangenen Aufgabe (Abb. 3.88 a) wird auf die neue obere Weiche übertragen (Abb. 3.88 b) und zum Dreier-Verteiler vollendet (Abb. 3.88 c).

[Vorüberlegungen zum Dreier-Verteiler mit Weiche] Meine Erste läuft hier [VP durchfährt die untere Weiche mit dem Finger.] durch, switcht um. Da käme die zweite Maschine [VP zeigt auf die obere Weiche.]. Müssen wir nur gucken, dass wir nachher nach drei Durchläufen den [VP zeigt auf den Schalter der unteren Weiche.] wieder auf dieser Station haben. Und diese [VP zeigt auf die obere Weiche.] machen wir so 'ne Maschine, wie wir gerade hatten. Weil, da werden immer die beiden verteilt, im zwoten und dritten Durchgang. Dann macht der denselben Kram. Also im Prinzip diese Maschine [VP zeigt auf den unteren Teil des Dreier-Verteilers mit Weiche.] nochmal. Ja. Die Frage ist nur: Ist das logisch? Erstmal durchprobieren. Also, wenn wir dann diesen hier [VP zeigt auf die obere Weiche.] ein-, zweimal durchlaufen haben, muss ihn der Letzte wieder in diese Maschine [VP zeigt auf die untere Weiche.] führen, die den einmal zurückswitcht. Bzw. brauchen wir den? Nee, ja, doch. [VP überlegt, murmelt vor sich hin, setzt Bau des Dreier-Verteilers mit Weiche fort.]

Trans. 3.48: Transkriptausschnitt CoDyLa VP03 a04.

Auch VP10 beschreibt in ihrer Erklärung des Automatennetzes, dass es aus zwei gleichen Modulen aufgebaut ist (Trans. 3.49, Z. 1-3).

[Erklärung zum Dreier-Verteiler mit Weiche] Weil ich eigentlich zwei die gleichen Module gebaut hab, die ich vorher hatte, und die sortieren jeweils jeden einzelnen aus. [I: Ja.] Und, äh, ja beim ersten Mal wird der natürlich durch das Modul laufen, schiebt den Knopf beim Einen um [I: Ja.]. Also eigentlich habe ich ja, ich will eigentlich nur gelb und grün sortieren [I: Ja.] beim Ersten [VP zeigt auf die untere Weiche.]. Dann muss ich, damit ich grün und gelb wie, wie beim ersten Mal in die (...) Position kriege, muss ich einfach nur sehen, dass ich blau ausschalte. [I: Ja.] Und blau schalte ich hier [VP zeigt auf die obere Weiche.] oben mit dem Modul einfach aus, dass der nicht hier [VP zeigt auf die untere Weiche.] wieder in das System reinkommt und den Hebel einmal umlegt. [VP zögert.] Ja, das ist vielleicht schlecht erklärt, aber. [I: Ja, du kannst das ruhig gerne nochmal probieren, damit ich auch noch mitkomme.] Ja, ich hab' ja 'n Modul, wir hatten ja vorher zwei Stadien [I: Ja.] und da haben wir den Hebel immer in den geworfen, dass dieses eine Modul [VP deutet auf die untere Weiche.] - oder wie man das auch immer nennen will, dieser Baustein [I: Ja.] - die aussortiert [I: Ja.] jeden Zweiten [I: Ja.]. So, und jetzt muss ich natürlich das so hinkriegen, wenn ich jetzt 'n Dritten dazunehme, dass der Hebel nicht umgelegt wird, so dass die sich vermischen [I: Ja.]. Und dadurch muss ich einen Baustein einfach ausschalten, indem ich das jetzt hier [VP deutet auf die obere Weiche.] oben mache, dass nur der Gelbe wirklich wieder in dieses System [VP zeigt auf die untere Weiche.] reinkommt. Und dadurch schalte ich, hier [VP zeigt auf die obere Weiche.] oben schalte ich den Blauen aus.

Trans. 3.49: Transkriptausschnitt CoDyLa VP10 a04.

Ihre Konstruktion des Automatennetzes basiert sogar noch stärker auf einer Modulstrategie. VP10 baut zunächst eine fast vollständig identische Kopie des Zweier-Verteilers aus der vorangegangenen Aufgabe in einem größeren Abstand zum Original (Abb. 3.88 d, e). In einem abschließenden Konstruktionsschritt verkettet sie die beiden Module zu einem funktionierenden Dreier-Verteiler (Abb. 3.88 f).

Beide VP gehören in der QuaDiPF-Eye-Untersuchung nicht zu den funktional einzuordnenden VP. Während VP03 nicht eindeutig zugeordnet werden kann, weist VP10 eine eindeutige Präferenz für prädikative Lösungsstrategien auf. Für VP mit einer Stärke in prädikativen Vorstellungen ist es typisch, dass sie das Geschehen in Raum und Zeit zu einem Modul verdichten.

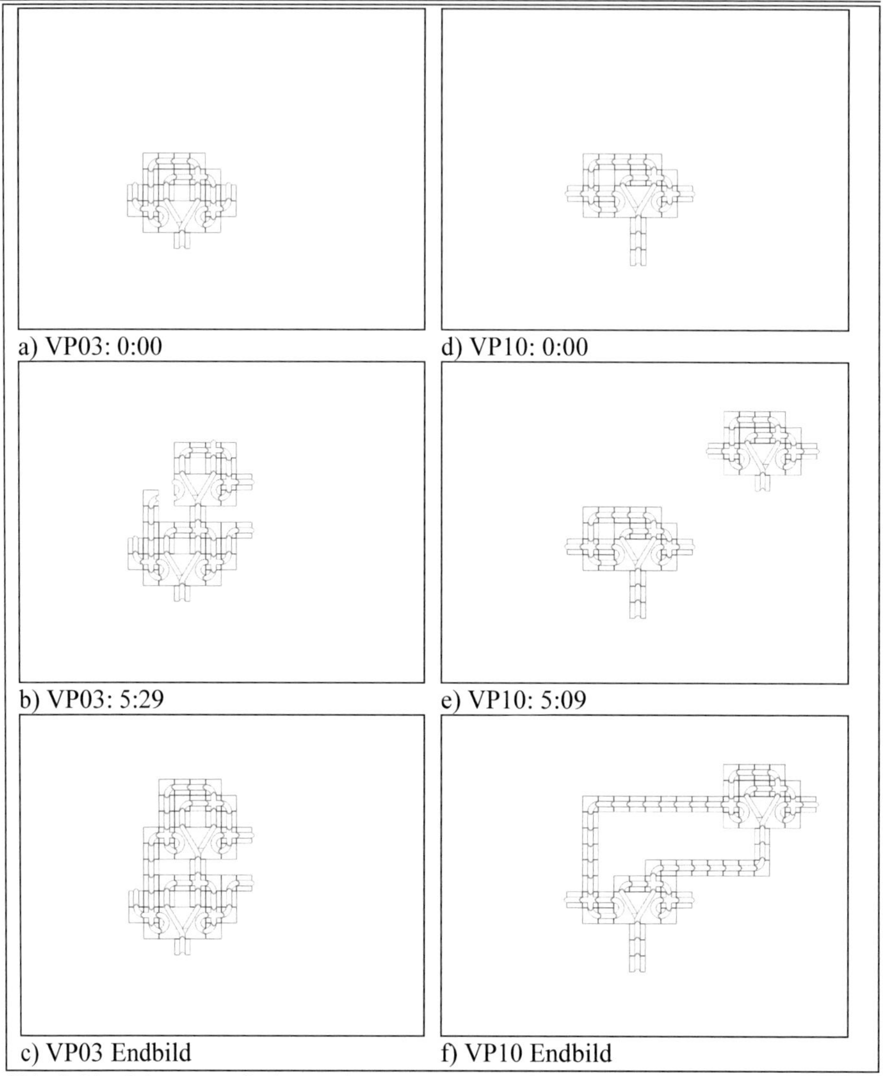

Abb. 3.88: Momentaufnahmen Automatennetze a04 VP03 und VP10.
a) VP03 Zeitpunkt: 0:00
b) VP03 Zeitpunkt: 5:29
c) VP03 Endbild
d) VP10 Zeitpunkt: 0:00
e) VP10 Zeitpunkt: 5:09
f) VP10 Endbild

Neukonstruktion eines Dreier-Verteilers

Eine andere mögliche Strategie beruht auf einer prozessorientierten Neukonstruktion des Dreier-Verteilers, bei der gerade nicht die Weiche des Zweier-Verteilers als Modul kopiert und angepasst wird. Dabei werden die Grundideen der internen Steuerung der Weiche aus der vorangegangenen Aufgabe natürlich auch bei dieser Strategie weiterverwendet. Trotzdem werden der Ablauf und der Informationsfluss neu entwickelt. VP05 (BZ: 12:28) wendet diese Strategie an. Obwohl VP05 zunächst äußert, dass sie nicht großartig etwas zu ändern braucht (Trans. 3.50, Z. 1-2 und Abb. 3.89 a), kommen ihr dann doch Zweifel und sie baut zunächst alles komplett ab (Trans. 3.50, Z. 8-9 und Abb. 3.89 b).

[VP berührt die Bausteine der alten Aufgabe] Ach so, ne dann brauch ich ja gar nicht großartig ändern, d.h. ich schalte hinter die erste Weiche noch ne weitere Weiche. D.h. die erste Weiche teilt dann z.B. das ist ja interessant. Hölle hölle hölle. Nachschalten ne geht nicht. D.h. ich kann nur Zweier trennen, d.h. die zwei [VP zeigt auf die ersten beiden „Flaschen"] kann ich trennen, die zwei [VP zeigt auf die nächsten beiden „Flaschen"] kann ich trennen, die zwei [VP zeigt auf die nächsten beiden „Flaschen"] trennen, nich das ich dann. Was passiert, wenn ich angenommen. [VP beginnt Bausteine der alten Aufgabe abzubauen. I sammelt die abgebauten Bausteine ein. I: Werd ich mich darum kümmern.] Also ich würd jetzt erstmal, also kann man wahrscheinlich auch hier einfach einbauen. Werd ich das erstmal alles. [I: Du kannst auch du kannst auch alles abbauen.]

Trans. 3.50: Transkriptausschnitt CoDyLa VP05 a04.

Nachdem sie alles abgebaut hat (Abb. 3.89 a, b), beschreibt sie auf prozessorientierter Art und Weise, wie sie die Steuerungslogik anzulegen hat, damit das Automatennetz die gewünschte Aufgabe erfüllt (Trans. 3.51). Während der Beschreibung nimmt sie keinen direkten Bezug auf ihre Bearbeitung der vorangegangenen Aufgabe und deren Lösung.

Also, da ich drei brauche [I: Mhm] kann ich über die erste Weiche einen aussortieren. [VP zeigt auf die untere Weiche; I: Ja] Also z.B. den jetzt angenommen ich fang mit dem Ersten an [I: Ja], kann ich den Gelben aussortieren. [I: Ja] So und wenn der durchläuft [I: Ja] wird der freigeschaltet. [VP fährt mit dem Finger eine imaginären Weg um die erste Weiche; I: Ja] Dann kommt die nächste Weiche [VP zeigt mit dem Finger auf die obere Weiche; I: Ja] da kann ich wieder trennen [I: Mhm] den Grünen schmeiß ich raus [VP durchfährt mit dem Finger die obere Weiche] ohne irgendwas umzu [VP zeigt auf die obere Weiche] ne und stell den um beim Rausschmeißen [VP verändert den Zustand der oberen Weiche mit dem Finger; I: Mhm] entsprechend den andersrum. [I: Ja] So und dann wenn dieser umgestellt, [I: Ja] wenn der Blaue rausgeht, [I: Ja] um er hier [VP zeigt auf den rechten Eingang der unteren Weiche] nochmal die Weiche auf den oder da [VP zeigt auf den linken Eingang der unteren Weiche] nochmal die Weiche auf den Gelben stellen. [I: Ja] D.h. als nächstes kommt dann der Gelbe, [I: Ja] d.h. ich muss unterscheiden, welche nochmal die Weiche durchlaufen soll, indem sie den Schalter umbe umstellt und welche nich. [I: Ja] So und das werde ich jetzt mal konzipieren. [I: Ja]

Trans. 3.51: Transkriptausschnitt CoDyLa VP05 a04.

Nach der Erklärung baut sie das Automatennetz auf und zwar in drei aufeinanderfolgenden Wegen für die drei zu sortierenden Objekte (Abb. 3.89 c-f).

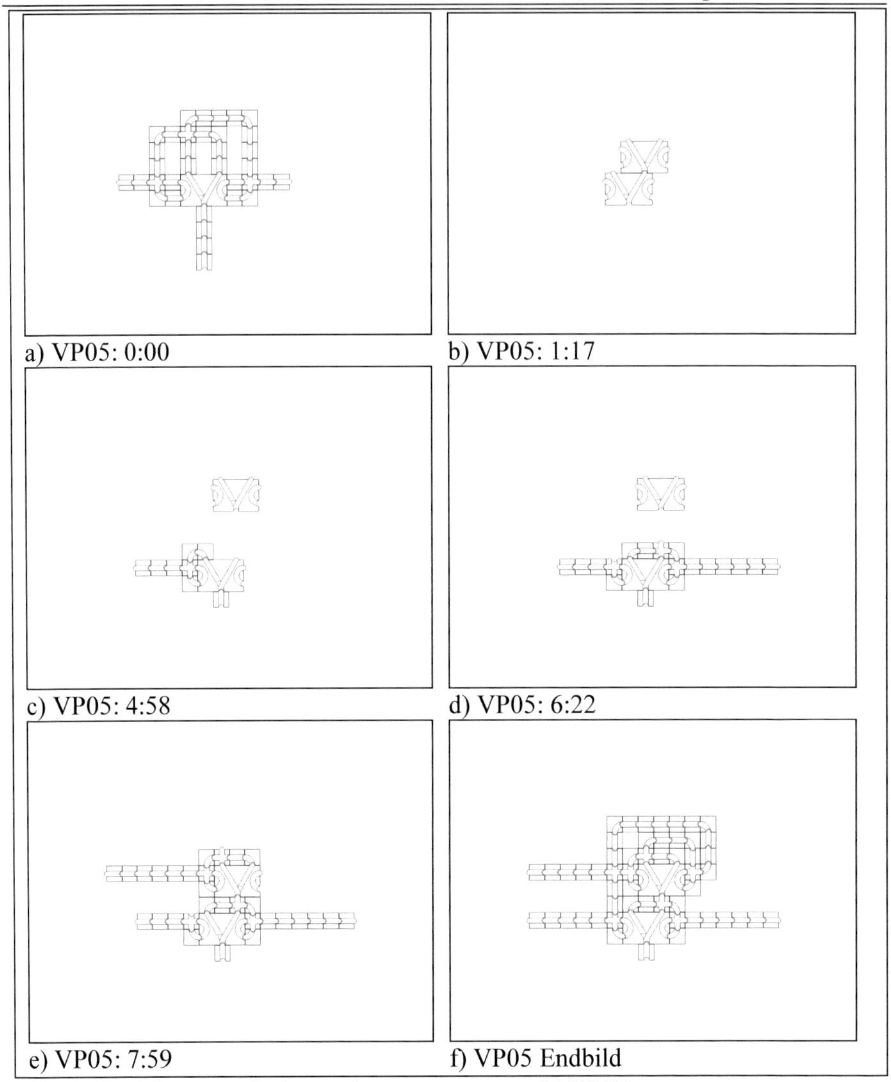

Abb. 3.89: Momentaufnahmen Automatennetze a04 VP05.

a) Zeitpunkt: 0:00
b) Zeitpunkt: 1:17
c) Zeitpunkt: 4:58
d) Zeitpunkt: 6:22
e) Zeitpunkt: 7:59
f) Endbild

Auch die abschließende Beschreibung der Funktionsweise ihres Automatennetzes ist bei VP05 prozessorientiert angelegt. Sie erläutert nacheinander für die drei zu sortierenden Objekte die jeweiligen Wege durch das Automatennetz und die jeweils durchzuführenden Schaltvorgänge (Trans. 3.52).

> Die grundlegende Idee [I: Ja] ist, dass auf einer Weiche auf der ersten Weiche eine Farbe aussortiert werden kann. [I: Ja] Nämlich in diesem Fall war es die gelbe, weil ich mit der gelben angefangen bin. [I: Ja] So dann hab ich gesehen, dass wenn ich die gelbe aussortiere, dass sie die Weiche noch nicht umstellen kann, weil ich ja auf der nächsten Ebene zwei tauschen will, [I: Ja] d.h. sie muss erst nach der letzten die erste Weiche muss nach der letzten also nach der dritten Flasche wieder [I: Ja] zurückgestellt werden. Das war das erste, was ich beachten musste. [I: Ja] An der zweiten Weiche brauchte ich die einfach nur so trennen, wie ich es im ersten Prinzip gemacht hab. [I: Ja] Äh jeweils auf der anderen Seite dann den den Schalter betätigen, so dass die nächste Flasche, die dann unten nicht sortiert wird, sondern in der zweiten Ebene, [I: Ja] das die äh jeweils umspringt [VP macht Schiebebewegungen mit den Händen], die muss in jedem Durchlauf umge umgestellt werden, [I: Ja] weil sie einfach nur zwischen zwei teilt [VP zeigt mit beiden Händen in zwei verschiedene Richtungen] und dann war zu beachten, dass ich äh für die letzte Flasche, die die zweite durchläuft ne das die dritte Flasche [I: Ja], die die hier [VP zeigt auf die obere Weiche] oder die letzte von den beiden Flaschen, die hier getrennt wird, [I: Ja] unten den Schalter wieder auf die gelbe Position stellt. [I: Ja] Also sprich auf die Farbe der ersten, weil die [I: Ja] wieder vorne getrennt werden muss. [I: Ja] Ich glaube, ich hoffe, das war nachvollziehbar [I: Ja] oder verständlich. [I: Ja klar]

Trans. 3.52: Transkriptausschnitt CoDyLa VP05 a04.

VP05 gehört in der QuaDiPF-Eye-Untersuchung zu den VP, die eine eindeutige Präferenz für funktionale Strategien aufweisen.

Dreier-Verteiler als spezieller Vierer-Verteiler

Eine bemerkenswerte Sonderstellung bei der Bearbeitung dieser Aufgabe nimmt VP04 ein. Sie äußert zunächst, dass sie einen Vierer-Verteiler bauen möchte (Trans. 3.53).

> Mit Vieren würd' ich's wohl hinkriegen. [I: Äh. Ja, wenn du mehr. Du meinst jetzt mehr von diesen Roten?] Nein, nicht mit diesen Roten. Ich mein' mit vier Farben [VP zeigt auf die „Flaschen".]. (...) Dann wird's am Anfang wesentlich leichter, würd' ich sagen.

Trans. 3.53: Transkriptausschnitt CoDyLa VP04 a04.

Den angesprochenen Vierer-Verteiler baut sie dann auch innerhalb von gut acht Minuten aus dem bestehenden Zweier-Verteiler der vorangegangenen Aufgabe (Abb. 3.90 a, b). Dabei achtet sie besonders auf eine symmetrische Bauweise des Automatennetzes und verwendet die Weiche aus den vorangegangenen Aufgaben als ein Modul.

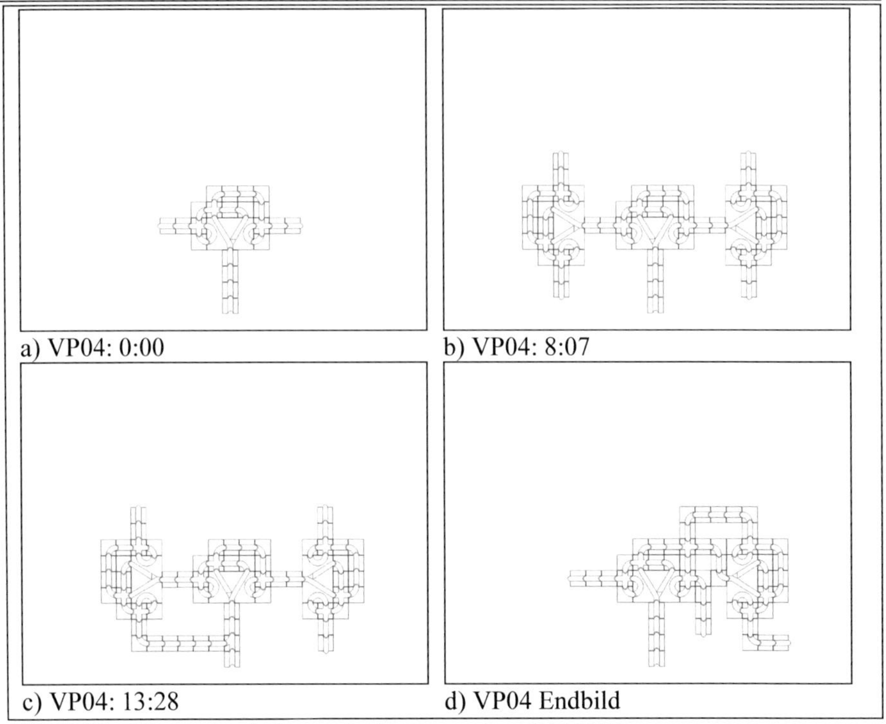

Abb. 3.90: Momentaufnahmen Automatennetze a04 VP04.
a) Zeitpunkt: 0:00
b) Zeitpunkt: 8:07
c) Zeitpunkt: 13:28
d) Endbild

Im weiteren Verlauf der Untersuchung kommt sie dann selbstständig auf die für viele VP gedanklich schwierige Konstruktion einer Rückleitung bzw. Rückschleife, um mit einfachen Mitteln aus einem bestehenden 2^n-Verteiler einen m-Verteiler mit $2^{n-1} < m < 2^n$ zu konstruieren. Diese Idee setzt sie dann auch problemlos in ein Automatennetz um (Abb. 3.90 c). Auch die zugehörige Erläuterung zeigt, dass VP04 diese Idee vollständig durchdacht hat (Trans. 3.54, Z. 6-8).

Ja, das ist ja ein ewig währender Prozess. [I: Ja, beschreib mal.] Wenn die hier [VP zeigt mit dem Stift auf den Eingang des Dreier-Verteilers mit drei Weichen.] jetzt ankommen, dann wird wie in der vorigen Maschine, wird das jetzt erst mal vorsortiert. [VP deutet auf Mitte der Maschine, dann auf linke Schleife.] [I: Ja.] Dann muss das jetzt zum Gelben. [I: Ja.] Das sortiert also quasi immer erst mal in die, äh, einzelnen drei Schachteln [VP zeigt auf die drei Kästen.] ein [I: Ja.] und die, äh, und dann gibt's noch eine vierte Schachtel, dafür, äh, ist kein Ding vorgesehen, [I: Mmh.] also keine einzelne Murmel und die wird dann einfach wieder zurückgeführt. Da sind die Weichen zwar verstellt wie bei dem vier, Vierfacheinrichtung, aber eben halt wird das dann einfach nochmal durchgeleitet [I: Ja.], dann in den entsprechenden Karton geleitet. [I: Mmh.]

Trans. 3.54: Transkriptausschnitt CoDyLa VP04 a04.

Nach der Information durch I, dass die Aufgabe auch durch ein Automatennetz mit nur zwei Weichen zu lösen ist, konstruiert VP04 auch ein solches Netz selbstständig und fehlerfrei (Abb. 3.90 d). Bei der abschließenden Besprechung der Lösungen kann sie die Idee hinter dieser Lösung korrekt beschreiben (Trans. 3.55). Bemerkenswerterweise beginnt sie ihre Erläuterung mit dem Hinweis, dass die Lösung mit zwei Weichen „etwas durcheinander" ist, wohingegen die Lösung mit drei Weichen „schöner", „schön symmetrisch", „überschaubar" und „logisch" ist (Trans. 3.55, Z. 1-3).

VP04 gehört in der QuaDiPF-Eye-Untersuchung zu den VP, die eine eindeutige Präferenz für prädikative Strategien aufweisen.

Ja, die erste war schöner. Die fand ich so schön symmetrisch einfach. [I: Ja.] Die sah so gleich aus an drei Stellen. [VP deutet Symmetrie mit den Händen an.] Gleich, überschaubar, logisch. Die [VP meint den Dreier-Verteiler mit zwei Weichen.] ist jetzt etwas durcheinander. Äh, bei dieser Maschine wird ja, wird einer Ku, ja wird mit einer Kugel oder mit einem Stift quasi gleich zwei Weichen verstellt. [I: Ja.] Das bewirkt zum Einen, dass auf der einen Seite [VP zeigt auf die rechte Weiche.], äh, die Ma, Maschine umgestellt wird, und auf der anderen Seite [VP zeigt auf die linke Weiche.] auch. [I: Ja.] Äh, damit lässt sich da. Das ist schwierig zu beschreiben, wie ich das erklären soll. Tja, durch dieses System kann man dann, ja, diese unsymmetrische Zahl von drei sortieren. Weil es im einen Fall [VP zeigt auf die rechte Weiche.] bei der zweiten Weiche wird die andere Weiche noch mal umgestellt [VP deutet Durchfahrt mit dem Finger an.], bei den anderen nicht. Da hat man immer 'n Aufteilung von zwei zu eins. [I: Ja.] Und bei der anderen Weiche [VP zeigt auf die rechte Weiche.] wird dann ja durch dieses Weichenumstellen das wieder umgestellt so. Und das ist dann so ein ewiges Prinzip. [I: Ja.]

Trans. 3.55: Transkriptausschnitt CoDyLa VP04 a04.

3.3.4.5 Einzelfallanalyse von Begründungen und Automatennetzen zu a05: Additionsnetz

Nach dem intensiven Kennenlernen des Bausteins Zähler – diese Zeit ist bei den Bearbeitungszeiten in Tab. 3.36 nicht berücksichtigt – ist diese Aufgabe für die VP im Allgemeinen nicht mehr sonderlich schwierig. Alle VP entwickeln die Idee der Schleifensteuerung und bauen dann das zugehörige Automatennetz.

	VP-Gruppe		$\overline{\text{VP}}$-Gruppe	
N	12		11	
Minimum	4:21	VP03	4:21	VP03
Maximum	24:54	VP07	24:54	VP07
Mittelwert	13:31		13:09	
Median	13:34		13:18	
StdAbw	6:00		6:09	

Tab. 3.36: Bearbeitungszeiten CoDyLa a05.

Bei fünf VP schleicht sich der typische Konstruktionsfehler ein, den Startbaustein vor dem Ergebniszähler in die Schleife zu integrieren. Damit zeigt der Ergebniszähler die um eins erhöhte Summe der beiden Zählerinhalte an. Alle VP erkennen während der Anwendung ihres Automatennetzes selbstständig den Fehler und korrigieren ihn. Beispielhaft soll hier die zugehörige Transkriptstelle aus der Untersuchung von VP04 (BZ: 17:37) angegeben werden. Der Zustand des Automatennetzes zu diesem Zeitpunkt findet sich in Abb. 3.91 c).

Hier gibt's dann nämlich einen kleinen Konstruktionsfehler dabei. [I: Ja. Genau.] [VP beendet Probe.] Den hab ich da jetzt noch eingebaut, hat er sich eingeschlichen. [VP überlegt kurz.] Ich muss das Ding nämlich zuerst durch den [VP zeigt auf den rechten Zähler.] Denn hier [VP zeigt auf den rechten Zähler.] war doch noch mal der Dreier, oder? Ja. [I: Ja.] Wieder einstellen. [VP stellt ursprüngliche Zählereijnstellungen wieder her.] [I: Klar, kannst wieder die alten Zustände wiederherstellen.] [VP murmelt vor sich hin.] [I: Du darfst das auch durch den Pluseingang rückwärts eben zum Einstellen. Geht 'n bißchen einfacher.] Wie dumm. [I: Ja, so genau.] Ja, jetzt hab' ich hier 'n kleinen Fehler reingebaut. Kann ja passieren. [I: Klar.] Das heißt, ich müsst'.

Trans. 3.56: Transkriptausschnitt CoDyLa VP04 a05.

In Abb. 3.91 sind die passenden Momentaufnahmen der Automatennetze zu den Zeitpunkten der Fehlerentdeckung durch die VP dargestellt. VP01 (BZ: 13:50), VP02 (BZ: 18:53), VP04 und VP06 (BZ: 17:19) korrigieren ihr Automatennetz jeweils durch Umsetzen des Startbausteines. Eine bemerkenswerte Fehlerkorrektur wendet VP07 (BZ: 24:54) an (Abb. 3.91 f). Sie wählt die Variante, am Ende beim Ergebniszähler eins abzuziehen.

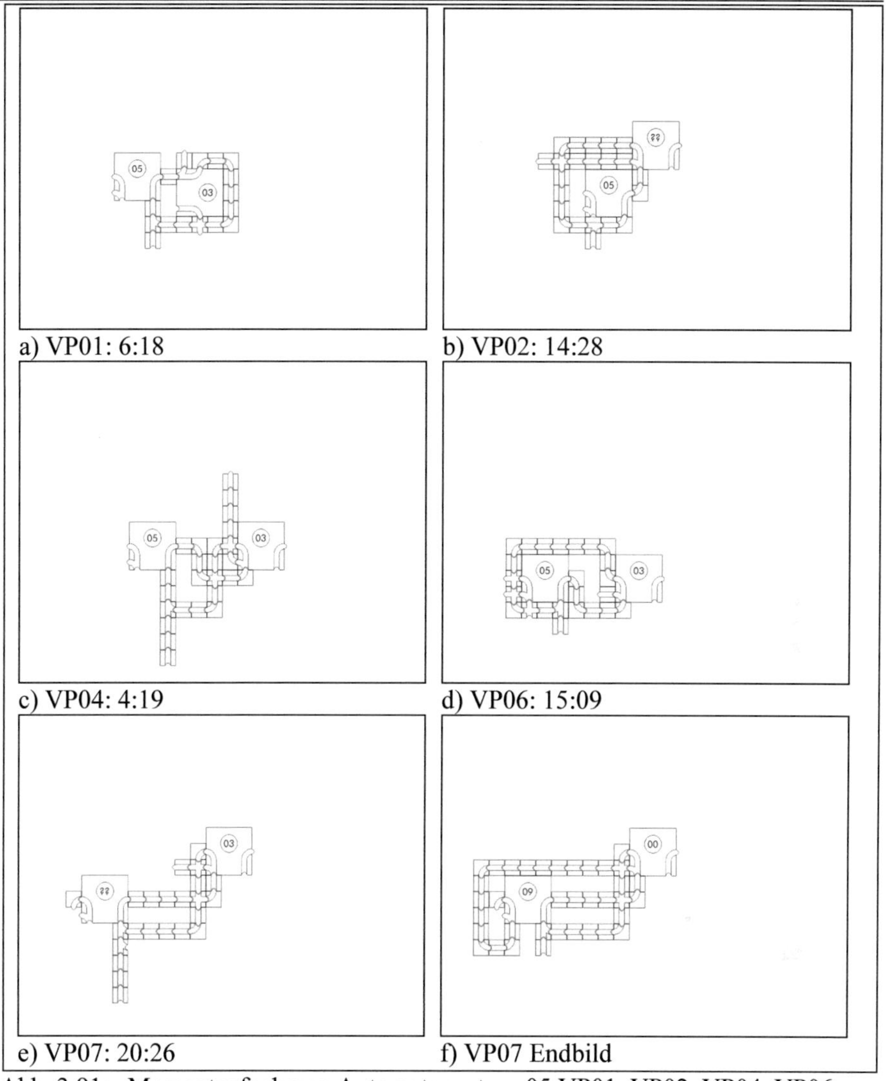

a) VP01: 6:18
b) VP02: 14:28
c) VP04: 4:19
d) VP06: 15:09
e) VP07: 20:26
f) VP07 Endbild

Abb. 3.91: Momentaufnahmen Automatennetze a05 VP01, VP02, VP04, VP06 und VP07.

a) VP01 Zeitpunkt: 6:18
b) VP02 Zeitpunkt: 14:28
c) VP04 Zeitpunkt: 4:19
d) VP06 Zeitpunkt: 15:09
e) VP07 Zeitpunkt: 20:26
f) VP07 Endbild

VP04 und VP06 gehören in der QuaDiPF-Eye-Untersuchung zu den VP, die eine eindeutige Präferenz für prädikative Strategien aufweisen. VP01 gehört zu den VP, die eher eine Präferenz für prädikative Strategien aufweisen. VP02 gehört zu den VP, die eher eine Präferenz für funktionale Strategien aufweisen. VP07 gehört zu den VP, die sich nur schwerlich einer eindeutigen Präferenz zuordnen lassen.

3.3.4.6 Einzelfallanalyse von Begründungen und Automatennetzen zu a06: Aufgabe $2x_1 + 2x_2$

Diese Aufgabe wird, wie bereits erwähnt von VP12 nicht bearbeitet. VP04 (BZ: 38:56) und VP07 (BZ: 38:22) lösen jeweils nur die Teilaufgabe $2x_1$. Insgesamt kann diese Aufgabe als die eindeutig objektiv und für die VP subjektiv schwierigste Aufgabe dieser Untersuchung angesehen werden. Bei den Bearbeitungszeiten weist die Aufgabe die größten Werte für die maximale Bearbeitungsdauer, für den Mittelwert und den Median aus (Tab. 3.37). Eine schematische Übersicht über die von den VP angewendeten Lösungsstrategien findet sich in Tab. 3.38.

	$\overline{VP}$-Gruppe		$\overline{VP}$-Gruppe (ohne VP04, VP07)	
N	11		9	
Minimum	11:29	VP03	11:29	VP03
Maximum	54:29	VP10	54:29	VP10
Mittelwert	30:57		29:14	
Median	34:11		34:01	
StdAbw	12:54		13:47	

Tab. 3.37: Bearbeitungszeiten CoDyLa a06.

Teillösung $2x_1$	
VP04	$(x_1, 0) \xrightarrow{3W_F} (0, 2x_1)$
VP07	$(x_1, 0) \xrightarrow{W_F} (0, 2x_1)$
Fortgesetztes Addieren ohne den Einsatz eines Verdopplers	
VP02	$(x_1, x_2, 0, 0) \rightarrow (0, x_2, x_1, x_1) \rightarrow (0, 0, x_1+x_2, x_1+x_2) \rightarrow (0, 0, 0, (x_1+x_2)+(x_1+x_2))$
VP05	$(x_1, x_2, 0, 0) \rightarrow (0, x_2, x_1, x_1) \rightarrow (0, 0, x_1+x_2, x_1+x_2) \rightarrow (0, 0, 0, (x_1+x_2)+(x_1+x_2))$
VP11	$(x_1, x_2, 0, 0) \rightarrow (0, x_2, x_1, x_1) \rightarrow (0, 0, x_1+x_2, x_1+x_2) \rightarrow (0, 0, 0, (x_1+x_2)+(x_1+x_2))$
Addieren mit anschließendem Verdoppeln	
VP01	$(x_1, x_2, 0) \rightarrow (0, x_1+x_2, 0) \xrightarrow{W_F} (0, 0, 2(x_1+x_2))$
VP06	$(x_1, x_2, 0) \rightarrow (0, x_1+x_2, 0) \xrightarrow{F} (0, 0, 2(x_1+x_2))$
VP08	$(x_1, x_2, 0) \rightarrow (0, x_1+x_2, 0) \xrightarrow{F^*} (0, 0, 2(x_1+x_2))$
Zweifaches Verdoppeln und unterwegs Addieren	
VP03	$(x_1, x_2, 0) \xrightarrow{F} (0, x_2, 2x_1) \xrightarrow{F} (0, 0, 2x_1+2x_2)$
Zweifaches Verdoppeln und anschließendes Addieren	
VP09	$(x_1, x_2, 0, 0, 0) \xrightarrow{F} (0, x_2, 2x_1, 0, 0) \xrightarrow{F} (0, 0, 2x_1, 2x_2, 0) \rightarrow (0, 0, 2x_1, 0, 2x_2) \rightarrow (0, 0, 0, 0, 2x_1+2x_2)$
VP10	$(x_1, x_2, 0, 0, 0) \xrightarrow{F} (0, x_2, 2x_1, 0, 0) \rightarrow (0, x_2, 0, 0, 2x_1) \xrightarrow{F} (0, 0, 0, 2x_2, 2x_1) \rightarrow (0, 0, 0, 0, 2x_1+2x_2)$

Tab. 3.38: Schematische Übersicht über die Lösungsstrategien zu Aufgabe a06.[82]

[82] Die Bezeichnung *F** bei VP08 bedeutet hier, dass das Flip-Flop zum Verdoppeln bereits einmal vor dem Ergebniszähler durchfahren wird.

Teillösung: $2x_1$

Die Konstruktionen der VP04 und VP07 werden nach dem Lösen der Teilaufgabe $2x_1$ vom I abgebrochen, da die Gesamtbearbeitungszeit beider VP zu diesem Zeitpunkt bereits bei über 100 Minuten liegt und damit eine Gesamtbearbeitungszeit von deutlich über zwei Stunden zu erwarten war. Ihre abschließenden Erklärungen (Trans. 3.57 und Trans. 3.58) zu einer möglichen Konstruktion einer in der Aufgabenstellung verlangten Maschinen zur Berechnung von $2x_1+2x_2$ zeigt aber, dass auch sie die Grundidee am Ende vollständig durchdrungen haben.

[VP überlegt 4".] Bingo. Jetzt fällt's mir ein. Erst 'ne Additionsmaschine bauen, hier [VP zeigt auf den von ihr aus unteren, im Bild linken Zähler.] wird subtrahiert, da [VP zeigt auf den von ihr aus oberen, im Bild rechten Zähler.] wird addiert und danach das einfach nochmal verdoppeln. [I: Ja, die beiden Zä-, genau. x und y (...). Und danach verdoppeln.] Aber die. Aber das muss dann wieder von der Maschine [VP zeigt auf den von ihr aus oberen, im Bild rechten Zähler.] wieder auf die Maschine [VP zeigt auf den von ihr aus unteren, im Bild rechten Zähler.] übertragen werden.

Trans. 3.57: Transkriptausschnitt CoDyLa VP04 a06.

[Überlegungen zur Maschine zur Berechnung von $2x_1 + 2x_2$] Dann müsste ich irgendwie die beiden [VP meint die Ergebniszähler der einzelnen Verdopplungsteilmaschinen.] wie mit der Addition [I: Ja, 'ne Addition hast du schon mal gebaut.] zu eins zu [VP macht zusammenführende Handbewegungen.]. Ja, aber das kriegt, passt das hier [VP meint das Brett.] überhaupt drauf?

Trans. 3.58: Transkriptausschnitt CoDyLa VP07 a06.

Die übrigen neun VP verwenden zur Lösung der Aufgabe drei unterschiedliche Strategien (Tab. 3.38):

Fortgesetztes Addieren ohne den Einsatz eines Verdopplers

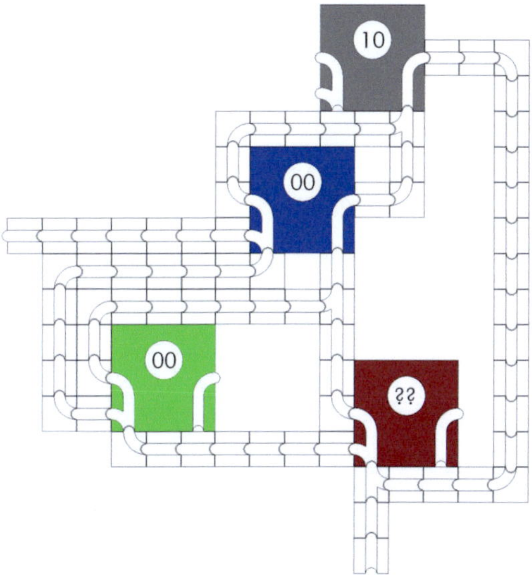

Abb. 3.92: Endbild Automatennetz a06 VP05.

Ein Automatennetz, das aufgrund dieser Strategie entwickelt wird, zeigt Abb. 3.92. Die Strategie lässt sich schematisch folgendermaßen darstellen:

$(x_1 , x_2 , 0 , 0) \rightarrow (0 , x_2 , x_1 , x_1)$

$\rightarrow (0 , 0 , x_1+x_2 , x_1+x_2)$

$\rightarrow (0 , 0 , 0 , (x_1+x_2)+(x_1+x_2))$

Die Berechnung läuft in drei Schritten ab:

1. Mit Zähler 1 (braun) wird gesteuert, wie viel in Zähler 3 (blau) und 4 (grau) entsteht.
2. Mit Zähler 2 (grün) wird gesteuert, wie viel in Zähler 3 (blau) und 4 (grau) entsteht.
3. Mit Zähler 3 (blau) wird gesteuert, wie viel in Zähler 4 (grau) entsteht.

Diese Strategie wird in unserer Untersuchung von VP02 (BZ: 15:17), VP05 (BZ: 15:05) und VP11 (BZ: 35:16) verwendet, die alle bei der QuaDiPF-Eye-Untersuchung durch eine zum Teil sehr ausgeprägte Präferenz für eine funktionale Strategie auffallen.

Das Trans. 3.59 zeigt, dass VP05 die Steuerungslogik ihres Automatennetzes versteht. Auch auf die allgemein gehaltene Nachfrage vom I nach

Grundeinstellungen (Trans. 3.59, Z. 16) antwortet VP05 nach kurzem fünfsekündigen Zögern sehr präzise mit der Information, dass die Zähler 3 und 4 zu Beginn im internen Zustand, der die Null repräsentiert, sein müssen (Trans. 3.59, Z. 18-21). Ihre Erläuterung weist auch bei dieser Beschreibung eine sehr prozessorientierte Färbung auf („sammeln“, „reinsummieren“). Auf die sprachlichen Beschreibungen der Automatennetze wird noch verstärkt im nächsten Kapitel eingegangen.

> Ja gut so so irgendwie funktioniert. So deshalb wars dann so, dass ich mir gedacht hab, ich zähl von zweien runter [I: Ja], sammel die in einem [I: Ja] und zum Schluss wie dir aufgefallen ist hab ich noch einen vergessen [I: Ja] einen Weg. Das hier das bedeutete, weil ich ja die Zahlen praktisch verdoppeln wollte [I: Mhm] mit dem zweimal das [VP zeigt auf den Zähler {04/12}.] plus zweimal das [VP zeigt auf den Zähler {11/13}.] [I: Mhm] hab ich jeden bei jedem Durchgang die Zahlen sowohl in dem [VP zeigt auf den Zähler {08/07}.] als auch in dem [VP zeigt auf den Zähler {10/03}.] gespeichert. [I: Ja] Und sobald hier [VP zeigt auf die Zähler {11/13} und {04/12}.] alle Zahlen raus waren, hatte ich sie dann ja alles Summe in jeweils einem [VP zeigt auf die Zähler {08/07} und {10/03}.] [I: Ja] also äh in beiden hatte ich die jeweils fünf [I: Ja] die Summe der unteren beiden [VP zeigt auf die Zähler {11/13} und {04/12}.] und dann aus der vorherigen Übung war dann auch klar, dass ich die dann praktisch von einem [VP zeigt auf den Zähler {08/07}.] in die anderen [VP zeigt auf den Zähler {10/03}.] übertragen kann. [I: Ja] Und hab das dann im zweiten Durchgang nachdem diese [VP zeigt auf die Zähler {11/13} und {04/12}.] auf Null waren, konnt ich hier den hab ich ja den hat er den Weg geändert der beiden. [I: Ja] Und dann konnte ich den Weg praktisch reingehen, dass er von hier also von dem [VP zeigt auf den Zähler {08/07}.] auf den [VP zeigt auf den Zähler {10/03}.] überträgt. [I: Ja] Äh [I: Gab es.] Ja [I: Gibt es wichtige Grundeinstellungen, die man bei der Maschine beachten muss.] Mhm. [5"] Das die oberen beiden, in denen ich sammel [I: Ja] als Ausgangswert natürlich die die Null haben [I: Ja], weil ich diese dann da da reinsummiere. [I: Ja] D.h. praktisch zwei leere [I: Ja] Pötte, wo ich die Sachen sammel.

Trans. 3.59: Transkriptausschnitt CoDyLa VP05 a06.

Addieren mit anschließendem Verdoppeln

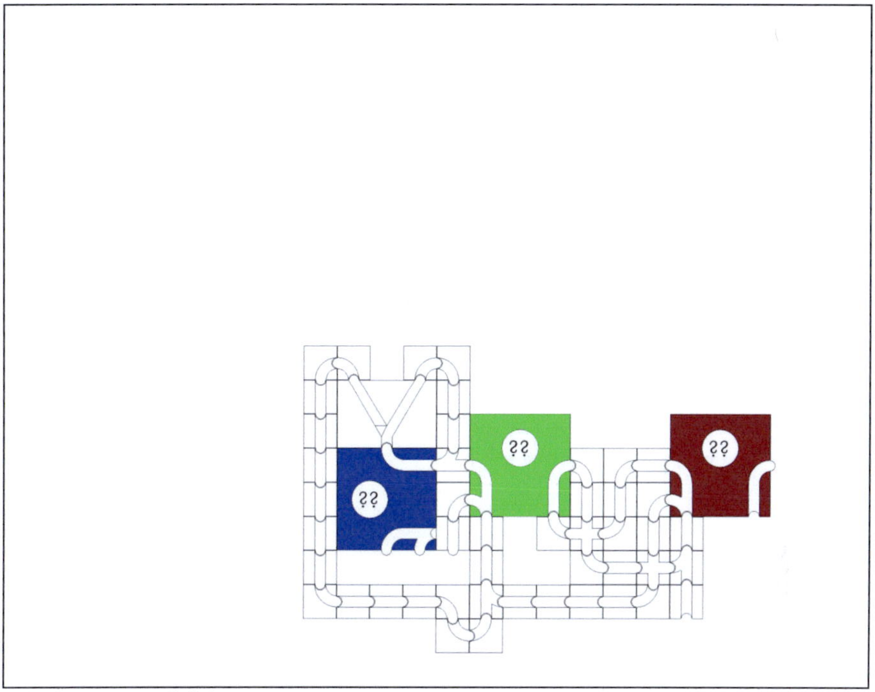

Abb. 3.93: Endbild Automatennetz a06 VP06.

Ein sehr effizientes Automatennetz dieser Strategie ist in Abb. 3.93 dargestellt. Die Strategie lässt sich unterschiedlich realisieren: Die Verdopplung kann mit Hilfe eines Flip-Flops – VP06 (BZ: 34:01), einer Weiche – VP01 (BZ: 25:32) – oder in einem Sonderfall mit einer ungewöhnlichen Startstellung des Flip-Flops – VP08 (BZ: 34:11) – erfolgen.
Schematisch dargestellt ergibt sich:

$$(x_1 , x_2 , 0) \rightarrow (0 , x_1+x_2 , 0) \begin{array}{c} \overset{F}{\rightarrow} \\ \overset{W_F}{\rightarrow} \\ \overset{F^*}{\rightarrow} \end{array} (0 , 0 , 2(x_1+x_2))$$

Die Berechnung läuft in allen drei Fällen in zwei Schritten ab:

1. Mit Zähler 1 (braun) wird gesteuert, wie viel in Zähler 2 (grün) entsteht.
2. Mit Zähler 2 (grün) wird mittels Flip-Flop bzw. Weiche gesteuert, wie viel in Zähler 3 (blau) entsteht.

VP01 und VP06 verwenden das Additionsautomatennetz aus der vorangegangenen Aufgabe als Modul (Abb. 3.94).

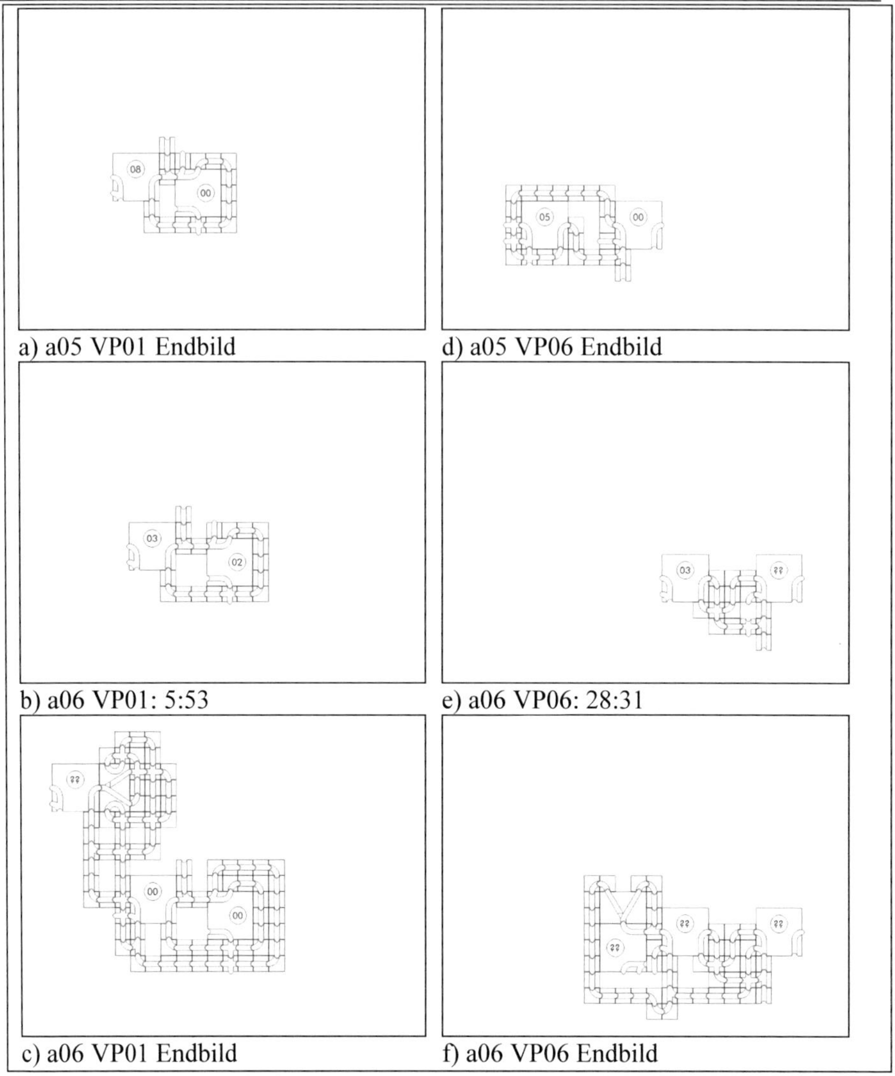

a) a05 VP01 Endbild
d) a05 VP06 Endbild
b) a06 VP01: 5:53
e) a06 VP06: 28:31
c) a06 VP01 Endbild
f) a06 VP06 Endbild

Abb. 3.94: Momentaufnahmen Automatennetze a05 und a06 VP01 und VP06.

a)	a05	VP01	Endbild
b)	a06	VP01	Zeitpunkt: 5:53
c)	a06	VP01	Endbild
d)	a05	VP06	Endbild
e)	a06	VP06	Zeitpunkt: 28:31
f)	a06	VP06	Endbild

Diese Modulverwendung zeigt sich insbesondere in der Erklärung von VP06 (Trans. 3.60).

> [Erklärung zur Maschine zur Berechnung von $2x_1 + 2x_2$] Wir packen erst einen Summand auf, äh, den andern [I: Ja.] und, äh, verdoppeln dann diesen Summanden in den dritten Teilschritten, Teilschritt. Genau. [I: Gut, Addition hast mir schon erklärt, kannst du mir mal erklären, wie die Idee beim Verdoppeln is'?] Die Idee beim Verdoppeln? Ach so, ähm, wieder per Rücklaufsystem quasi. Durch diesen Doppelschalter, der halt, ähm, nur die einmalige Rückkehr erlaubt. Und die einmalige Wiederkehr [VP deutet auf den Weg vom linken Ausgang des Flip-Flop zum Zähler.] [I: Mmh.]. Und dann von vornherein.

Trans. 3.60: Transkriptausschnitt CoDyLa VP06 a06.

Zweifaches Verdoppeln und unterwegs Addieren

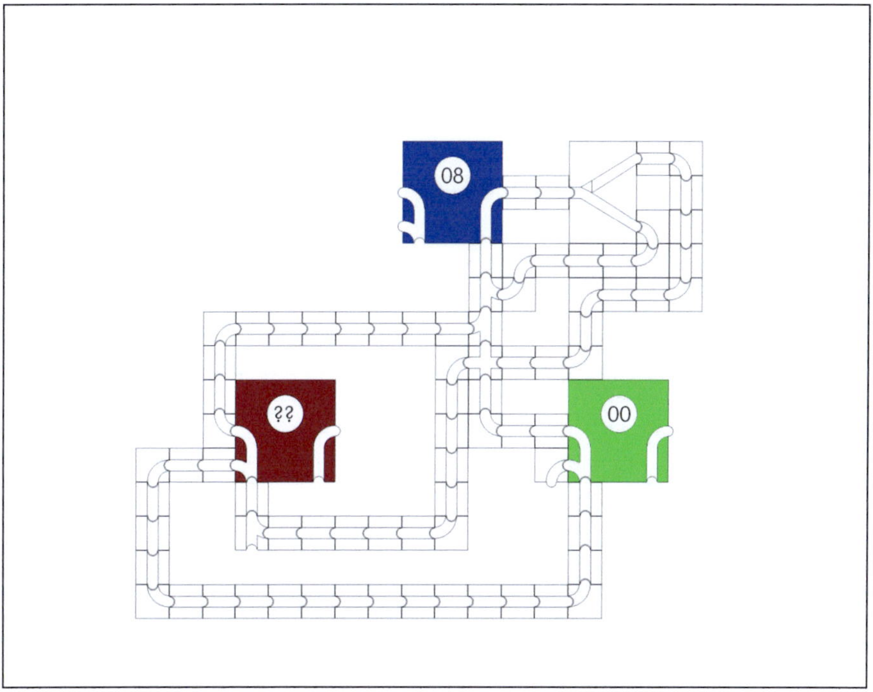

Abb. 3.95: Endbild Automatennetz a06 VP03.

Ein Automatennetz, das aufgrund dieser Strategie entwickelt wird, zeigt Abb. 3.95. Die Strategie lässt sich schematisch folgendermaßen darstellen:

$$(x_1 , x_2 , 0) \xrightarrow{FF} (0 , x_2 , 2x_1) \xrightarrow{FF} (0 , 0 , 2x_1+2x_2)$$

Die Berechnung läuft in zwei Schritten ab:

1. Mit Zähler 1 (braun) wird mittels Flip-Flop gesteuert, wie viel in Zähler 3 (blau) entsteht.
2. Mit Zähler 2 (grün) wird mittels Flip-Flop gesteuert, wie viel in Zähler 3 (blau) entsteht.

Diese Strategie wird von VP03 (BZ: 11:29) verwendet.

[Kommentar während der Probe] Ok, wir fangen hier [VP durchfährt Eingang der Maschine.] an, [I: Mmh.] subtrahieren einen, laufen hier [VP durchfährt den Weg vom ersten zum zweiten Zähler.] durch, laufen in den Zähler [VP durchfährt den oberen Zähler.], addieren einen dazu. Dann kommt erstmal die untere Schranke. Laufen erstmal in die Maschine [VP durchfährt den oberen Zähler erneut.] zurück, addieren noch einen hinzu [I: Mmh.] und tun das [VP meint den Flip-Flop.] in die, in die Ausgangs-, Ausgangskonfiguration zurück [I: Ja.], wieder normal switchen und müssen jetzt zu, zum Anfang zurücklaufen. Das tut er auch. [VP durchfährt den Weg vom Flip-Flop zum ersten Zähler.] [I: Ja.] So, jetzt wird der Nächste hier [VP durchfährt den ersten Zähler.] addiert [I: Ja, das war noch nicht. Genau.] und das gleiche Spielchen geht von vorne los. [I: Ja.] Einer addiert, unten lang, äh [I: Ja, die Roten sind manchmal 'n bisschen.], noch einer addiert, jetzt geht's oben lang. [I: Ja.] Zurück zur Maschine.

Trans. 3.61: Transkriptausschnitt CoDyLa VP03 a06.

Zweifaches Verdoppeln und anschließendes Addieren

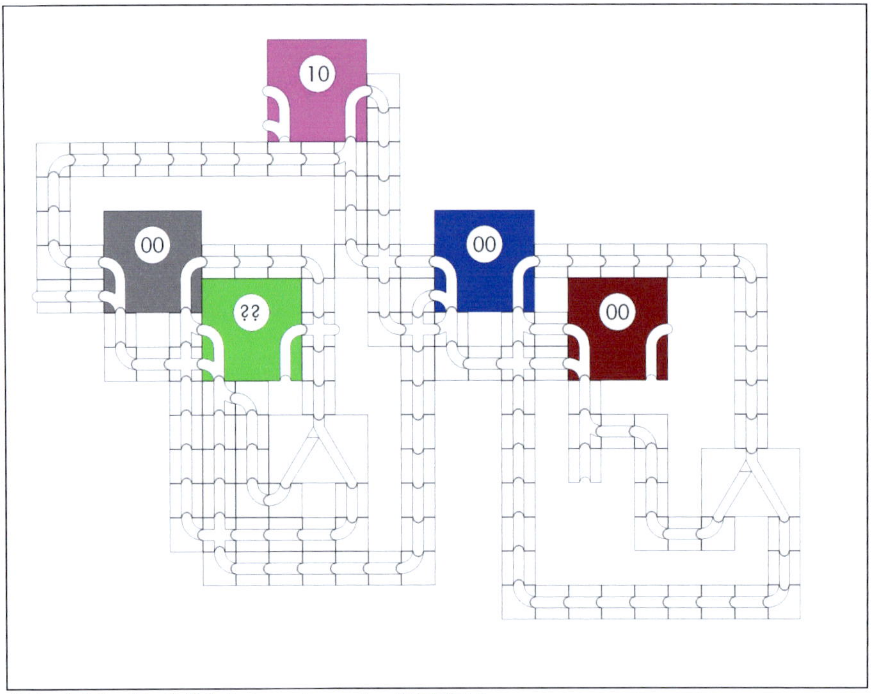

Abb. 3.96: Endbild Automatennetz a06 VP10.

Ein Automatennetz, das aufgrund dieser Strategie entwickelt wird, zeigt Abb. 3.96. Die Strategie lässt sich schematisch folgendermaßen darstellen:

$$
\begin{aligned}
(x_1, x_2, 0, 0, 0) &\overset{FF}{\rightarrow} (0, x_2, 2x_1, 0, 0)\\
&\rightarrow (0, x_2, 0, 0, 2x_1)\\
&\overset{FF}{\rightarrow} (0, 0, 0, 2x_2, 2x_1)\\
&\rightarrow (0, 0, 0, 0, 2x_1+2x_2)
\end{aligned}
$$

Die Berechnung läuft für die zweite Unterart in vier Schritten ab:

1. Mit Zähler 1 (braun) wird mittels Flip-Flop gesteuert, wie viel in Zähler 3 (blau) entsteht.
2. Mit Zähler 3 (blau) wird gesteuert, wie viel in Zähler 5 (lila) entsteht.
3. Mit Zähler 2 (grün) wird mittels Flip-Flop gesteuert, wie viel in Zähler 4 (grau) entsteht.
4. Mit Zähler 4 (grau) wird gesteuert, wie viel in Zähler 5 (lila) entsteht.

Diese Strategie wird von VP10 (BZ: 54:29) und in leichter Abwandlung (Tab. 3.38) von VP09 (BZ: 37:48) verwendet.

> [Erklärung zur Verdoppluungsteilmaschine] Ja, das liegt daran, dass ich hier [VP zeigt auf den Flip-Flop.] ja einen eingebaut hab', und der sortiert jeden Zweiten aus. Das heißt, jede Zahl, die hier [VP zeigt auf den ersten Zähler.] drin ist [I: Ja.], wird zweimal hier [VP zeigt auf den zweiten Zähler.] durchgejagt [I: Ja.]. Weil ich halt hier [VP zeigt auf den Flip-Flop.] aussortiere [I: Ja. Kannst du das nochmal erklären, was du da aussortierst.]. Ja, ich sortiere, also sag mal diese Zahl [VP zeigt auf den ersten Zähler.] [I: Ja.] möcht' ich verdoppelt haben [I: Ja.]. Das heißt [VP überlegt 2".], ich muss halt sehen, dass ich anstatt, dass ich jetzt, wenn ich hier [VP zeigt auf den ersten Zähler.] durchgehe und hier [VP zeigt auf den zweiten Zähler.] durchlaufe [I: Ja.], muss ich halt sehen, dass ich, wenn ich einmal hier [VP zeigt auf den ersten Zähler.] durchgelaufen bin [I: Ja.], zweimal hier [VP zeigt auf den zweiten Zähler.] durchgelaufen bin [I: Ja, genau.]. Jetzt sortiere ich einmal eine Zahl aus [VP deutet auf den Flip-Flop.], dass die nicht sofort wieder hier [VP zeigt auf den ersten Zähler.] durchläuft, sondern erst einmal wieder dadurch [VP zeigt auf den zweiten Zähler.] läuft [I: Ja.] und so weiter. Das heißt, wenn ich jetzt verdreifachen sollte, müsste ich noch hier [VP zeigt auf den Flip-Flop.] so 'n Höheren einbauen. [I: Ja.] Ganz genau.

Trans. 3.62: Transkriptausschnitt CoDyLa VP10 a06.

3.3.4.7 Funktionale bzw. prädikative Ausdrucksformen am Beispiel der Aufgabenbearbeitung zu a04 von VP04 und VP05

Wie bereits dargelegt, ist bei einer prädikativen Sichtweise die Integration der Schalterumstellungen in den Sortierprozess erschwert, wohingegen sie bei einer funktionalen Sichtweise erleichtert ist. Beispielhaft soll anhand einer Aufgabe alle Äußerungen, die zwei VP während der Bearbeitung sprachlich von sich geben, analysiert werden. Ausgewählt werden dafür die etwas komplexere Aufgabe a04 – Dreier-Verteiler mit Weiche – und VP04 und VP05, weil sie durch eher prädikative bzw. funktionale Automatennetzkonstruktionen auffallen. Grundlage für die

Analyse sind die vollständigen Transkripte.[83] Die folgenden Ausführungen sind größtenteils bereits veröffentlicht in Schwank / Armbrust / Libertus.[84]

Von besonderem Interesse ist, in welchem Umfang die VP tatsächlich prozessrelevante Wörter bei ihren Erklärungen und Beschreibungen verwenden oder mit ihren Worten die Dynamik des Geschehens gerade nicht einfangen. Es liegt die Vermutung nahe, dass sich eine prozessorientierte funktionale Sichtweise durch eine vermehrte Verwendung prozessrelevanter Wörter Ausdruck verleiht.

Zu solchen Wörtern gehören offenkundig alle grammatikalischen Variationen vom Stellen und Schalten der Weiche, sowie auftretende Synonyme. Weiter gehören dazu alle Formen von Wörtern, die den Ablauf eines Prozesses betreffen, wie *kommen*, *gehen*, *laufen* sowie auftretende Synonyme.

Der Transkriptanteil der VP wird auf diese Wörter hin untersucht. Je nach Verwendung – in funktionalem oder aber nicht funktionalem Sinn – sind sie grün bzw. gelb hinterlegt (Trans.VP 3.1 und Trans.VP 3.2).

Man sieht unmittelbar, dass VP04 deutlich weniger Schalt- bzw. Verlaufswörter verwendet als VP05. Ein genaues Durchzählen führt zu Tab. 3.39 auf Seite 203. Obwohl VP05 nur knapp 1,5-mal so viele Wörter gesprochen hat wie VP04, verwendet sie über 5-mal so viele auf die Gestaltung eines Prozesses bezogene Wörter. Anders ausgedrückt hätte VP04 für den gleichen prozentualen Anteil wie VP05 mindestens 25 statt 6 Schaltwörter und mindestens 27 statt 8 Verlaufswörter benutzen müssen.

[83] Vgl. Armbrust / Libertus (2002b): Arb. 40.4 und Arb. 40.5.

[84] Vgl. Schwank / Armbrust / Libertus (2003b).

Das find' ich gut.
Mit Vieren würd' ich's wohl hinkriegen.
Nein, nicht mit diesen Roten. Ich mein' mit vier Farben.
Ach so, ja, das ist dann. Dann wird's am Anfang wesentlich leichter, würd' ich sagen.
Das ist ja schon mal ein Anfang.
So. Mmh.
Dann kommt hier grün hin.
Jedenfalls passt jetzt erst mal der, die Vierfachvariante. Jetzt muss ich nur noch umbauen 'n bisschen.
Da braucht man nur anfangen jetzt und dann dürfte ich's, glaub' ich, die Idee haben. Moment, zurücksetzen. Die ganze Geschichte. Blau, dann gelb, dann grün. So in der Geschichte muss das ja alles aufteilen.
Dann müsste hier, hier müsste jetzt grün sein. (...)
Jetzt ist hier der Gelbe.
Und. Jetzt ist hier der Blaue. So. Das ist jetzt (...) die können wir erst mal wegpacken. (...) viel besser, wenn er da ist.
Denn, was jetzt hier durchrollt, ist jetzt ja wieder der Grüne.
Der Grüne ist hier durch, ja. Ich komm' dann jetzt hier lang, das soll jetzt als Beispiel für den Grünen gelten. Der Grüne ist jetzt hier, dann geht er jetzt hier wieder durch.
Klasse. Das geht doch alles, das ist ja alles wunderbar. Dann muss ich hier so 'ne Weiche haben. Schubbdidubbdidubb. Ist ja sch.., so was aufzuschreiben. Gibt's wahrscheinlich neuen Programme, wo dann irgendwelche, die das dann direkt aus der Sprache erkennen können.
Ja, das stimmt wohl, aber andere Leute müssen dann nur noch Fehler korrigieren. So. Das ist meine Sortiermaschine.
Ja, das ist ja ein ewig währender Prozess. Wenn die hier jetzt ankommen, dann wird wie in der vorigen Maschine, wird das jetzt erst mal vorsortiert. Dann muss das jetzt zum Gelben. Das sortiert also quasi immer erst mal in die, äh, einzelnen drei Schachteln ein und die, äh, und dann gibt's noch eine vierte Schachtel, dafür, äh, ist kein Ding vorgesehen, also keine einzelne Murmel und die wird dann einfach wieder zurückgeführt. Da sind die Weichen zwar verstellt wie bei dem vier, Vierfacheinrichtung, aber eben halt wird das dann einfach noch mal durchgeleitet, dann in den entsprechenden Karton geleitet.
Mmh, ich hab' ja Zeit genug, oder?
Tja. Da reiß' ich am Besten das Ding hier erst mal wieder ein.
Aber technisch ist das auf jeden Fall möglich? Das Ziel ist auf jeden Fall möglich oder soll das 'ne unmögliche Aufgabe? Das ist vernünftig.
Ich hab' jetzt mal 'ne Idee. So.
'Tschuldigung.
Soll man jetzt eventuell noch Bauteile sparen? Die beiden könnte man nämlich so weglassen. Is' ja auch nicht so tragisch.
Dann können wir das noch mal umbauen so. Mal gucken, ob meine Maschine funktioniert.
Blau, gelb, grün. So.
Das ist die grüne Schachtel.
Das ist jetzt die gelbe Schachtel.
Ja, jetzt fällt mir auch was ein. Das fällt mir jetzt auch auf. Da muss ich auch noch mal eben, bis jetzt noch nicht richtig durchdacht. Entschuldigung.
Ja, das is, das. Das war jetzt nun wirklich. Jetzt hab' ich da noch 'n Fehler gemacht. Das stimmt wohl.
Nicht bedacht. Schubbdidubbdidubb.
Das is' nicht so gut. Das (...) ich mir vorstelle.
Da hab' ich meinen Eingang. Wofür hab' ich eigentlich das gemacht? Ja, tch, tch, tch. Das ist der Eingang, das ist noch offen, das muss hier noch 'n Ausgang sein.
So, das ist dann hier jetzt gelb.
Das müsste erstmal jetzt blau. Etwas blöd ist, dass das Nächste auch wieder grün.
Nun muss ich nur noch gucken, ausprobieren, ob das so klappt.
Nicht sonderlich elegant, aber wirksam.
Ähm. Ja, lass mich mal schauen. Mmh.
Ja, die erste war schöner. Die fand ich so schön symmetrisch einfach. Die sah so gleich aus an drei Stellen. Gleich, überschaubar, logisch. Die ist jetzt etwas durcheinander. Äh, bei dieser Maschine wird ja, wird einer Ku, ja wird mit einer Kugel oder mit einem Stift quasi gleich zwei Weichen verstellt. Das bewirkt zum einen, dass auf der einen Seite, äh, die Ma, Maschine umgestellt wird, und auf der anderen Seite auch. Äh, damit lässt sich da. Das ist schwierig zu beschreiben, wie ich das erklären soll. Tja, durch dieses System kann man dann, ja, diese unsymmetrische Zahl von drei sortieren. Weil es im einen Fall bei der zweiten Weiche wird die andere Weiche noch mal umgestellt, bei den anderen nicht. Da hat man immer 'ne Aufteilung von zwei zu eins. Und bei der anderen Weiche wird dann ja durch dieses Weichenumstellen das wieder umgestellt so. Und das ist dann so ein ewiges Prinzip.

Trans.VP 3.1: Transkript CoDyLa a04 nur Anteil VP04.

Also, das grundlegende Problem ergibt sich jetzt, dass praktisch ich nur eine Weiche hab, die zwei teilt. Ich aber drei Ausgänge brauche.
Ach so dann wird's auch bisschen einfacher, sonst hätte ich mit den Farben wahrscheinlich ein paar Schwierigkeiten gekriegt.
Ach so, ne dann brauch ich ja gar nicht großartig ändern, d.h. ich schalte hinter die erste Weiche noch ne weitere Weiche. D.h. die erste Weiche teilt dann z.B. das ist ja interessant. Hölle hölle hölle. Nachschalten ne geht nicht. D.h. ich kann nur Zweier trennen, d.h. die zwei kann ich trennen, die zwei kann ich trennen, die zwei trennen, nich das ich dann. Was passiert wenn ich angenommen. Also ich würd jetzt erstmal, also kann man wahrscheinlich auch hier einfach einbauen. Werd ich das erstmal alles.
So jetzt mal angenommen sowas. Das ist total quatsch. Also in der ersten Weiche wird der getrennt, werden die beiden getrennt, die beiden getrennt.
Na gut, d.h.
Der geht rein rechts frei
der
Also es muss nun jede dri Moment der geht rein
Ok. Mhm. Ok.
Dann will ich erläutern, was ich so denke.
Also, da ich drei brauche, kann ich über die erste Weiche einen aussortieren. Also z.B. den jetzt angenommen ich fang mit dem ersten an, kann ich den gelben aussortieren. So und wenn der durchläuft, wird der freigeschaltet. Dann kommt die nächste Weiche, da kann ich wieder trennen, den grünen schmeiß ich raus ohne irgendwas umzu ne und stell den um beim Rausschmeißen entsprechend den andersrum. So und dann, wenn dieser umgestellt, wenn der blaue rausgeht, um er hier nochmal die Weiche auf den oder da nochmal die Weiche auf den gelben stellen. D.h. als nächstes kommt dann der gelbe, d.h. ich muss unterscheiden, welche nochmal die Weiche durchlaufen soll, indem sie den Schalter umbe umstellt und welche nich. So und das werde ich jetzt mal konzipieren.
Sach das nich einfach so.
Wie es bei den anderen war, ist egal, welches die erste ist, obwohl hier ist es auch egal ne ne die Reihenfolge ist hier muss überall gleich sein ne klappt das nich.
Äh, oh. D.h. wenn die gelbe reingeht, muss se aber umstellen. D.h. sie stellt aber auf den anderen Seite um haa.
Na super aber den braucht er vielleicht noch. D.h.
Ach so der Fehler war gerad ne der muss die müssen immer auf der andern Seite umstellen dass find ich ne bisschen (...) sch... konstruiert aber gut dann (...) aber hast du ja nich gemacht glaube ich. So gelb läuft rein scht stellt um läuft raus. Ja, je länger die Wege, desto länger ja, also desto höher die Kosten.
Hey, das ist ja geil.
Also es kommt ne gelbe scht stellt um scht so. Das war das. Jetzt habe ich angenommen jetzt hätte ich ich darf mal. So jetzt kommt nen grüner scht die geht da raus und muss da wieder umstellen die grüne geht da raus und muss da umstellen.
Hier kommt rein, stellt um, geht raus. Grün ist weg. Ja äh grün jetzt kommt blau. Geht immer noch rein Geht jetzt hier rein. geht hoch. Muss sowohl diesen umstellen, dass die nachher auf grün geht, d.h. erst den durchlaufen und dann muss sie den noch durchlaufen, um hier auf gelb wieder zu stellen. Ja, OK. D.h. einmal da rein und um gotteswillen Muss man ja allerhand bei beachten. Mhm Aber jetzt komm ich auch mit den Steinen besser klar und man sieht, auf welch engem Raum man mit den Steinen arbeiten kann. Nich so gro so so große Kurven, wie ich das beim ersten mal hatte sondern so große (...)
D.h. es durchläuft und dann muss er die noch durchlaufen und umstellen. D.h. so rum
Ich komm mit den Kurven nicht klar.
Also für den Fall, dass du mich nachher fragen solltest, warum das den für alle klappt. Dann liegt's daran, dass ich es so konzipiert habe. Deshalb hab ich ja natürlich auch jetzt dran gedacht, dass er einmal den Wechsel zwischen blau auf ne von grün auf blau machen soll und dann natürlich auch gleich wieder die erste Weiche ändern soll, damit's wieder mit dem gelben hinhaut. Hoffentlich (beweg) ich mich da nich zu sehr auf (dünnem Eis oder wie sagt man) auf dünnem Eis. So ich glaube die Maschine steht so weit. Dann wollen wir sie einfach mal durchlaufen lassen. Mein ich so.
Ich fang einfach an. So gelbe Flasche kommt. Gelbe Flasche. Nächste Flasche kommt. Hab ich die überhaupt richtig gestellt. Ich fang nochmal an. Denn man muss auch auf die Weichenstellung beim ersten Mal achten. Oder im Zweifelsfall die Container tauschen. Also zack zack zack die erste die da rein kommt ist die grüne scht passt die zweite die rein kommt mmh mmh OK. Also gelbe kommt zack. grüne kommt hier durch stellt die Weiche fui geht raus. Blaue Flasche kommt da hätte ich mich fast verfahren Weiche wird gestellt Weiche wird gestellt blau raus. Nächste Flasche ist die gelbe geht raus. Die grüne wieder natürlich hier richtig gestellt und wenn sie auch wieder rausgeht stellt sie wieder hier die Weiche so, dass die blaue gleich wenn sie jetzt durchläuft, die Weiche umstellt und die Weiche unten umstellt, weil da kommt ja gleich wieder eine gelbe Flasche. Und ich bin fertig.
War schon nen bisschen schwieriger.
Die grundlegende Idee ist, dass auf einer Weiche auf der ersten Weiche eine Farbe aussortiert werden kann. Nämlich in diesem Fall war es die gelbe, weil ich mit der gelben angefangen bin. So dann hab ich gesehen, dass wenn ich die gelbe aussortiere, dass sie die Weiche noch nicht umstellen kann, weil ich ja auf der nächsten Ebene zwei tauschen will, d.h. sie muss erst nach der letzten die erste Weiche muss nach der letzten also nach der dritten Flasche wieder zurückgestellt werden. Das war das erste, was ich beachten musste. An der zweiten Weiche brauchte ich die einfach nur so trennen, wie ich es im ersten Prinzip gemacht hab. Äh jeweils auf der anderen Seite dann den den Schalter betätigen, so dass die nächste Flasche, die dann unten nicht sortiert wird, sondern in der zweiten Ebene, das die äh jeweils umspringt, die muss in jedem Durchlauf umge umgestellt werden, weil sie einfach nur zwischen zwei teilt und dann war zu beachten, dass ich äh für die letzte Flasche, die die zweite durchläuft, ne das die dritte Flasche, die die hier oder die letzte von den beiden Flaschen, die hier getrennt wird, unten den Schalter wieder auf die gelbe Position stellt. Also sprich auf die Farbe der ersten, weil die wieder vorne getrennt werden muss. Ich glaube, ich hoffe, das war nachvollziehbar oder verständlich.

Trans.VP 3.2: Transkript CoDyLa a04 nur Anteil VP05.

	VP04	VP05	Faktor
Gesamtwörteranzahl	768	1129	1,47
Schaltwörter			
stellen	6	27	
schalten	0	6	
Einzelwörter	0	4	
Summe	6	37	6,17
Verlaufswörter			
kommen	3	14	
gehen	1	14	
laufen	0	12	
Einzelwörter	4	1	
Summe	8	41	5,13
Gesamtsumme	14	78	5,57

Tab. 3.39: Vergleich von Wörtern, die auf die verbale Gestaltung eines Prozesses bezogen sind.

Das Ergebnis dieser Wörterverwendungsanalyse passt zu der auch sonst festgestellten eher prädikativen, statischen Sichtweise der VP04 im Vergleich zu der eher funktionalen, dynamischen Sichtweise der VP05.
Bei den Abschlusserklärungen der VP zu ihren funktionstüchtigen Automatennetzen fallen die unterschiedlichen Sichtweisen ebenfalls wieder in der Verwendung der Sprache auf.

> Ja, die erste war schöner. Die fand ich so schön symmetrisch einfach. [I: Ja.] Die sah so gleich aus an drei Stellen. [VP deutet Symmetrie mit den Händen an.] Gleich, überschaubar, logisch. Die [VP meint den Dreier-Verteiler mit zwei Weichen.] ist jetzt etwas durcheinander. Äh, bei dieser Maschine wird ja, wird einer Ku, ja wird mit einer Kugel oder mit einem Stift quasi gleich zwei Weichen *verstellt*. [I: Ja.] Das bewirkt zum einen, dass auf der einen Seite [VP zeigt auf die rechte Weiche.], äh, die Ma, Maschine *umgestellt* wird, und auf der anderen Seite [VP zeigt auf die linke Weiche.] auch. [I: Ja.] Äh, damit lässt sich da. Das ist schwierig zu beschreiben, wie ich das erklären soll. Tja, durch dieses System kann man dann, ja, diese unsymmetrische Zahl von drei sortieren. Weil es im einen Fall [VP zeigt auf die rechte Weiche.] bei der zweiten Weiche wird die andere Weiche noch mal *umgestellt* [VP deutet Durchfahrt mit dem Finger an.], bei den anderen nicht. Da hat man immer 'n Aufteilung von zwei zu eins. [I: Ja.] Und bei der anderen Weiche [VP zeigt auf die rechte Weiche.] wird dann ja durch dieses Weichen*umstellen* das wieder *umgestellt* so. Und das ist dann so ein ewiges Prinzip. [I: Ja.]

Trans. 3.63: Transkriptausschnitt CoDyLa VP04 a04.

Bei VP04 ist auffallend, dass sie zunächst das rein statische Aussehen der Maschine beschreibt (Trans. 3.63, Z. 1-2). Weiterhin ist bemerkenswert, dass sie die prozesshafte Komponente, die zeitliche Reihenfolge, ignoriert: „Quasi gleich zwei

Weichen verstellt“ (Trans. 3.63, Z. 5). Es ist ein typisches Phänomen für VP mit einer Präferenz für eine prädikative kognitive Struktur, dass sie das Nacheinander des zeitlichen Ablaufes nicht auseinanderhalten, sondern zu einer statischen Situation verbinden. Bemerkenswert ist noch, dass VP04 zwar in der Nachbetrachtung fünffach ein Wort für das Umstellen nutzt (Trans. 3.63, kursive Hervorhebungen), während des gesamten Konstruktionsprozesses aber nur ein einziges Mal von „stellen“ spricht (Trans.VP 3.1), dies aber nur im Zusammenhang mit der Feststellung, dass die Weichen verstellt sind.

> Die grundlegende Idee [I: Ja] ist das auf einer Weiche auf der ersten Weiche eine Farbe aussortiert werden kann. [I: Ja] Nämlich in diesem Fall war es die gelbe, weil ich mit der gelben angefangen bin. [I: Ja] So dann hab ich gesehen, dass, wenn ich die gelbe aussortiere, dass sie die Weiche noch nicht *umstellen* kann, weil ich ja auf der nächsten Ebene zwei tauschen will, [I: Ja] d.h. sie muss erst nach der letzten die erste Weiche muss nach der letzten also nach der dritten Flasche wieder [I: Ja] zurück*gestellt* werden. Das war das erste, was ich beachten musste. [I: Ja] An der zweiten Weiche brauchte ich die einfach nur so trennen, wie ich es im ersten Prinzip gemacht hab. [I: Ja] Äh jeweils auf der anderen Seite dann den den Schalter *betätigen*, so dass die nächste Flasche, die dann unten nicht sortiert wird, sondern in der zweiten Ebene, [I: Ja] das die äh jeweils *umspringt* [VP macht Schiebebewegungen mit den Händen], die muss in jedem *Durchlauf* umge *umgestellt* werden, [I: Ja] weil sie einfach nur zwischen zwei teilt [VP zeigt mit beiden Händen in zwei verschiedene Richtungen] und dann war zu beachten, dass ich äh für die letzte Flasche, die die zweite *durchläuft*, ne dass die dritte Flasche [I: Ja], die die hier [VP zeigt auf die obere Weiche] oder die letzte von den beiden Flaschen, die hier getrennt wird, [I: Ja] unten den Schalter wieder auf die gelbe Position *stellt*. [I: Ja] Also sprich auf die Farbe der ersten, weil die [I: Ja] wieder vorne getrennt werden muss. [I: Ja]

Trans. 3.64: Transkriptausschnitt CoDyLa VP05 a04.

VP05 beschreibt auf eine prozessorientierte Art und Weise die Funktion der Maschine. Dabei verwendet sie mehrfach Wörter, die sich auf das Verstellen und Durchlaufen der Weichen beziehen (Trans. 3.64, kursive Hervorhebungen). Weiterhin beschreibt sie im Gegensatz zu VP04 die zeitliche Reihenfolge des Prozesses in zeitlich getrennten Dimensionen (Trans. 3.64, unterstrichene Hervorhebungen).

Tatsächlich erweist sich, dass VP04 sowohl bei den QuaDiPF- als auch bei den CoDyLa-Aufgaben eine Vorliebe dafür zeigt, diese prädikativ zu bearbeiten; analog zeigt VP05 eine Vorliebe für funktionales Verhalten.

3.3.5 Quantitative Auswertung

Nach der qualitativen Auswertung der CoDyLa-Untersuchung, wie sie schon im Wesentlichen in älteren Untersuchungen durchgeführt worden ist, sollen nun in diesem Abschnitt die Möglichkeiten einer quantitativen Datenanalyse und Auswertung, wie sie erst durch die Verwendung der CoDyLa-Hardware, des computerunterstützten Dynamischen Labyrinthes, während der Untersuchung möglich wird, diskutiert werden.

Alle Ergebnisse dieses Abschnittes basieren auf den Programmen CoDyLa-DOS und CoDyLA-WIN zur Gewinnung und zum Umgang mit den Brettdaten, die von mir im Zuge dieser Untersuchung geschrieben wurden, und der CoDyLa-Hardware. Interessenten können diese Software für Forschungszwecke über das Institut für Kognitive Mathematik an der Universität Osnabrück erhalten.

3.3.5.1 Bausteinanzahl

Der erste Ansatz einer quantitativen Analyse beruht auf der Idee einer Auswertung der von den VP verwendeten Bausteinanzahl. Wie bereits in 2.3.2 und 3.3.4 beschrieben, bauen Individuen mit einer funktionalen kognitiven Struktur eher effizient im Sinne eines kurzen eleganten Weges, da sie den Aufwand des Prozesses mitbedenken.

Die Anzahl der von den VP gesetzten und entfernten Bausteine, aufgeteilt nach Aufgaben und Bausteintypen, findet sich in folgender Tabelle:

		Gerade			Rechtskurve			Linkskurve			Kreuz			Linke Einmündung			Rechte Einmündung			Weiche			Flip-Flop			Zähler			Summe		
		Gesetzt	Entfernt	Endbild	Gesetzt	Entfernt	Endbild	Gesetzt	Entfernt	Endbild	Gesetzt	Entfernt	Endbild	Gesetzt	Entfernt	Endbild	Gesetzt	Entfernt	Endbild	Gesetzt	Entfernt	Endbild	Gesetzt	Entfernt	Endbild	Gesetzt	Entfernt	Endbild	Gesetzt	Entfernt	Endbild
VP01	a01	57	0	57	5	1	4	5	0	5	10	4	6	3	2	1	2	0	2	0	0	0	0	0	0	0	0	0	82	7	75
	a02	3	0	3	0	0	0	0	0	0	0	0	0	0	0	0	0	0	0	0	0	0	1	0	1	0	0	0	4	0	4
	a03	8	3	5	4	1	3	6	3	3	3	0	3	0	0	0	0	0	0	1	0	1	1	1	0	0	0	0	23	8	15
	a04	24	4	20	13	6	7	10	3	7	16	10	6	1	1	0	0	0	0	4	2	2	0	0	0	0	0	0	68	26	42
	a05	13	2	11	5	1	4	0	0	0	1	0	1	1	0	1	2	2	0	0	0	0	0	0	0	3	1	2	25	6	19
	a06	57	8	49	17	2	15	4	0	4	11	1	10	2	0	2	2	1	1	3	2	1	0	0	0	11	8	3	107	22	85
	Summe	162	17	145	44	11	33	25	6	19	41	15	26	7	3	4	6	3	3	8	4	4	2	1	1	14	9	5	309	69	240
VP02	a01	65	9	56	6	1	5	8	2	6	10	4	6	1	0	1	4	2	2	0	0	0	0	0	0	0	0	0	94	18	76
	a02	6	0	6	0	0	0	0	0	0	0	0	0	0	0	0	0	0	0	0	0	0	1	0	1	0	0	0	7	0	7
	a03	11	4	7	3	0	3	5	2	3	5	2	3	0	0	0	0	0	0	1	0	1	0	0	0	0	0	0	25	8	17
	a04	17	3	14	7	4	3	10	2	8	6	1	5	0	0	0	0	0	0	3	1	2	0	0	0	0	0	0	43	11	32
	a05	23	7	16	0	0	0	6	2	4	2	1	1	0	0	0	2	1	1	0	0	0	0	0	0	7	5	2	40	16	24
	a06	68	10	58	14	2	12	4	1	3	0	0	0	5	2	3	0	0	0	0	0	0	0	0	0	6	2	4	97	17	80
	Summe	190	33	157	30	7	23	33	9	24	23	8	15	6	2	4	6	3	3	4	1	3	1	0	1	13	7	6	306	70	236
VP03	a01	67	10	57	11	3	8	7	1	6	13	6	7	6	3	3	5	5	0	0	0	0	0	0	0	0	0	0	109	28	81
	a02	3	0	3	0	0	0	0	0	0	0	0	0	0	0	0	0	0	0	0	0	0	1	0	1	0	0	0	4	0	4
	a03	21	10	11	6	2	4	8	4	4	3	0	3	0	0	0	0	0	0	1	0	1	0	0	0	0	0	0	39	16	23
	a04	26	4	22	8	0	8	10	4	6	7	1	6	0	0	0	0	0	0	3	1	2	0	0	0	0	0	0	54	10	44
	a05	9	2	7	3	0	3	4	1	3	2	0	2	1	0	1	1	0	1	0	0	0	0	0	0	6	4	2	26	7	19
	a06	85	28	57	13	3	10	11	4	7	1	0	1	1	0	1	4	2	2	0	0	0	2	1	1	3	0	3	120	38	82
	Summe	211	54	157	41	8	33	40	14	26	26	7	19	8	3	5	10	7	3	4	1	3	3	1	2	9	4	5	352	99	253
VP04	a01	62	7	55	6	3	3	7	1	6	7	1	6	1	1	0	3	0	3	0	0	0	0	0	0	0	0	0	86	13	73
	a02	10	0	10	1	0	1	1	0	1	0	0	0	0	0	0	0	0	0	0	0	0	1	0	1	0	0	0	13	0	13
	a03	14	2	12	3	0	3	3	0	3	3	0	3	0	0	0	0	0	0	2	1	1	0	0	0	0	0	0	25	3	22
	a04	76	48	28	13	6	7	21	11	10	16	9	7	1	1	0	0	0	0	3	1	2	0	0	0	0	0	0	130	76	54
	a05	41	23	18	7	3	4	6	4	2	5	3	2	1	0	1	1	1	0	0	0	0	0	0	0	4	2	2	65	36	29
	a06	121	34	87	27	8	19	27	11	16	20	5	15	3	1	2	3	1	2	7	4	3	0	0	0	5	3	2	213	67	146
	Summe	324	114	210	57	20	37	65	27	38	51	18	33	6	3	3	7	2	5	12	6	6	1	0	1	9	5	4	532	195	337

VP05	a01	77	18	59	7	3	4	7	2	5	15	6	9	5	3	2	3	2	1	0	0	0	0	0	0	0	0	0	114	34	80
	a02	4	0	4	0	0	0	0	0	0	0	0	0	0	0	0	0	0	0	0	0	0	1	0	1	0	0	0	5	0	5
	a03	31	5	26	9	6	3	11	8	3	7	4	3	2	2	0	0	0	0	1	0	1	0	0	0	0	0	0	61	25	36
	a04	60	27	33	9	3	6	12	5	7	10	3	7	0	0	0	0	0	0	6	4	2	0	0	0	0	0	0	97	42	55
	a05	25	6	19	5	2	3	0	0	0	0	0	0	1	1	0	1	0	1	0	0	0	0	0	0	4	2	2	36	11	25
	a06	81	24	57	15	5	10	2	0	2	0	0	0	2	0	2	1	0	1	0	0	0	0	0	0	18	14	4	119	43	76
	Summe	278	80	198	45	19	26	32	15	17	32	13	19	10	6	4	5	2	3	7	4	3	1	0	1	22	16	6	432	155	277
VP06	a01	75	17	58	6	0	6	9	1	8	11	5	6	2	1	1	2	0	2	0	0	0	0	0	0	0	0	0	105	24	81
	a02	3	0	3	0	0	0	0	0	0	0	0	0	0	0	0	0	0	0	0	0	0	1	0	1	0	0	0	4	0	4
	a03	17	3	14	5	1	4	4	0	4	4	1	3	0	0	0	0	0	0	4	3	1	0	0	0	0	0	0	34	8	26
	a04	37	16	21	14	5	9	14	6	8	7	1	6	0	0	0	0	0	0	3	1	2	0	0	0	0	0	0	75	29	46
	a05	25	12	13	8	6	2	9	4	5	8	5	3	2	1	1	2	2	0	0	0	0	0	0	0	9	7	2	63	37	26
	a06	66	41	25	19	12	7	17	8	9	9	7	2	3	2	1	5	3	2	0	0	0	3	2	1	12	9	3	134	84	50
	Summe	223	89	134	52	24	28	53	19	34	39	19	20	7	4	3	9	5	4	7	4	3	4	2	2	21	16	5	415	182	233
VP07	a01	53	1	52	5	1	4	5	0	5	12	5	7	2	0	2	2	1	1	0	0	0	0	0	0	0	0	0	79	8	71
	a02	4	0	4	0	0	0	0	0	0	0	0	0	0	0	0	0	0	0	0	0	0	1	0	1	0	0	0	5	0	5
	a03	14	4	10	3	0	3	5	2	3	5	2	3	1	1	0	0	0	0	1	0	1	0	0	0	0	0	0	29	9	20
	a04	27	6	21	14	4	10	3	0	3	9	2	7	0	0	0	1	1	0	5	2	3	0	0	0	0	0	0	59	15	44
	a05	62	36	26	8	7	1	7	1	6	12	10	2	1	1	0	3	2	1	0	0	0	0	0	0	4	2	2	97	59	38
	a06	57	30	27	17	8	9	6	2	4	9	3	6	0	0	0	3	1	2	2	1	1	1	1	0	9	7	2	104	53	51
	Summe	217	77	140	47	20	27	26	5	21	47	22	25	4	2	2	9	5	4	8	3	5	2	1	1	13	9	4	373	144	229
VP08	a01	73	17	56	8	1	7	7	1	6	22	15	7	8	5	3	0	0	0	0	0	0	0	0	0	0	0	0	118	39	79
	a02	12	0	12	0	0	0	0	0	0	0	0	0	0	0	0	0	0	0	0	0	0	1	0	1	0	0	0	13	0	13
	a03	22	5	17	5	2	3	4	1	3	4	1	3	0	0	0	0	0	0	1	0	1	0	0	0	0	0	0	36	9	27
	a04	65	27	38	16	6	10	17	9	8	13	5	8	0	0	0	0	0	0	6	3	3	0	0	0	0	0	0	117	50	67
	a05	33	11	22	5	2	3	5	3	2	3	1	2	2	1	1	1	0	1	0	0	0	0	0	0	8	6	2	57	24	33
	a06	95	39	56	23	11	12	16	7	9	7	2	5	4	1	3	2	2	0	3	3	0	1	0	1	15	12	3	166	77	89
	Summe	300	99	201	57	22	35	49	21	28	49	24	25	14	7	7	3	2	1	10	6	4	2	0	2	23	18	5	507	199	308
VP09	a01	77	17	60	7	3	4	8	3	5	25	14	11	4	3	1	3	1	2	0	0	0	0	0	0	0	0	0	124	41	83
	a02	3	0	3	0	0	0	0	0	0	0	0	0	0	0	0	0	0	0	0	0	0	1	0	1	0	0	0	4	0	4
	a03	27	20	7	14	11	3	15	12	3	8	5	3	1	1	0	1	1	0	1	0	1	0	0	0	0	0	0	67	50	17
	a04	50	16	34	12	4	8	10	2	8	10	4	6	0	0	0	0	0	0	4	2	2	0	0	0	0	0	0	86	28	58
	a05	10	2	8	2	0	2	1	0	1	2	0	2	1	0	1	0	0	0	0	0	0	0	0	0	7	5	2	23	7	16
	a06	176	73	103	24	9	15	38	17	21	21	5	16	1	0	1	7	2	5	0	0	0	3	1	2	14	9	5	284	116	168
	Summe	343	128	215	59	27	32	72	34	38	66	28	38	7	4	3	11	4	7	5	2	3	4	1	3	21	14	7	588	242	346
VP10	a01	63	7	56	6	2	4	8	1	7	8	2	6	1	1	0	3	0	3	0	0	0	0	0	0	0	0	0	89	13	76
	a02	5	0	5	0	0	0	0	0	0	0	0	0	0	0	0	0	0	0	0	0	0	1	0	1	0	0	0	6	0	6
	a03	25	13	12	9	6	3	5	2	3	5	2	3	0	0	0	0	0	0	1	0	1	0	0	0	0	0	0	45	23	22
	a04	40	6	34	7	0	7	12	6	6	6	0	6	0	0	0	0	0	0	6	4	2	0	0	0	0	0	0	71	16	55
	a05	17	0	17	3	0	3	0	0	0	0	0	0	0	0	0	1	0	1	0	0	0	0	0	0	5	3	2	26	3	23
	a06	134	46	88	30	12	18	11	7	4	12	6	6	4	2	2	10	6	4	2	2	0	4	2	2	23	18	5	230	101	129
	Summe	284	72	212	55	20	35	36	16	20	31	10	21	5	3	2	14	6	8	9	6	3	5	2	3	28	21	7	467	156	311
VP11	a01	63	2	61	4	0	4	7	1	6	19	10	9	2	1	1	3	1	2	0	0	0	0	0	0	0	0	0	98	15	83
	a02	6	1	5	0	0	0	0	0	0	0	0	0	0	0	0	0	0	0	0	0	0	1	0	1	0	0	0	7	1	6
	a03	53	8	45	4	1	3	5	2	3	1	0	1	0	0	0	0	0	0	1	0	1	0	0	0	0	0	0	64	11	53
	a04	119	42	77	8	4	4	15	6	9	5	3	2	0	0	0	0	0	0	6	4	2	0	0	0	0	0	0	153	59	94
	a05	23	3	20	5	0	5	3	0	3	0	0	0	0	0	0	1	0	1	0	0	0	0	0	0	3	1	2	35	4	31
	a06	93	27	66	19	7	12	11	6	5	6	4	2	5	2	3	0	0	0	0	0	0	0	0	0	15	11	4	149	57	92
	Summe	357	83	274	40	12	28	41	15	26	31	17	14	7	3	4	4	1	3	7	4	3	1	0	1	18	12	6	506	147	359
VP12	a01	59	2	57	6	0	6	5	0	5	7	1	6	3	0	3	0	0	0	0	0	0	0	0	0	0	0	0	80	3	77
	a02	5	0	5	1	0	1	1	0	1	0	0	0	0	0	0	0	0	0	0	0	0	1	0	1	0	0	0	8	0	8
	a03	58	36	22	8	5	3	7	4	3	2	1	1	0	0	0	0	0	0	1	0	1	1	1	0	0	0	0	77	47	30
	a04	90	35	55	8	4	4	15	6	9	4	1	3	0	0	0	0	0	0	3	1	2	0	0	0	0	0	0	120	47	73
	a05	49	25	24	6	4	2	3	2	1	2	1	1	2	1	1	0	0	0	0	0	0	0	0	0	6	4	2	68	37	31
	a06	Nicht bearbeitet.																													
	Summe	261	98	163	29	13	16	31	12	19	15	4	11	5	1	4	0	0	0	4	1	3	2	1	1	6	4	2	353	134	219

Tab. 3.40: Anzahl der verwendeten Bausteine für alle VP und alle Aufgaben.

Die eingehende statistische Analyse dieser Daten ergibt keinen einfachen nachweisbaren Zusammenhang zwischen der kognitiven Struktur der VP und den von ihnen gesetzten und entfernten Bausteinen.

Bei dieser vom Umfang kleinen Stichprobe (N = 12) setzen sich individuelle Einflüsse auf die Anzahl der verwendeten Bausteine stärker durch als der Einfluss der kognitiven Struktur. Ein Beispiel verdeutlicht diesen Sachverhalt: VP11 hat eine eindeutige Präferenz für eine funktionale Denkweise und sollte demnach nach der eingangs geäußerten Hypothese relativ effizient kurze Wege bevorzugen. Während der Bearbeitung der Aufgaben a03 und a04 kommt es zufällig zu der Situation, dass die Pappschachteln für die Aufnahme der verschiedenen zu sortierenden Objekte von der VP umbaut werden, was dazuführt, dass sie bei diesen Aufgaben am meisten Bausteine benötigt.

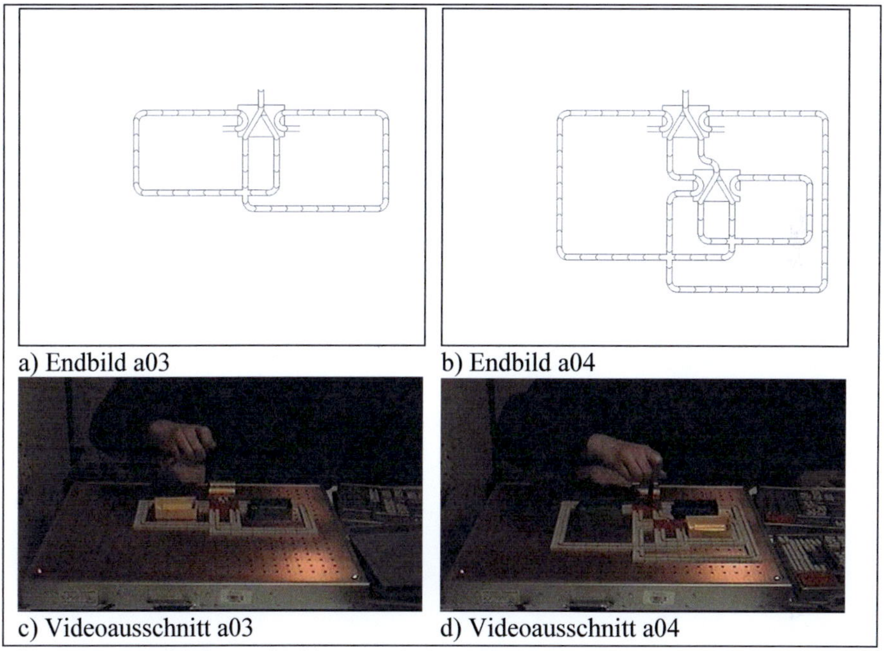

a) Endbild a03 b) Endbild a04

c) Videoausschnitt a03 d) Videoausschnitt a04

Abb. 3.97: Endbilder und Videoausschnitte VP11 a03 und a04.

3.3.5.2 Ketten im Informationsfluss

Ein weiterer Ansatz einer quantitativen Analyse beruht auf der Idee einer Auswertung der im Informationsfluss von den VP gebauten Ketten von Bausteinen. Wie bereits in 2.3.2 und 3.3.4 beschrieben, bauen Individuen mit einer funktionalen kognitiven Struktur in der Regel im Informationsfluss des Automatennetzes.

Die folgenden Beispiele zeigen ein Kette von 15 Bausteinen, die VP11 bei Aufgabe a06 vorwärts gebaut hat (Abb. 3.99), und eine Kette von 8 Bausteinen, die VP09 bei Aufgabe a04 rückwärts gebaut hat (Abb. 3.98). Vorwärts meint in diesem

Zusammenhang das Setzen der Bausteine exakt in der Reihenfolge des Informationsflusses durch die gesetzten Bausteine. Rückwärts meint das Setzen der Bausteine genau entgegen der Reihenfolge des Informationsflusses durch die gesetzten Bausteine, d. h. der neugesetzte Baustein ist jeweils der Vorgänger im Sinne des Informationsflusses des zuvor gesetzten Bausteines.

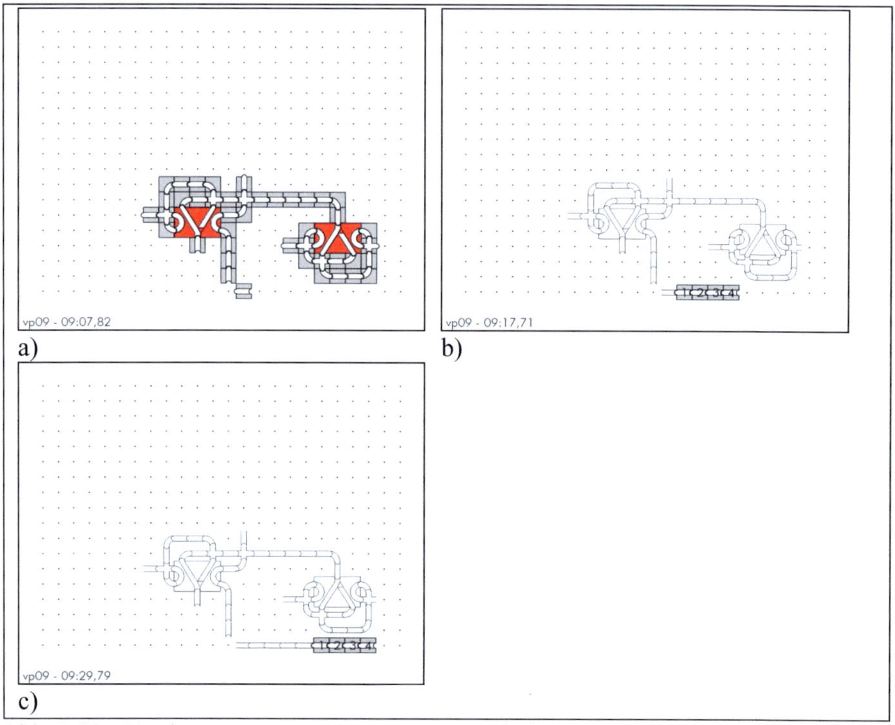

Abb. 3.98: Rückwärtsgesetzte Kette von VP09 bei a04.

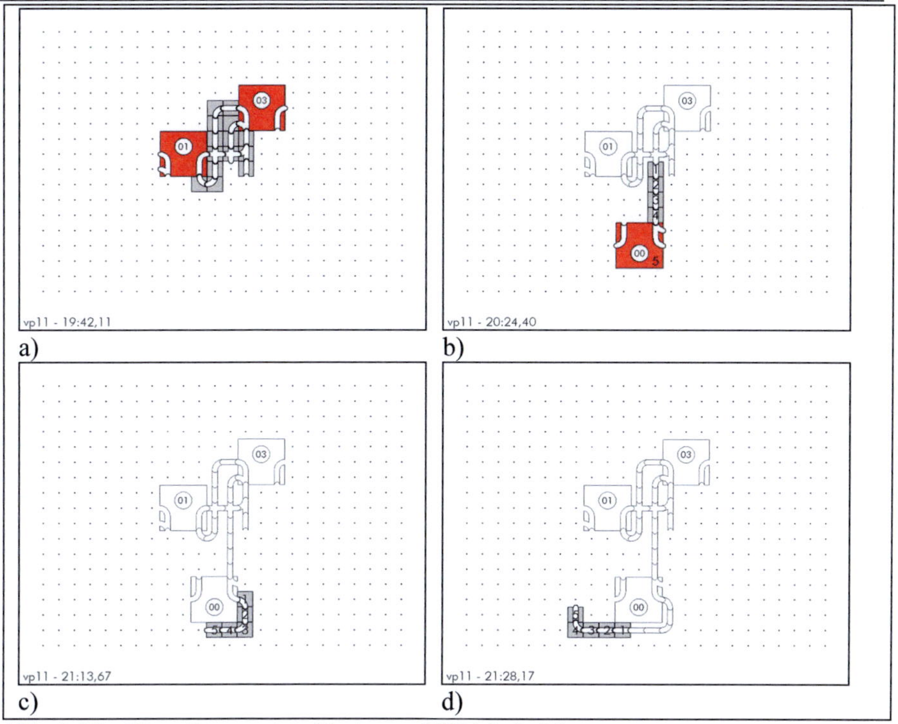

Abb. 3.99: Vorwärtsgesetzte Kette von VP11 bei a06.

Mit Hilfe der Software CoDyLa-WIN werden alle vorwärts und rückwärts gebauten Ketten bei allen VP und allen Aufgaben automatisch bestimmt. Die Daten dieser Erhebung finden sich in folgenden Tabellen:

	Kettenlänge															
	2	3	4	5	6	7	8	9	10	11	12	13	14	15	16	17
VP01	22	14	10	3	2	1				1	1		1			
VP02	44	20	9	5								1				
VP03	26	22	7	6	1	2	3		1							
VP04	53	33	14	8	4	9										1
VP05	43	26	5	6	6	2	1						1			
VP06	34	25	12	5	4	3	1							1		
VP07	32	15	7	5	5	2		1	1	1		1				
VP08	49	33	21	6	3	1	1					1				
VP09	63	27	10	8	4	3	1	1	2			2				
VP10	53	18	7	8	6	2										
VP11	52	25	8	5	4	3	2	1	1	1			1	1		
VP12	30	19	11	6	4	2		1		1			1			

Tab. 3.41: Anzahl der vorwärts- und rückwärtsgesetzten Ketten für alle VP und verschiedene Kettenlängen.

	Kettenlänge															
	2	3	4	5	6	7	8	9	10	11	12	13	14	15	16	17
VP01	12	9	7	2	2	1				1	1		1			
VP02	24	10	4	4								1				
VP03	16	8	6	3	1	2	3		1							
VP04	31	12	10	7	3	8										1
VP05	27	8	3	4	5	2	1						1			
VP06	19	17	10	4	3	2	1							1		
VP07	22	8	4	2	4	1		1	1	1		1				
VP08	36	18	13	5	3	1	1					1				
VP09	39	15	6	5	3	3		1	2			2				
VP10	31	10	4	6	4	1										
VP11	27	11	7	4	1	2	2	1	1				1	1		
VP12	18	11	7	4	3	2		1		1			1			

Tab. 3.42: Anzahl der vorwärtsgesetzten Ketten für alle VP und verschiedene Kettenlängen.

	Kettenlänge															
	2	3	4	5	6	7	8	9	10	11	12	13	14	15	16	17
VP01	10	5	3	1												
VP02	20	10	5	1												
VP03	10	14	1	3												
VP04	22	21	4	1	1	1										
VP05	16	18	2	2	1											
VP06	15	8	2	1	1	1										
VP07	10	7	3	3	1	1										
VP08	13	15	8	1												
VP09	24	12	4	3	1		1									
VP10	22	8	3	2	2	1										
VP11	25	14	1	1	3	1				1						
VP12	12	8	4	2	1											

Tab. 3.43: Anzahl der rückwärtsgesetzten Ketten für alle VP und verschiedene Kettenlängen.

Offensichtlich sind lange rückwärtsgesetzte Ketten extrem selten im Verhältnis zu langen vorwärtsgesetzten Ketten. Dieser Sachverhalt ist genauso zu erwarten, da es von der Struktur der Aufgabenstellungen einfacher ist, Ketten im Informationsfluss zu setzen als gegen ihn. Dass kurze Ketten wesentlich häufiger vorkommen als lange Ketten ist ebenfalls nicht verwunderlich, wobei die Frage offen bleibt, ab welcher Kettenlänge man im Sinne dieser Untersuchung wirklich von Ketten sprechen sollte.

Leider lässt sich aus dem obigen Datenmaterial kein eindeutiger einfacher Zusammenhang zwischen dem Bauen von Ketten im Informationsfluss und der kognitiven Struktur der VP ermitteln. Es scheint so zu sein, dass VP mit einer Präferenz für funktionale Strategien wie erwartet eher lange Ketten bauen. Dieser Zusammenhang ist aber nicht stark ausgeprägt und bei dieser Versuchspopulation auch nicht signifikant, wie eine Analyse der Daten ergibt. So lässt sich festhalten, dass die Software ohne Aufwand zusätzliches Datenmaterial liefert, was vor dem Einsatz der computerunterstützten Version der Dynamischen Labyrinthe bei Untersuchungen nur unter sehr großem Einsatz oder zum Teil gar nicht zu bekommen war, aber sich bei dieser VP-Gruppe keine einfachen quantitativen Zusammenhänge zwischen dem neuen Datenmaterial und der kognitiven Struktur statistisch nachweisen lassen. Das Datenmaterial vereinfacht eindeutig die qualitative Auswertung, wie sie in Abschnitt 3.3.4 zu finden ist.

4 Ausblick

Wie mit den empirischen Erprobungsstudien gezeigt werden konnte, ist es gelungen, zwei funktionierende Werkzeuge zu entwickeln. Es ist jetzt tatsächlich möglich, mit größeren VP-Gruppen zu arbeiten, was insbesondere für die Erforschung des algorithmischen Verständnisses beim Konstruieren von Automatennetzen mit den Dynamischen Labyrinthen einen großen Fortschritt darstellt.
Damit in Zukunft quantitative Auswertungen besser gelingen können und um damit eine stabile Messmethode zu etablieren, wären (u. a.) folgende Überlegungen umzusetzen:

QuaDiPF-Eye

- Verbesserung der Algorithmen zur automatischen Zuordnung der gemessenen Blickdaten zu den neun Matrixfeldern unter Ausnutzung von Blickpfadsequenzen.
  Im Prinzip wird eine Verbesserung der Mustererkennung von Blickpfadsequenzen bezüglich der betrachteten Matrixfelder angestrebt.
- Generieren weitere Hypothesen, wie typische Blickpfadsequenzen im Falle prädikativen bzw. funktionalen Denkens aussehen könnten.

CoDyLa

- Konstruieren eines bezüglich der Erfassung des Zählerzustandes technisch besser funktionierenden Zählerbausteines.
- Generieren weitere Hypothesen, welche Sequenzen an gesetzten Bausteinen typisch sind für prädikatives bzw. funktionales Denken; z. B. Erweiterung der Idee der Bauteilketten zu Bauteiloberketten, d. h. sinnvolle Zusammenfassung von Bauabschnitten.

Selbstverständlich wären auch noch benutzerfreundliche Handbücher für die Benutzung der beiden Werkzeuge zu erstellen, die über die bislang existierenden Hilfedateien hinausreichen.

5 Danksagung

An dieser Stelle möchte ich mich bei Prof. Dr. Elmar Cohors-Fresenborg und Prof. Dr. Inge Schwank bedanken, dass sie mir ermöglicht haben, diese Arbeit zu schreiben. Insbesondere gilt dieser Dank Frau Prof. Dr. Inge Schwank für die intensive Diskussion, Beratung und Betreuung und dem damit verbundenen Zeit- und Energieaufwand. Auch bei Herrn Prof. Dr. Niels Galley möchte ich mich für die Beratung hinsichtlich der Untersuchung von Augenbewegungen und für die Gastfreundschaft bedanken. Meinen ehemaligen Kollegen und Freunden Dr. Silke Brinkschmidt und Dr. Ansgar Striethorst danke ich für die guten Gespräche und die gegenseitige Unterstützung.

Insgesamt möchte ich mich bei allen, auch ehemaligen, Mitarbeitern am Institut für Kognitive Mathematik an der Universität Osnabrück für die vielfältige Unterstützung bedanken. Ein weiterer Dank gilt den Werkstätten des Fachbereichs Physik der Universität Osnabrück, der Feinmechanischen Werkstatt und der Werkstatt für Elektronik und Informationstechnik, deren Mitarbeiter die Realisierung der CoDyLa Technik ermöglicht haben.

Einen herzlichen Dank möchte ich auch an die Schachfreunde des Schachklubs Meppen 1959 e.V. richten, die freiwillig an den Weihnachtsfeiertagen des Jahres 2000 und des Jahres 2001 an beiden Teilen der Untersuchung mit großem Engagement als Versuchspersonen teilgenommen haben.

Bedanken möchte ich mich auch bei Frau Heike Stahl, die seit Jahren unter anderem meine Diplom- und Staatsarbeiten und auch diese Arbeit Korrektur gelesen hat.

Abschließend gilt mein Dank meiner Ehefrau Marita, die mich in den letzten Jahren immer unterstützt hat und auch meinem Sohn Sebastian und meiner Tochter Eva, für die ich leider in den arbeitsreichen Phasen weniger Zeit hatte.

6 Literaturverzeichnis

ARMBRUST, S. (2001a): Untersuchungen mit CoDyLa zur Diagnose prädikativen versus funktionalen Denkens. In: *Beiträge zum Mathematikunterricht 2001*. Franzbecker, Hildesheim, 85-88.

ARMBRUST, S. (2001b): QuaDiPF-Untersuchung mit Eyetracker. Transkripteband Teil 1 & 2. Arbeitsbericht 39.1 & 2. Forschungsinstitut für Mathematikdidaktik (FMD), Osnabrück.

ARMBRUST, S. / SCHWANK, I. / LIBERTUS, M. (2002a): Augenblickbewegungen beim Lösen von Matrizenaufgaben (QuaDiPF). In Meer, E. van der / Hagendorf, H. / Beyer, R. / Krüger, F. / Nuthmann A. / Schulz, S. (Ed.): *43. Kongress der Deutschen Gesellschaft für Psychologie*. Pabst Science Publishers, Lengerich, 378.

ARMBRUST, S. / LIBERTUS, M. (2002b): CoDyLa-Untersuchung über prädikative versus funktionale Denkvorgänge beim Konstruieren von Algorithmen Band 1-6. Arbeitsbericht 40.1-6. Forschungsinstitut für Mathematikdidaktik (FMD), Osnabrück.

BATESON, G. (1982): Geist und Natur. Suhrkamp, Frankfurt am Main.

BRINKSCHMIDT , S. / ARMBRUST, S. (2002): Untersuchungen zur Präferenz für prädikatives vs. funktionales Denken mit Hilfe der Analyse von Augen-Blickbewegungen. In: *Beiträge zum Mathematikunterricht 2002*. Franzbecker, Hildesheim, 131-134.

CARPENTER, P. / JUST, M. / SHELL, P. (1990): What One Intelligence Test Measures: A Theoretical Account of the Processing in the Raven Progressive Matrices Test. In: *Psychological Review*, 97 (3) , 404-431.

COHORS-FRESENBORG, E. (1976): Dynamische Labyrinthe. In: *Didaktik der Mathematik*, 4 (1), 1-21.

COHORS-FRESENBORG, E. (1977): Mathematik mit Maschinen und Kalkülen. Vieweg, Braunschweig

COHORS-FRESENBORG, E. (1987): Zur Integration algorithmischer und axiomatischer Denkweisen in den Mathematikunterricht der Klasse 7 des Gymnasiums. In: *Beiträge zum Mathematikunterricht*, 130-133.

COHORS-FRESENBORG, E. / BRINKSCHMIDT, S. / ARMBRUST, S. (2003): Augenbewegungen als Spuren prädikativen oder funktionalen Denkens. In: *Zentralblatt für Didaktik der Mathematik*, 35 (3), 86-93.

COHORS-FRESENBORG, E. / SCHWANK, I. (1995): Zur Theorie prädikativer / funktionaler Kognition. In: *Beiträge zum Mathematikunterricht 1995*. Franzbecker, Hildesheim, 150-153.

Deutscher Schachbund e.V. – Informationen zu Deutschen Wertungszahlen (DWZ) http://www.deutscher-schachbund.de/dwz/dwzinfo.html (Stand 01.01.2006).

Deutscher Schachbund e.V. – http://www.schachbund.de (Stand 01.01.2006).

ERK, K. / PRIESE, L. (2002[2]): Theoretische Informatik. Eine umfassende Einführung. Springer, Berlin, Heidelberg, New York.

GALLEY, N. / GALLEY, L. (1999): Saccadic latency and fixation durations as indicators of mental speed. In Mervielde, I. / Deary, I. / Fruyt, F. De / Ostendorf, F.: *Personality Psychology in Europe*. University Press, Tilburg, 221-234.

GALLEY, N. (2001): Physiologische Grundlagen und Meßmethoden der Okulomotorischen Aktivität. In Rösler, F. (Ed.): *Enzyklopädie der Psychologie. Biologische Psychologie. Band 4: Grundlagen und Methoden der Psychophysiologie*. Hogrefe, Göttingen, 237-279.

GRAY, E. / TALL, D. (1994): Duality, Ambiguity and Flexibility: A Proceptual View of Simple Arithmetic. In: *The Journal for Research in Mathematics Education*, 26 (2), 115-141.

KAUNE, C. (1985): Schüler denken am Computer – eine Untersuchung über den Einfluss von Repräsentationsformen und kognitiven Strategien beim Konstruieren und Analysieren von Algorithmen. Forschungsinstitut für Mathematikdidaktik (FMD), Osnabrück.

LIBERTUS, M. / ARMBRUST, S. (2002): Prädikative versus funktionale Denkvorgänge beim Konstruieren von Algorithmen. In Meer, E. van der / Hagendorf, H. / Beyer, R. / Krüger, F. / Nuthmann A. / Schulz, S. (Ed.): *43. Kongress der Deutschen Gesellschaft für Psychologie*. Pabst Science Publishers, Lengerich, 214.

MARPAUNG, Y. (1986): Profile Indonesischer Schüler beim Umgang mit Algorithmen und ihre Analyse. Forschungsinstitut für Mathematikdidaktik (FMD), Osnabrück.

MÖLLE, M. / SCHWANK, I. / MARSHALL, L. / KLÖHN, A. / BORN, J. (2000): Dimensional complexity and power spectral measures of the EEG during functional versus predivative problem solving. In: *Brain and Cognition*, 44 (3), 547-563.

PUTZ-OSTERLOH, W. (1981): Problemlöseprozesse und Intelligenzleistung. Hans Huber, Bern.

RAVEN, J. C. (1971): Advanced progressive matrices. Sets I and II. Lewis, London.

SCHLEICHER, R. / GALLEY, N. (2005): Saccadic velocity and duration as psychological variables I. Standardization procedure. In: *13th European Conference on Eye Movements*. University of bern, Bern.

SCHWANK, I. (1986): Cognitive Structures of Algorithmic Thinking. In: *Proceedings of the Tenth International Conference for the Psychology of Mathematics Education*. University of London, Institute of Education, London, 195-200.

SCHWANK, I. (1988): Zum algorithmischen Denken von Mädchen. In: *Beiträge zum Mathematikunterricht 1988*. Franzbecker, Bad Salzdetfurth, 289-292.

SCHWANK, I. (1990): Theoretische Grundlagen der Untersuchung und Interpretation ihrer Ergebnisse. In Schwank, I. (Hrsg.): *Zur algorithmischen Begriffsbildung von Mädchen.* Arbeitsbericht 3. Forschungsinstitut für Mathematikdidaktik (FMD), Osnabrück.

SCHWANK, I. (1994): Zur Analyse kognitiver Mechanismen mathematischer Begriffsbildung unter geschlechtsspezifischem Aspekt. In: *Zentralblatt für Didaktik der Mathematik*, 26 (2), 31-40.

SCHWANK, I. (1996): Zur Konzeption prädikativer versus funktionaler kognitiver Strukturen und ihrer Anwendung. In: *Zentralblatt für Didaktik der Mathematik*, 28 (6), 168-183.

SCHWANK, I. / BARTZ, S. / HÖRNSCHEMEYER, C. (1998): Dynamische Labyrinthe als Propädeutik für die formale Programmierung - Konzeption und Handreichungen für eine mathematische Arbeitsgemeinschaft in der Grundschule (3. Klasse). Forschungsinstitut für Mathematikdidaktik (FMD), Osnabrück.

SCHWANK, I. (1998/2000): QuaDiPF: Qualitatives Diagnoseinstrument für prädikatives versus funktionales Denken. Testheft, Ver. A-D. Forschungsinstitut für Mathematikdidaktik (FMD), Osnabrück.

SCHWANK, I. (1999): On Predicative versus Functional Cognitive Structures. In Schwank, I. (Ed.): *European Research in Mathematics Education Vol. II*. Forschungsinstitut für Mathematikdidaktik (FMD), Osnabrück, 84-96.

SCHWANK, I. (2001a): Prädikative versus funktionale Art logischen Denkens. In: *Beiträge zum Mathematikunterricht 2001*. Franzbecker, Hildesheim, 560-563.

SCHWANK, I. (2001b): Analysis of Eye-Movements During Functional versus Predicative Problem Solving. In: Novotna, J. (Ed.): *European Research in Mathematics Education II*. Charles University, Prague, 489-498.

SCHWANK, I. (2003a): Einführung in prädikatives und funktionales Denken. In: *Zentralblatt für Didaktik der Mathematik*, 35 (3), 70-78.

SCHWANK, I. / ARMBRUST, S. / LIBERTUS, M. (2003b): Prädikative versus funktionale Denkvorgänge beim Konstruieren von Algorithmen. In: *Zentralblatt für Didaktik der Mathematik*, 35 (3), 79-85.

SCHWANK, I. (2004): eLearning: Individualität als Herausforderung - Kognitionsdidaktische Notizen. In: Franzen, M. (Hrsg.): *Die Zukunft von eLearning. Neue Erkenntniss aus Gehirnforschung, Pädagogik und Wirtschaft.* EMPA-Akademie, Zürich, 47-65.

SCHWANK. I. (2005): Die Schwierigkeit des Dazu-Denkens. In: Aster, M. von / Lorenz, J.-H.: *Rechenstörungen bei Kindern - Neurowissenschaft, Psychologie, Pädagogik.* Vandenhoeck & Ruprecht, Göttingen, 93- 133.

SFARD, A. (1991): On the dual nature of mathematical conceptions: reflections on processes and objects as different sides of the same coin. In: *Educational Studies in Mathematics*, 22, 1-36.

SRIETHORST, A. (2004): Über die Unterschiedlichkeit von Vorstellungen beim Gleichungslösen. Untersuchung individueller Unterschiede in der mentalen Repräsentation von symbolverarbeitenden Regelsystemen und ihr Erklärungswert für die Unterschiedlichkeit von Schülereigenproduktionen im Mathematikunterricht. Forschungsinstitut für Mathematikdidaktik (FMD), Osnabrück.

XU, B. Y. (1992/93): Untersuchung zum algorithmischen Denken chinesischer Kinder. Arbeitsberichte 14.1-8, 15.2, 16 & 17. Forschungsinstitut für Mathematikdidaktik (FMD), Osnabrück.

XU, B. Y. (1994): Untersuchung zu prädikativen und funktionalen kognitiven Strukturen chinesischer Kinder bei der Auseinandersetzung mit Grundbegriffen der Programmierung. Forschungsinstitut für Mathematikdidaktik (FMD), Osnabrück.

7 Anhang

7.1 QuaDiPF-Eye

VP	Aufgaben									Bild
	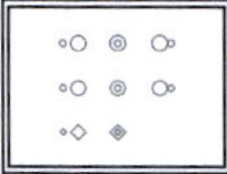	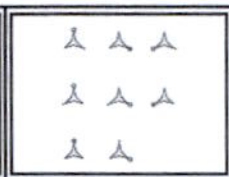	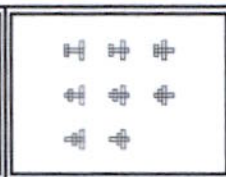	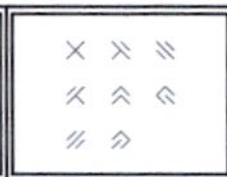	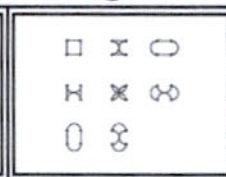	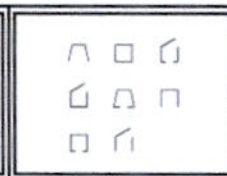	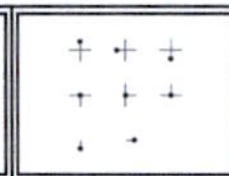	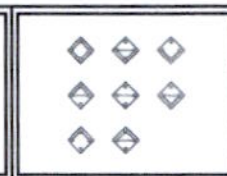	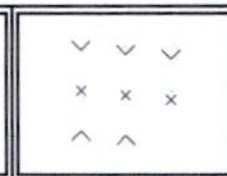	
	a00	a01	a02	a03	a04	a05	a06	a07	a08	
1	29,861 s	43,779 s	54,666 s	107,968 s	98,662 s	128,428 s	30,498 s	31,760 s	21,472 s	150,383 s
2	36,531 s	24,472 s	20,103 s	48,876 s	76,132 s	107,096 s	155,059 s	155,455 s	81,914 s	210,210 s
3	25,969 s	99,241 s	15,073 s	101,881 s	62,673 s	65,390 s	40,542 s	106,457 s	8,056 s	78,328 s
4	46,362 s	21,053 s	38,976 s	48,368 s	19,711 s	71,185 s	38,372 s	180,737 s	31,368 s	93,549 s
5	27,607 s	15,758 s	23,098 s	331,870 s	47,018 s	112,942 s	32,831 s	58,691 s	37,499 s	241,710 s
6	39,779 s	98,796 s	23,350 s	203,495 s	14,042 s	122,740 s	33,264 s	54,849 s	10,118 s	229,288 s
7	28,550 s	141,172 s	35,735 s	84,715 s	32,743 s	59,959 s	106,695 s	40,993 s	26,785 s	190,176 s
8	32,971 s	122,474 s	120,135 s	235,862 s	133,323 s	327,780 s	169,120 s	258,524 s	188,966 s	178,693 s
9	28,323 s	34,485 s	21,892 s	78,932 s	152,739 s	209,225 s	36,304 s	47,917 s	60,564 s	99,660 s
10	26,942 s	107,760 s	28,778 s	67,142 s	41,406 s	49,689 s	52,290 s	130,092 s	21,023 s	107,535 s
11	25,719 s	150,654 s	39,063 s	68,998 s	23,073 s	103,662 s	18,589 s	18,957 s	7,572 s	126,453 s
12	79,434 s	200,569 s	42,611 s	79,435 s	40,956 s	107,974 s	160,292 s	79,996 s	36,814 s	253,047 s
Minimum	25,719 s	15,758 s	15,073 s	48,368 s	14,042 s	49,689 s	18,589 s	18,957 s	7,572 s	78,328 s
Maximum	79,434 s	200,569 s	120,135 s	331,870 s	152,739 s	327,780 s	169,120 s	258,524 s	188,966 s	253,047 s
Mittelwert	35,671 s	88,351 s	38,623 s	121,462 s	61,873 s	122,173 s	72,821 s	97,036 s	44,346 s	163,253 s
Median	29,206 s	99,019 s	32,257 s	82,075 s	44,212 s	107,535 s	39,457 s	69,344 s	29,077 s	164,538 s
StdAbw	15,158 s	60,152 s	28,082 s	88,366 s	45,142 s	77,282 s	57,773 s	72,067 s	50,523 s	62,148 s

Tab. 7.1: Übersicht der Bearbeitungszeiten aller VP bei den QuaDiPF-Aufgaben einschl. Kennzeichnung der Zeitminima und -maxima innerhalb jeder Aufgabe.

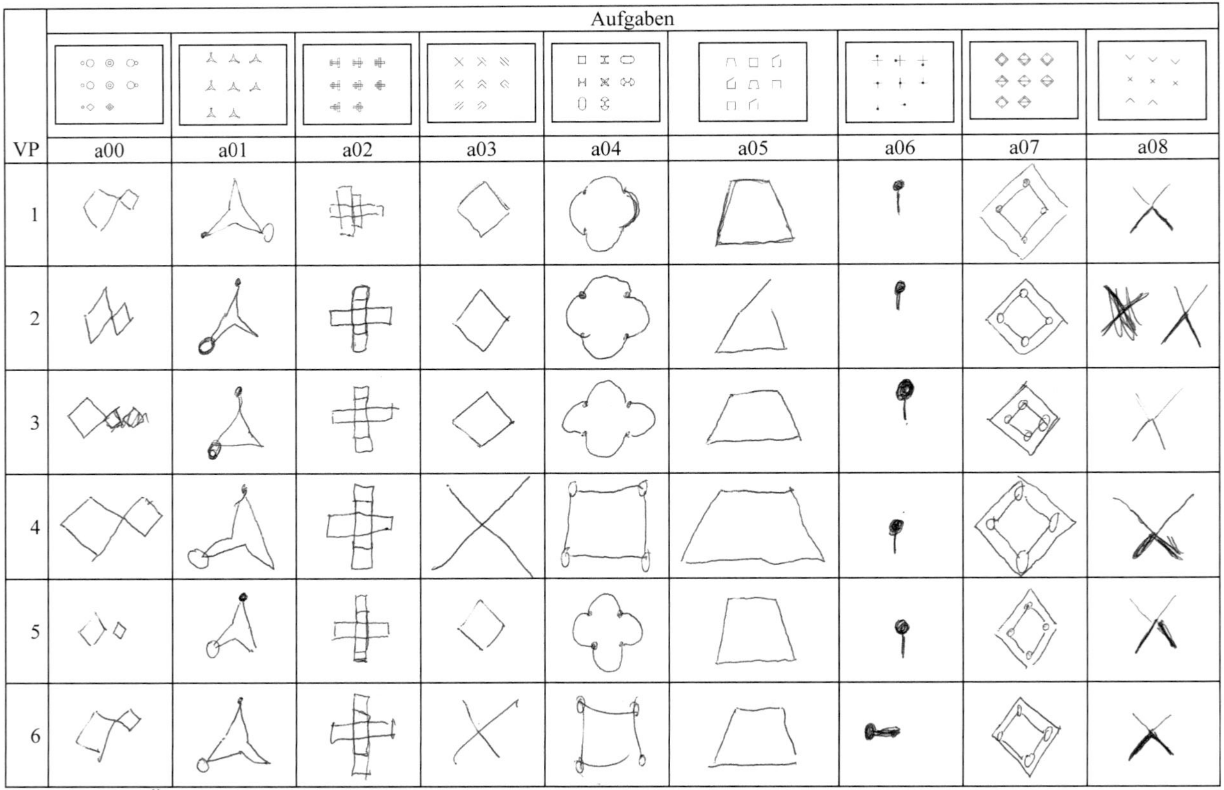

Tab. 7.2: Übersicht der Lösungsfiguren der VP 1 bis 6 bei den QuaDiPF-Aufgaben.
Die Darstellungsgröße ist im Maßstab 70 : 127 (ca. 55%) in Bezug auf die Originalgröße der Lösungszeichnungen der VP.

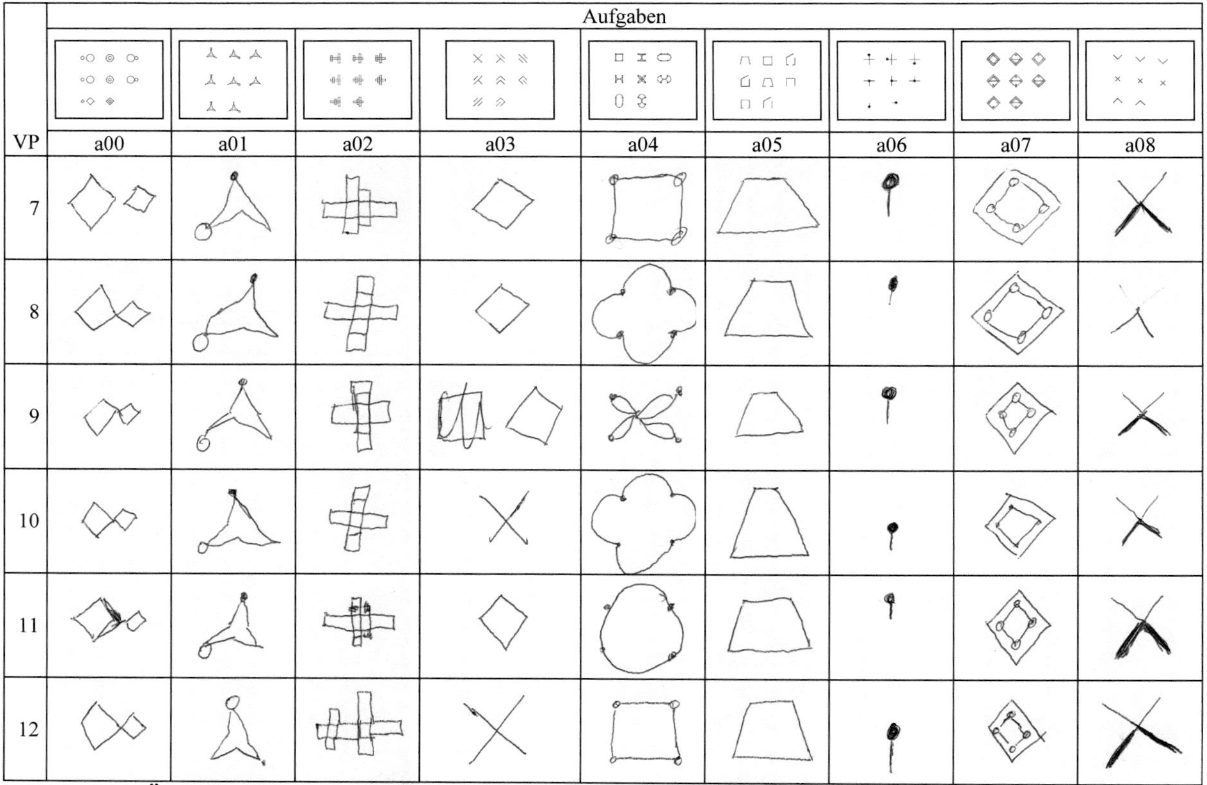

Tab. 7.3: Übersicht der Lösungsfiguren der VP 7 bis 12 bei den QuaDiPF-Aufgaben.
Die Darstellungsgröße ist im Maßstab 70 : 127 (ca. 55%) in Bezug auf die Originalgröße der Lösungszeichnungen der VP.

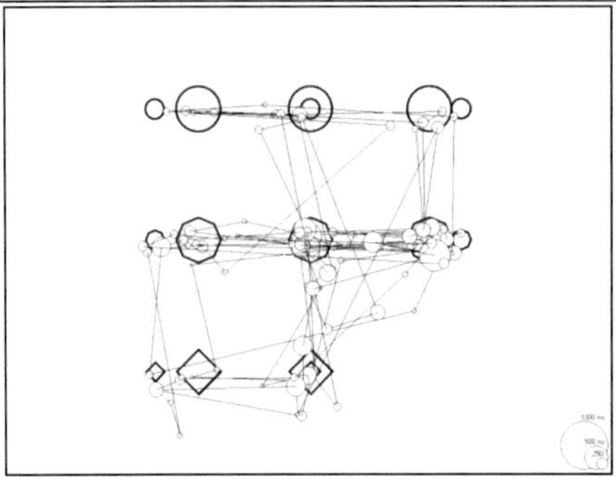

a00; BZ: 29,86 s

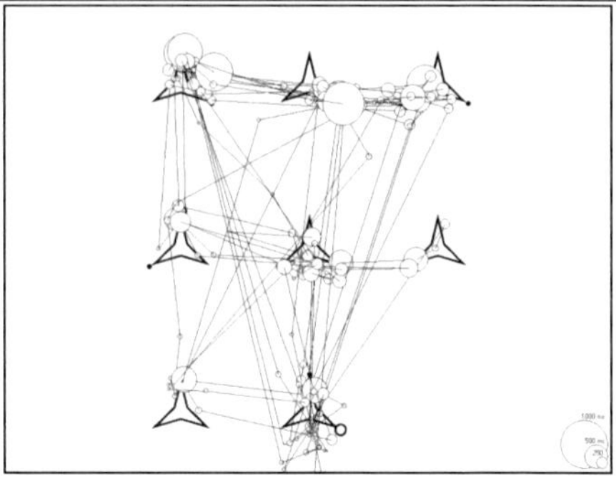

a01; BZ: 43,78 s

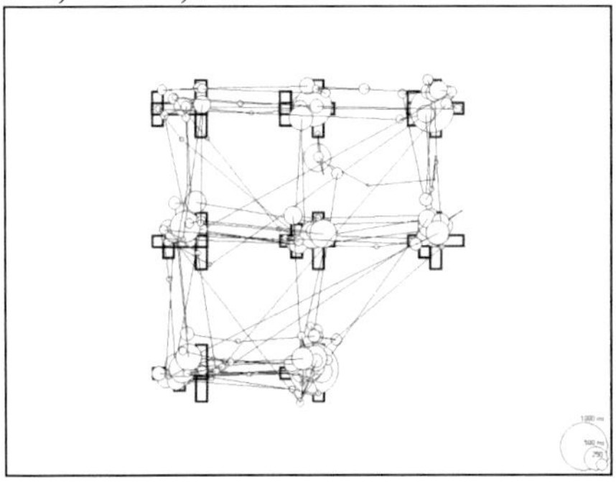

a02; BZ: 54,67 s

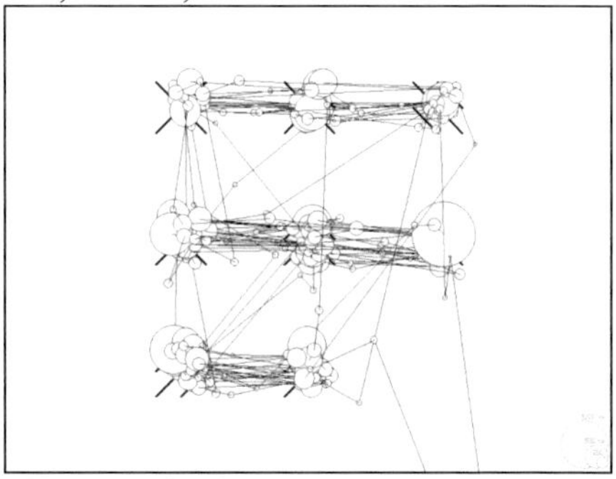

a03; BZ: 107,97 s

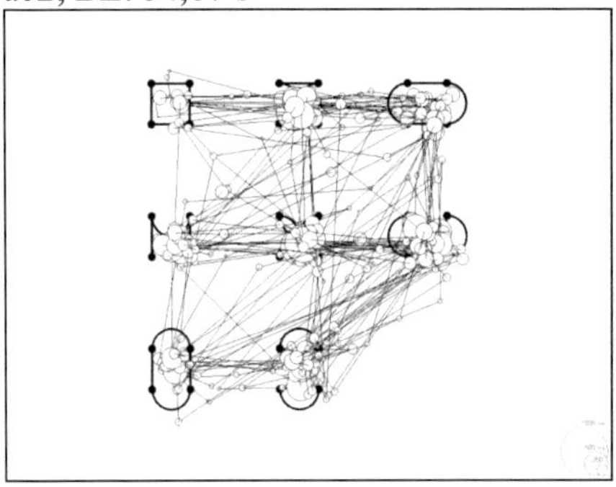

a04; BZ: 98,66 s

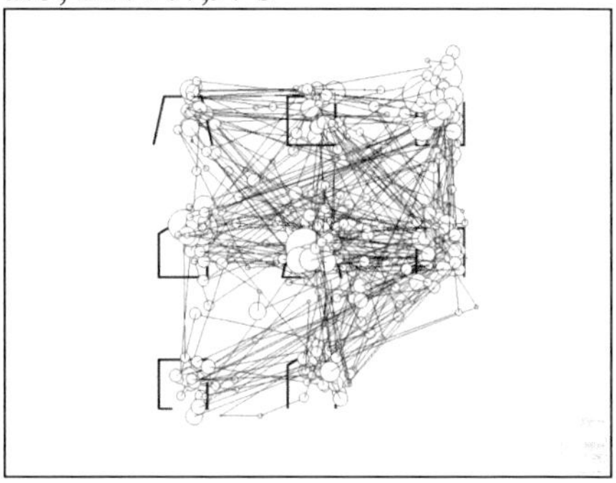

a05; BZ: 128,43 s

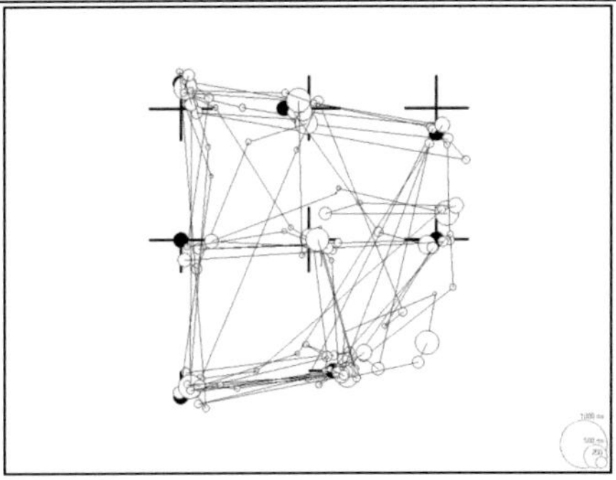

a06; BZ: 30,50 s

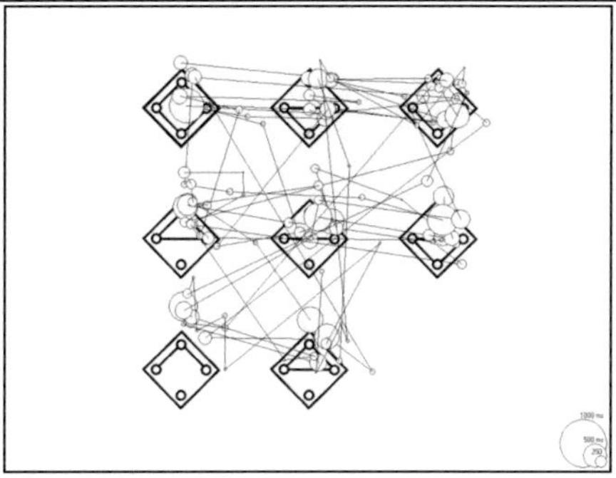

a07; BZ: 31,76 s

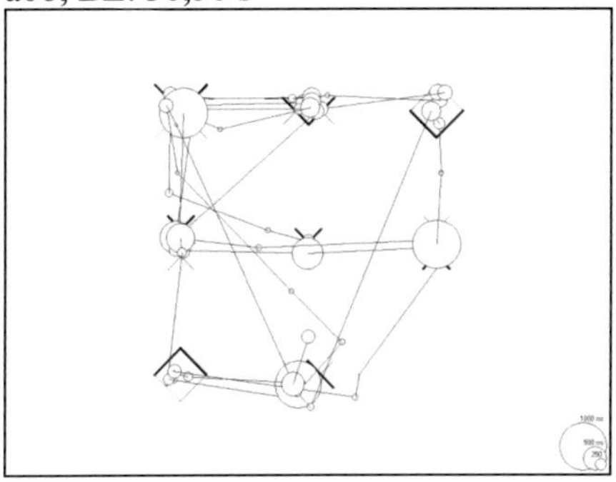

a08; BZ: 21,47 s

Tab. 7.4: Blickpfade VP01.

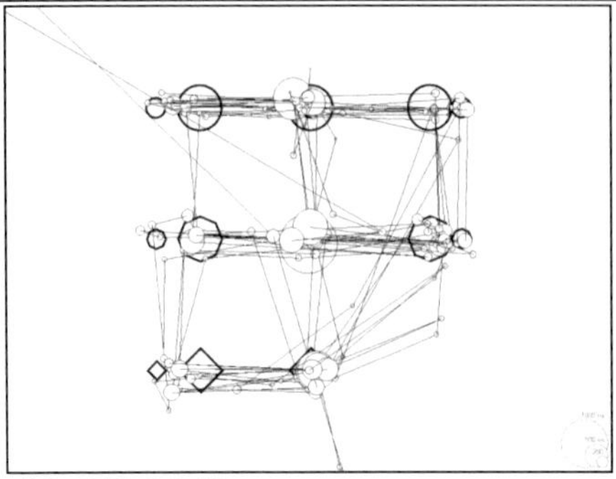

a00; BZ: 36,53 s

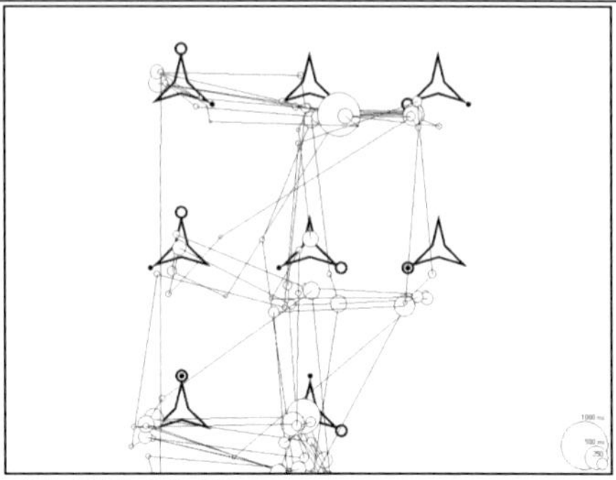

a01; BZ: 24,47 s

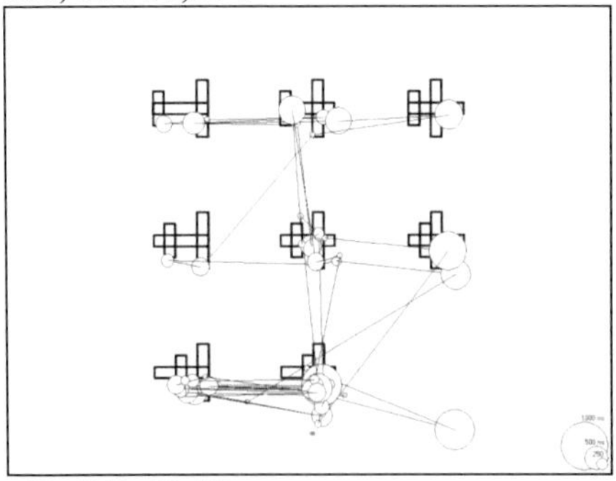

a02; BZ: 20,10 s

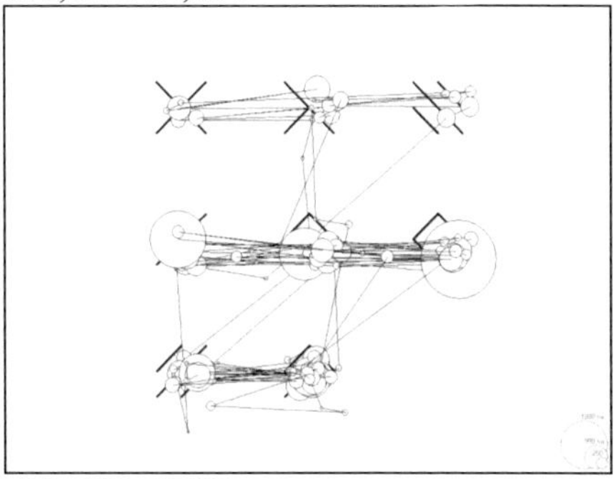

a03; BZ: 48,88 s

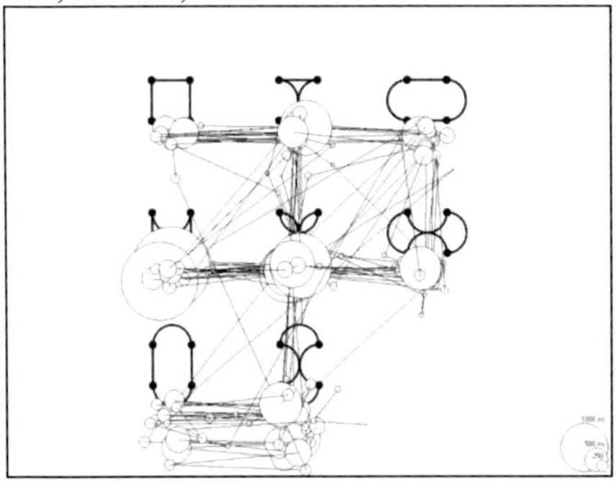

a04; BZ: 76,13 s

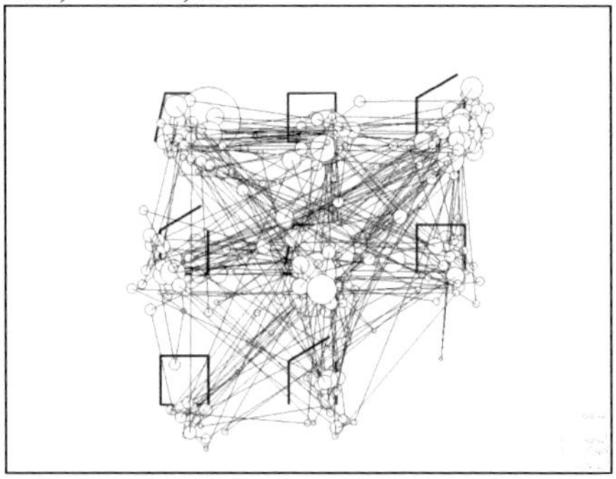

a05; BZ: 107,10 s

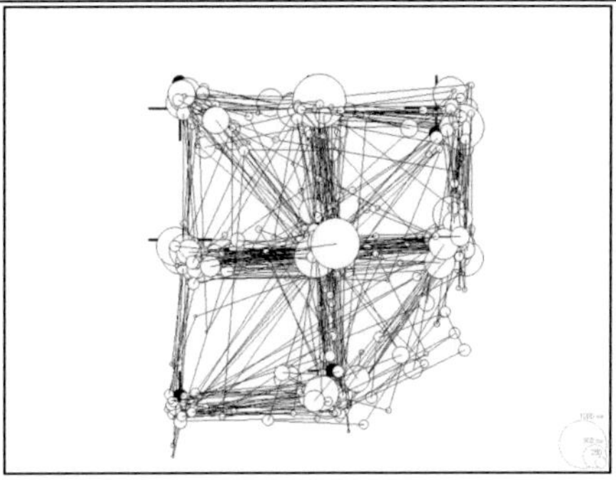

a06; BZ: 155,06 s

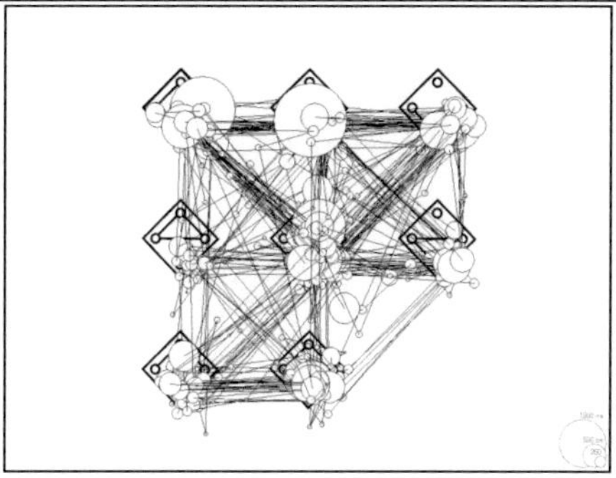

a07; BZ: 155,46 s

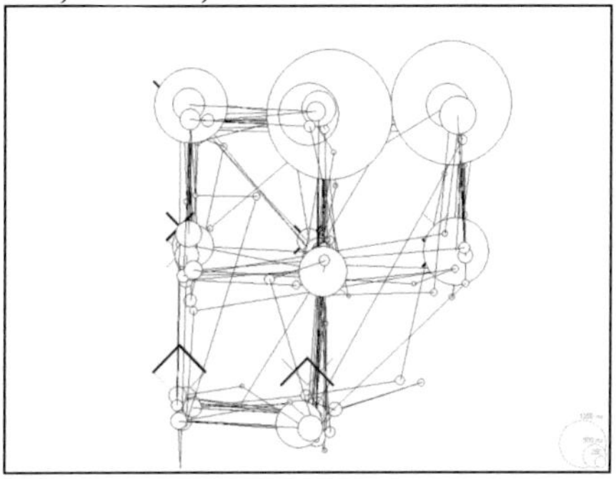

a08; BZ: 81,91 s

Tab. 7.5: Blickpfade VP02.

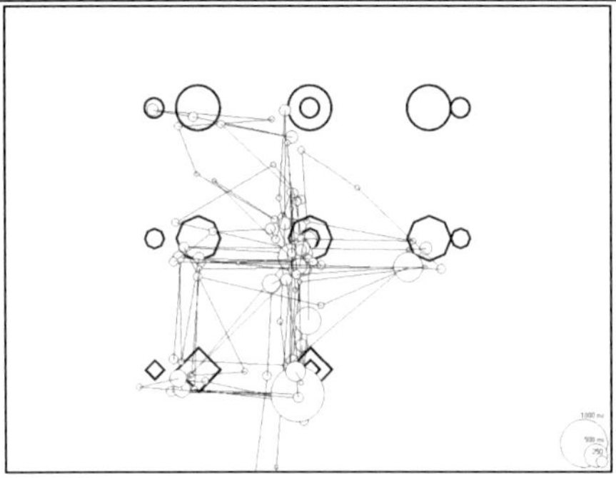

a00; BZ: 25,97 s

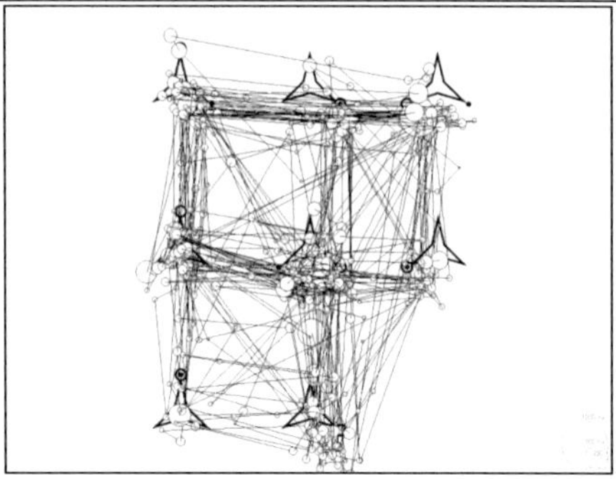

a01; BZ: 99,24 s

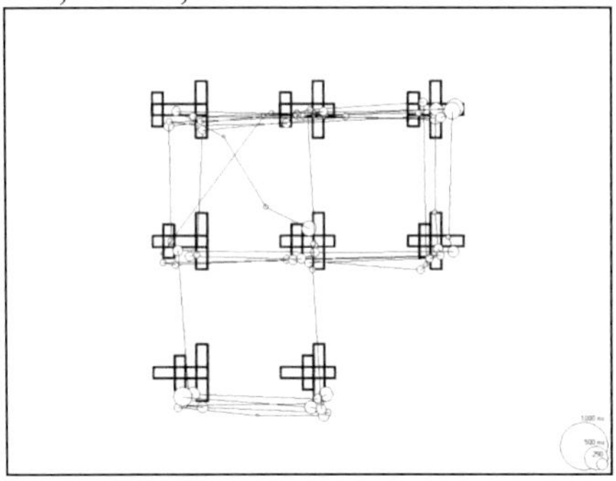

a02; BZ: 15,07 s

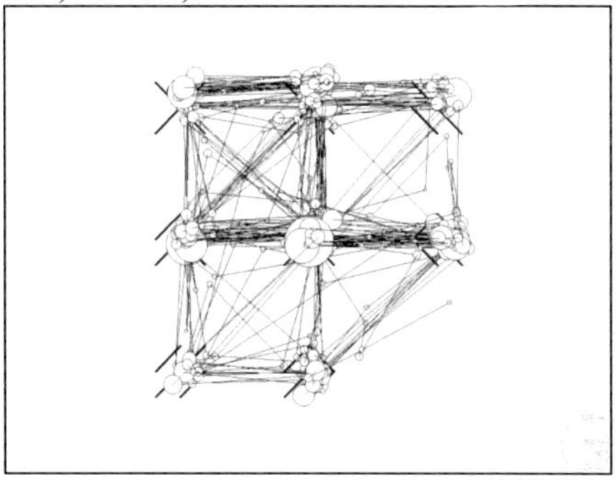

a03; BZ: 101,88 s

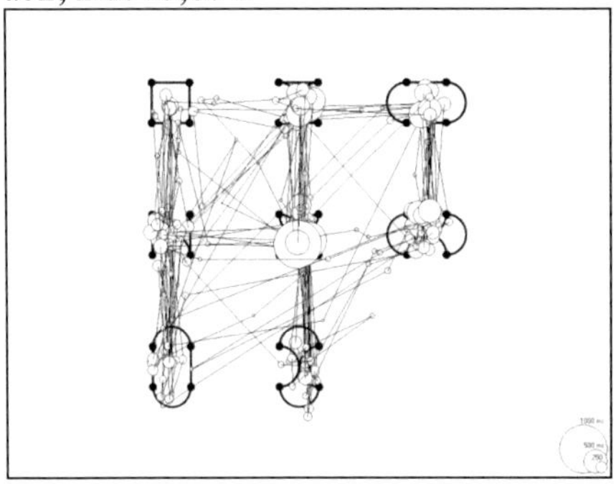

a04; BZ: 62,67 s

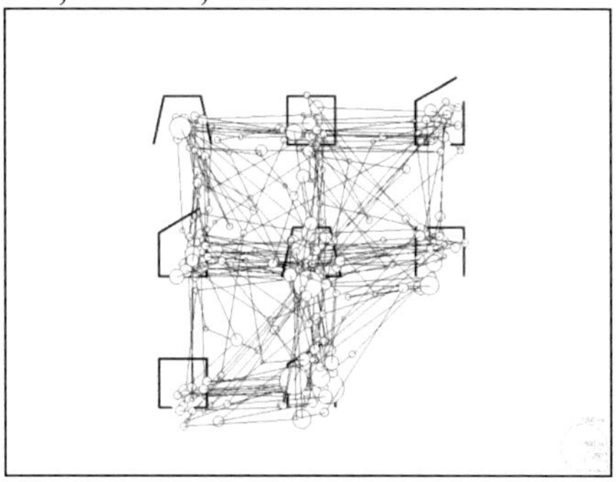

a05; BZ: 65,39 s

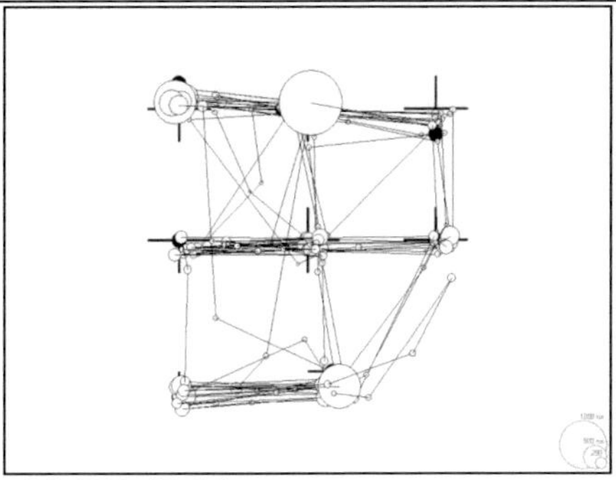

a06; BZ: 40,54 s

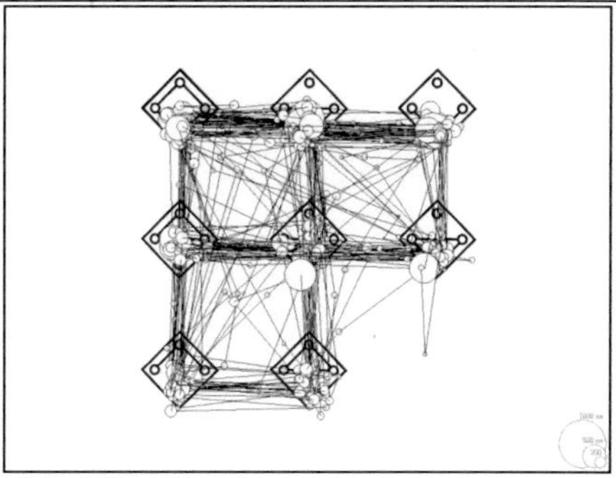

a07; BZ: 106,46 s

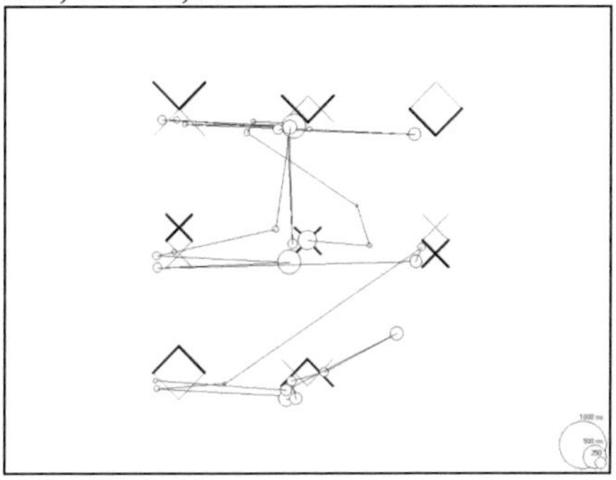

a08; BZ: 8,06 s

Tab. 7.6: Blickpfade VP03.

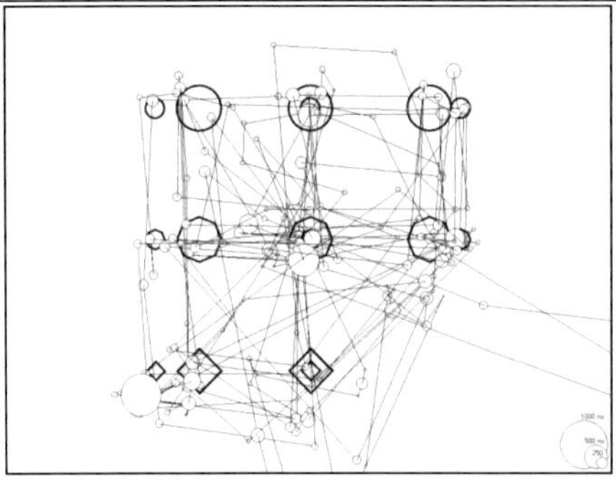

a00; BZ: 46,36 s

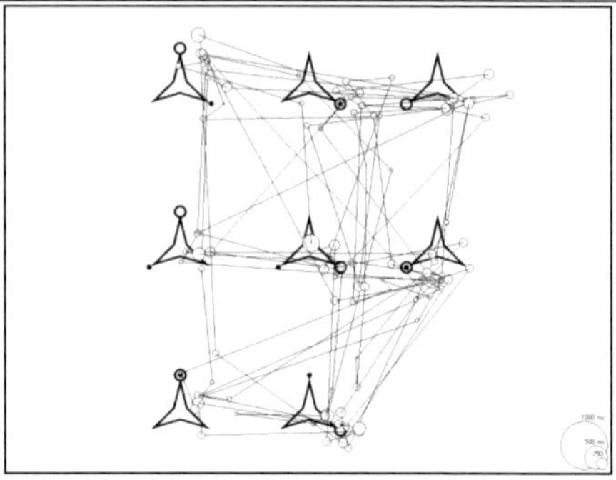

a01; BZ: 21,05 s

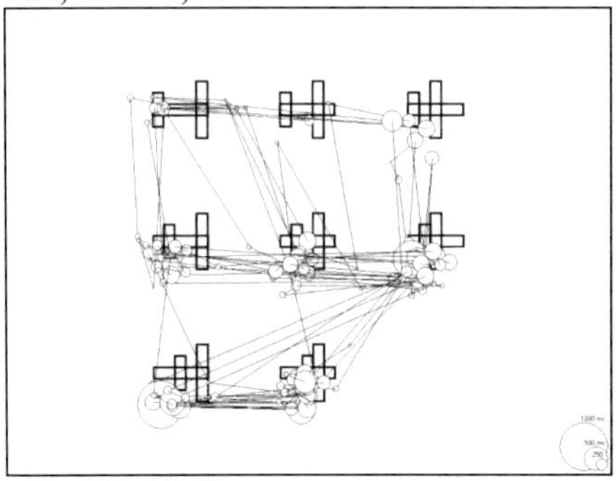

a02; BZ: 38,98 s

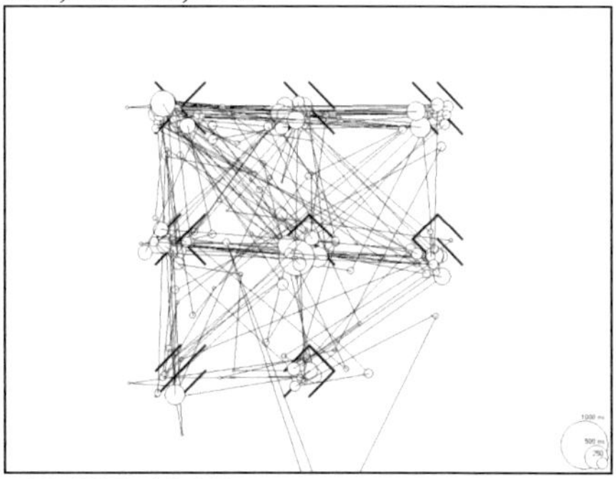

a03; BZ: 48,37 s

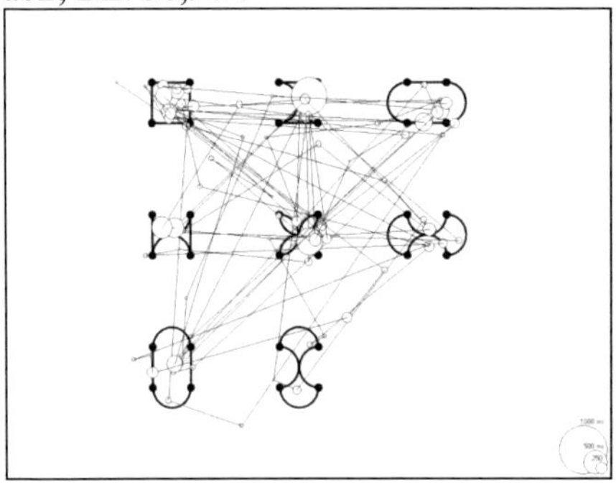

a04; BZ: 19,71 s

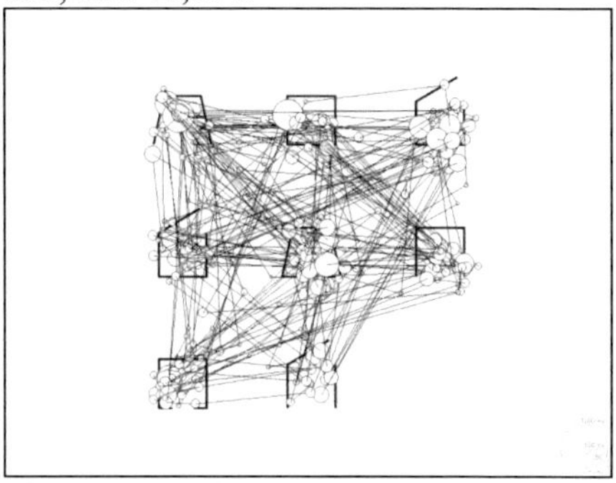

a05; BZ: 71,19 s

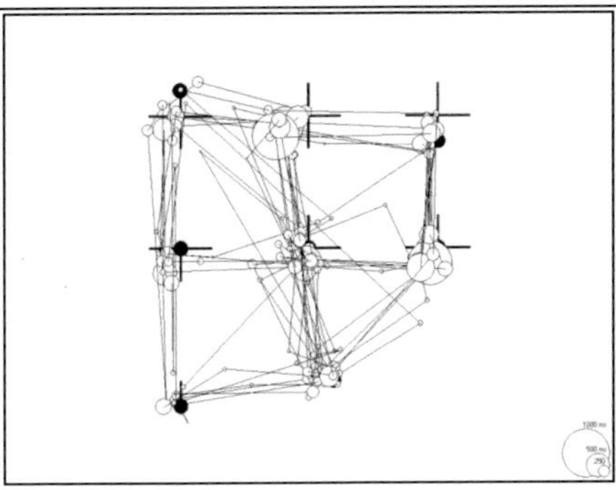

a06; BZ: 38,37 s

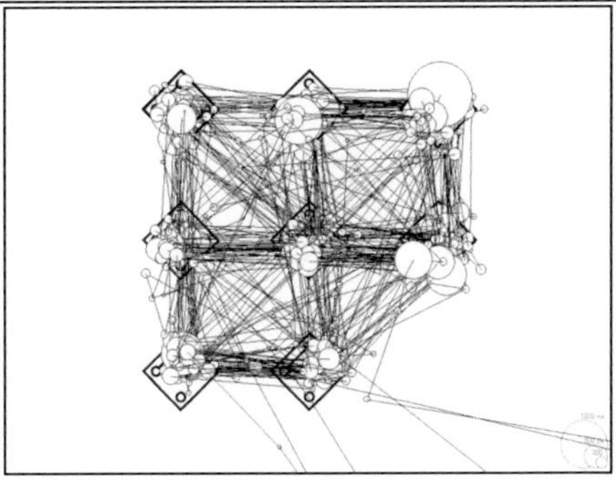

a07; BZ: 180,74 s

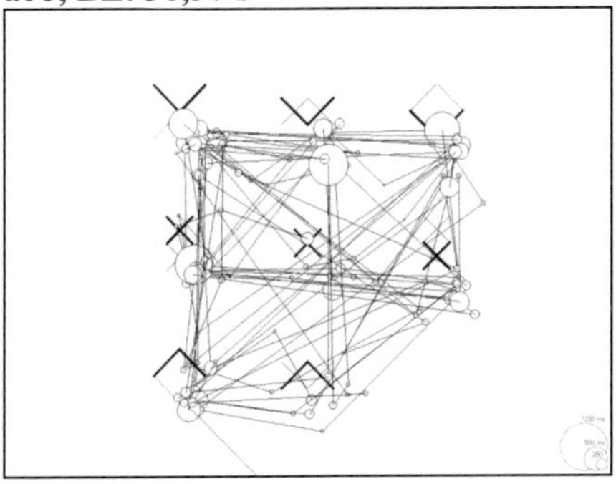

a08; BZ: 31,37 s

Tab. 7.7: Blickpfade VP04.

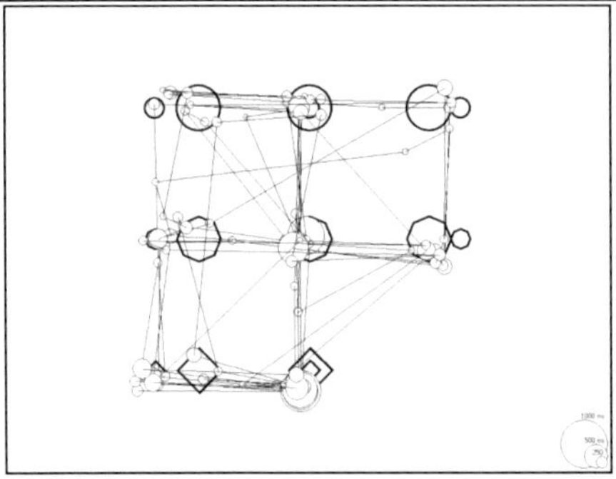

a00; BZ: 27,61 s

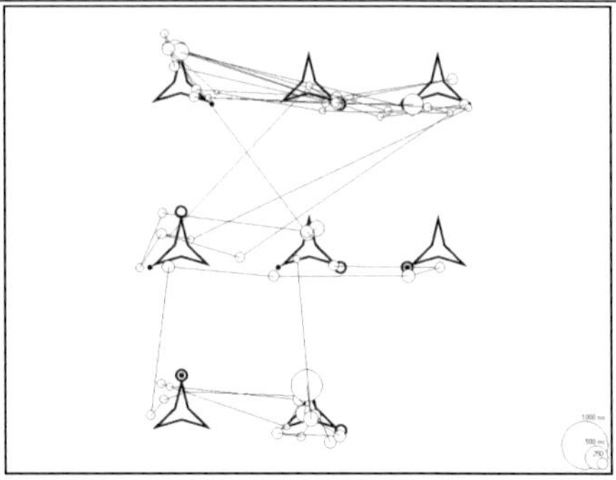

a01; BZ: 15,76 s

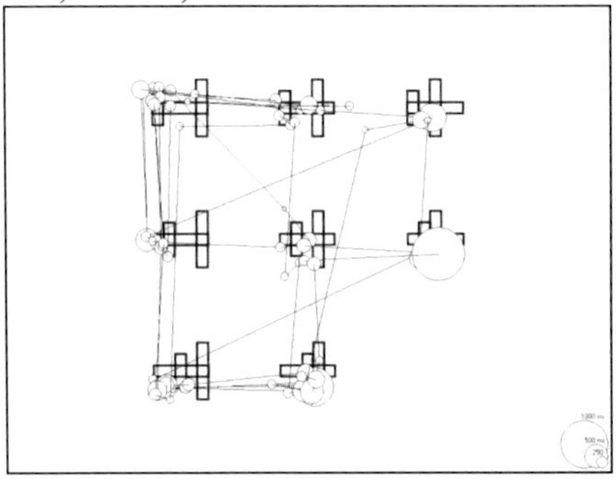

a02; BZ: 23,10 s

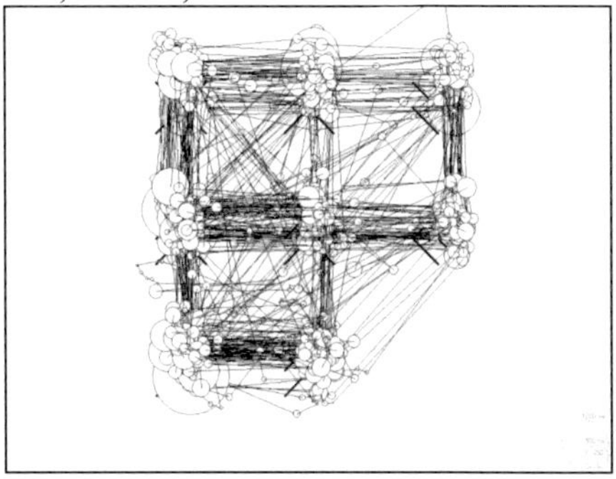

a03; BZ: 331,87 s

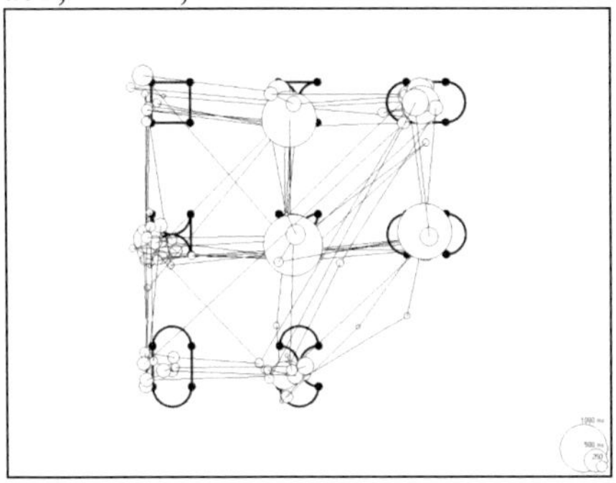

a04; BZ: 47,02 s

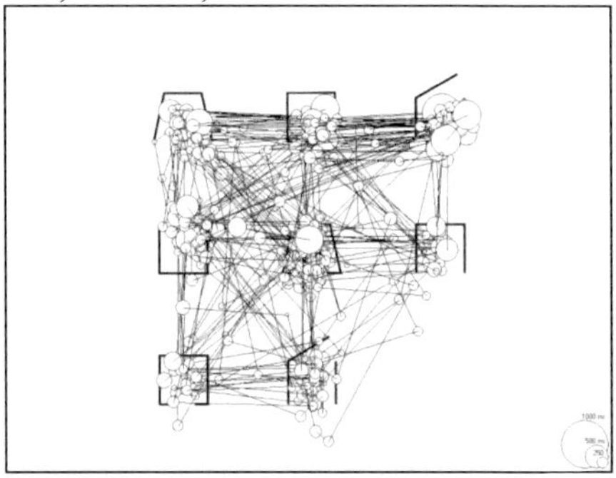

a05; BZ: 112,94 s

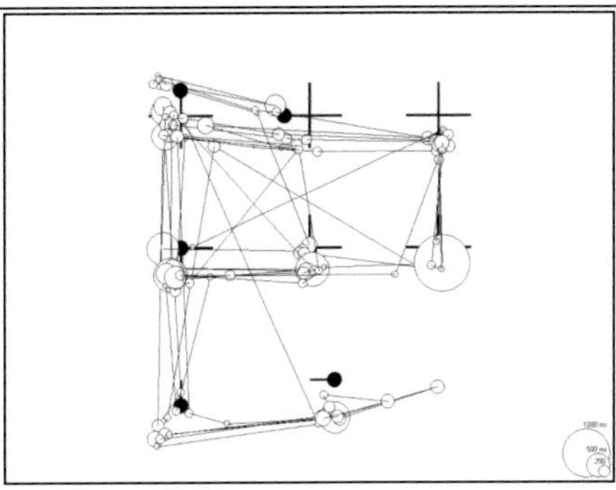

a06; BZ: 32,83 s

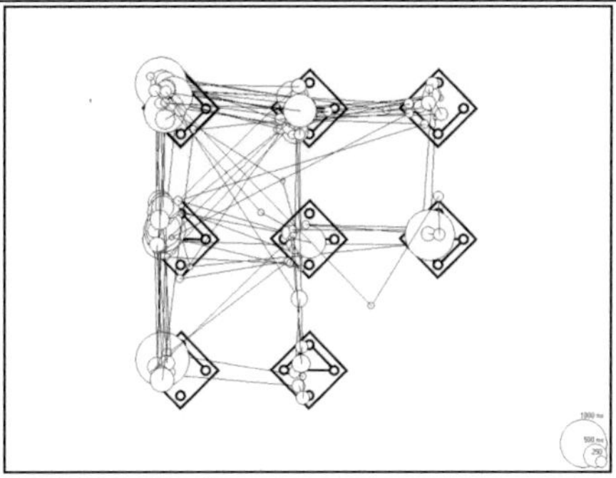

a07; BZ: 58,69 s

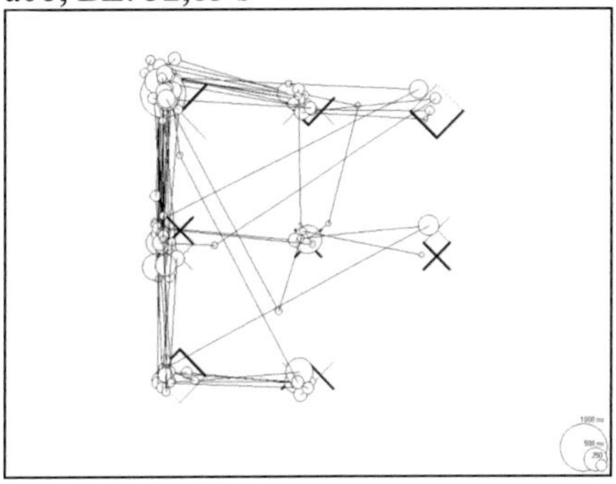

a08; BZ: 37,50 s

Tab. 7.8: Blickpfade VP05.

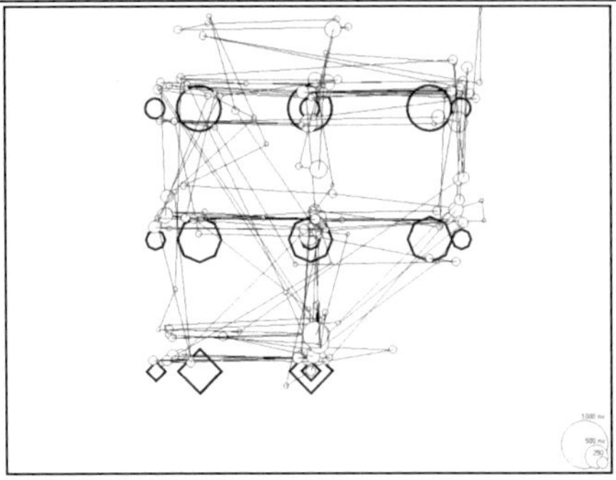

a00; BZ: 39,78 s

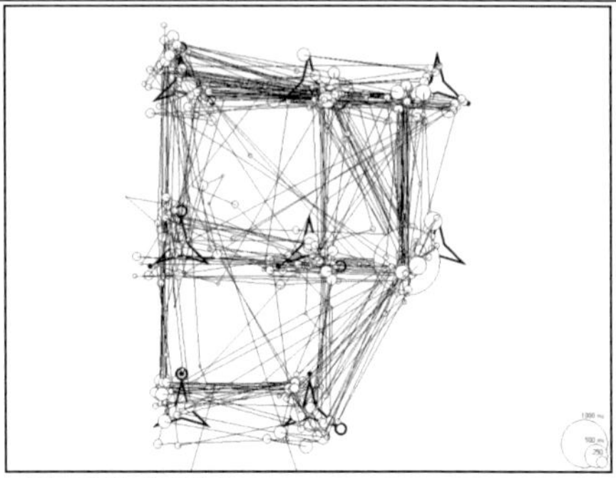

a01; BZ: 98,80 s

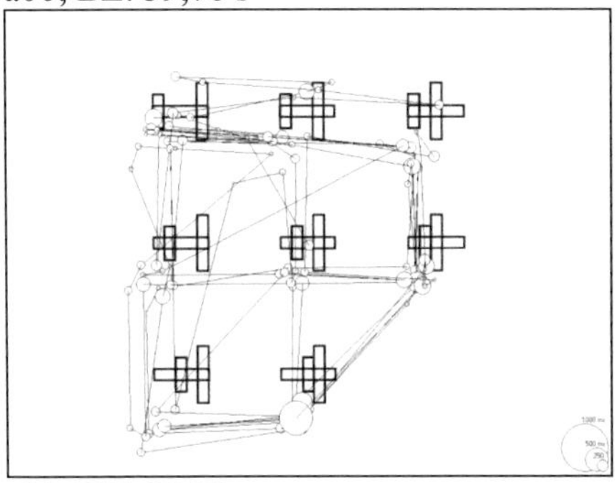

a02; BZ: 23,35 s

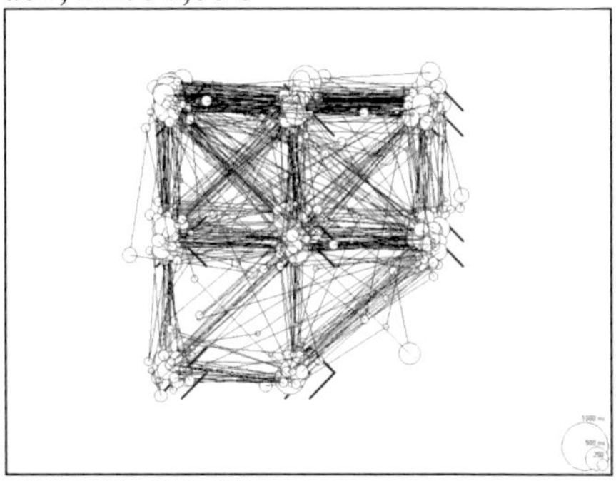

a03; BZ: 203,50 s

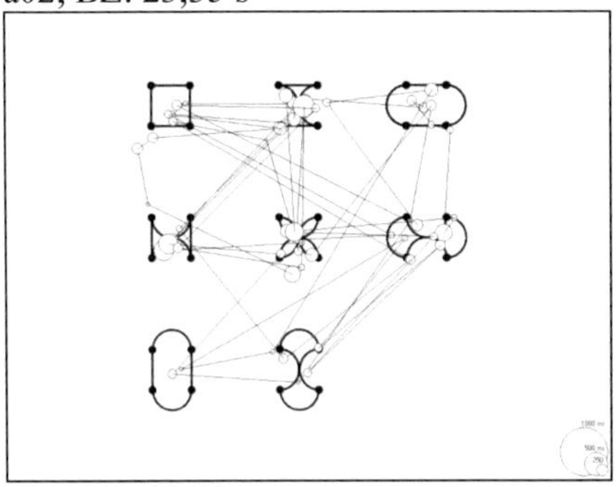

a04; BZ: 14,04 s

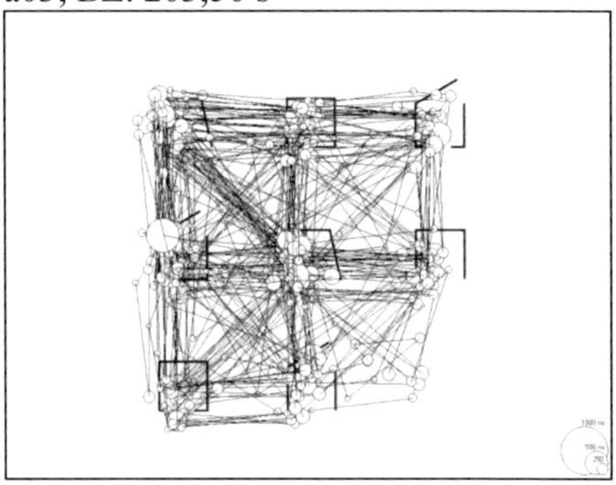

a05; BZ: 122,74 s

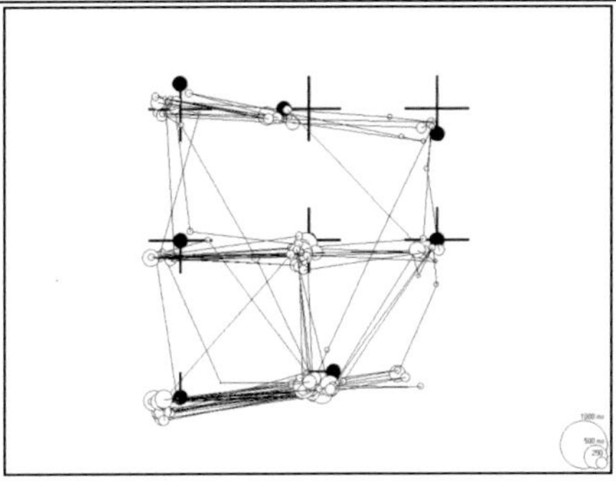

a06; BZ: 33,26 s

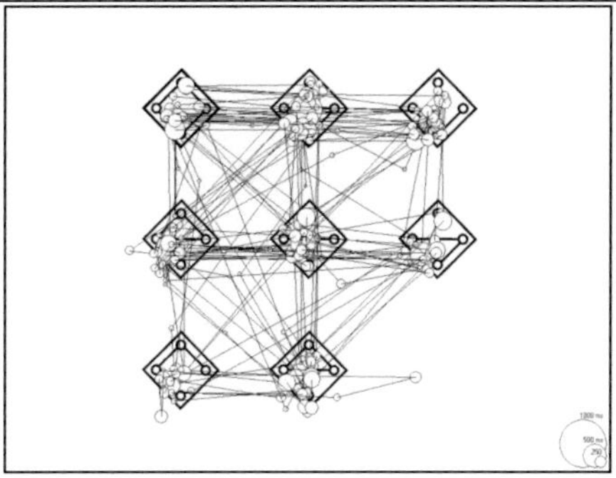

a07; BZ: 54,85 s

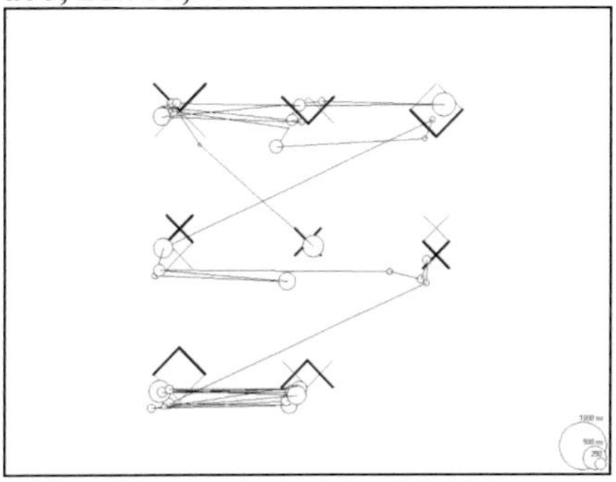

a08; BZ: 10,12 s

Tab. 7.9: Blickpfade VP06.

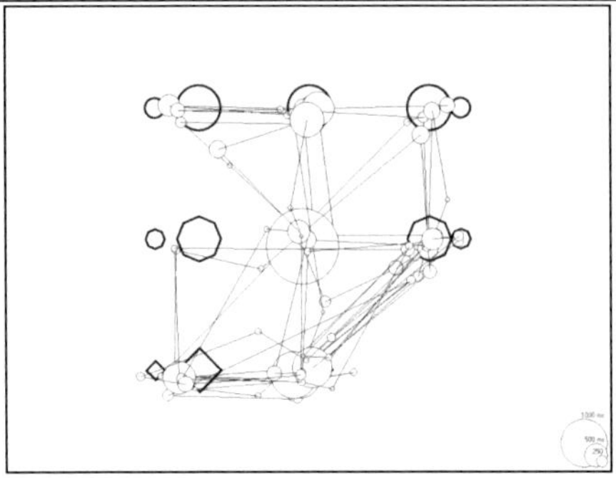

a00; BZ: 28,55 s

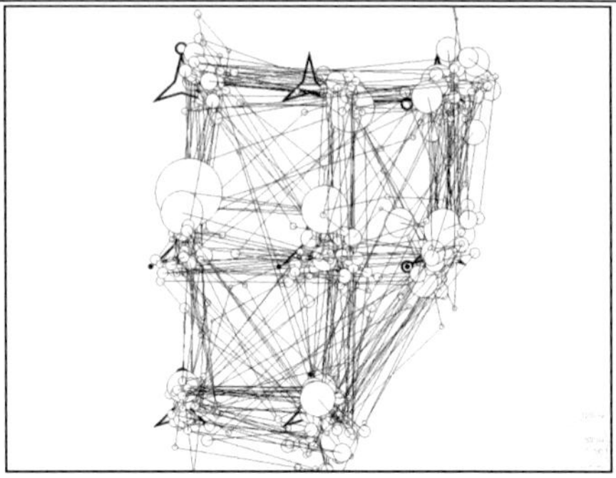

a01; BZ: 141,17 s

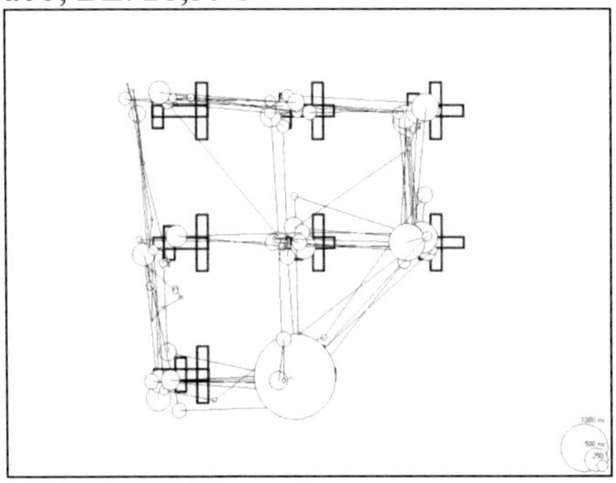

a02; BZ: 35,74 s

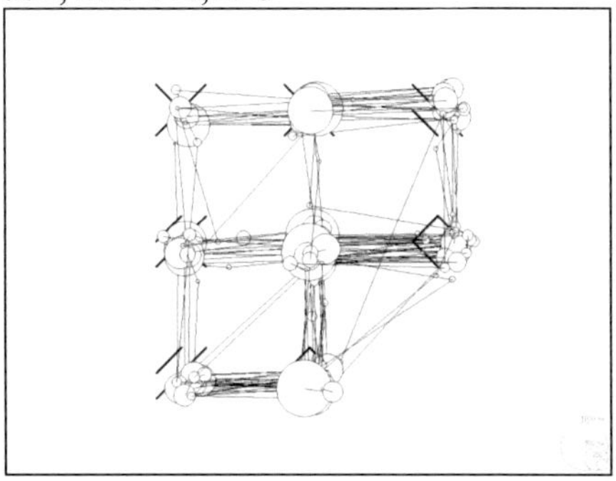

a03; BZ: 84,72 s

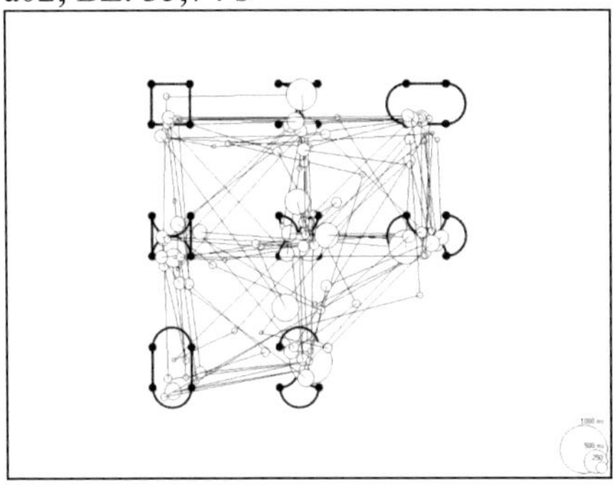

a04; BZ: 32,74 s

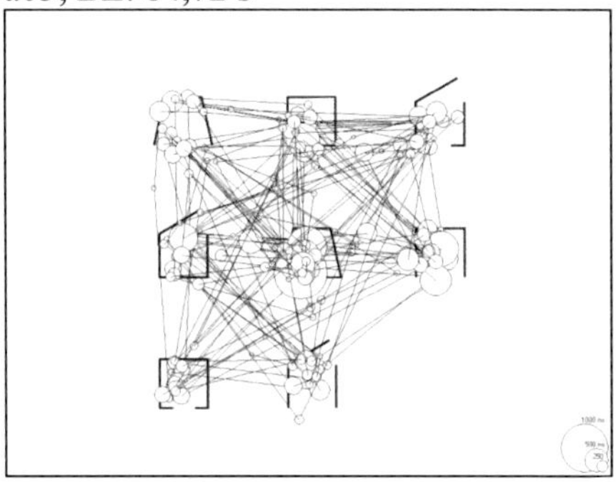

a05; BZ: 59,96 s

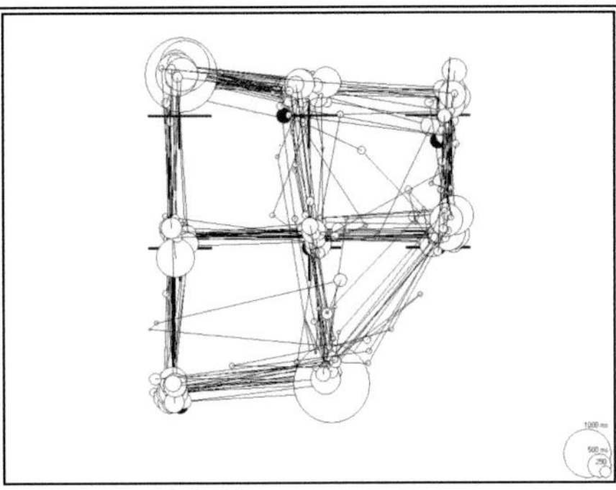

a06; BZ: 106,70 s

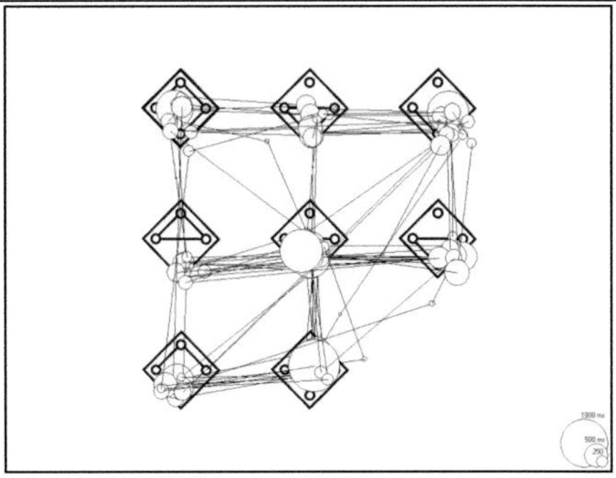

a07; BZ: 40,99 s

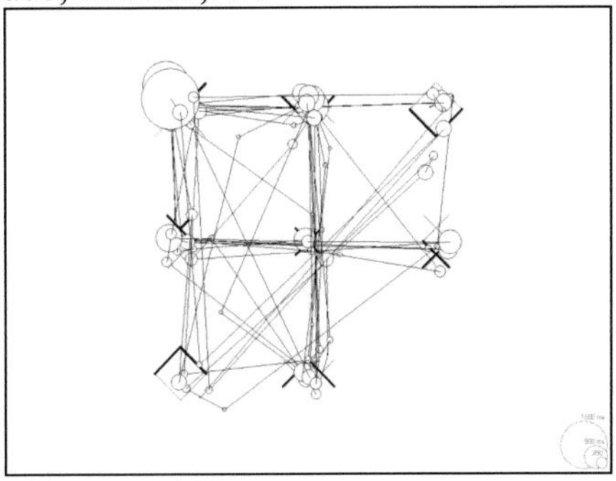

a08; BZ: 26,79 s

Tab. 7.10: Blickpfade VP07.

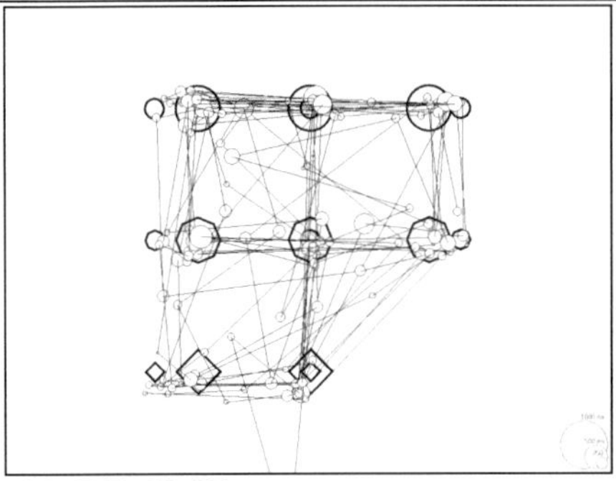

a00; BZ: 32,97 s

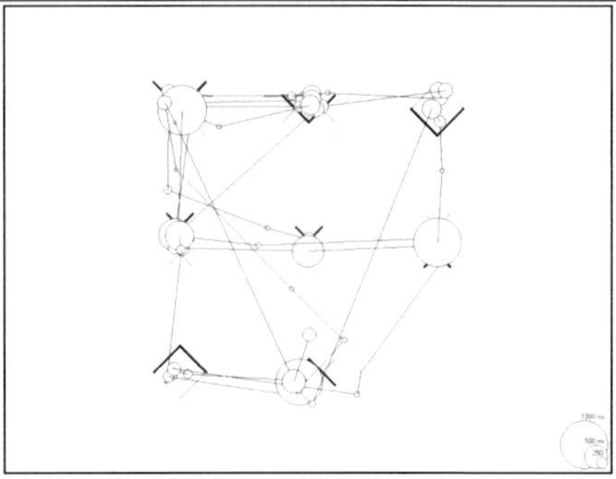

a01; BZ: 122,47 s

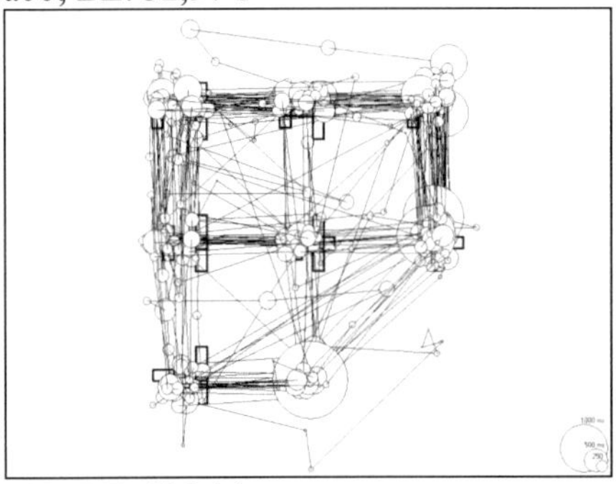

a02; BZ: 120,14 s

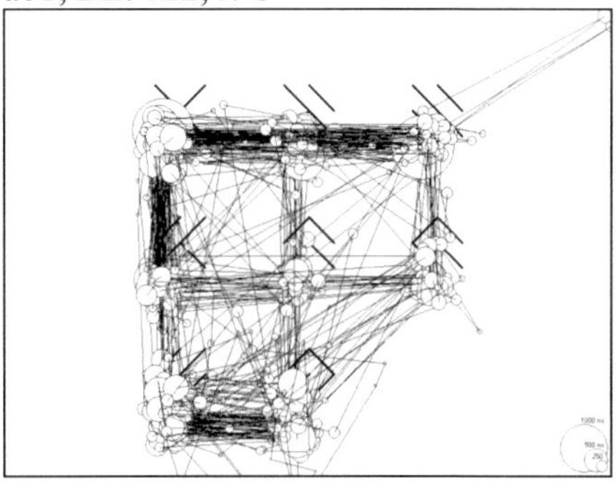

a03; BZ: 235,86 s

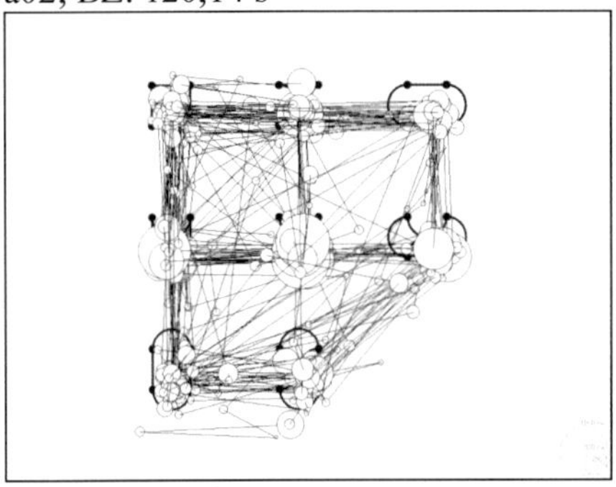

a04; BZ: 133,32 s

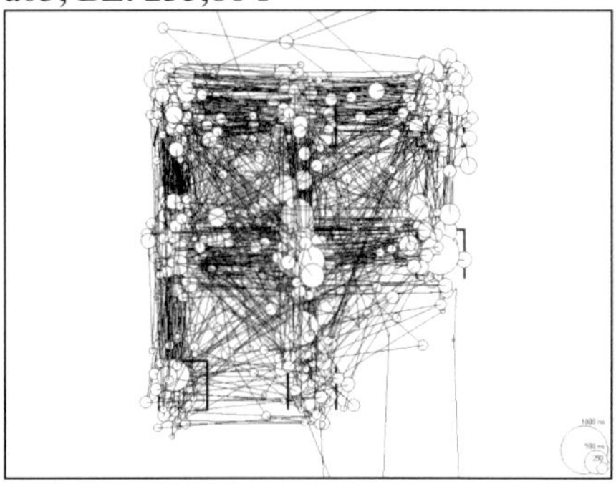

a05; BZ: 327,78 s

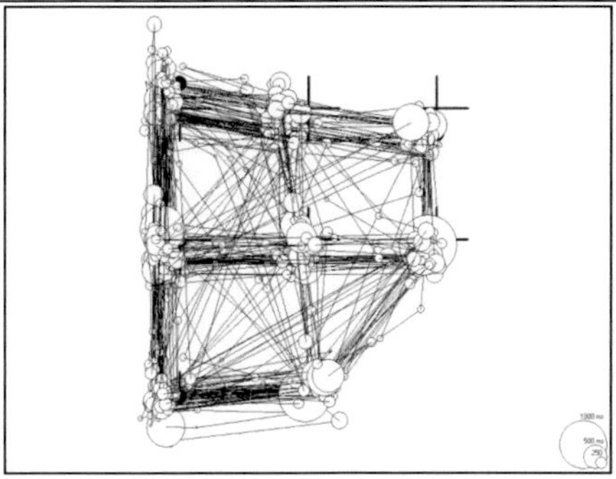

a06; BZ: 169,12 s

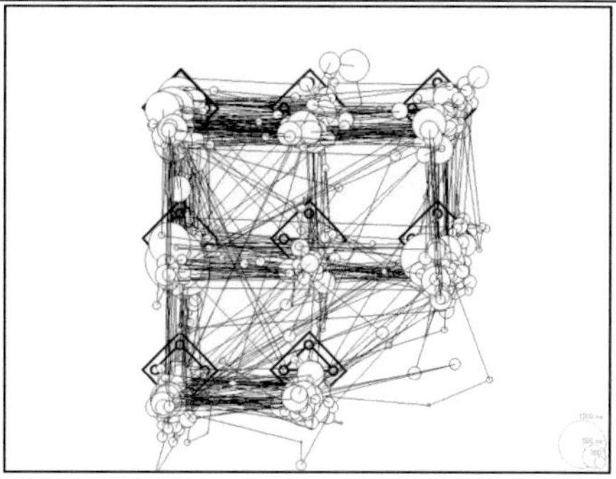

a07; BZ: 258,52 s

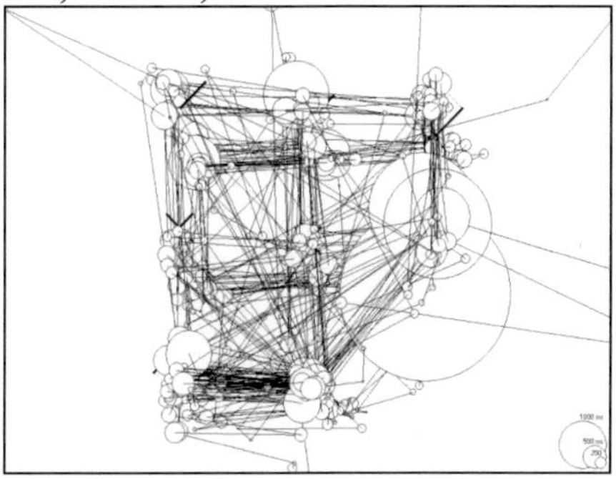

a08; BZ: 188,97 s

Tab. 7.11: Blickpfade VP08.

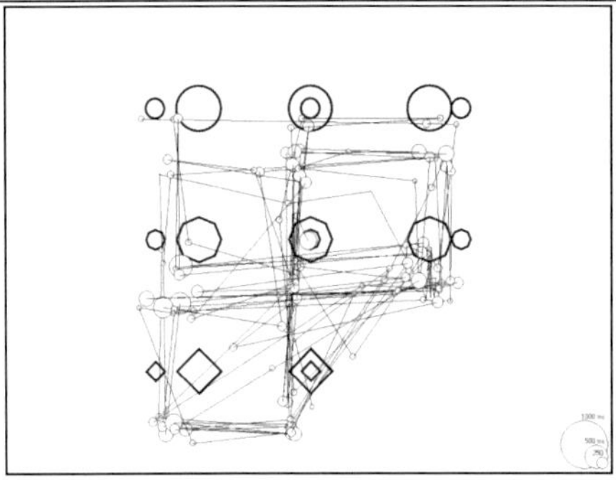

a00; BZ: 28,32 s

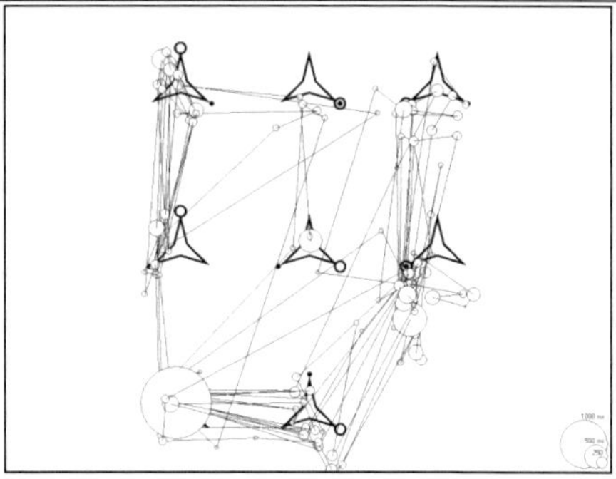

a01; BZ: 34,49 s

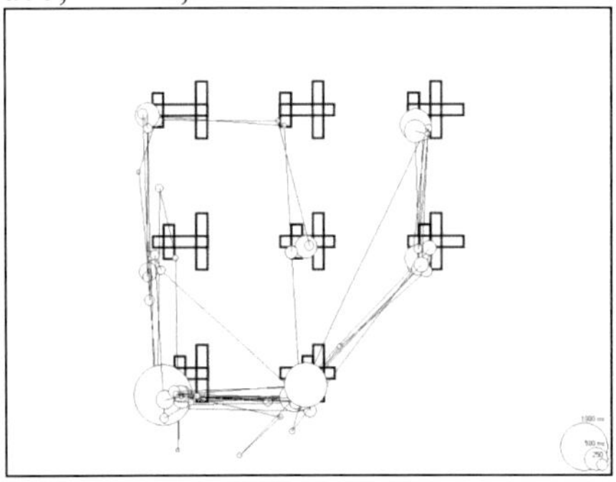

a02; BZ: 21,89 s

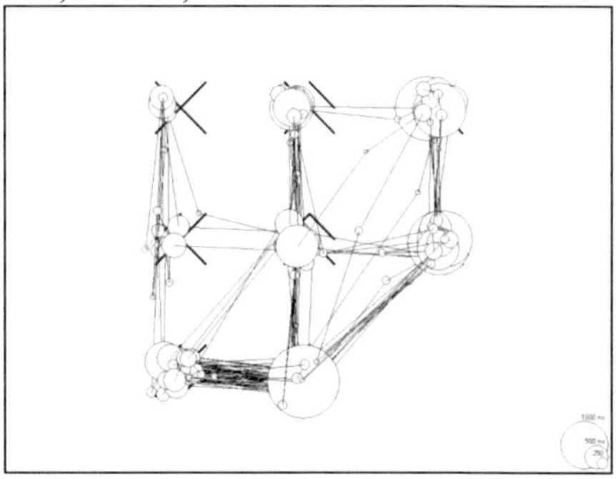

a03; BZ: 78,93 s

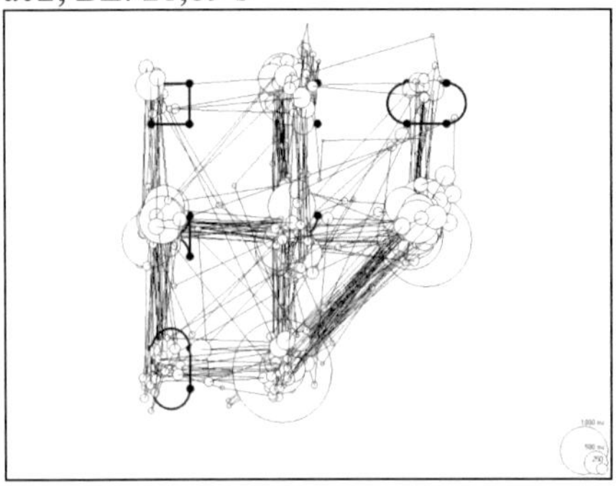

a04; BZ: 152,74 s

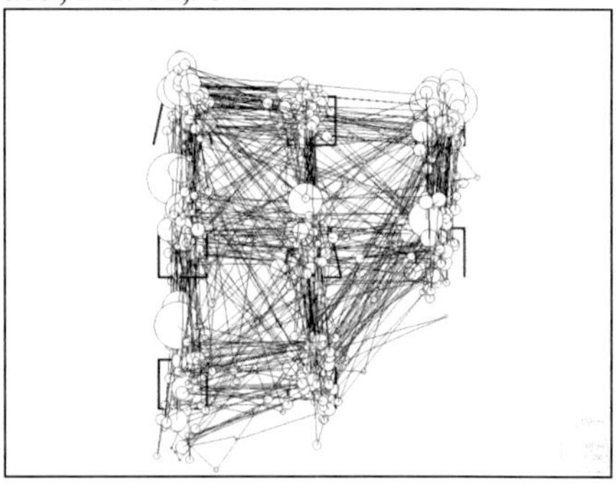

a05; BZ: 209,23 s

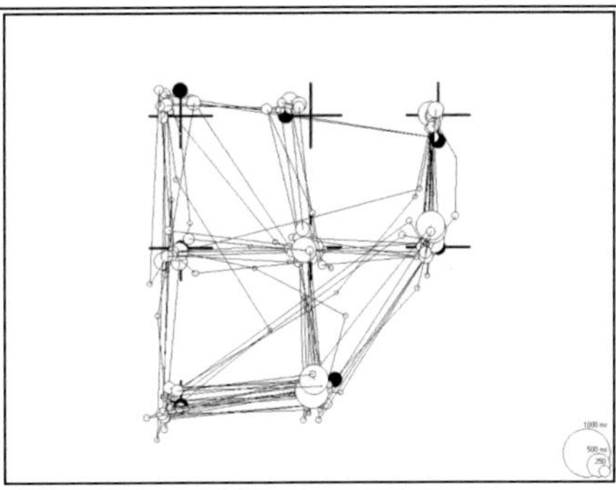

a06; BZ: 36,30 s

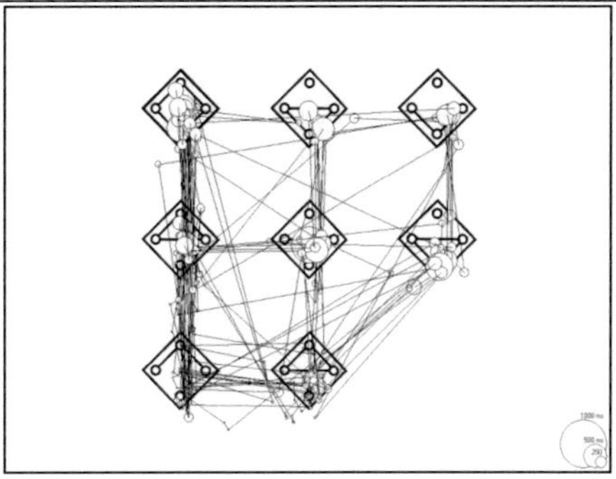

a07; BZ: 47,92 s

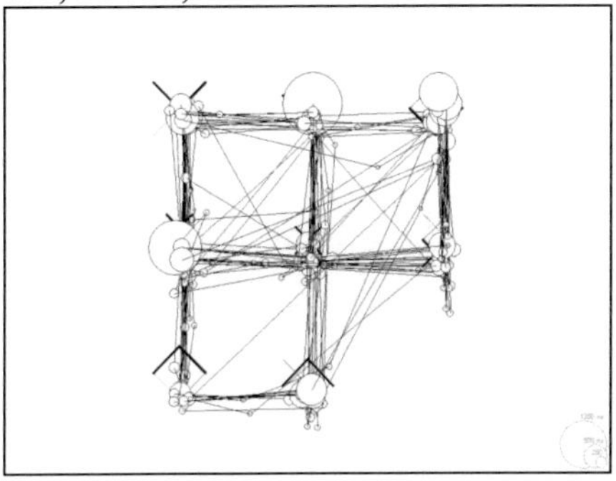

a08; BZ: 60,56 s

Tab. 7.12: Blickpfade VP09.

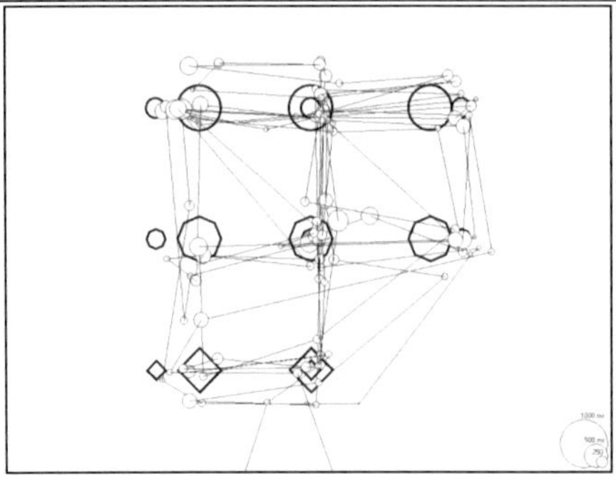
a00; BZ: 26,94 s

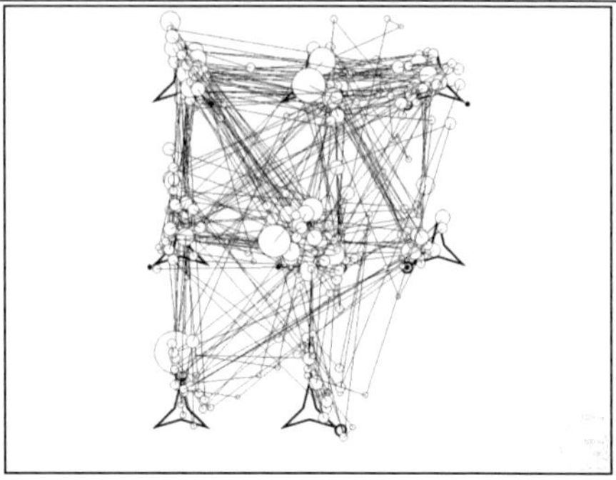
a01; BZ: 107,76 s

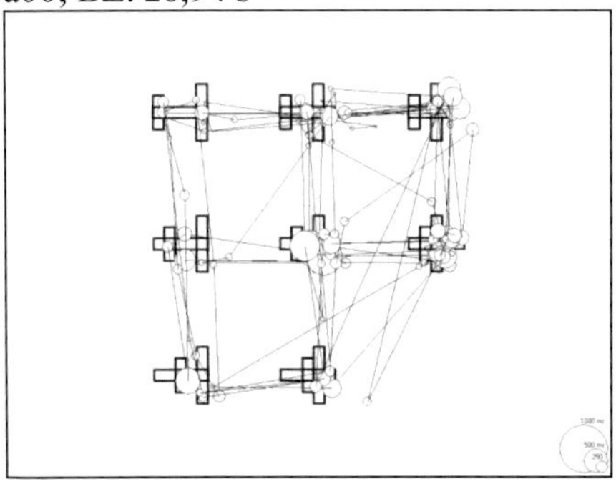
a02; BZ: 28,78 s

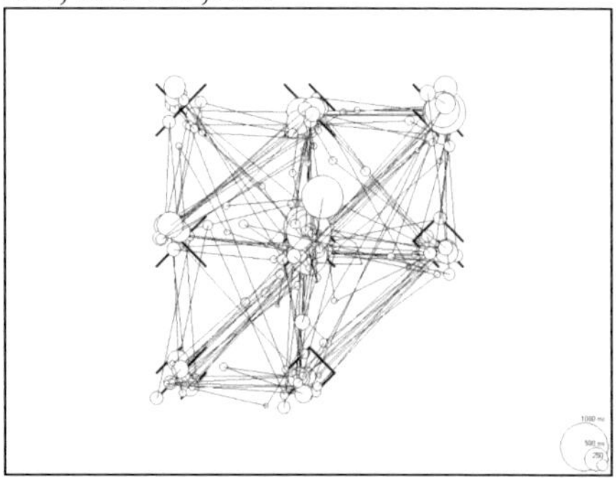
a03; BZ: 67,14 s

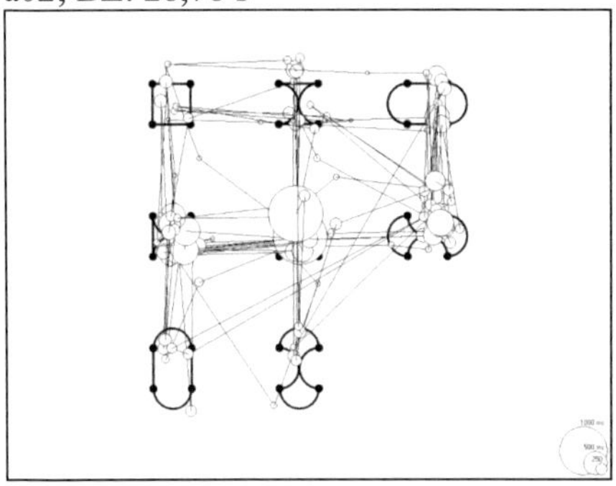
a04; BZ: 41,41 s

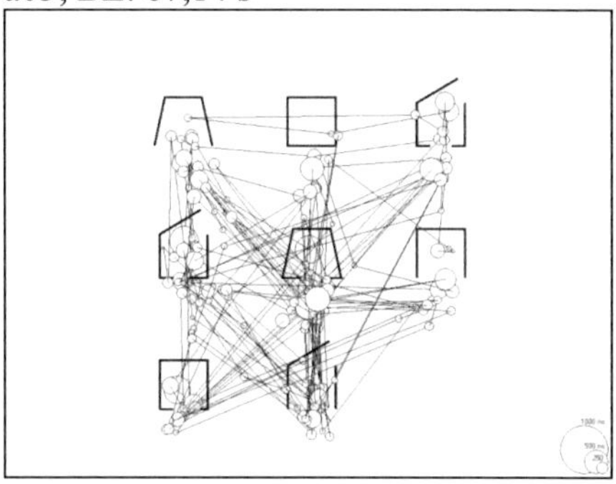
a05; BZ: 49,69 s

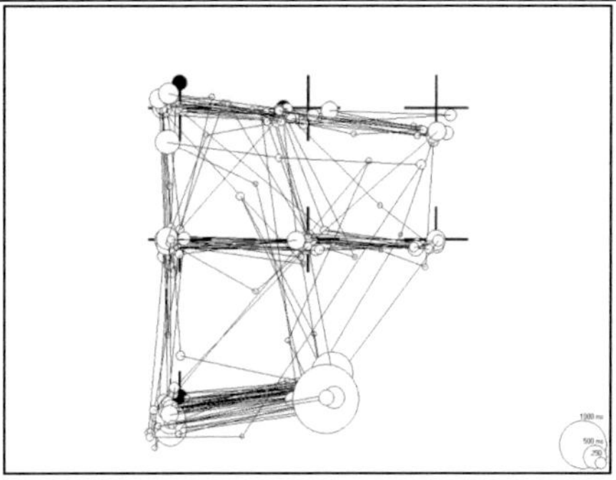

a06; BZ: 52,29 s

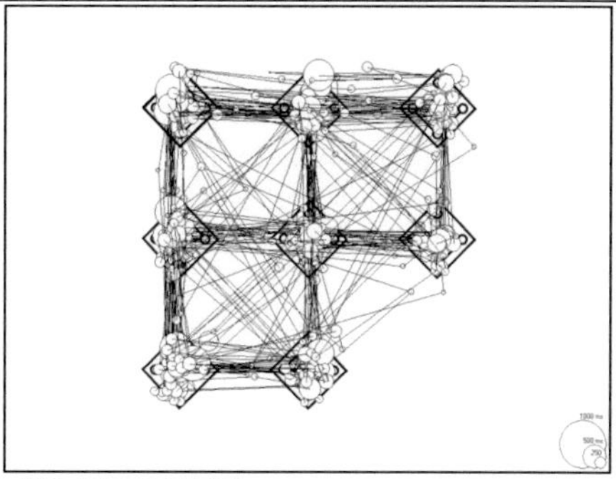

a07; BZ: 130,09 s

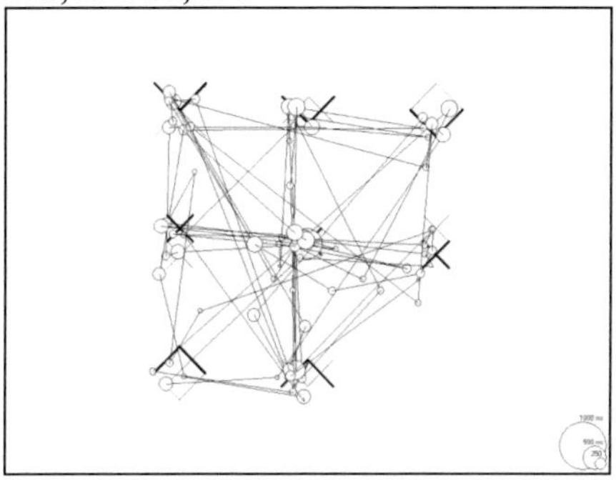

a08; BZ: 21,02 s

Tab. 7.13: Blickpfade VP10.

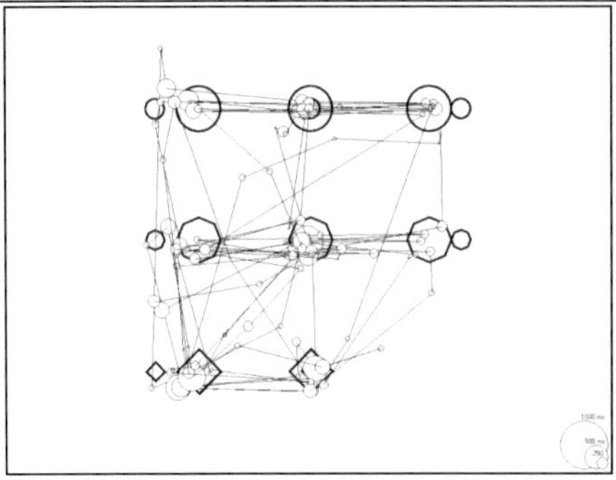

a00; BZ: 25,72 s

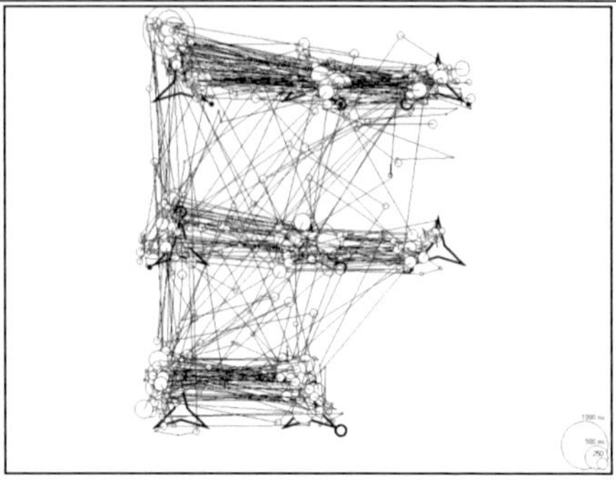

a01; BZ: 150,65 s

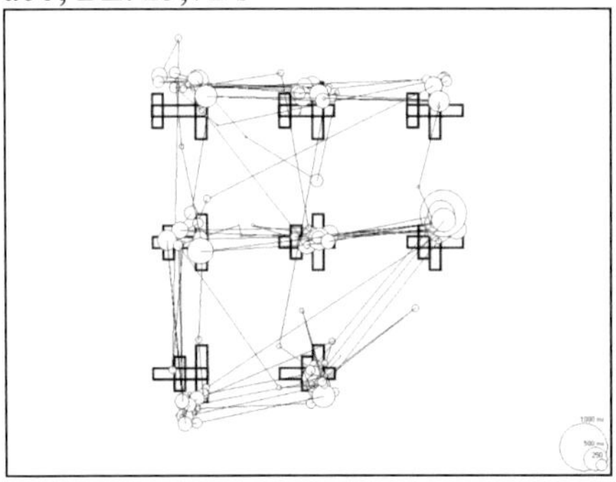

a02; BZ: 39,06 s

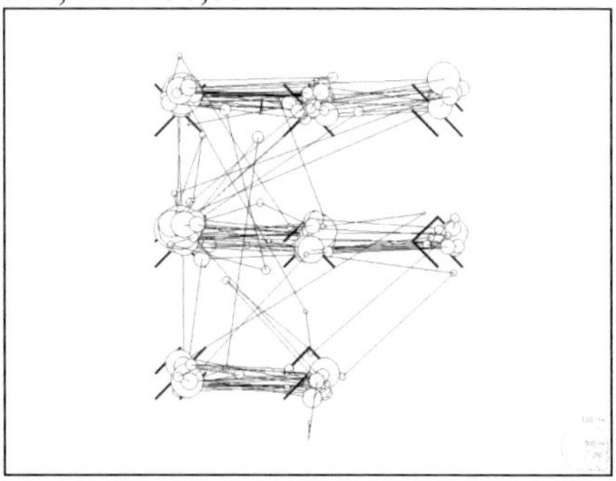

a03; BZ: 69,00 s

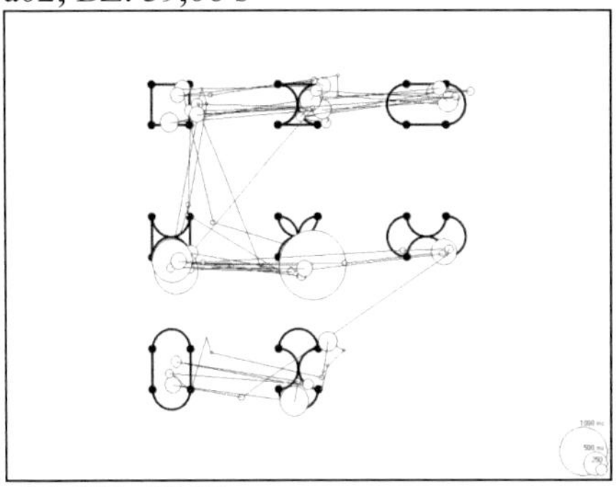

a04; BZ: 23,07 s

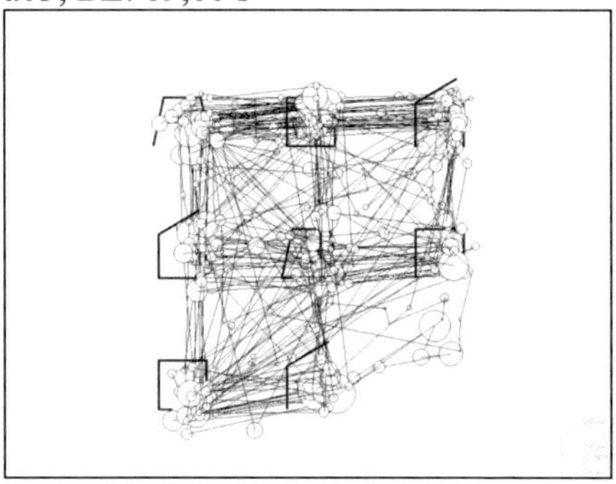

a05; BZ: 103,66 s

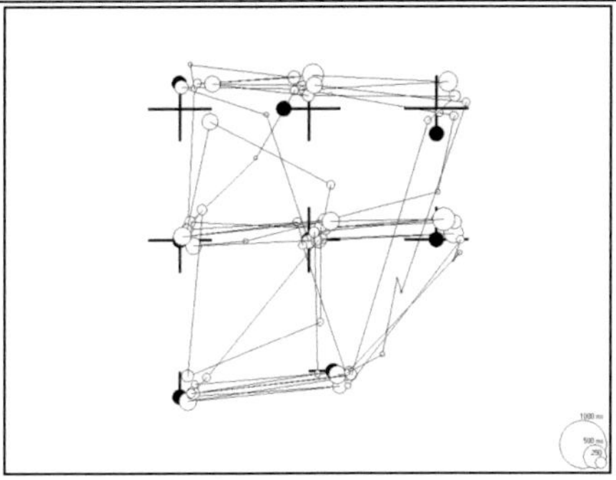

a06; BZ: 18,59 s

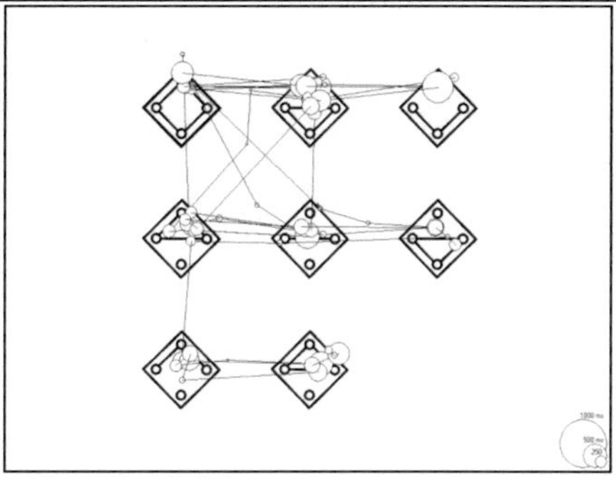

a07; BZ: 18,96 s

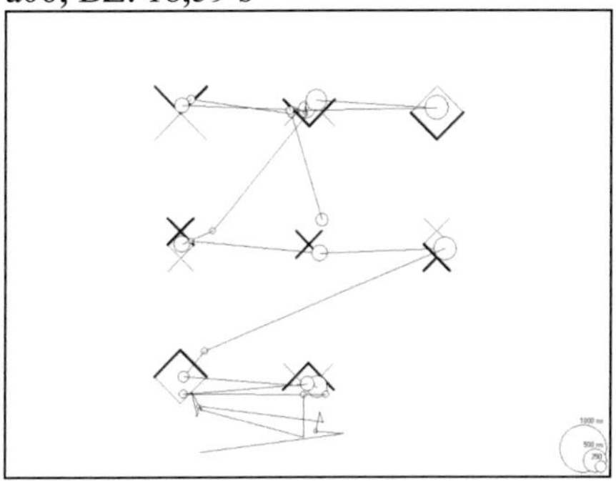

a08; BZ: 7,57 s

Tab. 7.14: Blickpfade VP11.

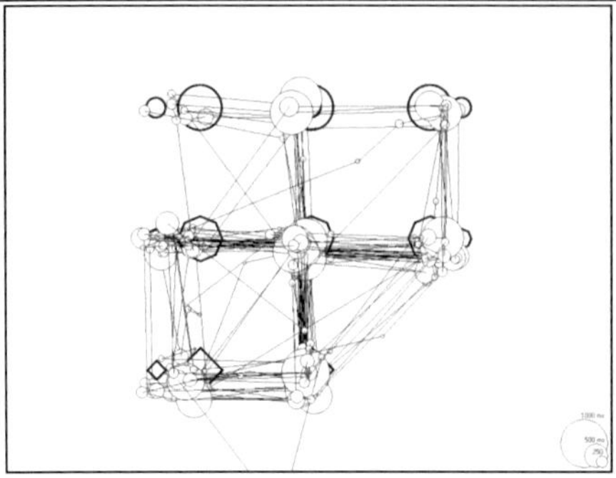
a00; BZ: 79,43 s

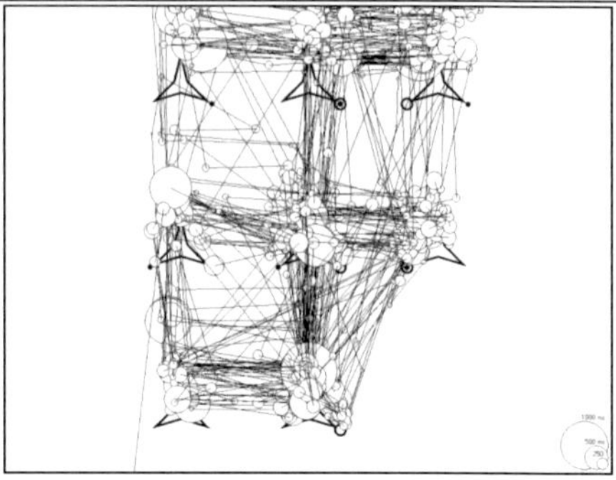
a01; BZ: 200,57 s

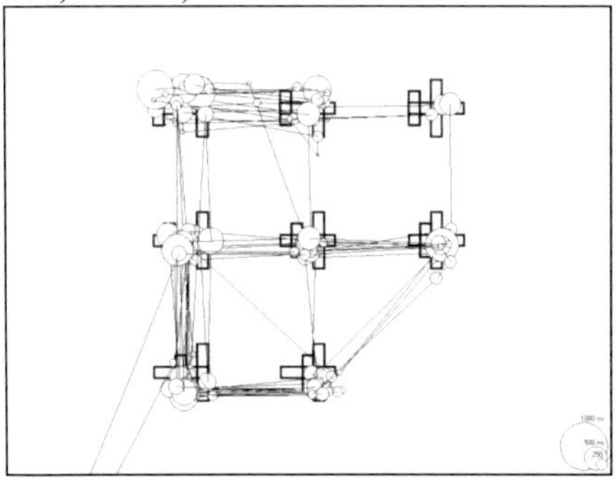
a02; BZ: 42,61 s

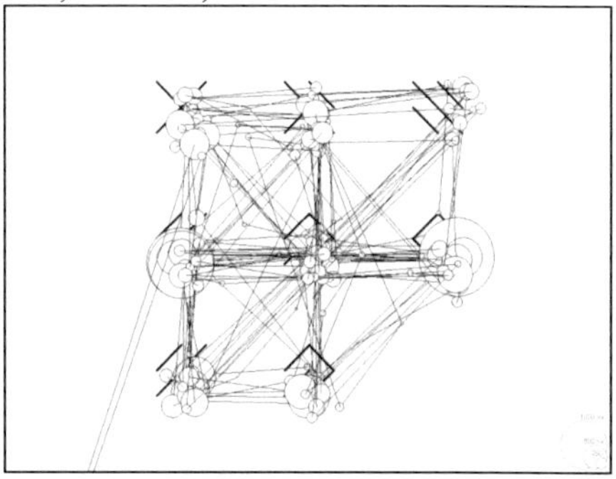
a03; BZ: 79,44 s

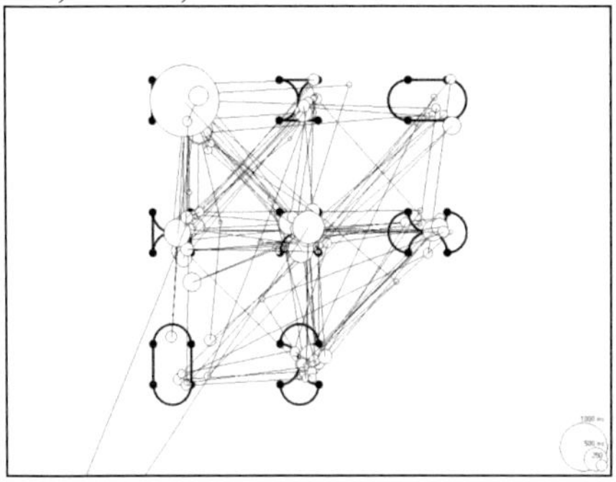
a04; BZ: 40,96 s

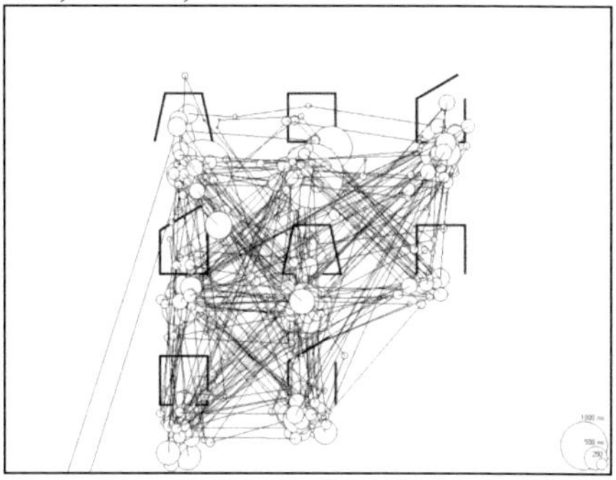
a05; BZ: 107,97 s

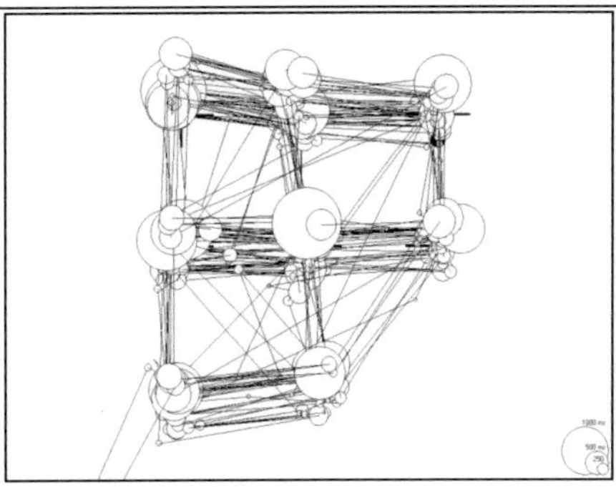

a06; BZ: 160,29 s

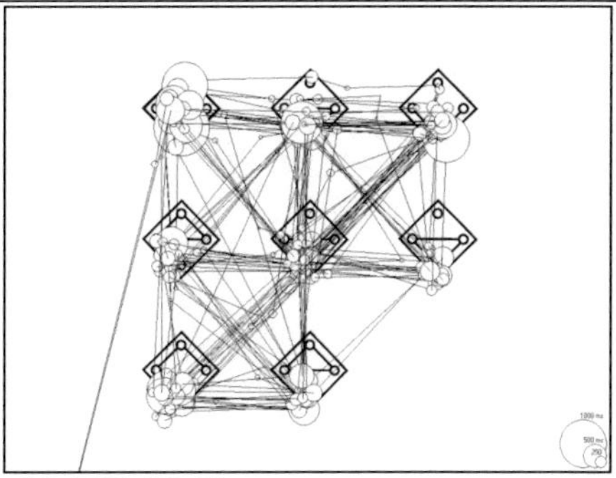

a07; BZ: 80,00 s

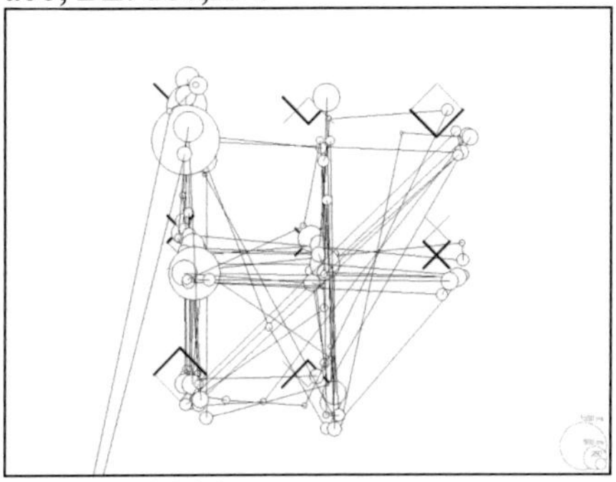

a08; BZ: 36,81 s

Tab. 7.15: Blickpfade VP12.

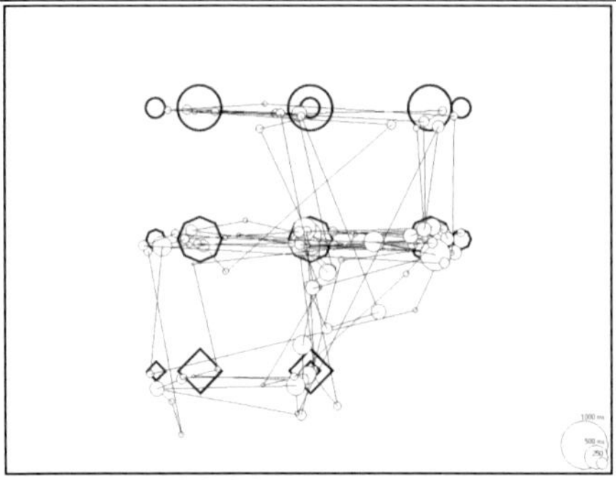

VP01; BZ: 29,86 s

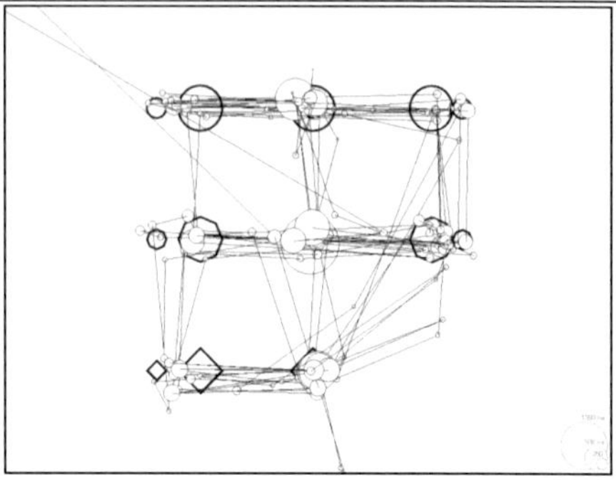

VP02; BZ: 36,53 s

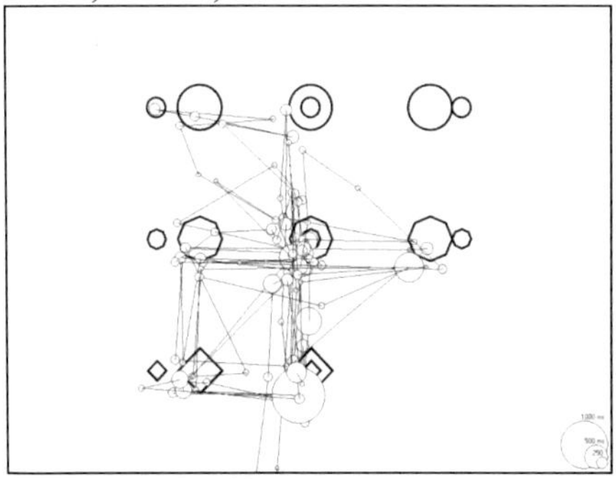

VP03; BZ: 25,97 s

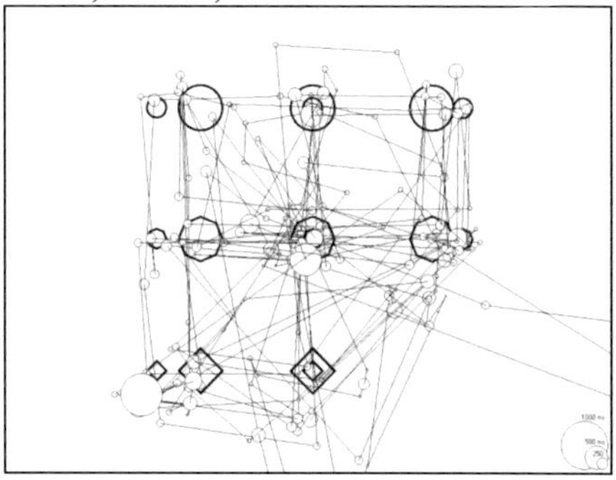

VP04; BZ: 46,36 s

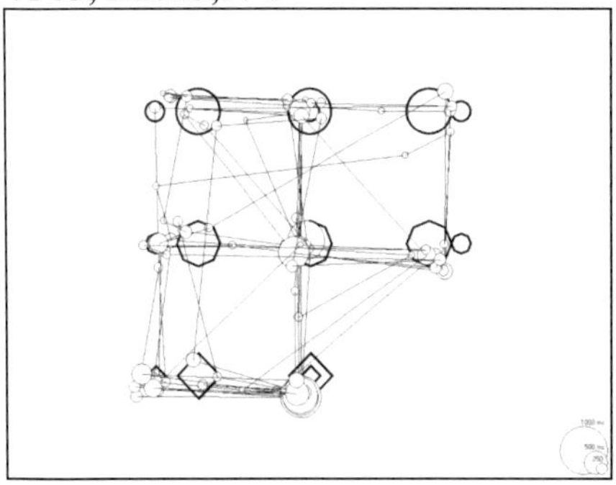

VP05; BZ: 27,61 s

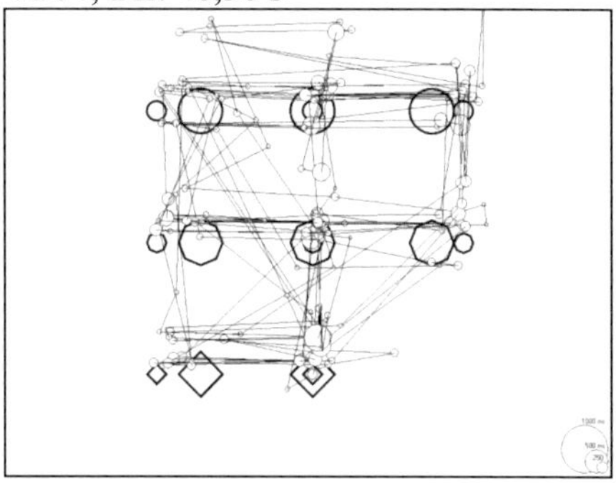

VP06; BZ: 39,78 s

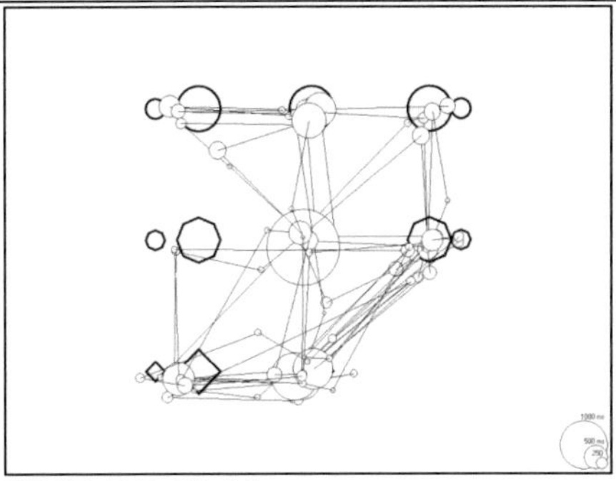

VP07; BZ: 28,55 s

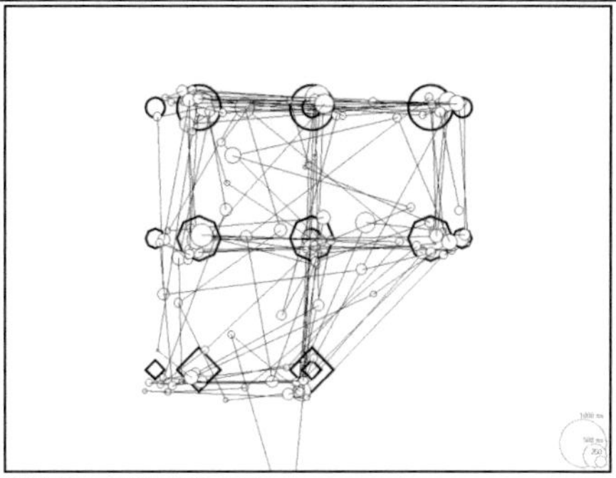

VP08; BZ: 32,97 s

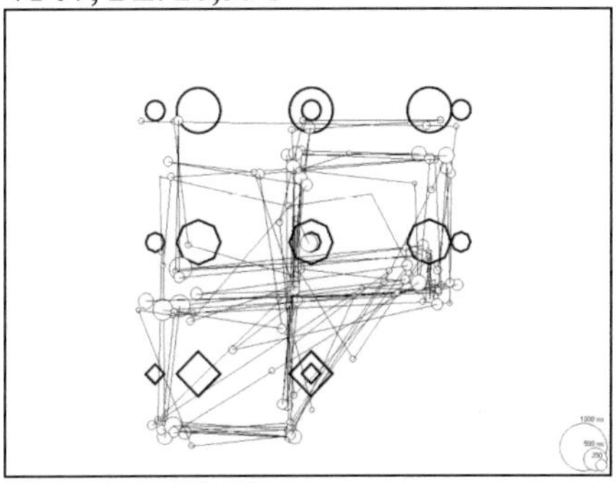

VP09; BZ: 28,32 s

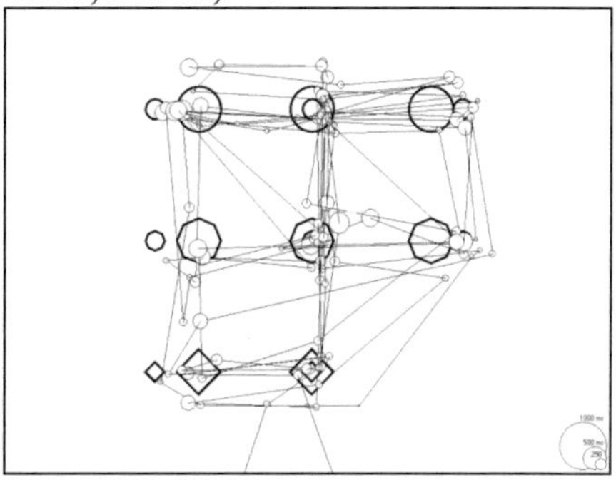

VP10; BZ: 26,94 s

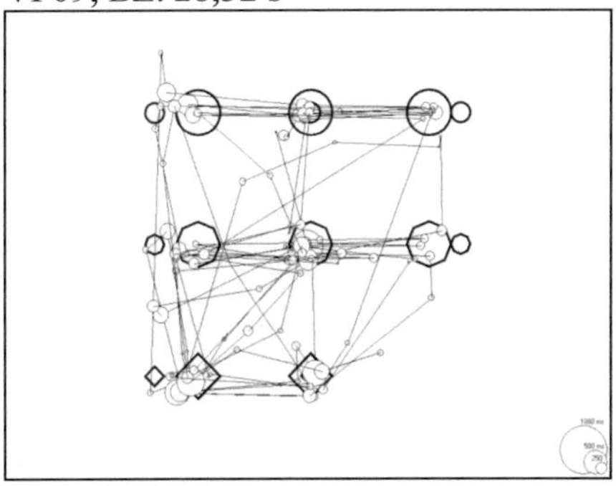

VP11; BZ: 25,72 s

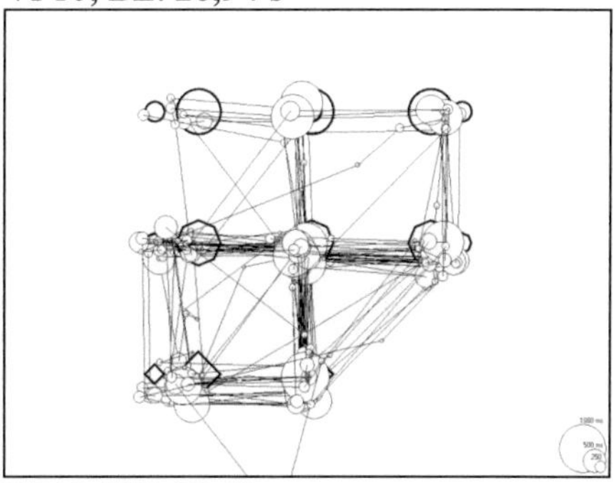

VP12; BZ: 79,43 s

Tab. 7.16: Blickpfade a00.

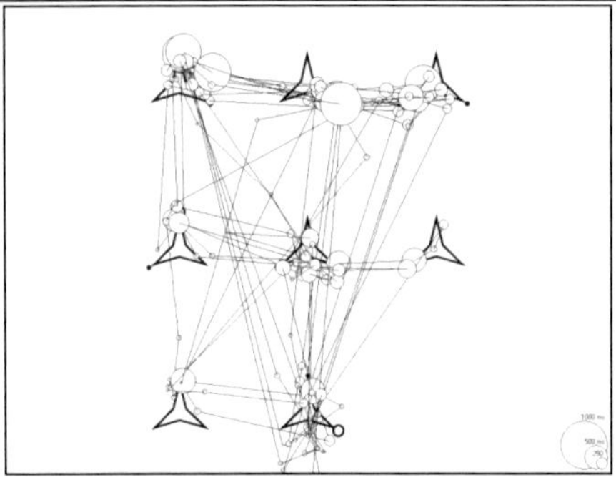

VP01; BZ: 43,78 s

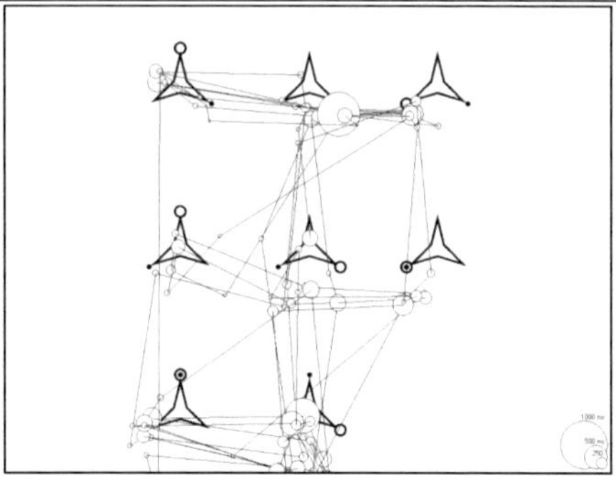

VP02; BZ: 24,47 s

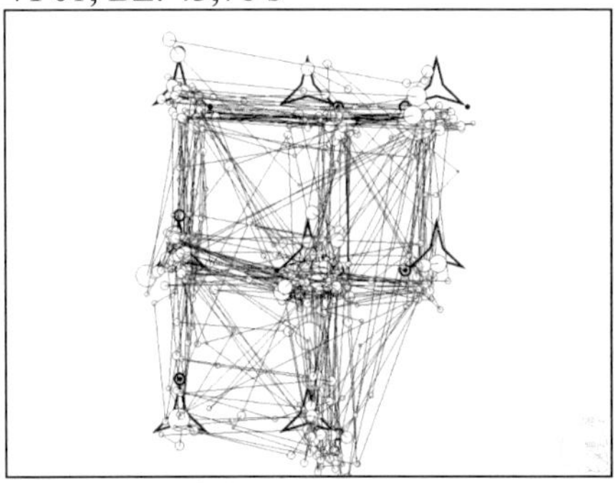

VP03; BZ: 99,24 s

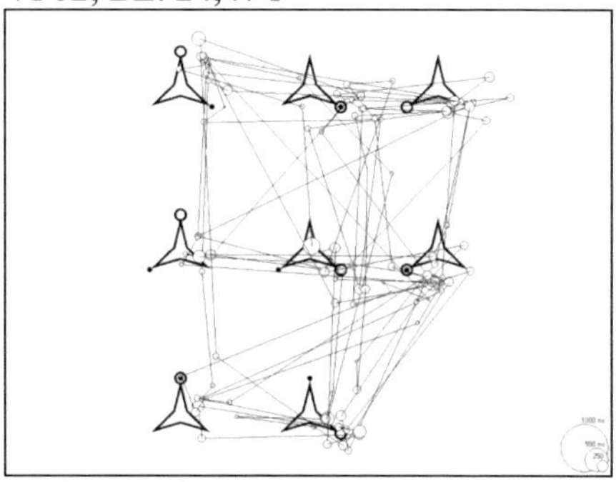

VP04; BZ: 21,05 s

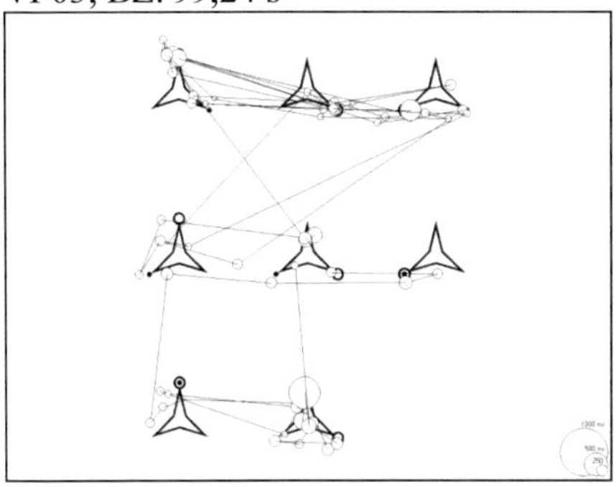

VP05; BZ: 15,76 s

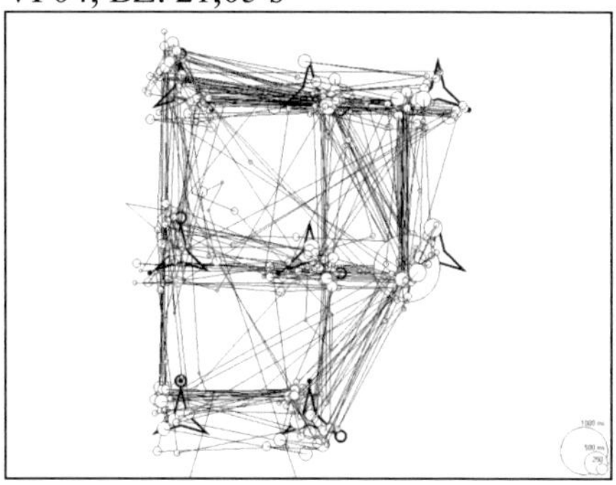

VP06; BZ: 98,80 s

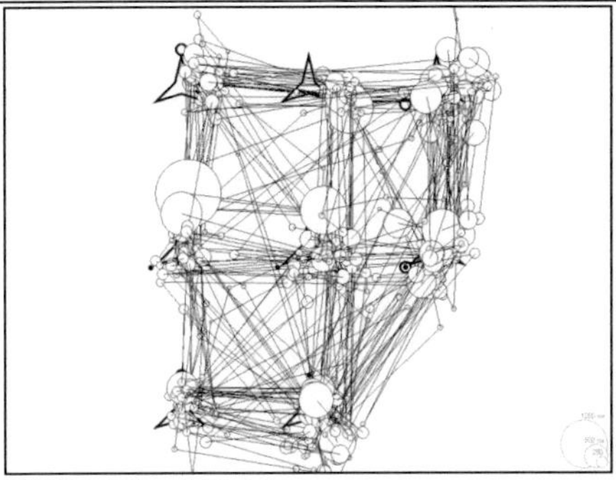

VP07; BZ: 141,17 s

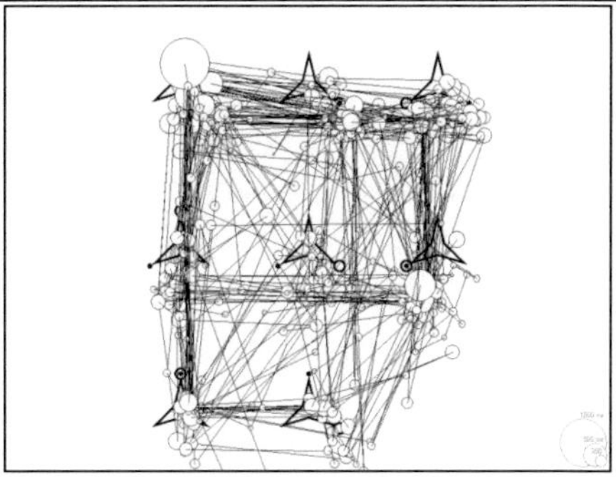

VP08; BZ: 122,47 s

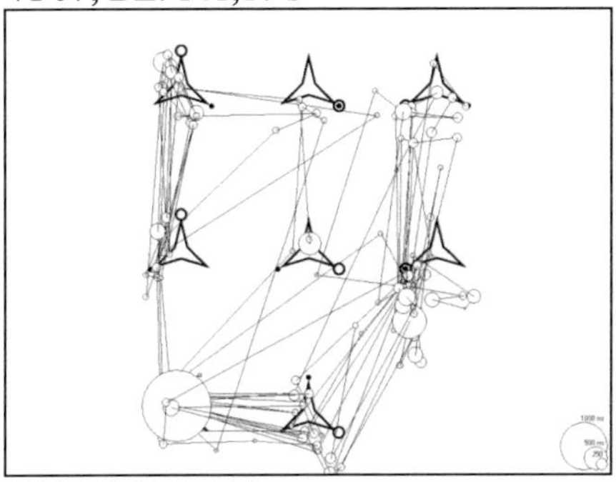

VP09; BZ: 34,49 s

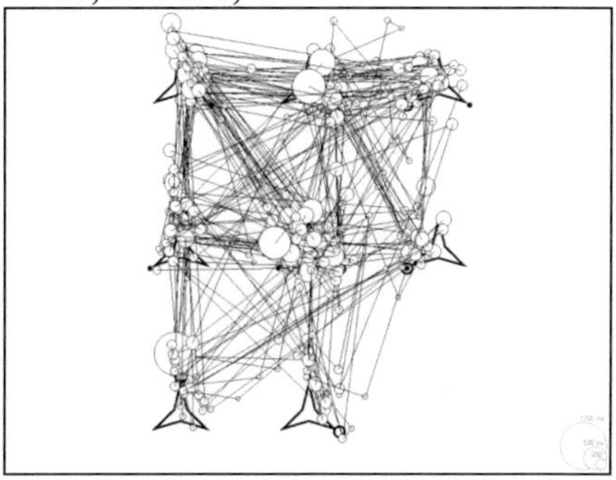

VP10; BZ: 107,76 s

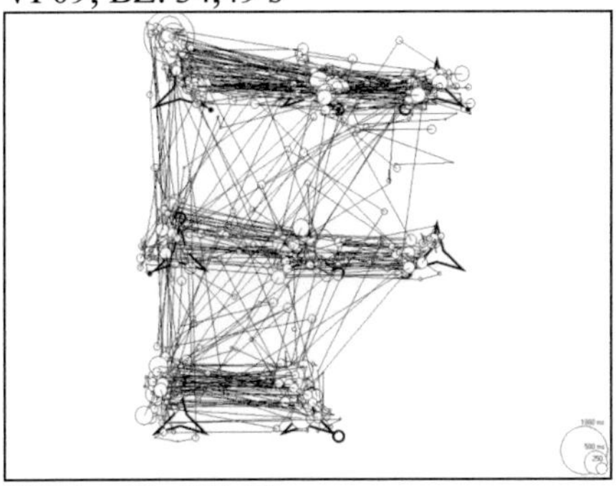

VP11; BZ: 150,65 s

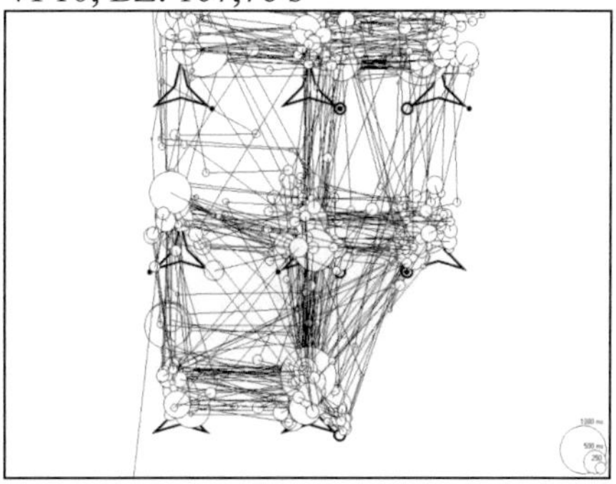

VP12; BZ: 200,57 s

Tab. 7.17: Blickpfade a01.

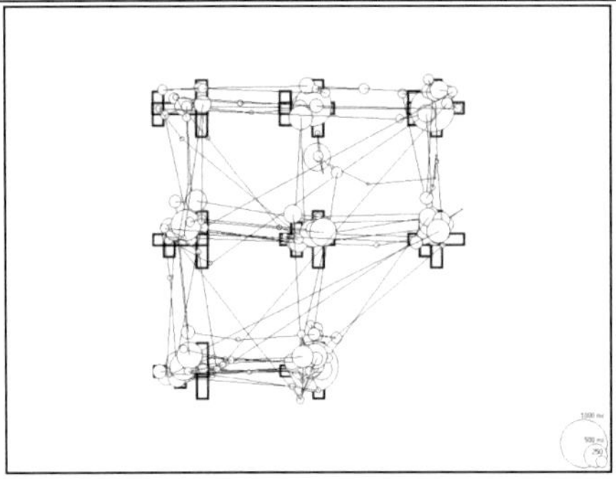

VP01; BZ: 54,67 s

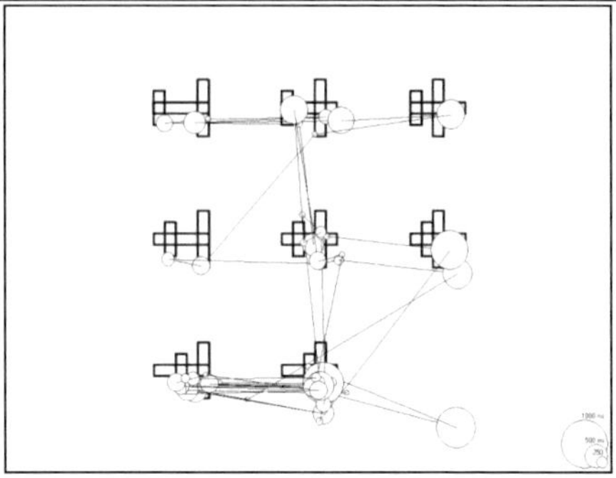

VP02; BZ: 20,10 s

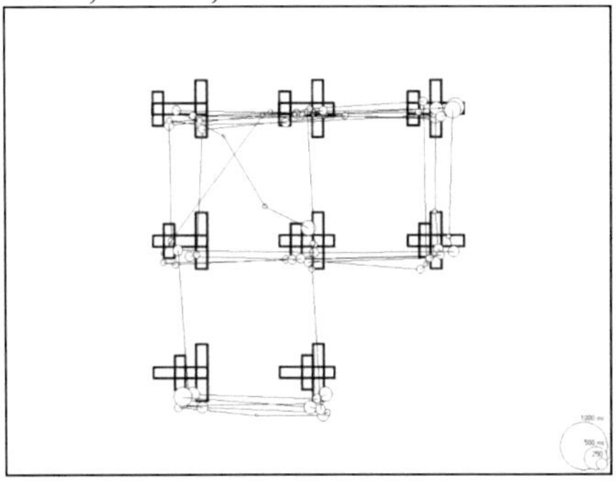

VP03; BZ: 15,07 s

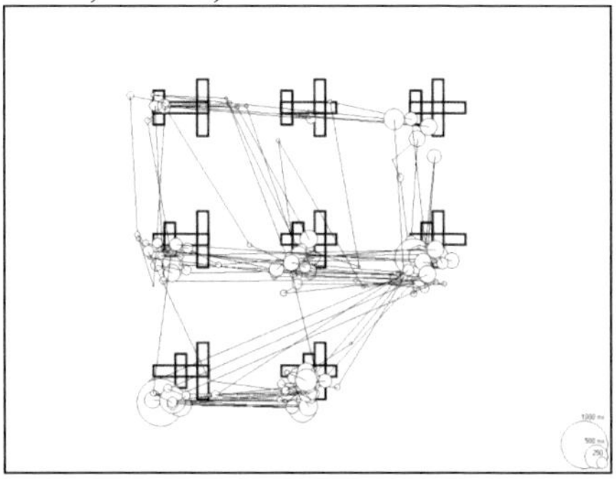

VP04; BZ: 38,98 s

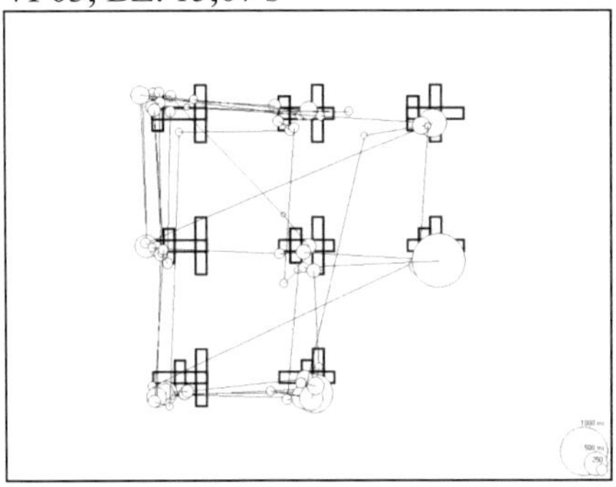

VP05; BZ: 23,10 s

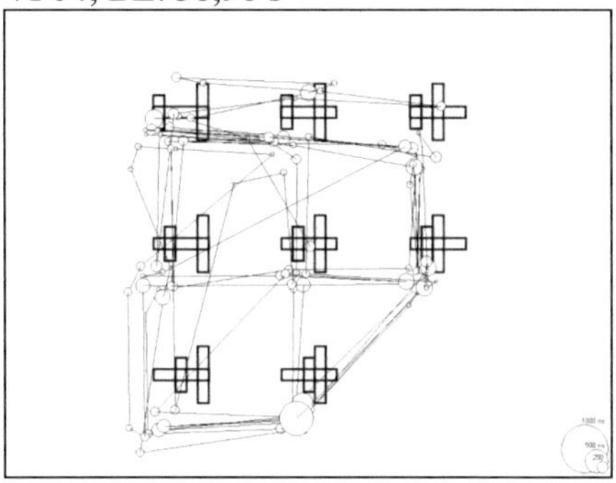

VP06; BZ: 23,35 s

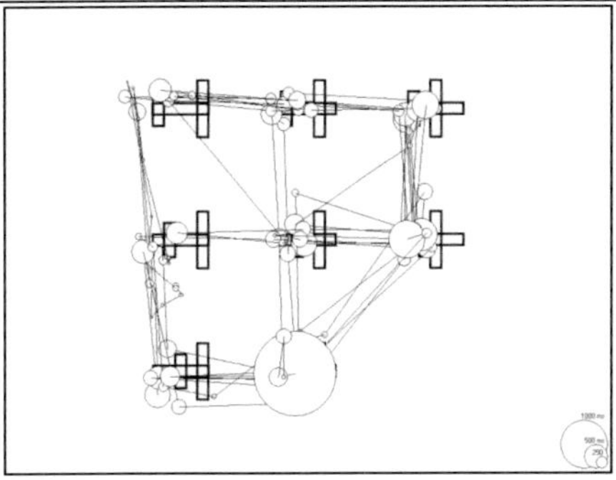
VP07; BZ: 35,74 s

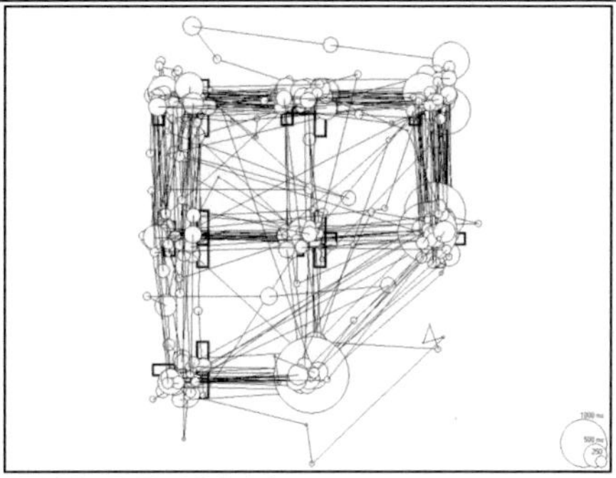
VP08; BZ: 120,14 s

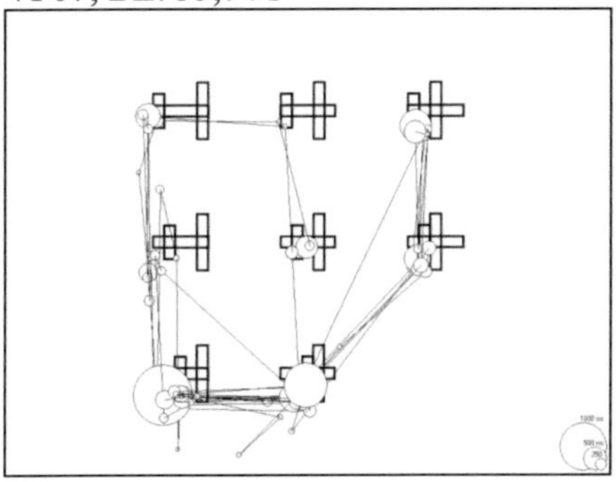
VP09; BZ: 21,89 s

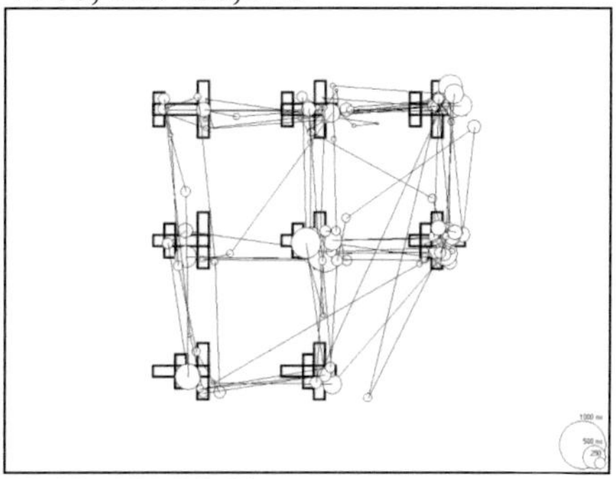
VP10; BZ: 28,78 s

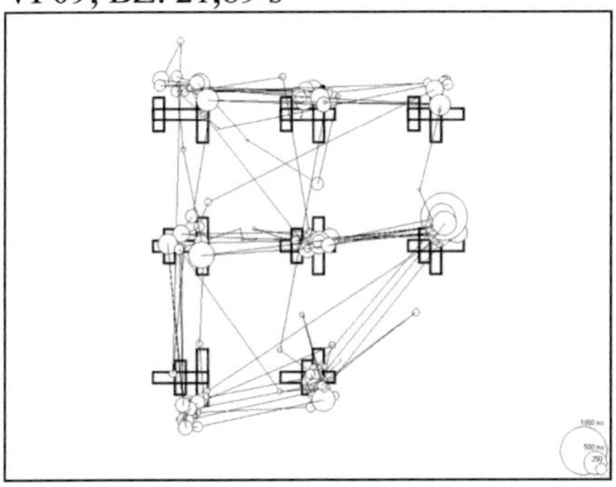
VP11; BZ: 39,06 s

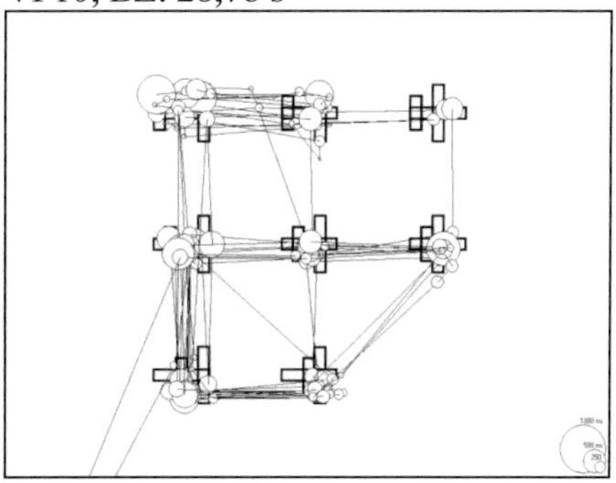
VP12; BZ: 42,61 s

Tab. 7.18: Blickpfade a02.

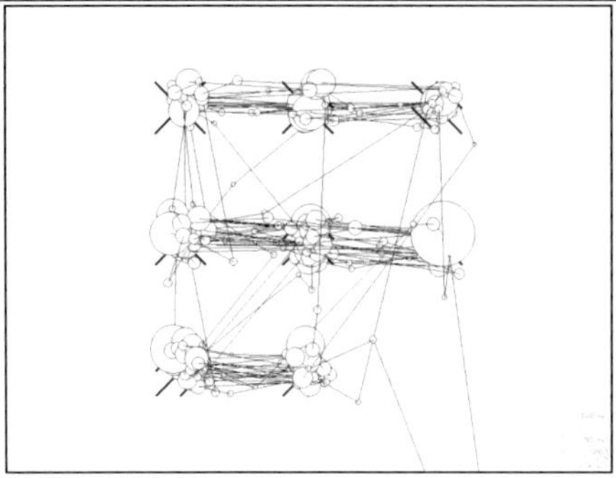

VP01; BZ: 107,97 s

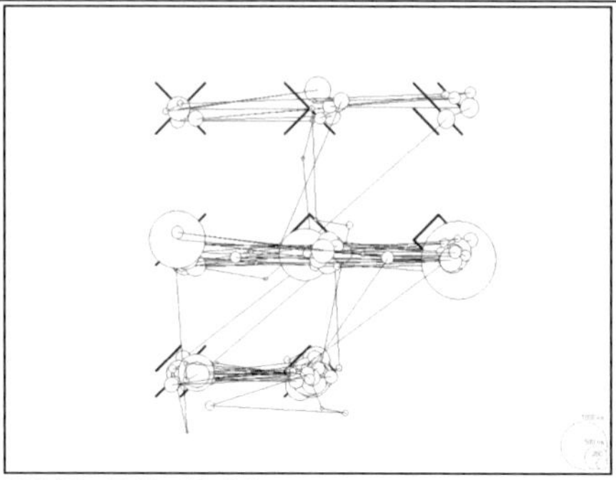

VP02; BZ: 48,88 s

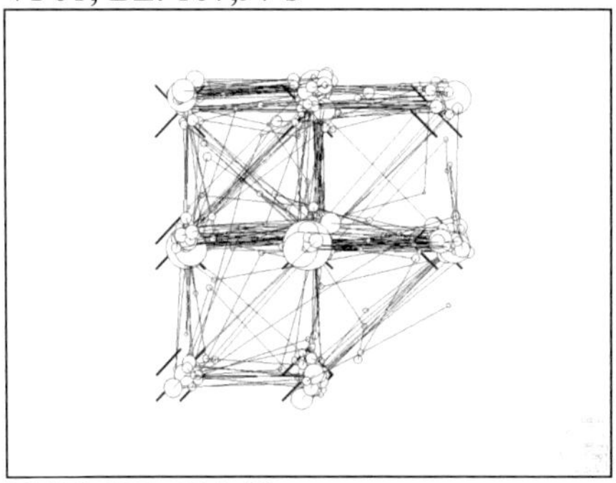

VP03; BZ: 101,88 s

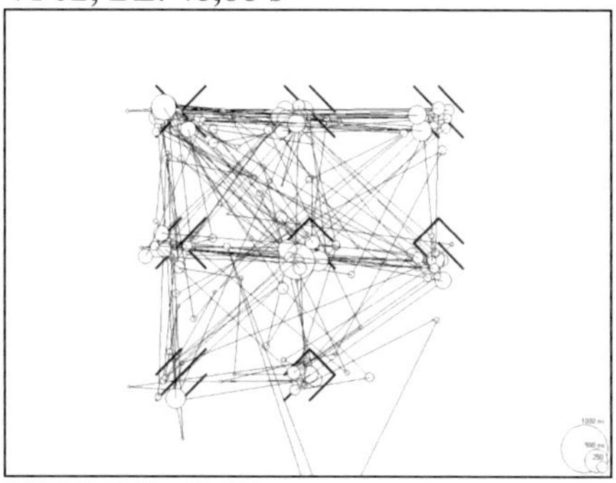

VP04; BZ: 48,37 s

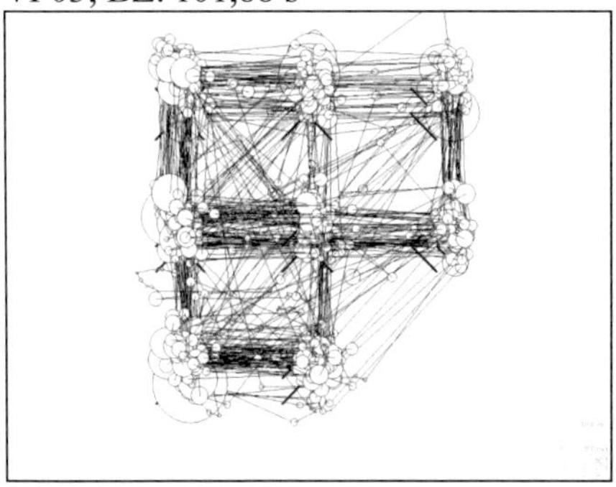

VP05; BZ: 331,87 s

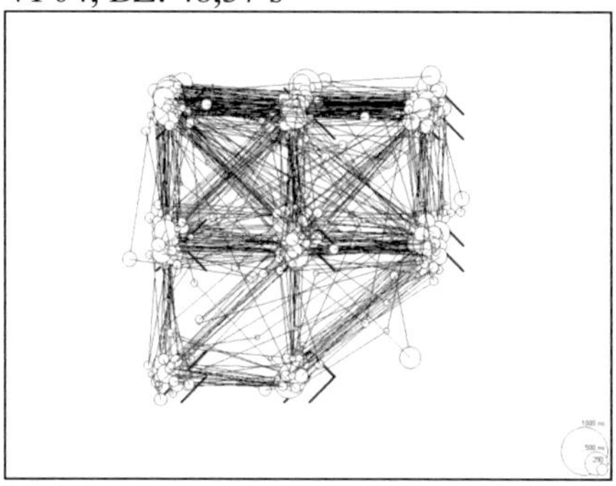

VP06; BZ: 203,50 s

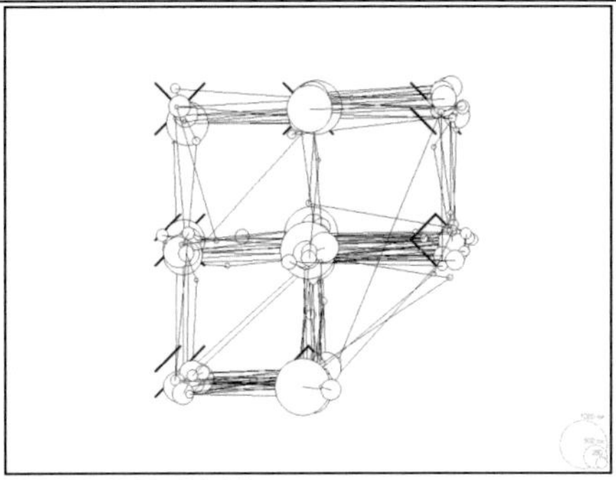

VP07; BZ: 84,72 s

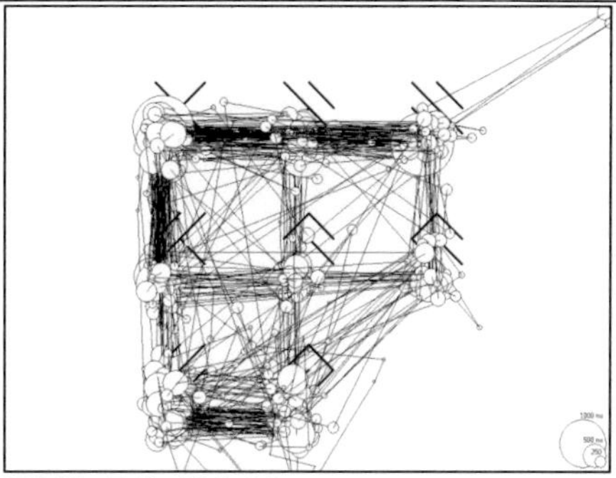

VP08; BZ: 235,86 s

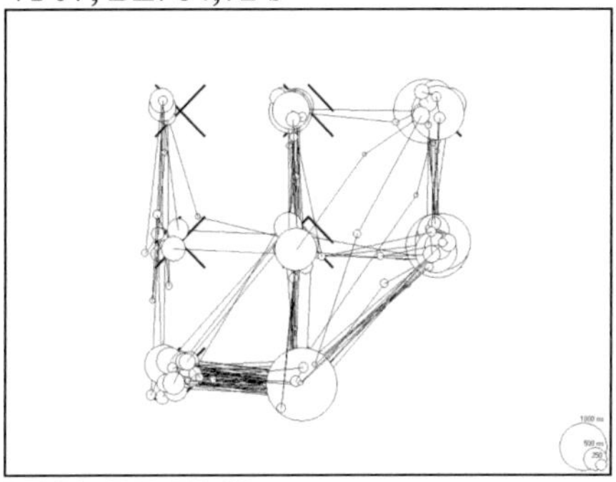

VP09; BZ: 78,93 s

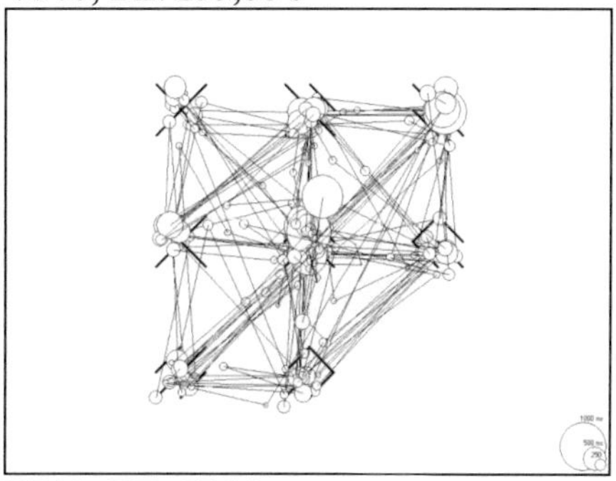

VP10; BZ: 67,14 s

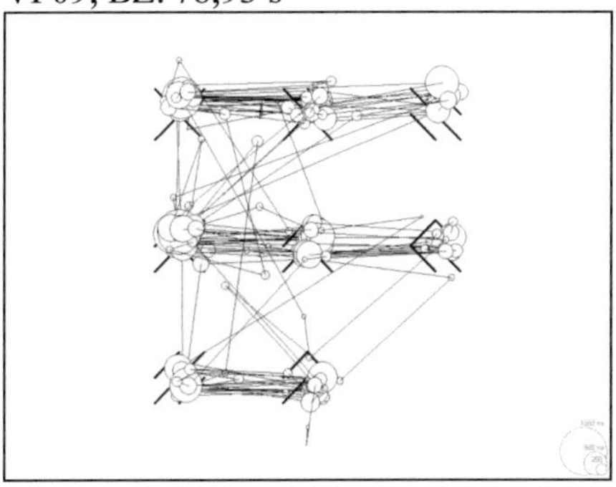

VP11; BZ: 69,00 s

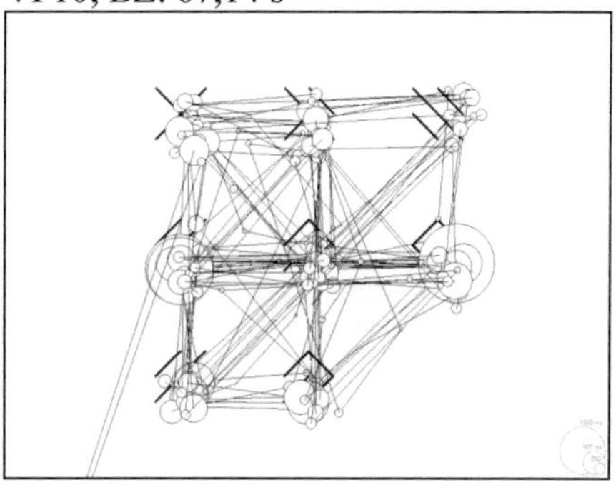

VP12; BZ: 79,44 s

Tab. 7.19: Blickpfade a03.

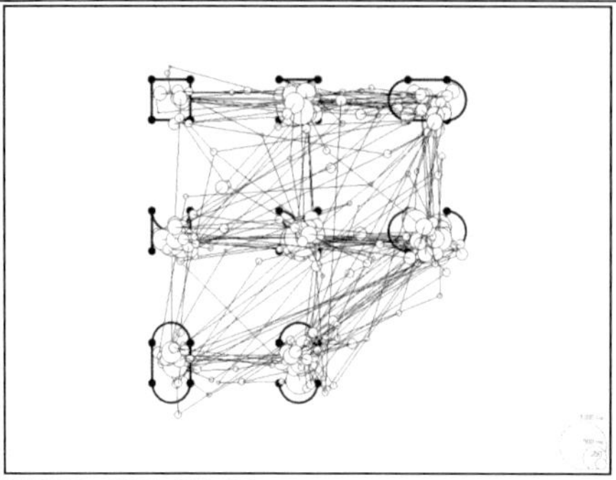

VP01; BZ: 98,66 s

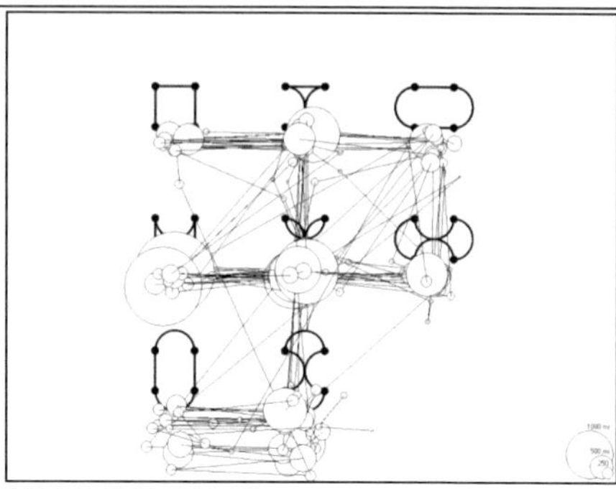

VP02; BZ: 76,13 s

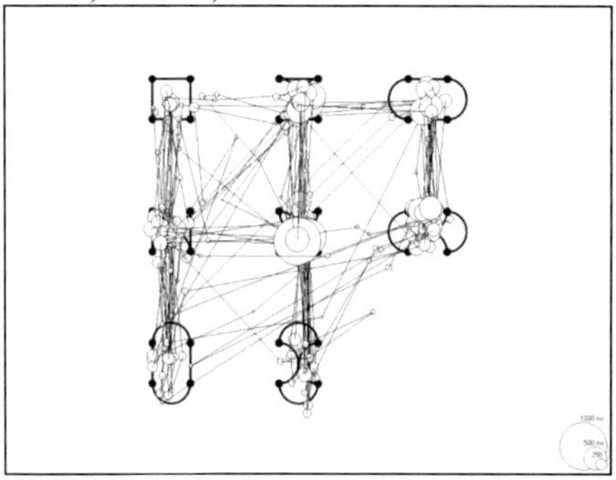

VP03; BZ: 62,67 s

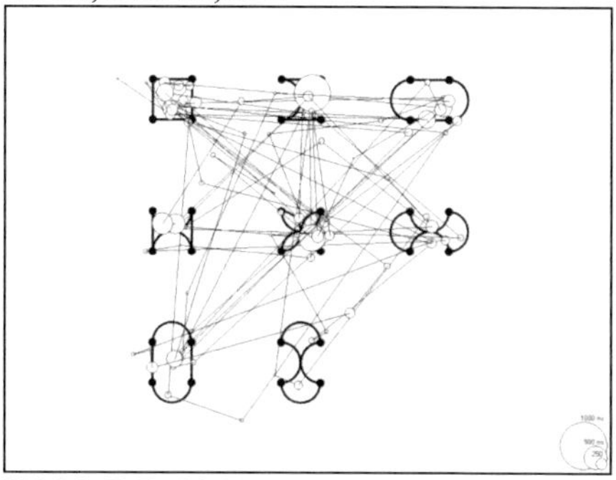

VP04; BZ: 19,71 s

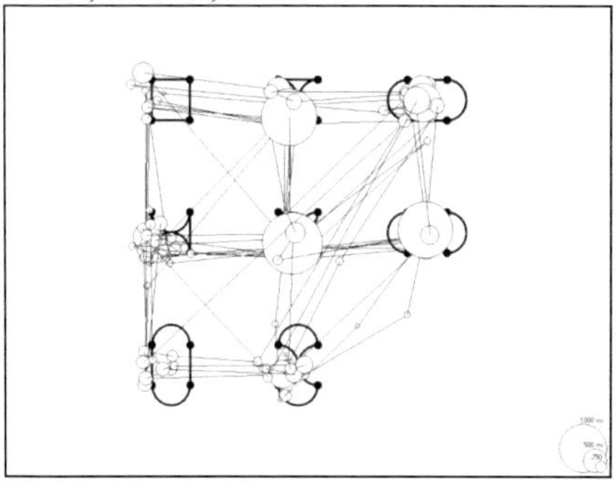

VP05; BZ: 47,02 s

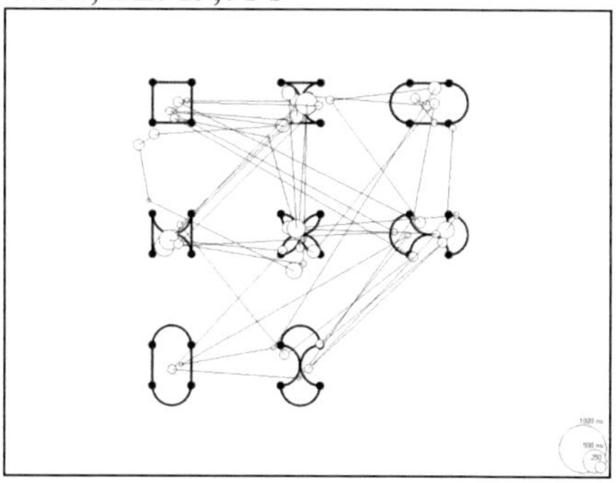

VP06; BZ: 14,04 s

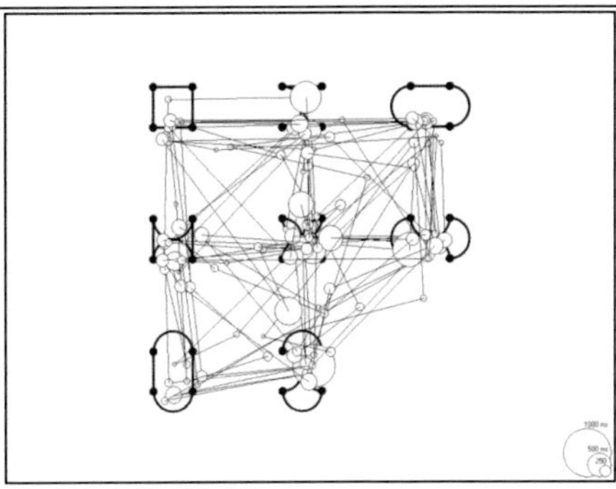

VP07; BZ: 32,74 s

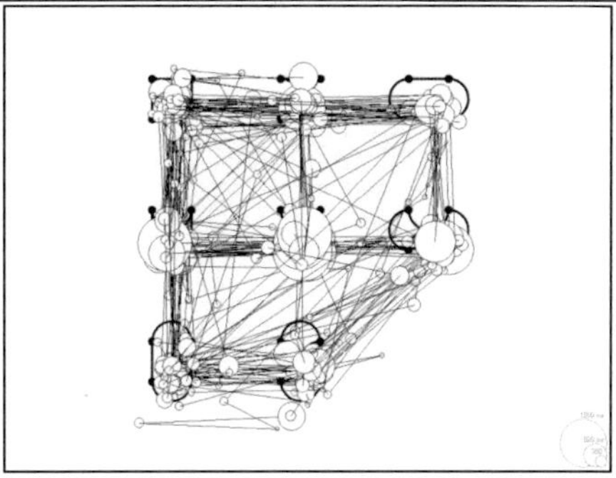

VP08; BZ: 133,32 s

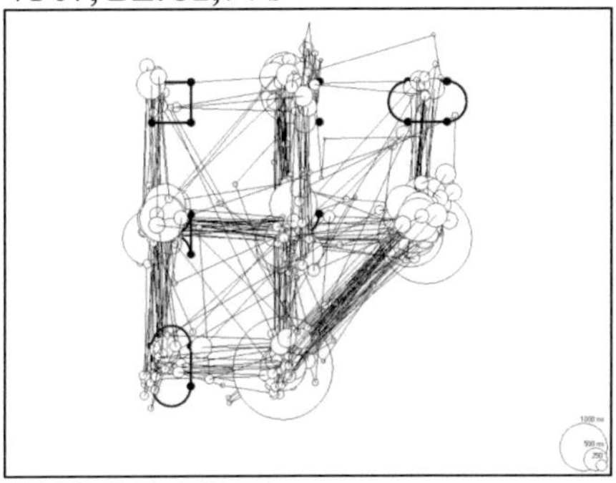

VP09; BZ: 152,74 s

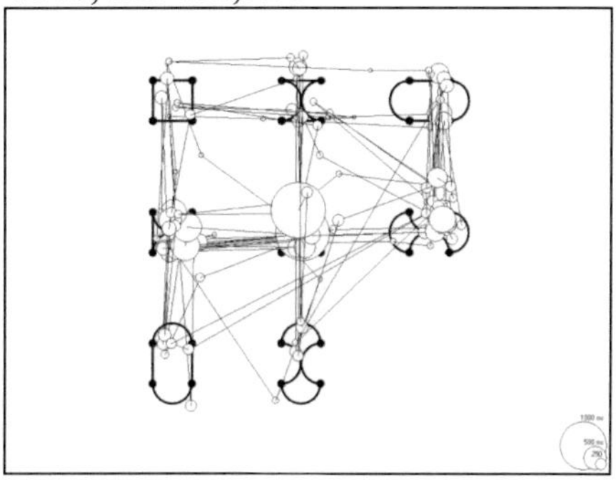

VP10; BZ: 41,41 s

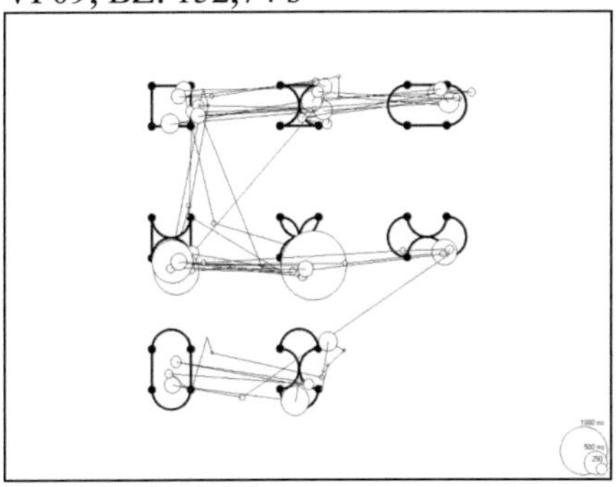

VP11; BZ: 23,07 s

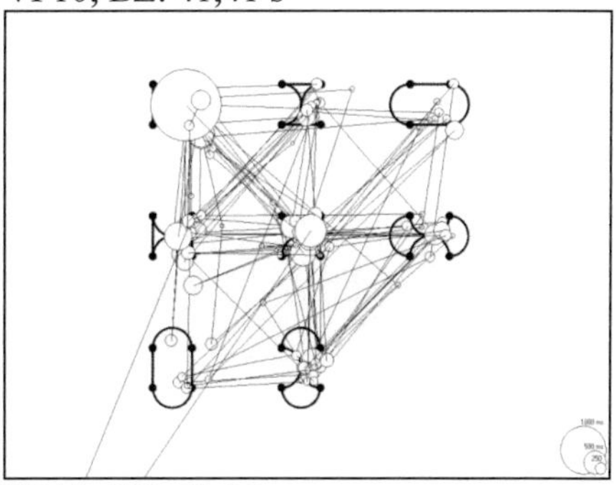

VP12; BZ: 40,96 s

Tab. 7.20: Blickpfade a04.

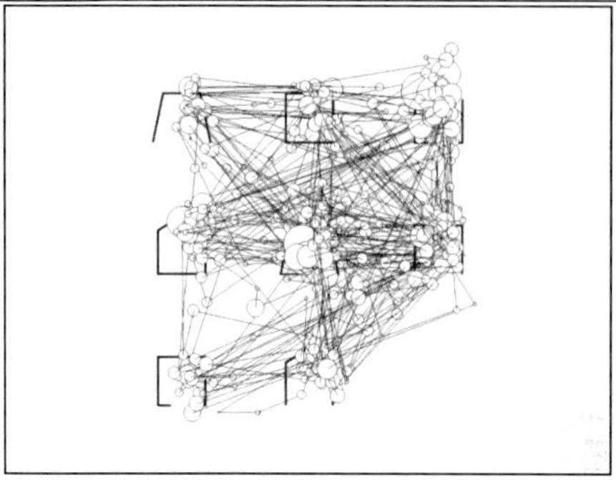

VP01; BZ: 128,43 s

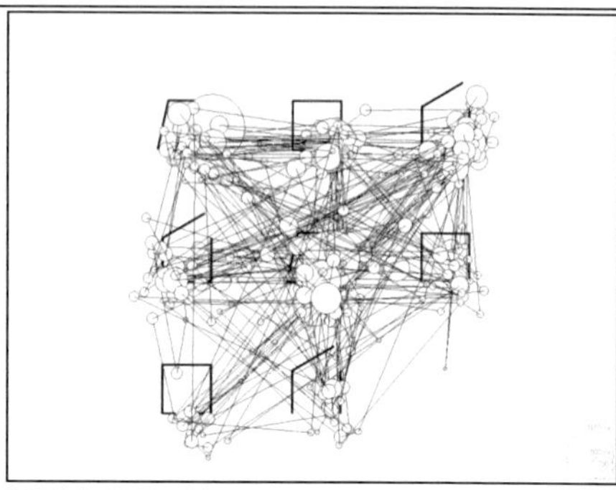

VP02; BZ: 107,10 s

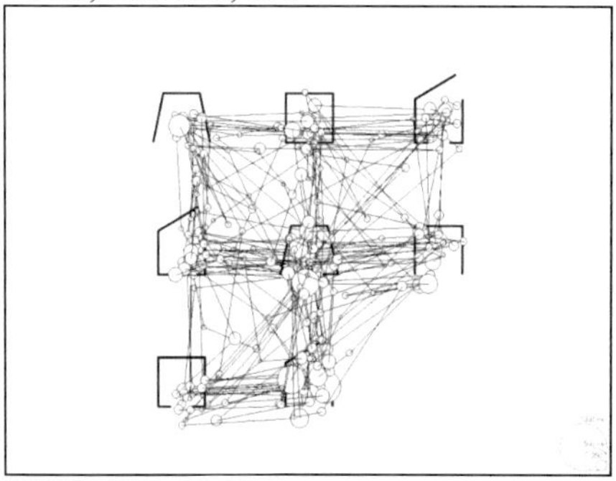

VP03; BZ: 65,39 s

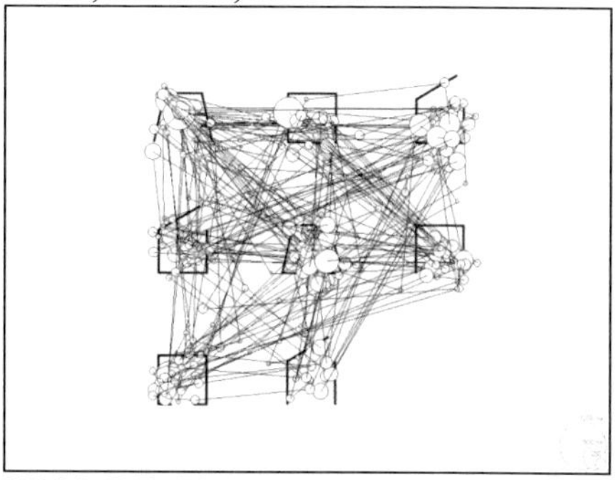

VP04; BZ: 71,19 s

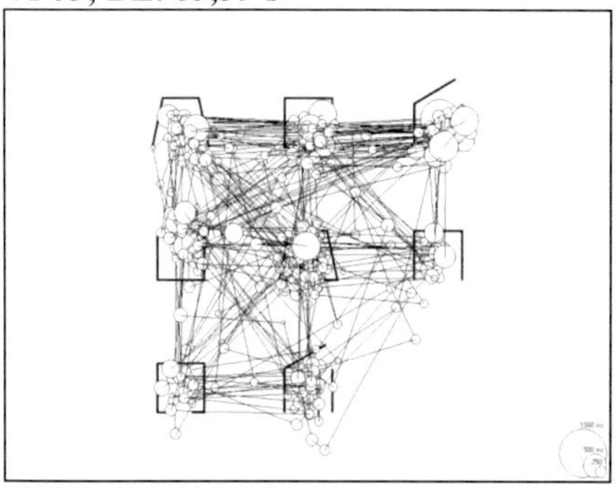

VP05; BZ: 112,94 s

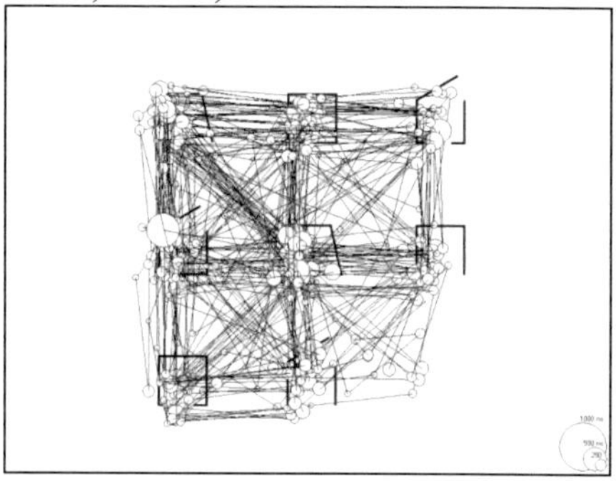

VP06; BZ: 122,74 s

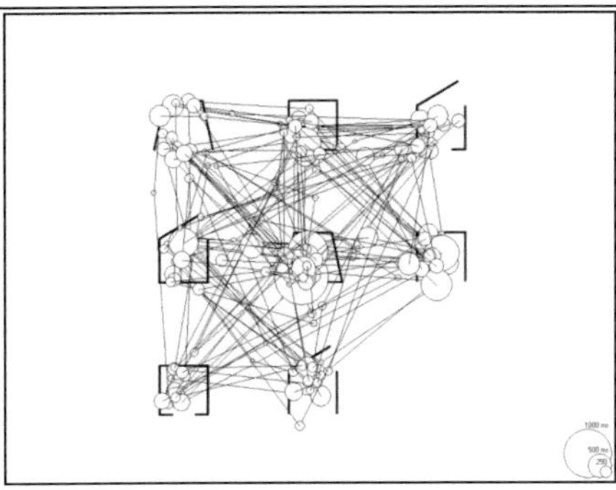

VP07; BZ: 59,96 s

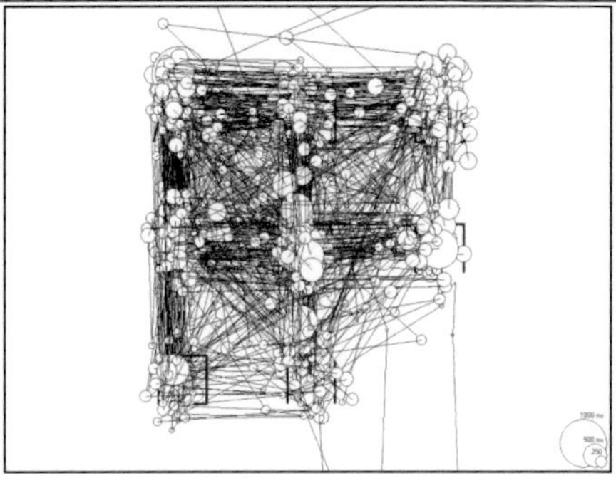

VP08; BZ: 327,78 s

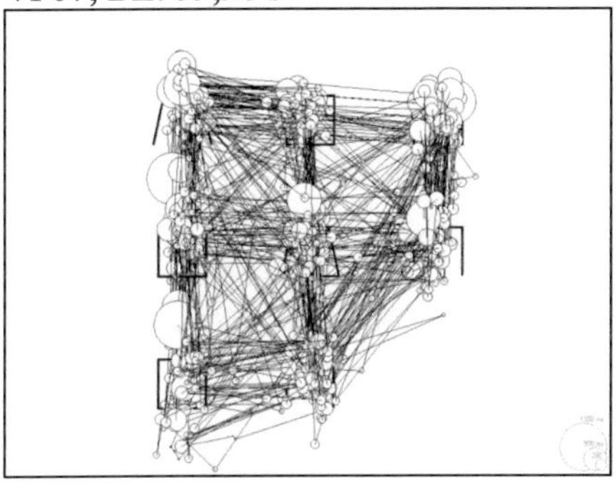

VP09; BZ: 209,23 s

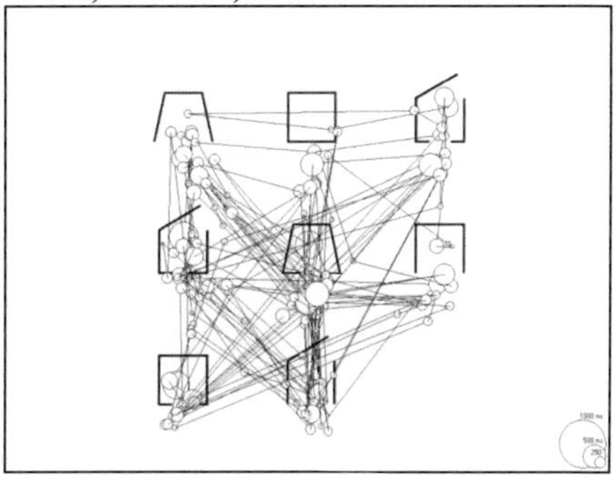

VP10; BZ: 49,69 s

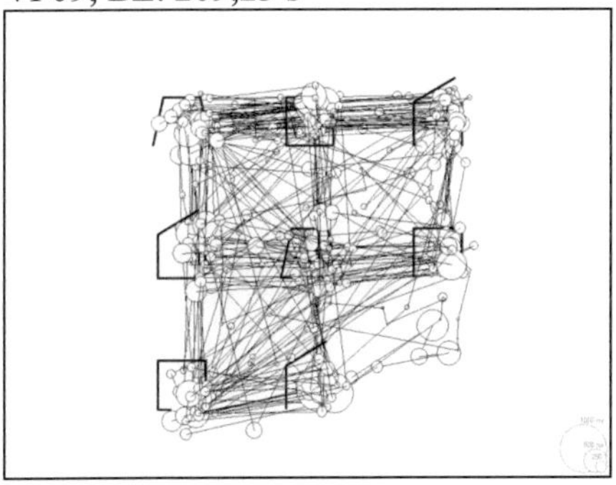

VP11; BZ: 103,66 s

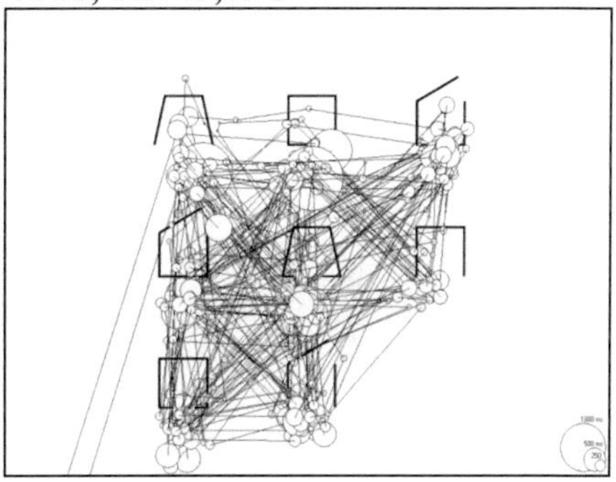

VP12; BZ: 107,97 s

Tab. 7.21: Blickpfade a05.

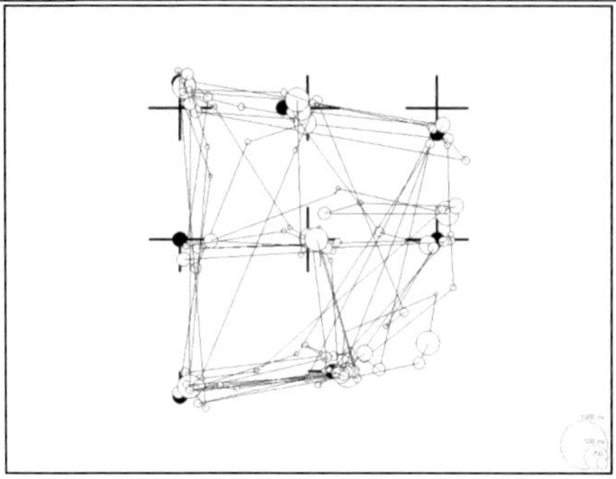

VP01; BZ: 30,50 s

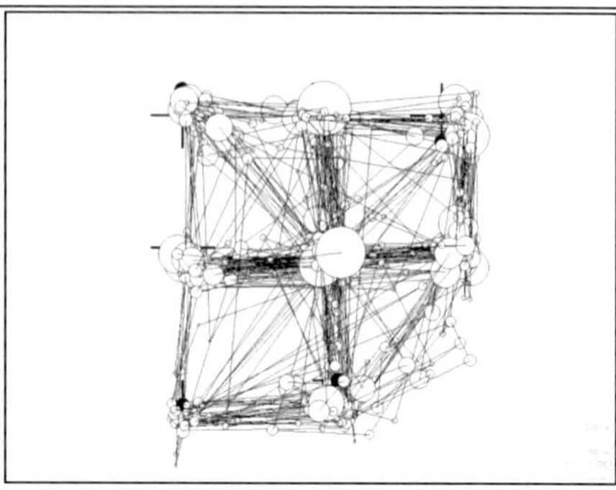

VP02; BZ: 155,06 s

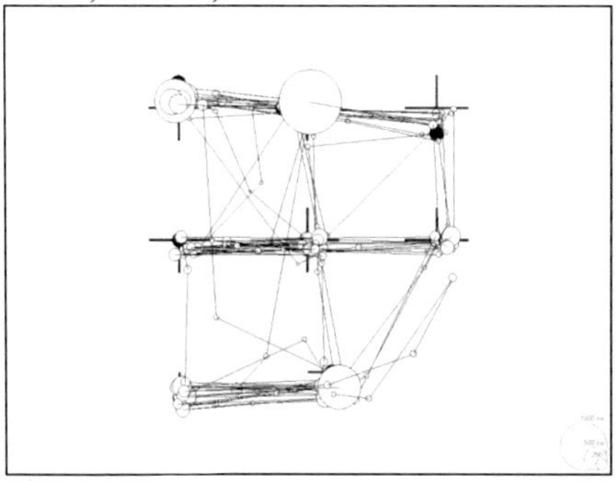

VP03; BZ: 40,54 s

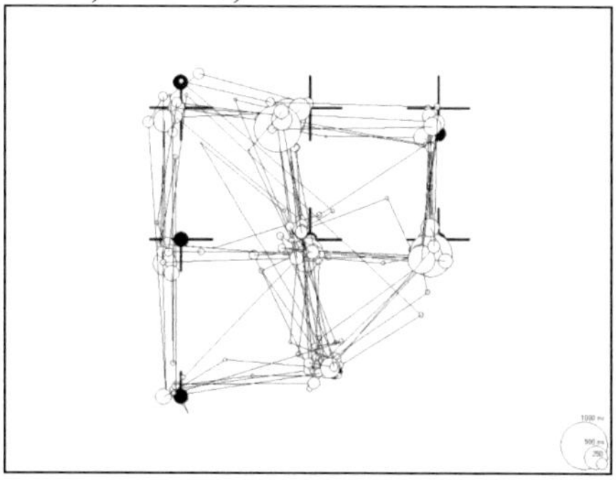

VP04; BZ: 38,37 s

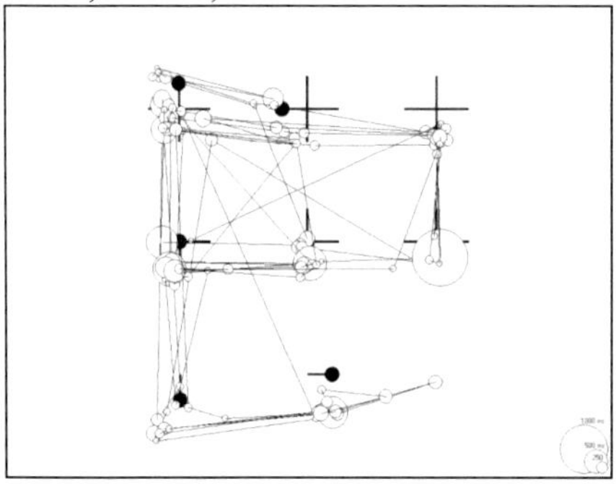

VP05; BZ: 32,83 s

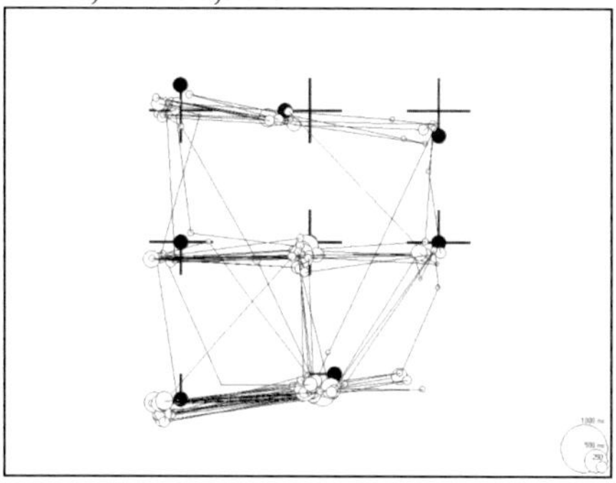

VP06; BZ: 33,26 s

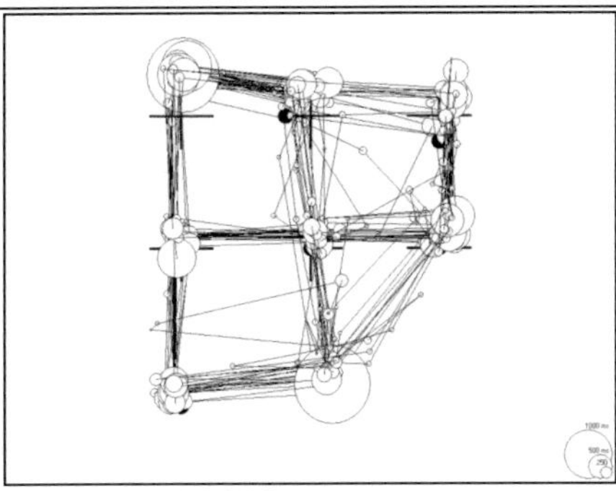

VP07; BZ: 106,70 s

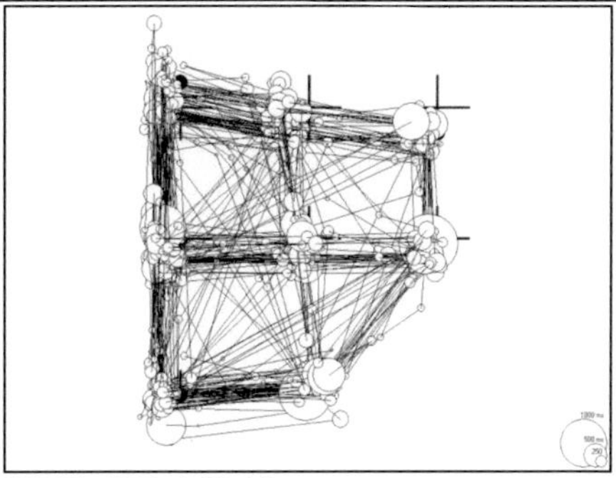

VP08; BZ: 169,12 s

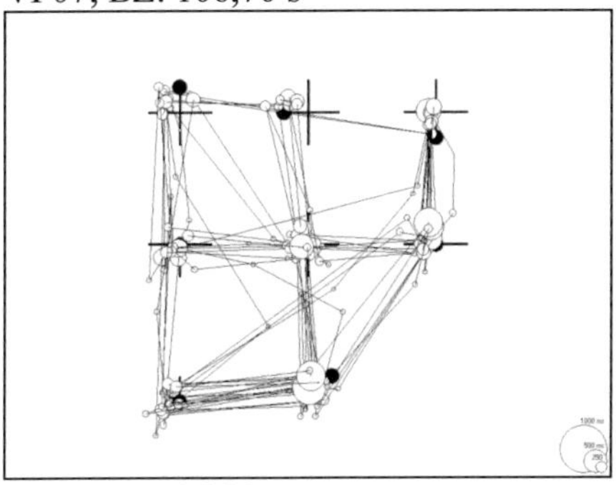

VP09; BZ: 36,30 s

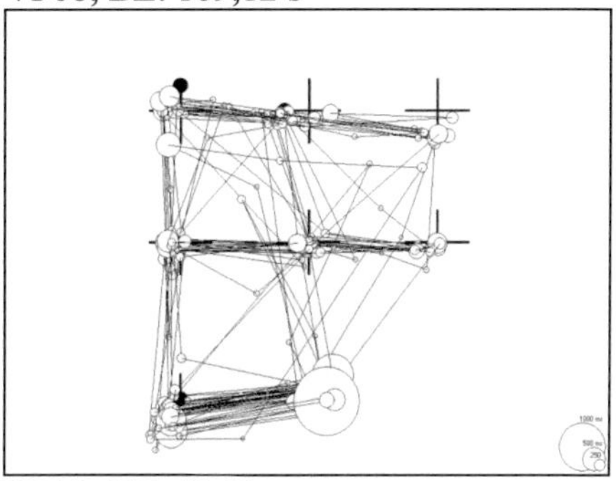

VP10; BZ: 52,29 s

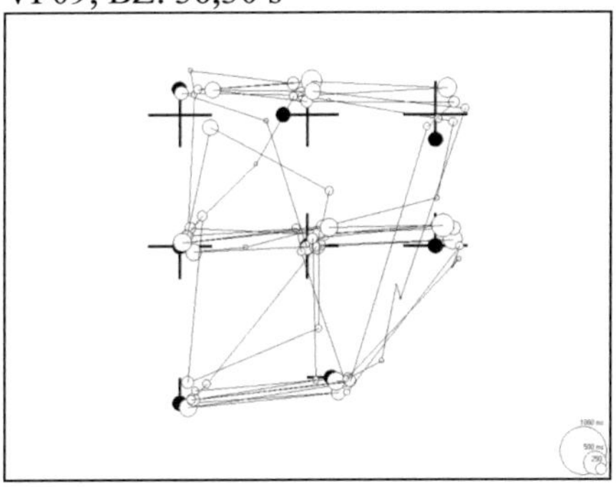

VP11; BZ: 18,59 s

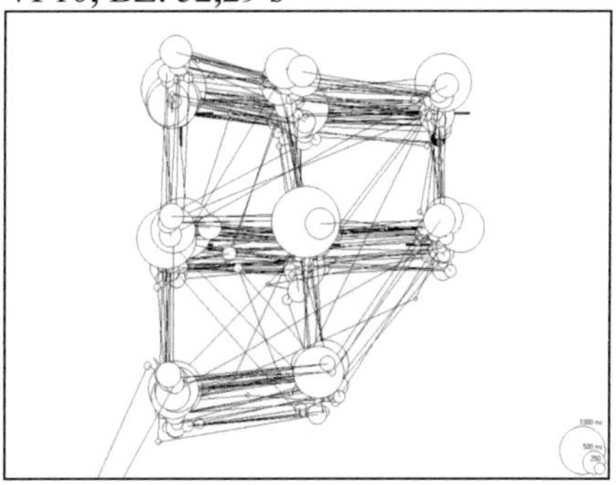

VP12; BZ: 160,29 s

Tab. 7.22: Blickpfade a06.

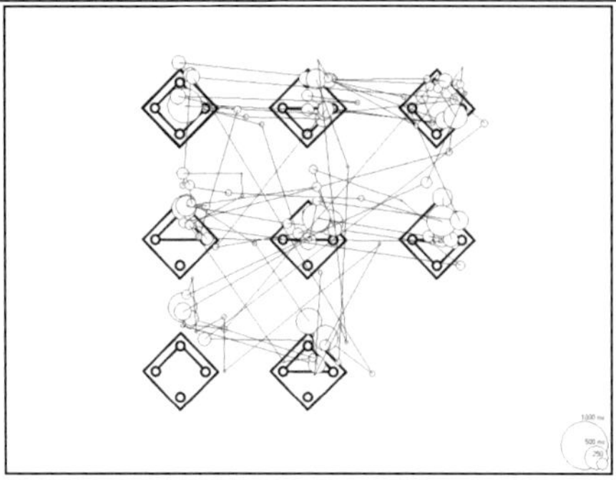

VP01; BZ: 31,76 s

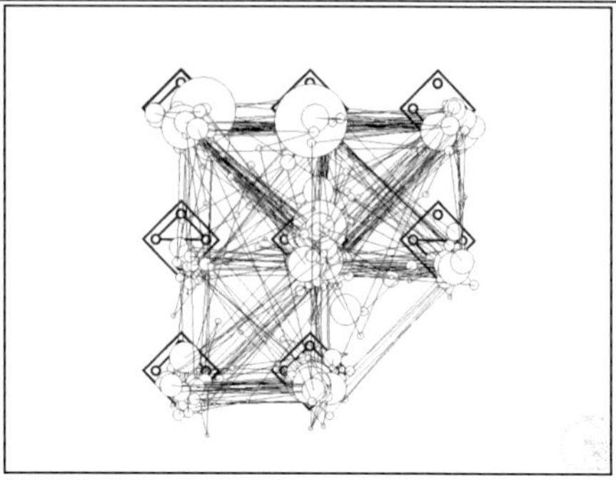

VP02; BZ: 155,46 s

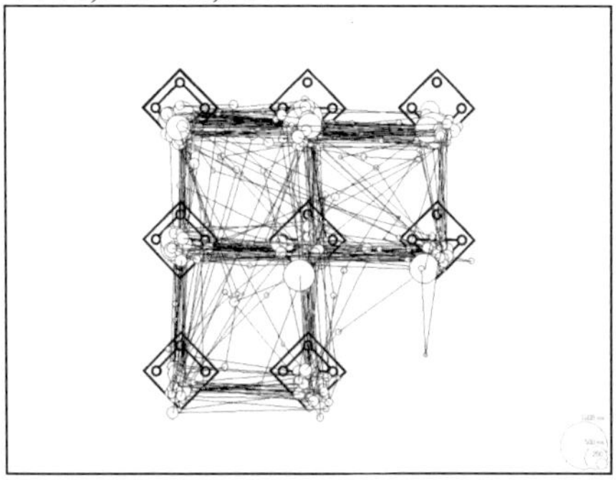

VP03; BZ: 106,46 s

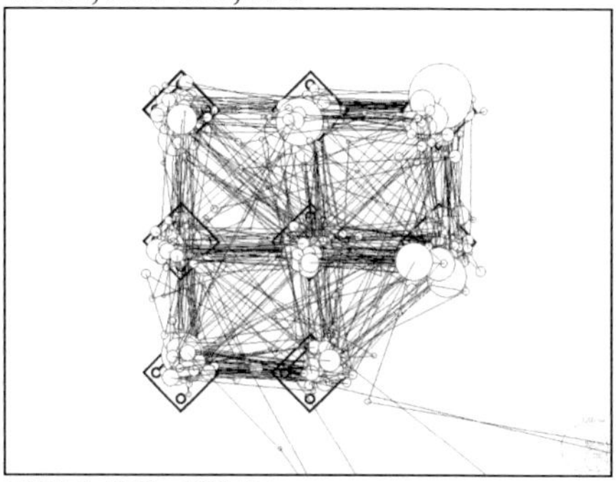

VP04; BZ: 180,74 s

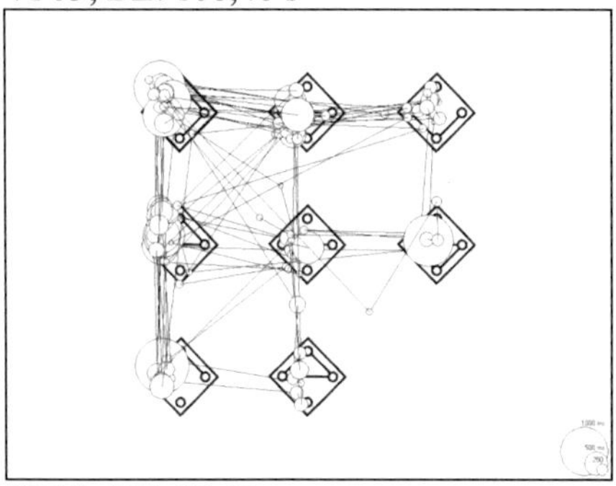

VP05; BZ: 58,69 s

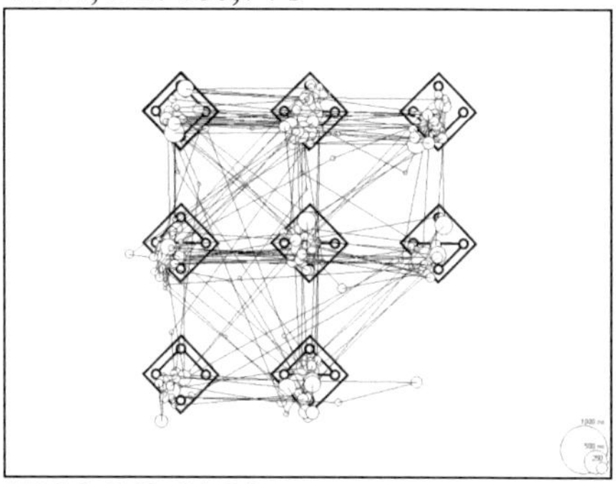

VP06; BZ: 54,85 s

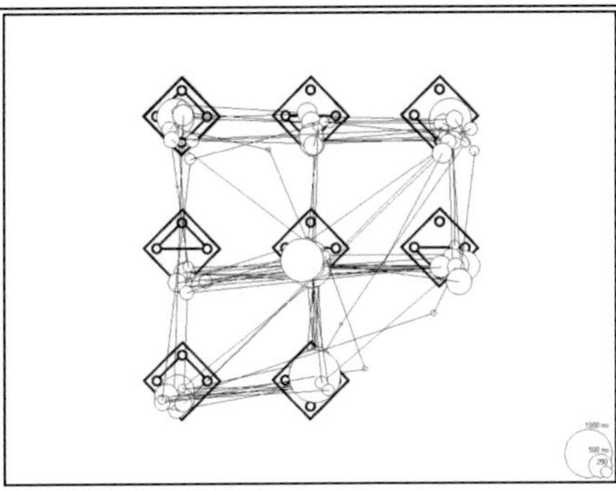

VP07; BZ: 40,99 s

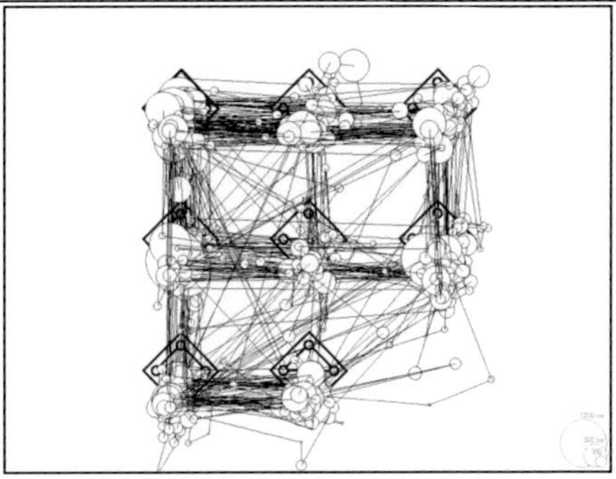

VP08; BZ: 258,52 s

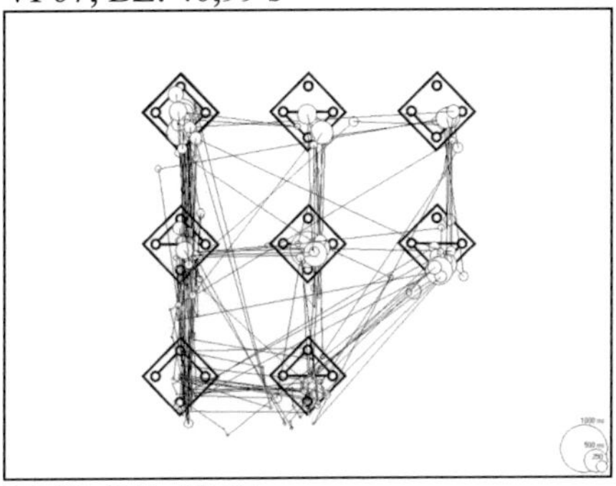

VP09; BZ: 47,92 s

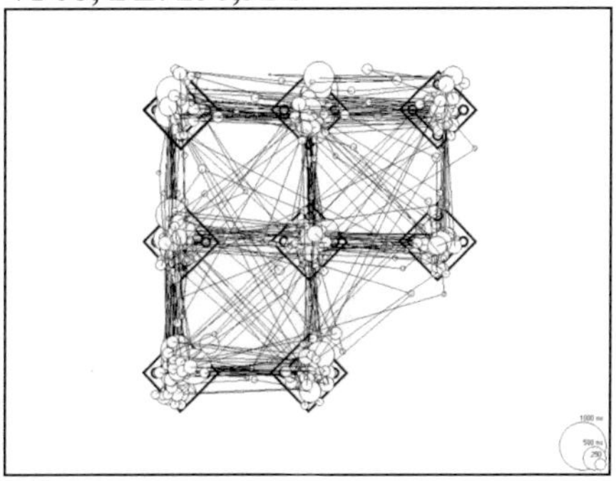

VP10; BZ: 130,09 s

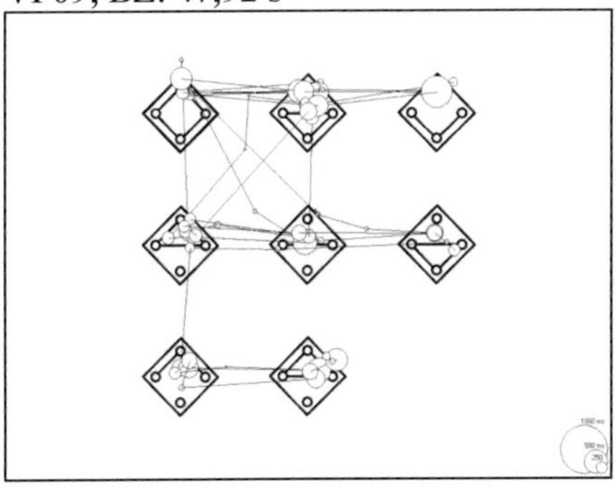

VP11; BZ: 18,96 s

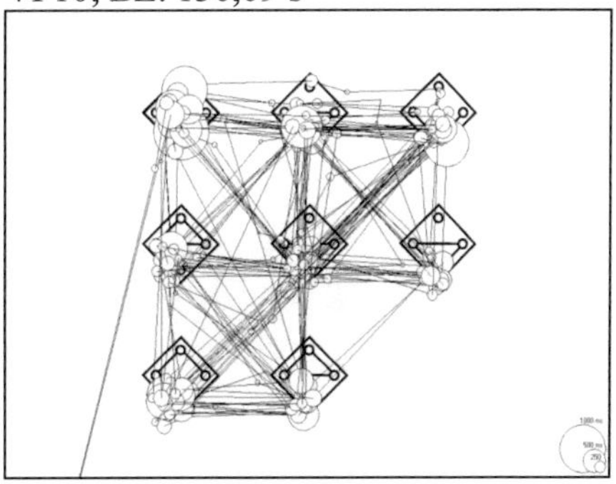

VP12; BZ: 80,00 s

Tab. 7.23: Blickpfade a07.

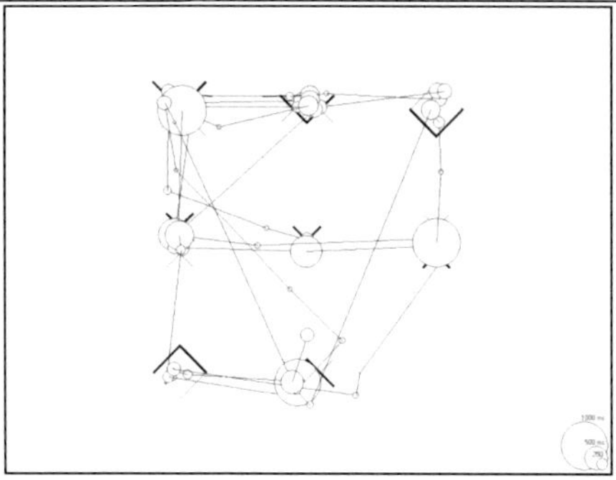

VP01; BZ: 21,47 s

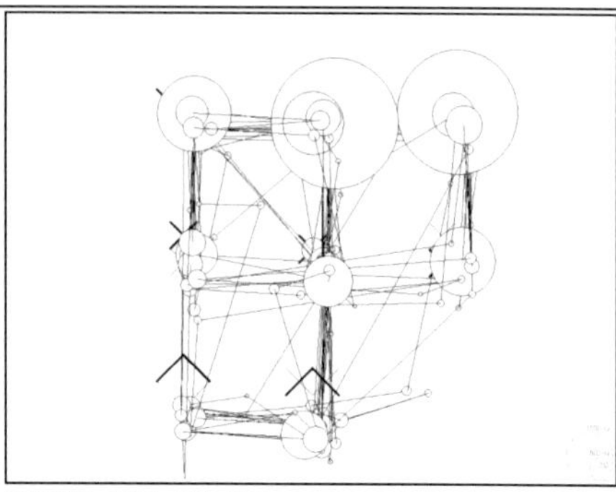

VP02; BZ: 81,91 s

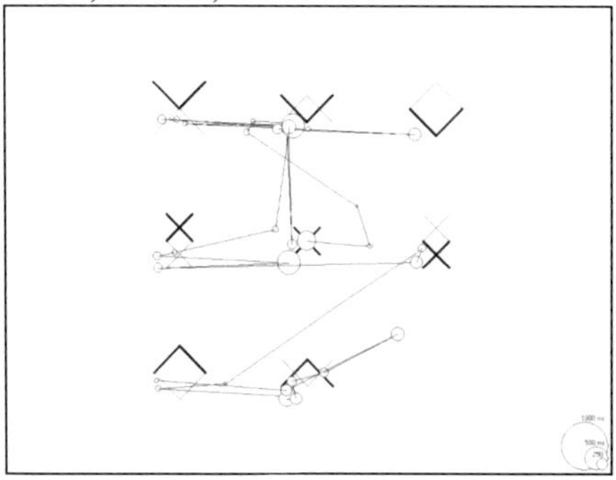

VP03; BZ: 8,06 s

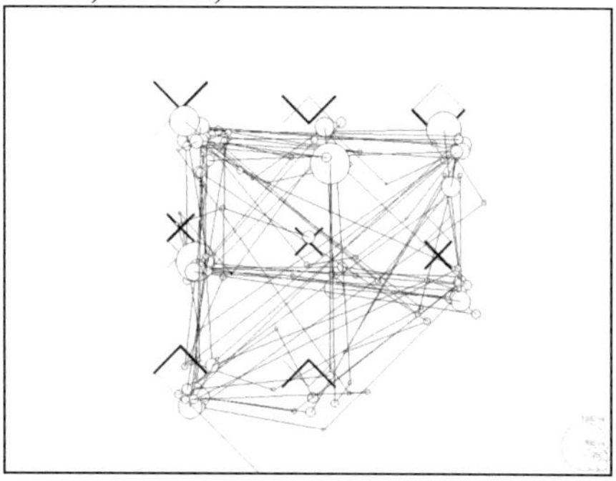

VP04; BZ: 31,37 s

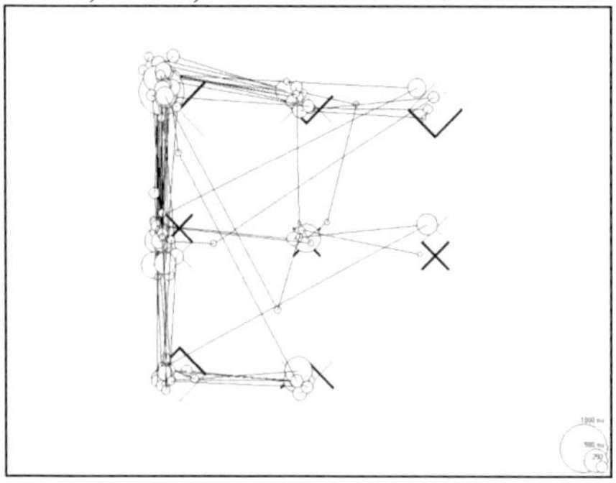

VP05; BZ: 37,50 s

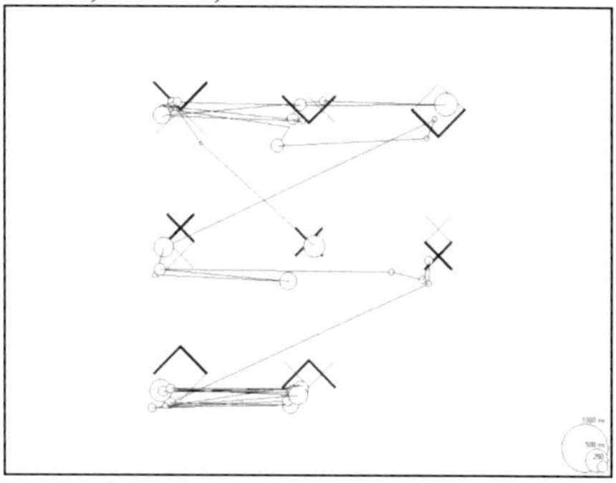

VP06; BZ: 10,12 s

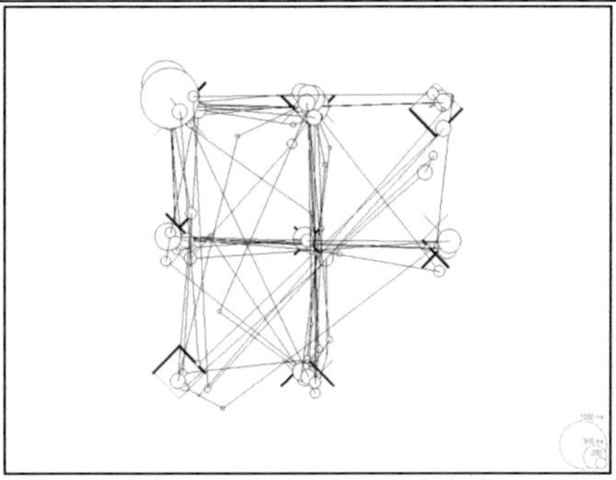

VP07; BZ: 26,79 s

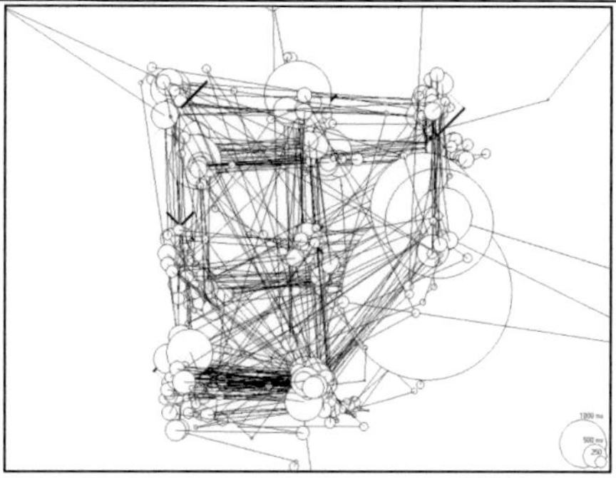

VP08; BZ: 188,97 s

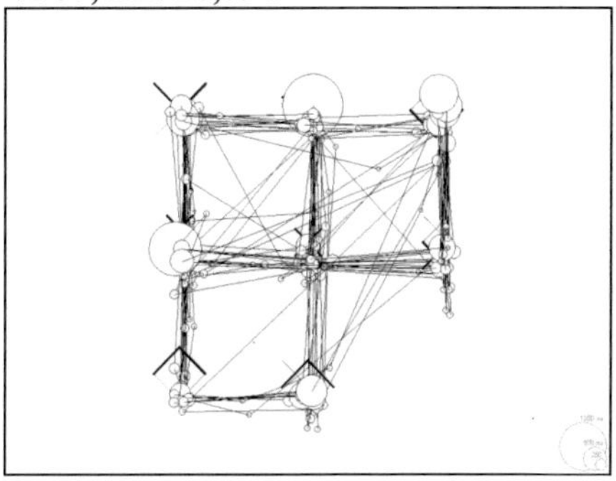

VP09; BZ: 60,56 s

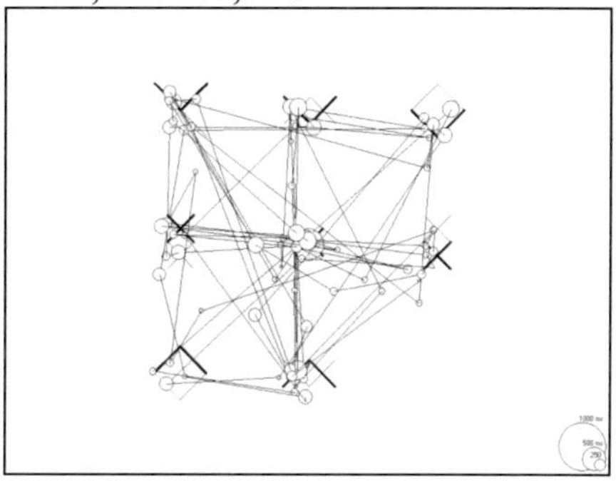

VP10; BZ: 21,02 s

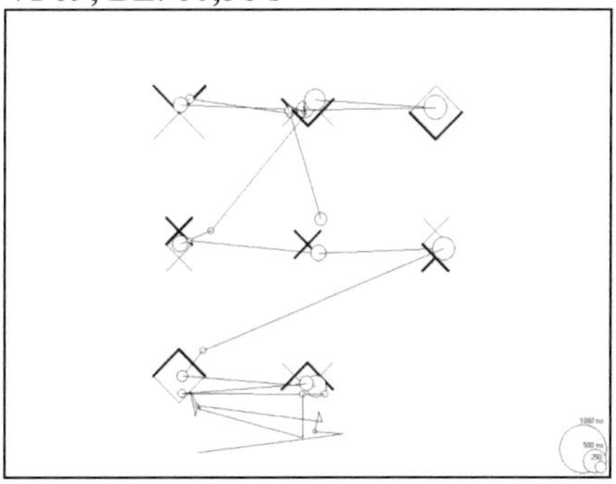

VP11; BZ: 7,57 s

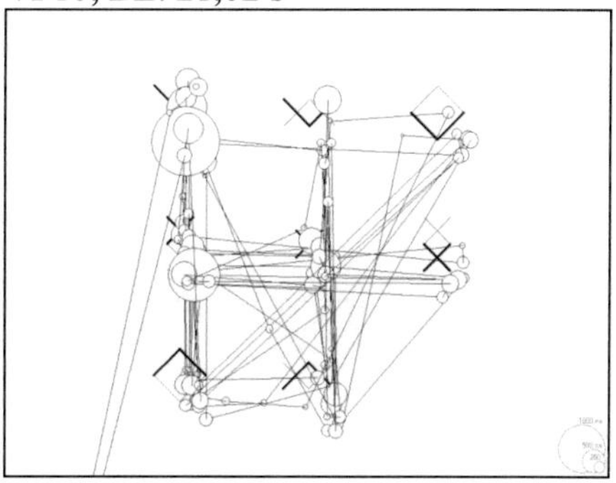

VP12; BZ: 36,81 s

Tab. 7.24: Blickpfade a08.

7.2 CoDyLa

VP	Aufgaben						Gesamt
	a01	a02	a03	a04	a05	a06	
1	11:13	2:51	10:50	21:19	13:50	25:32	85:36
2	9:58	1:17	2:50	8:36	18:53	15:17	56:54
3	17:21	0:47	7:49	10:51	4:21	11:29	52:42
4	13:40	2:47	5:18	34:35	17:37	38:56	112:57
5	13:21	0:57	8:50	12:28	10:27	15:05	61:12
6	13:04	0:52	10:03	20:23	17:19	34:01	95:48
7	15:39	1:38	8:04	15:10	24:54	38:22	103:54
8	19:50	1:54	7:03	19:11	13:18	34:11	95:35
9	16:08	0:31	10:48	11:59	6:20	37:48	83:43
10	15:28	1:37	10:30	11:16	8:48	54:29	102:17
11	16:18	2:06	7:27	22:14	8:47	35:16	92:19
12	28:20	7:17	24:52	20:36	17:37		98:53[85]
Minimum	9:58	0:31	2:50	8:36	4:21	11:29	
Maximum	28:20	7:17	24:52	34:35	24:54	54:29	
Mittelwert	15:52	2:03	9:32	17:23	13:31	30:57	
Median	15:33	1:37	8:27	17:11	13:34	34:11	
StdAbw	4:46	1:49	5:23	7:13	6:00	12:54	

Tab. 7.25: Übersicht der Bearbeitungszeiten (Zeitangabe in Minuten:Sekunden) aller VP bei den CoDyLa-Aufgaben einschl. Kennzeichnung der Zeitminima und -maxima innerhalb jeder Aufgabe.

[85] Die Gesamtbearbeitungszeit bei VP12 ist die Summe der ersten fünf Aufgaben, da VP12 die Aufgabe a06 nicht bearbeitet hat.

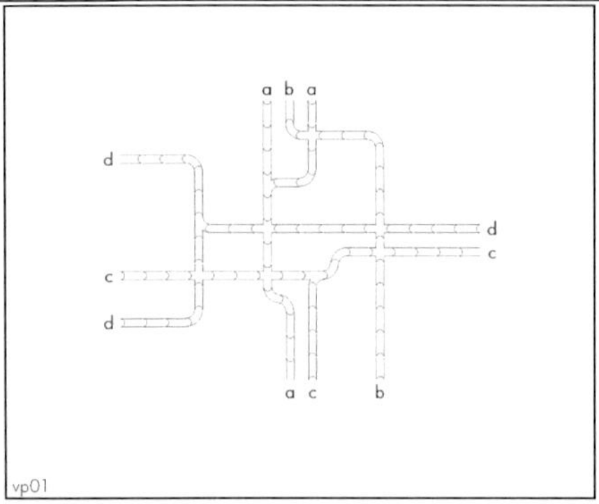

a01; BZ: 11:13

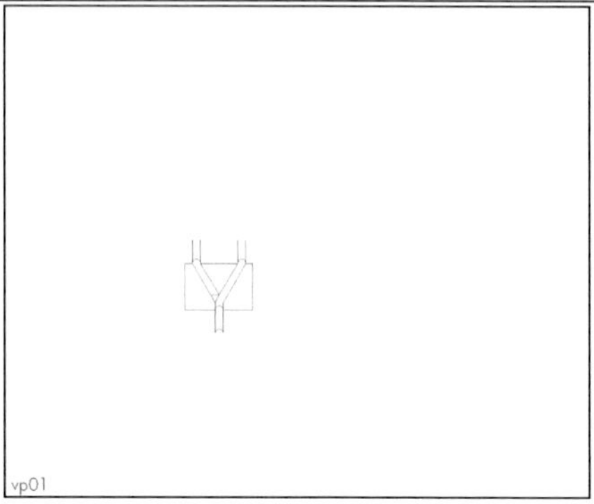

a02; BZ: 2:51

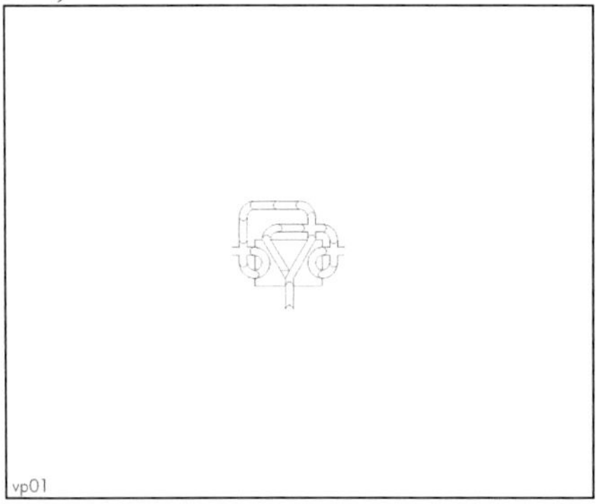

a03; BZ: 10:50

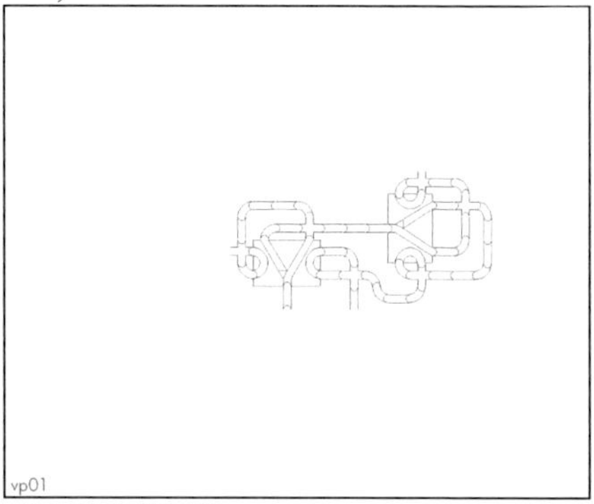

a04; BZ: 21:19

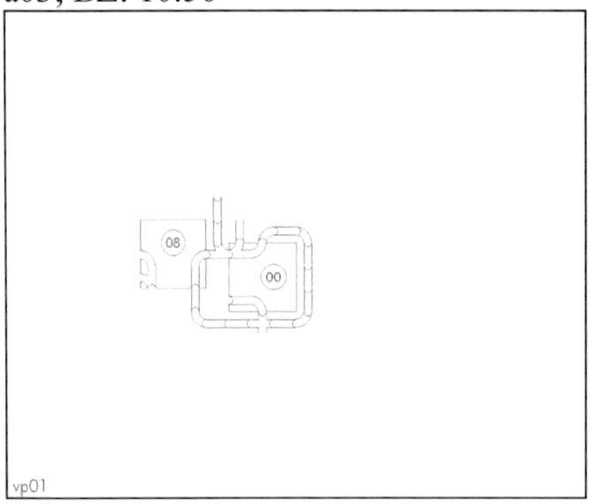

a05; BZ: 13:50

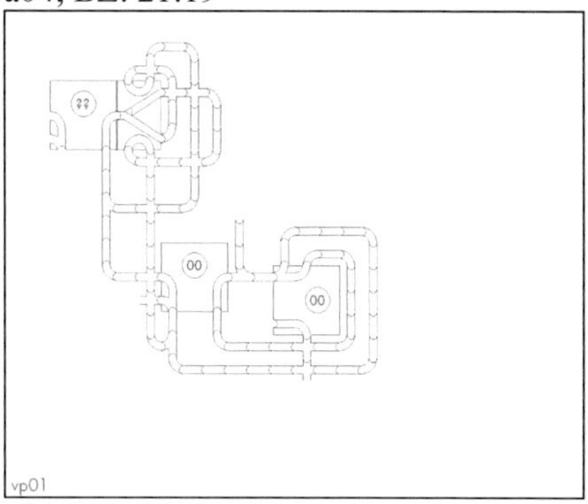

a06; BZ: 25:32

Tab. 7.26: Endnetze VP01.

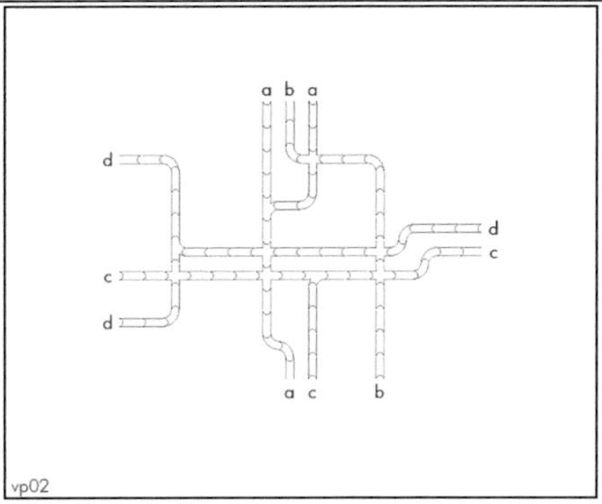

a01; BZ: 9:58

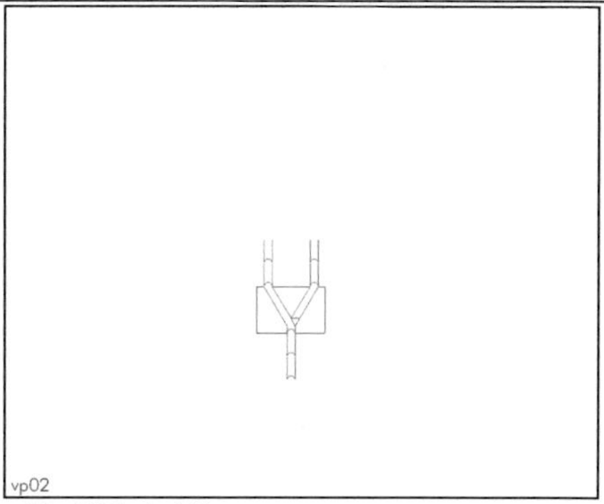

a02; BZ: 1:17

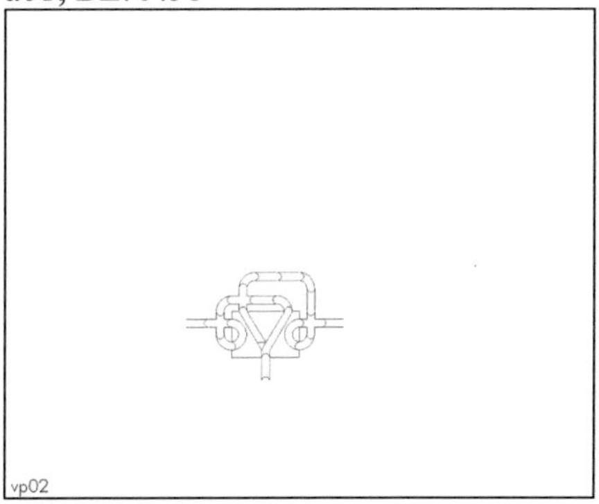

a03; BZ: 2:50

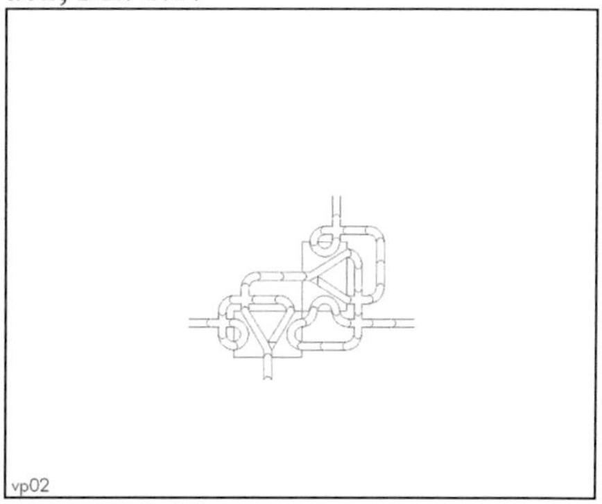

a04; BZ: 8:36

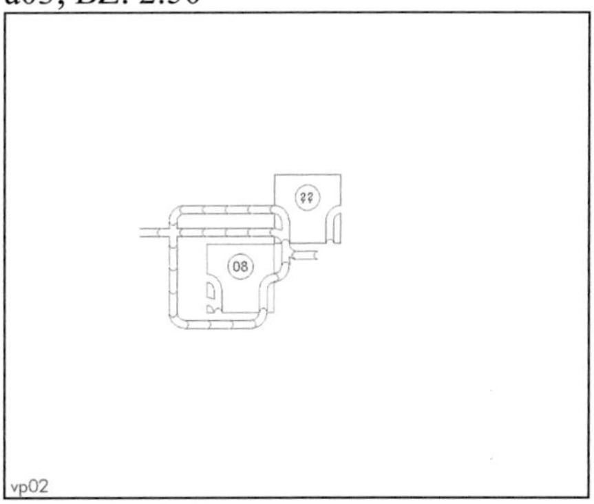

a05; BZ: 18:53

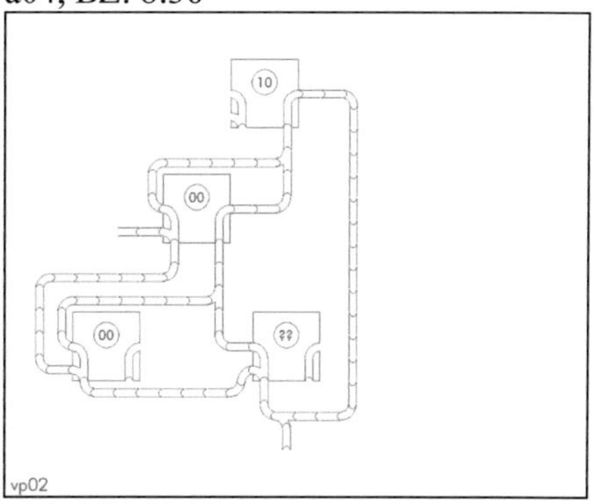

a06; BZ: 15:17

Tab. 7.27: Endnetze VP02.

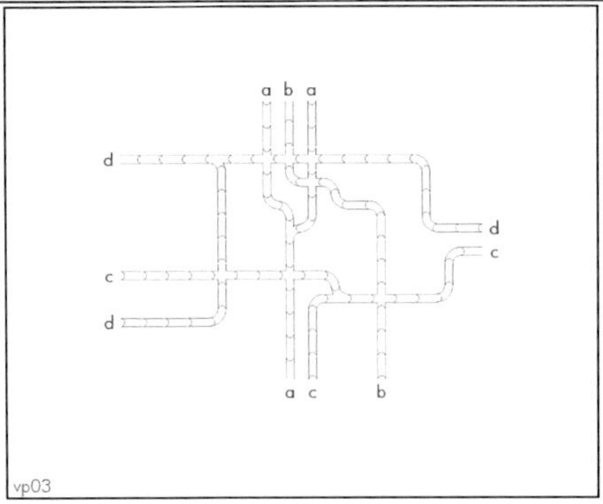

a01; BZ: 17:21

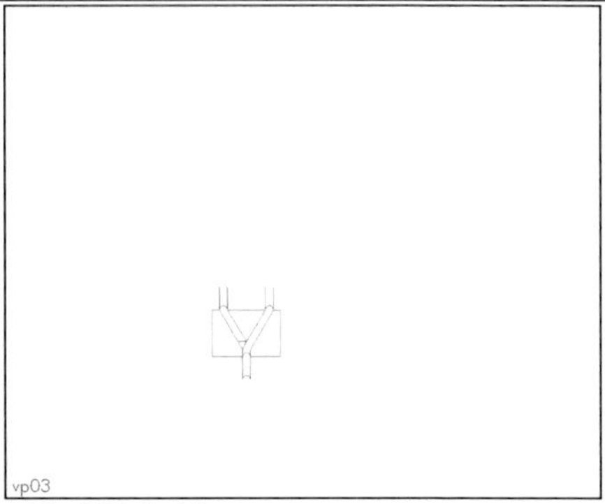

a02; BZ: 0:47

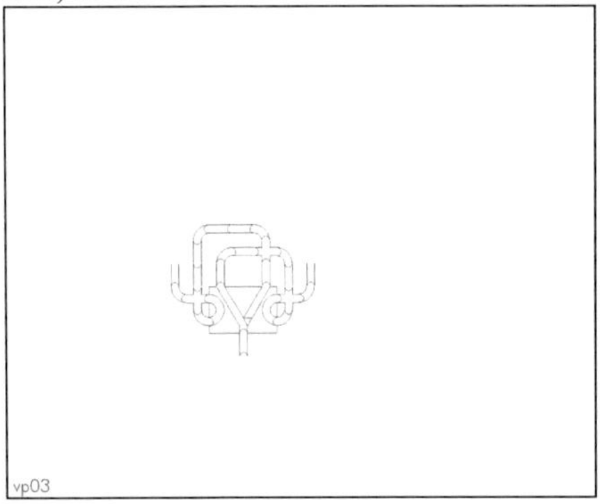

a03; BZ: 7:49

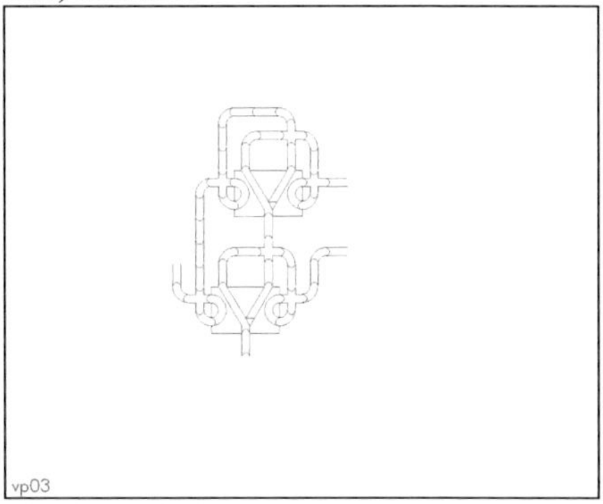

a04; BZ: 10:51

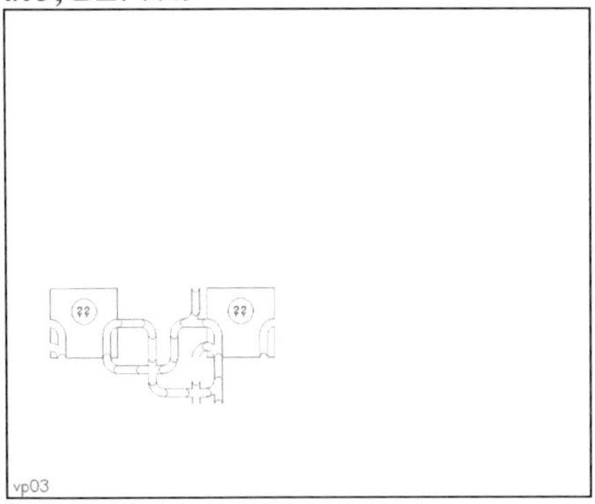

a05; BZ: 4:21

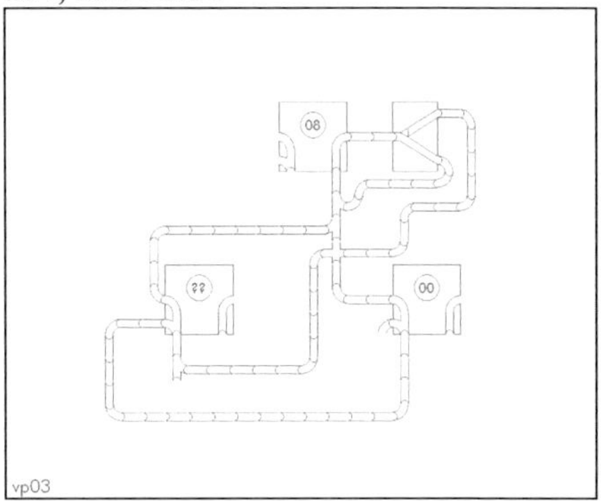

a06; BZ: 11:29

Tab. 7.28: Endnetze VP03.

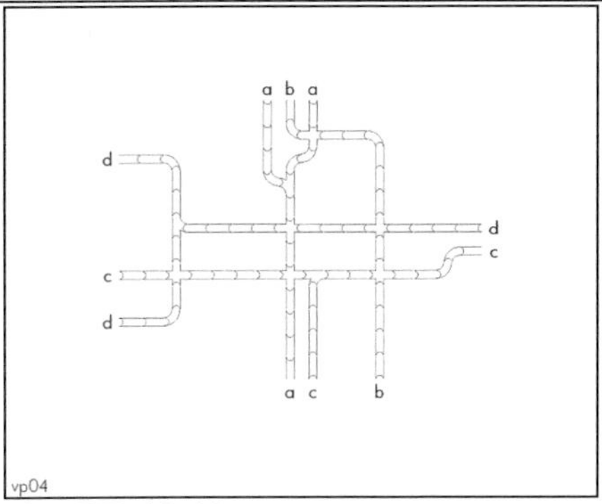

a01; BZ: 13:40

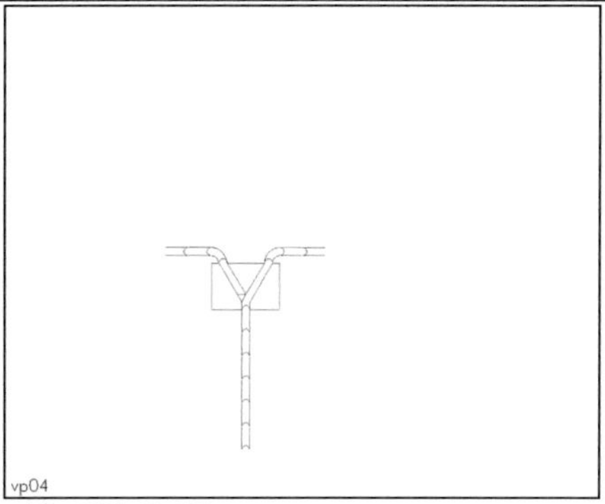

a02; BZ: 2:47

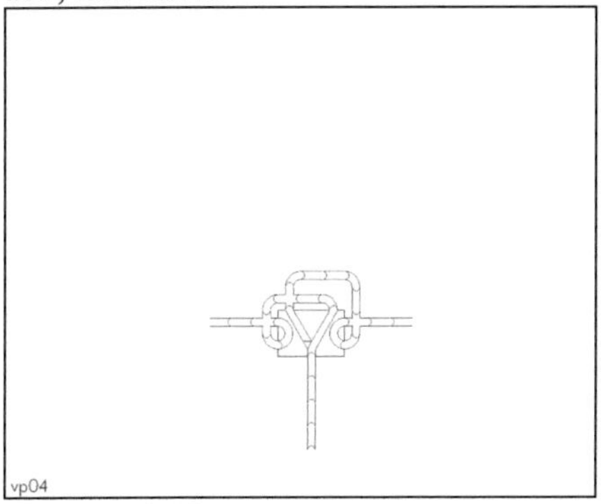

a03; BZ: 5:18

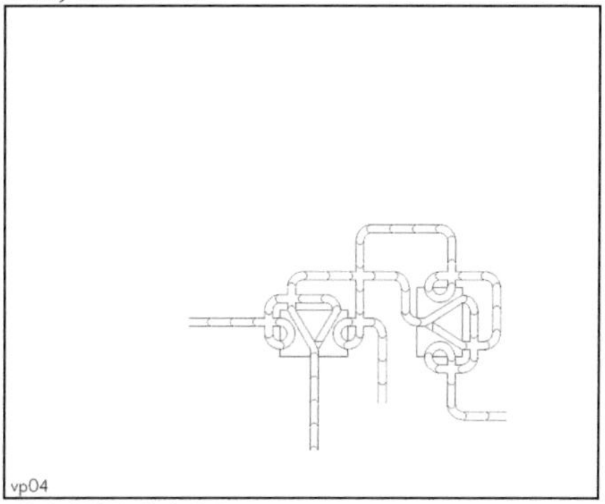

a04; BZ: 34:35

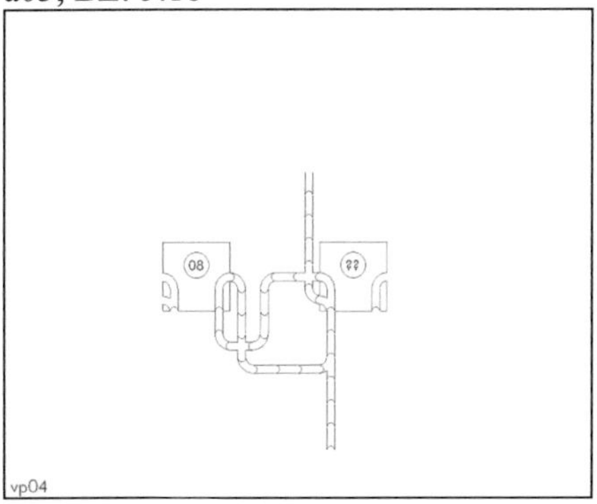

a05; BZ: 17:37

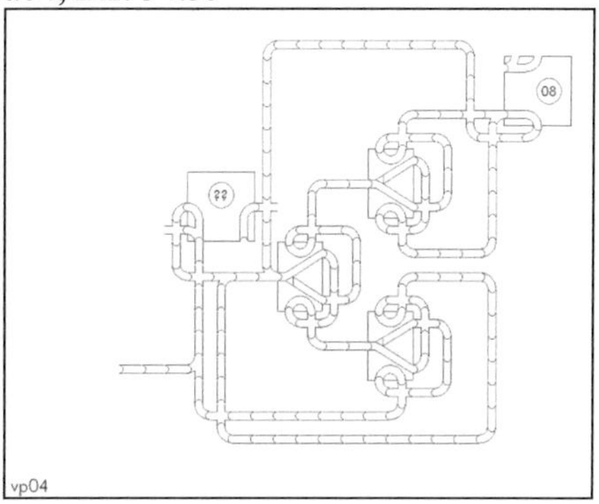

a06; BZ: 38:56

Tab. 7.29: Endnetze VP04.[86]

[86] Bemerkungen zu a04: VP04 hat zunächst einen vollständigen Viererverteiler gebaut und diesen dann mit einer Rückkopplung zu einem Dreierverteiler umgebaut (siehe Abb. 3.90 auf Seite 186). Nach dieser Lösung wurde sie aufgefordert einen Dreierverteiler mit nur zwei Weichen zu bauen. Das Ergebnis ist oben abgebildet.

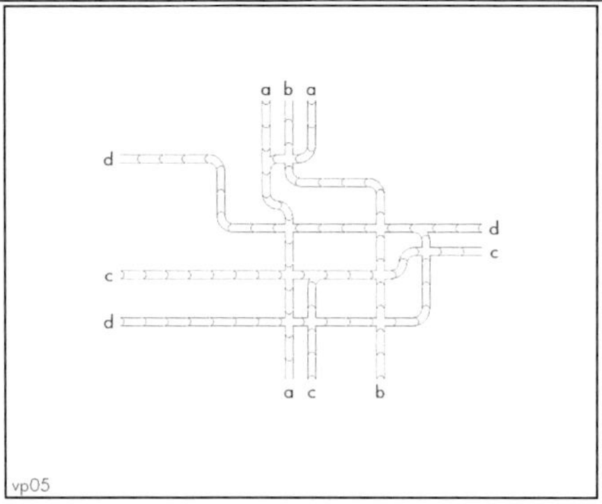

a01; BZ: 13:21

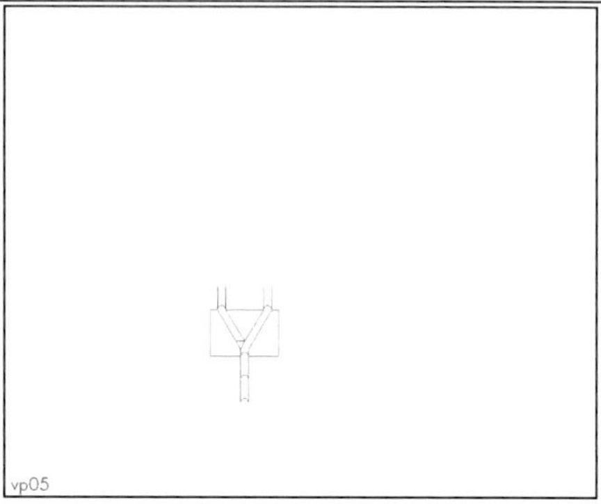

a02; BZ: 0:57

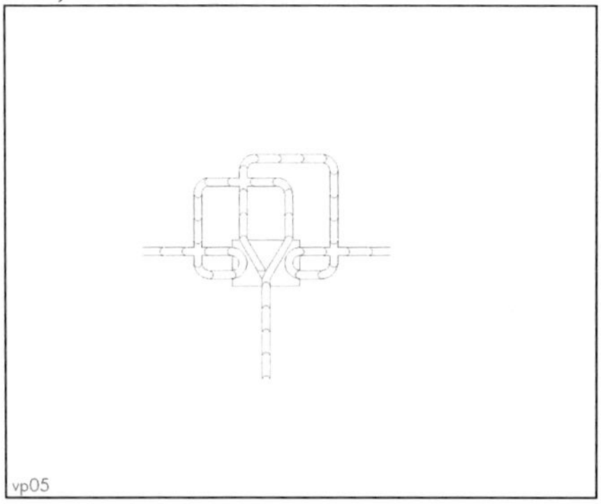

a03; BZ: 8:50

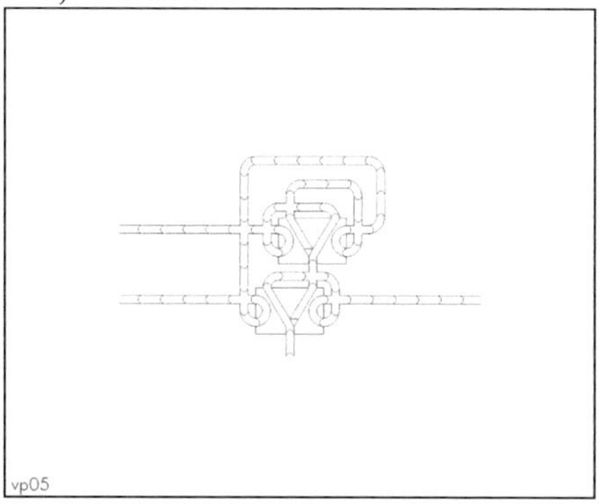

a04; BZ: 12:28

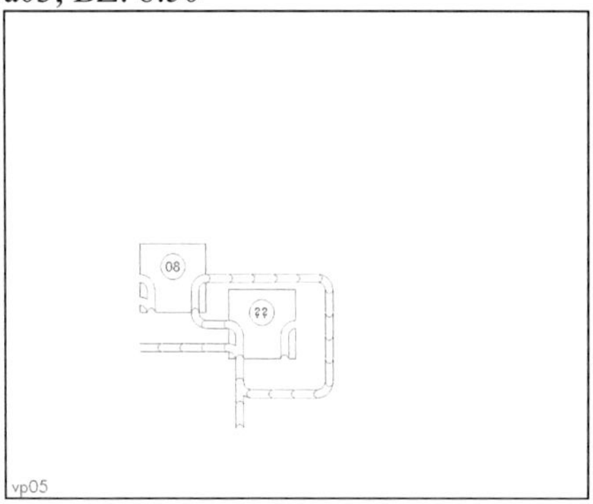

a05; BZ: 10:27

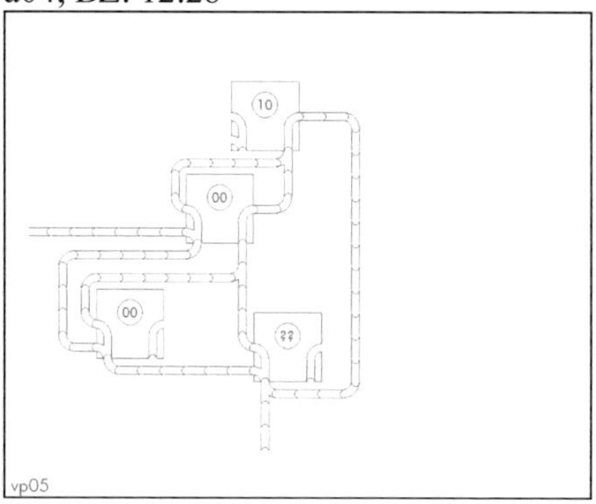

a06; BZ: 15:05

Tab. 7.30: Endnetze VP05.

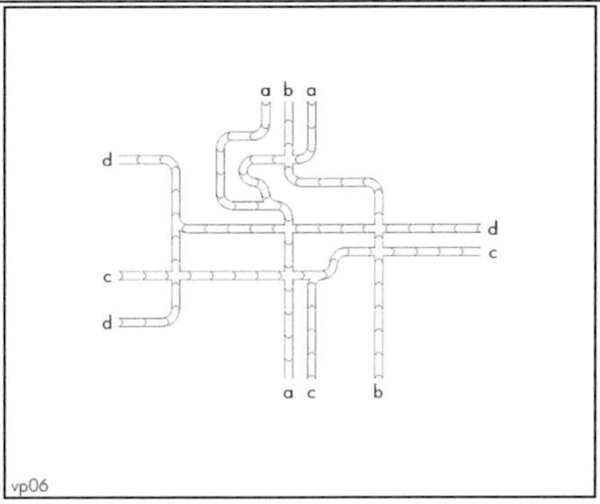

a01; BZ: 13:04

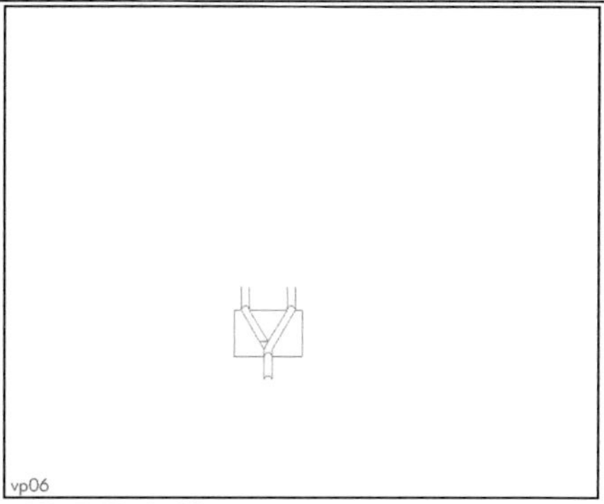

a02; BZ: 0:52

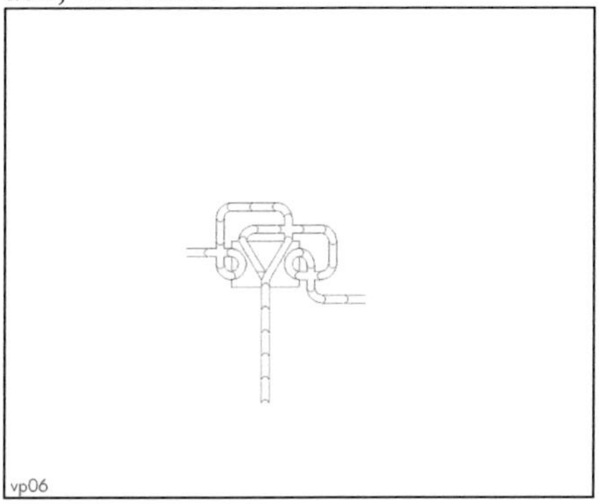

a03; BZ: 10:03

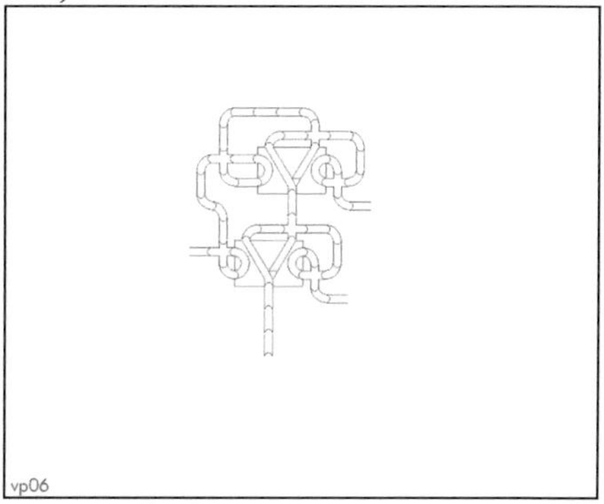

a04; BZ: 20:23

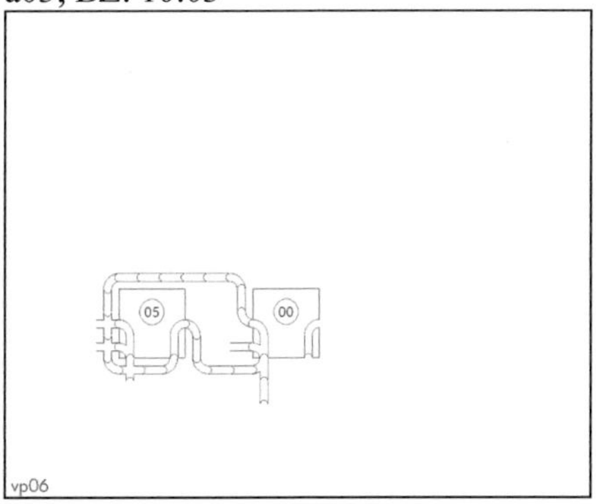

a05; BZ: 17:19

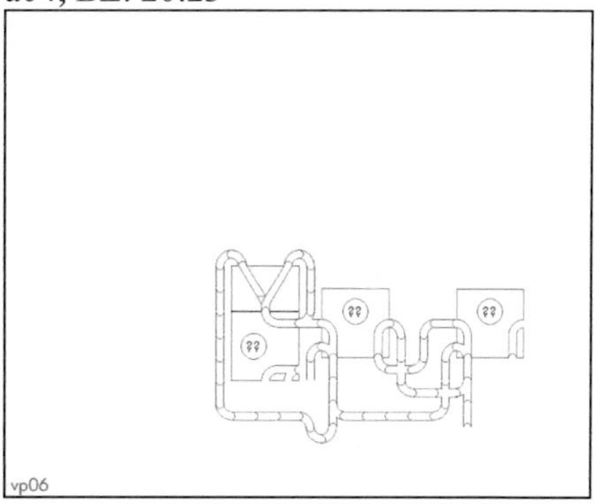

a06; BZ: 34:01

Tab. 7.31: Endnetze VP06.

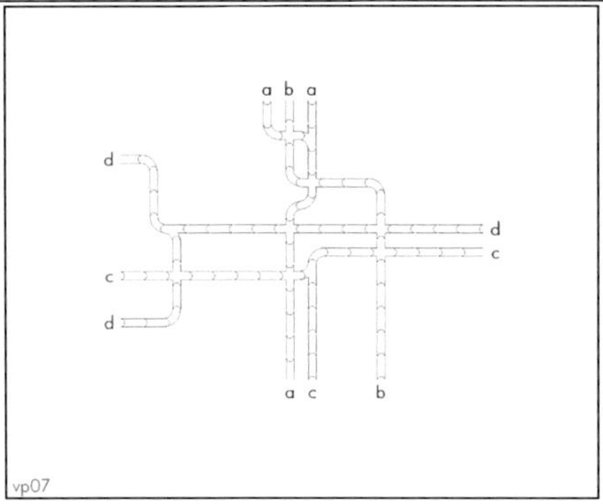

a01; BZ: 15:39

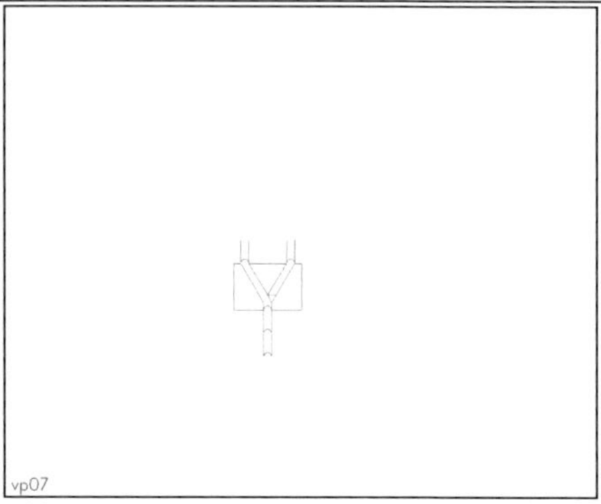

a02; BZ: 1:38

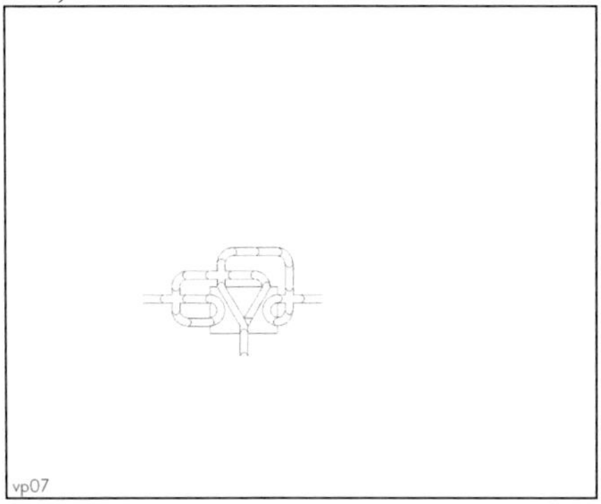

a03; BZ: 8:04

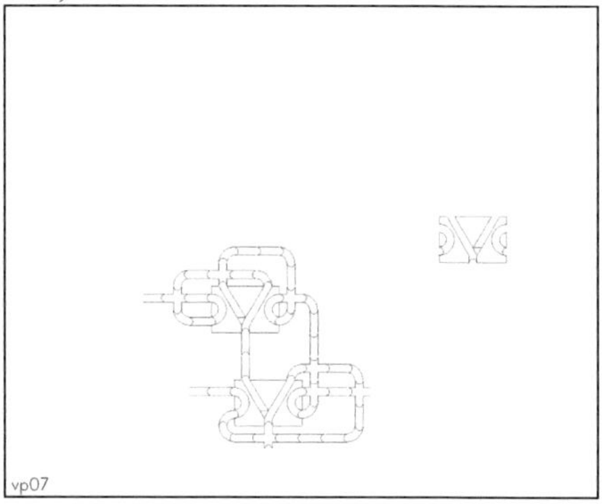

a04; BZ: 15:10

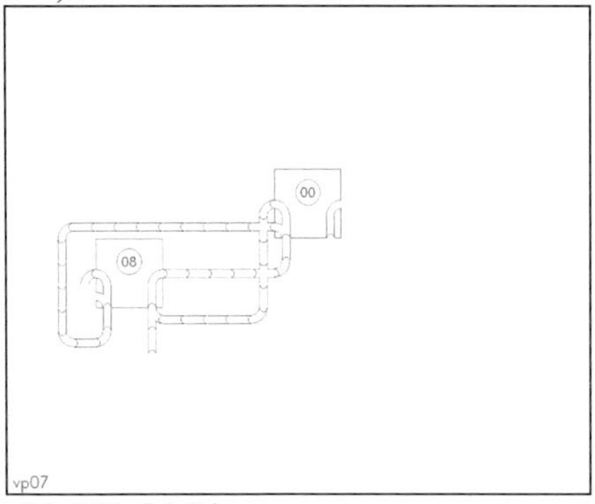

a05; BZ: 24:54

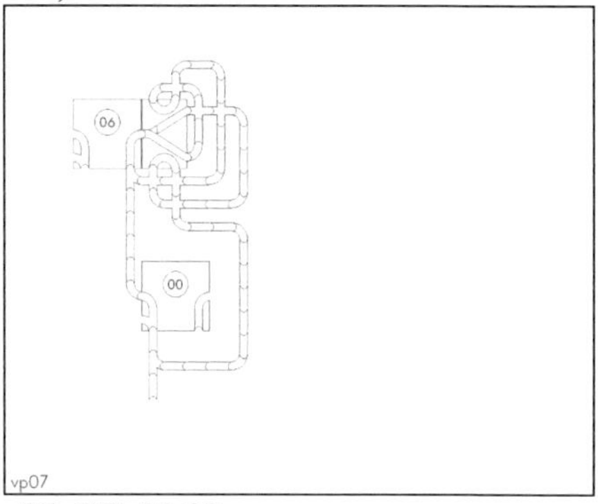

a06; BZ: 38:22

Tab. 7.32: Endnetze VP07.

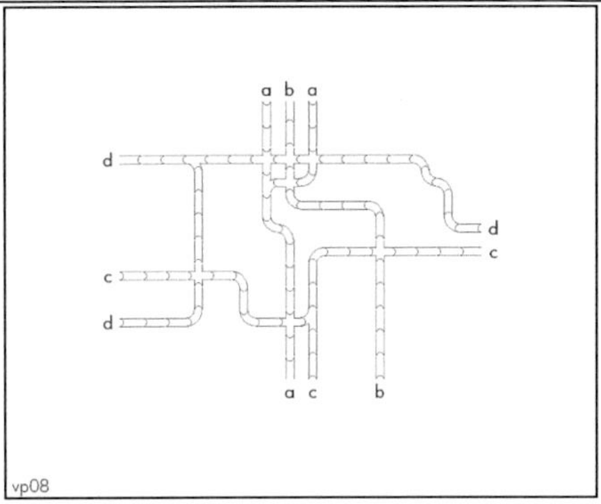

a01; BZ: 19:50

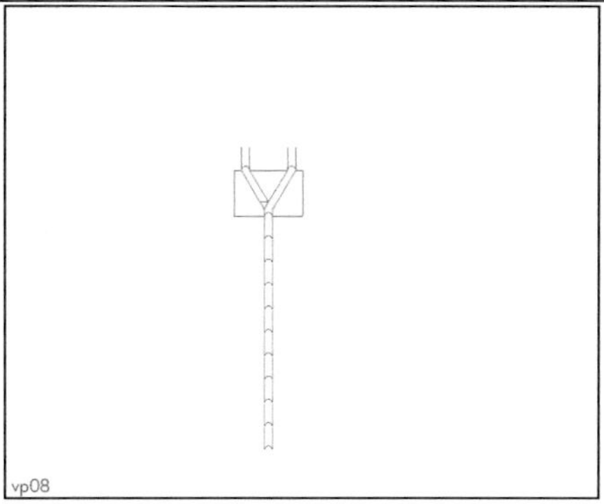

a02; BZ: 1:54

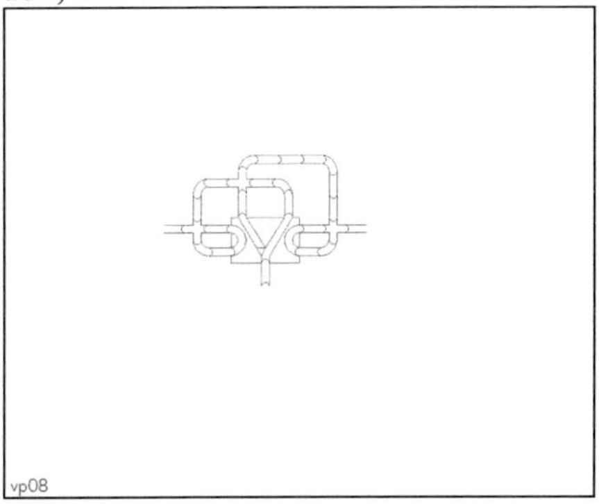

a03; BZ: 7:03

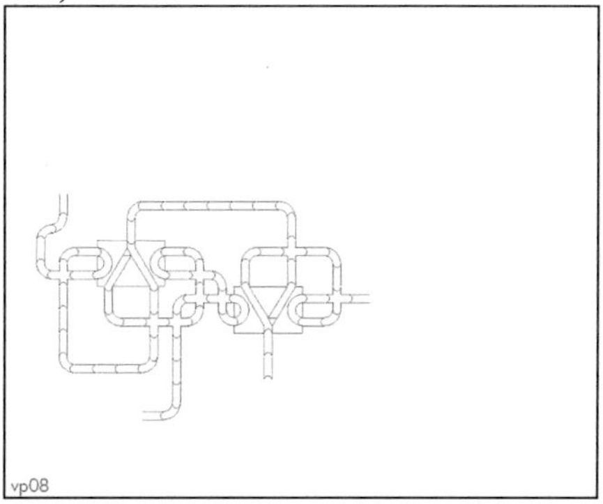

a04; BZ: 19:11

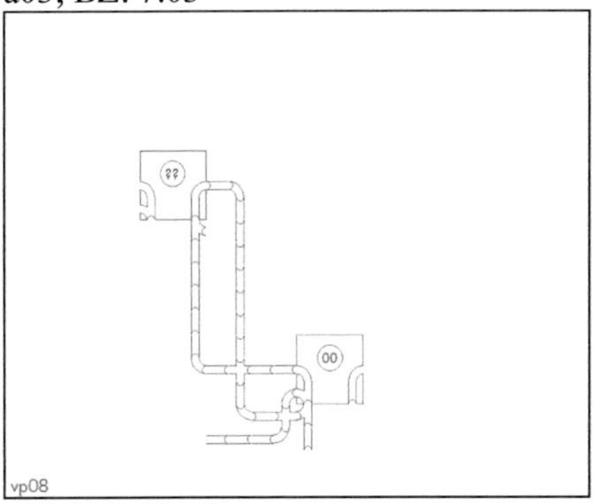

a05; BZ: 13:18

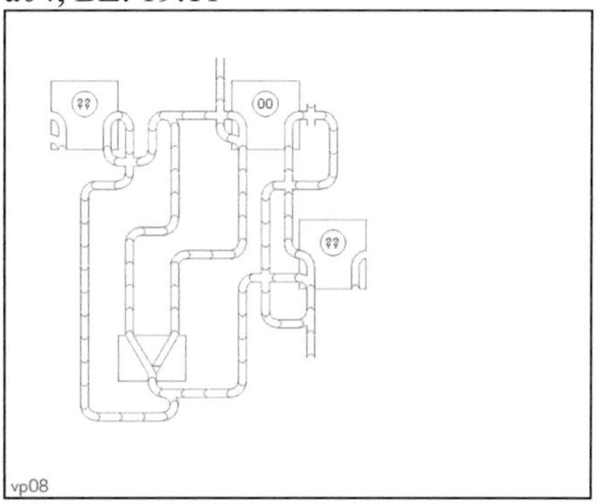

a06; BZ: 34:11

Tab. 7.33: Endnetze VP08.

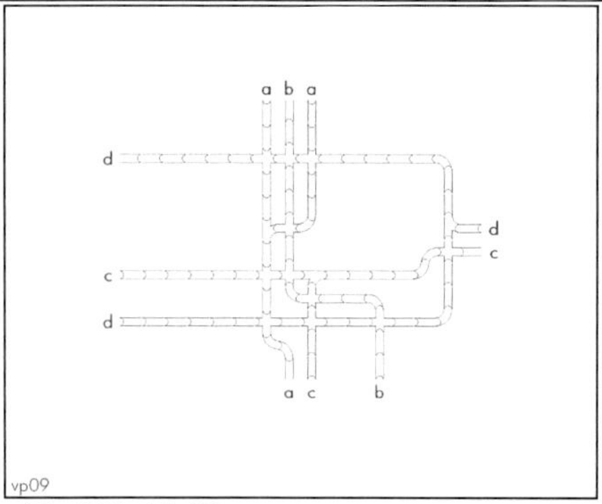

a01; BZ: 16:08

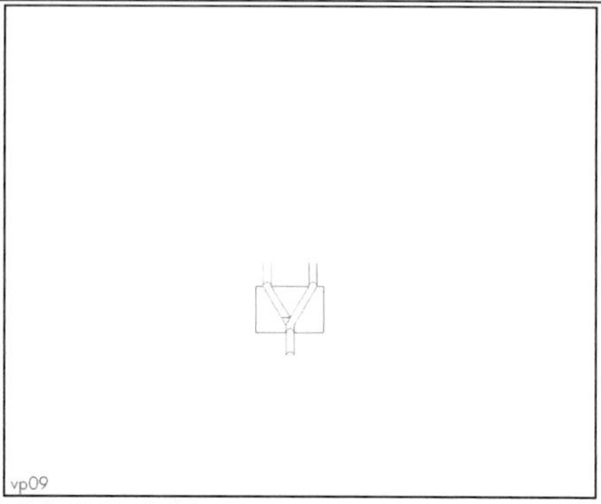

a02; BZ: 0:31

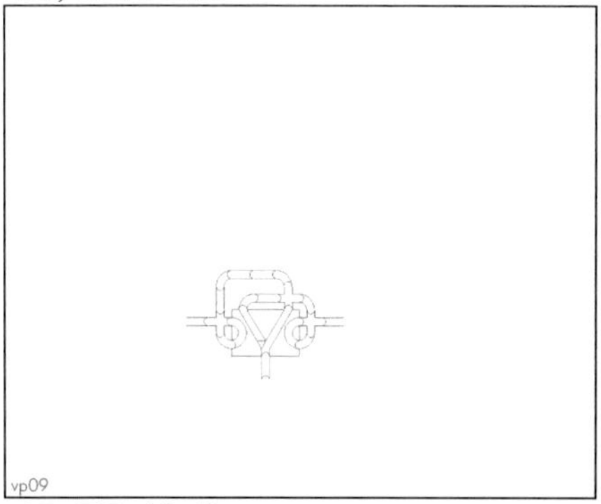

a03; BZ: 10:48

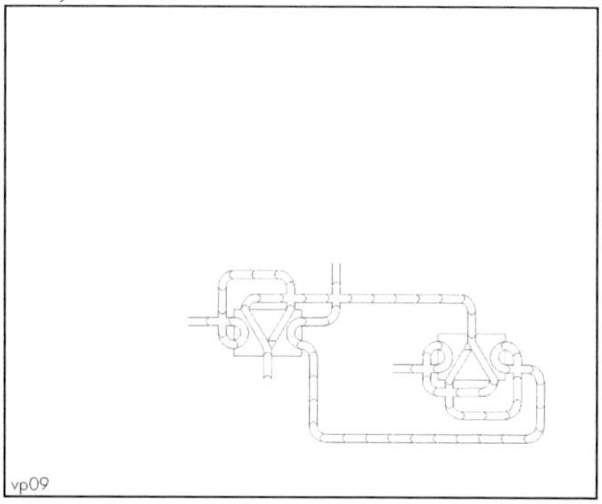

a04; BZ: 11:59

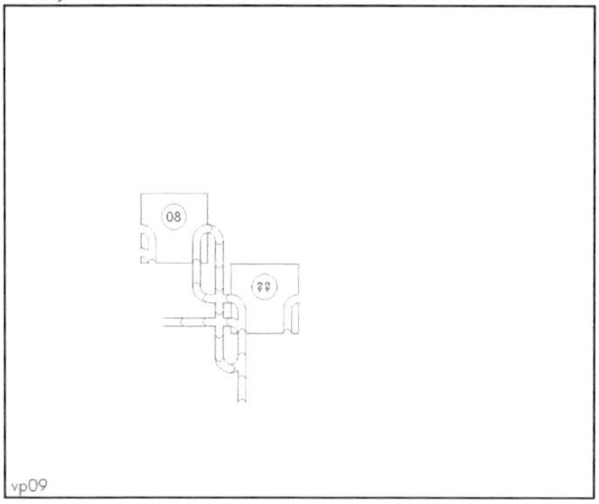

a05; BZ: 6:20

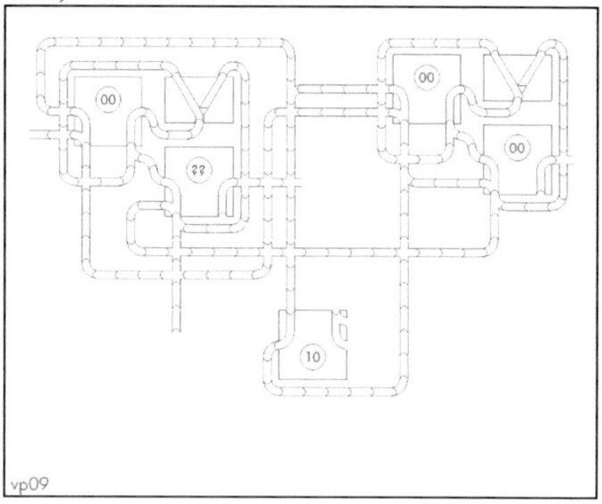

a06; BZ: 37:48

Tab. 7.34: Endnetze VP09.

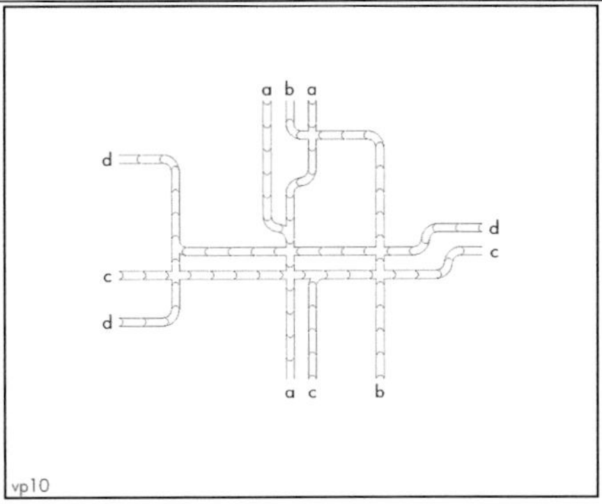

a01; BZ: 15:28

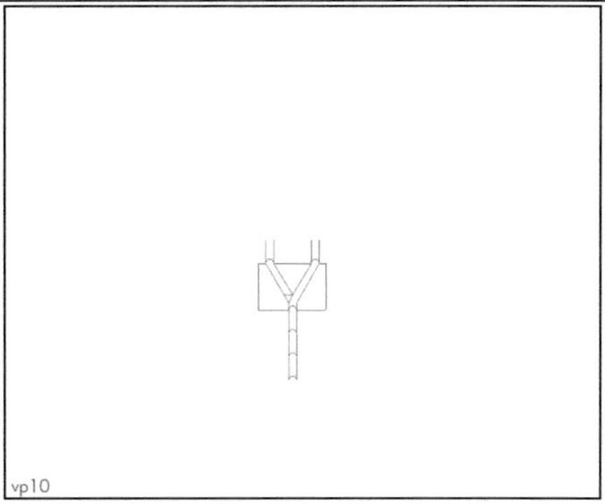

a02; BZ: 1:37

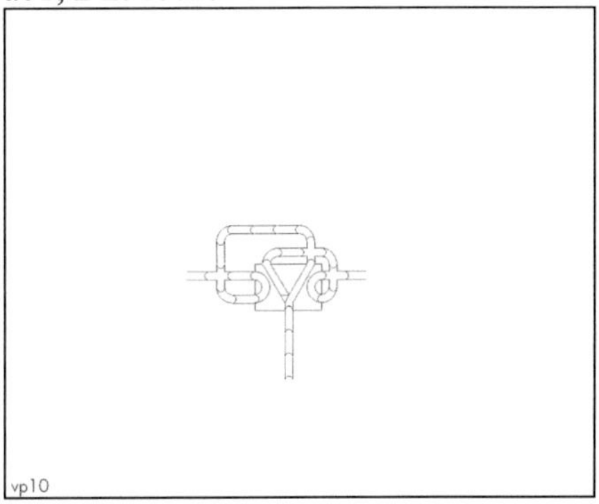

a03; BZ: 10:30

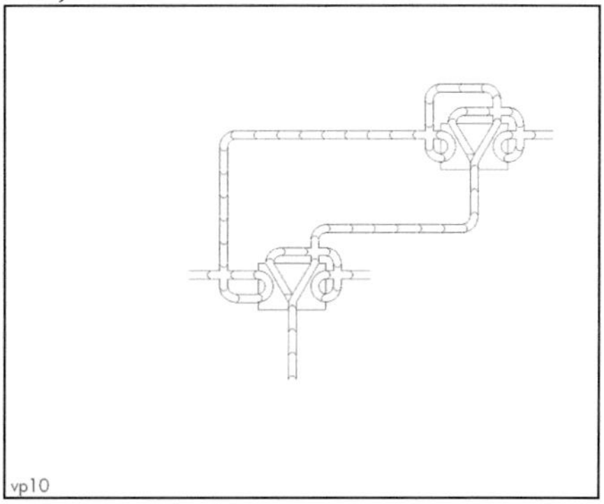

a04; BZ: 11:16

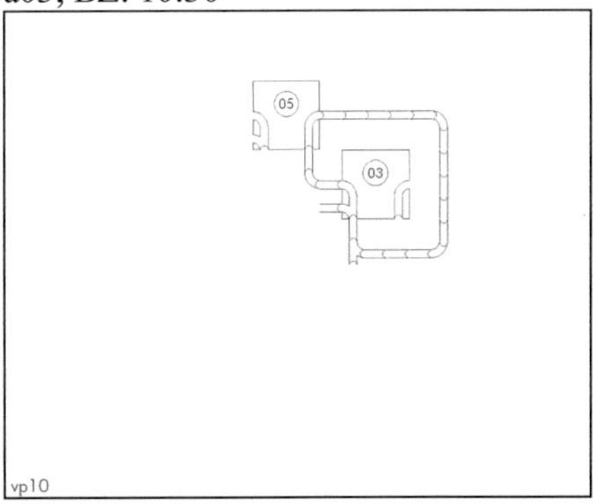

a05; BZ: 8:48

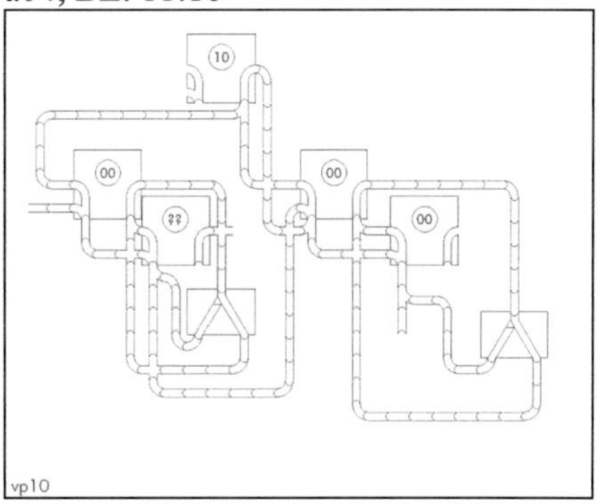

a06; BZ: 54:29

Tab. 7.35: Endnetze VP10.

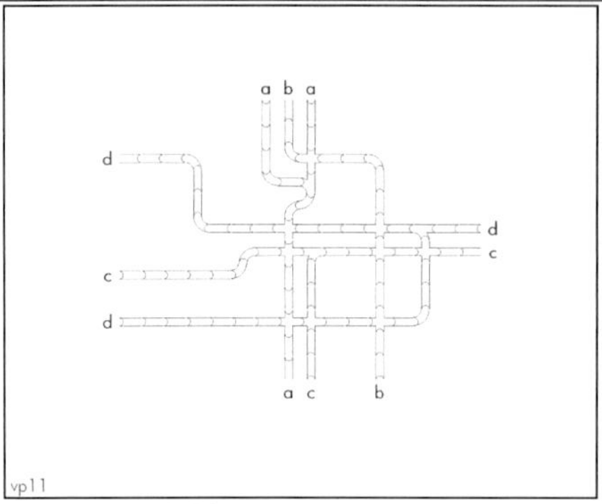

a01; BZ: 16:18

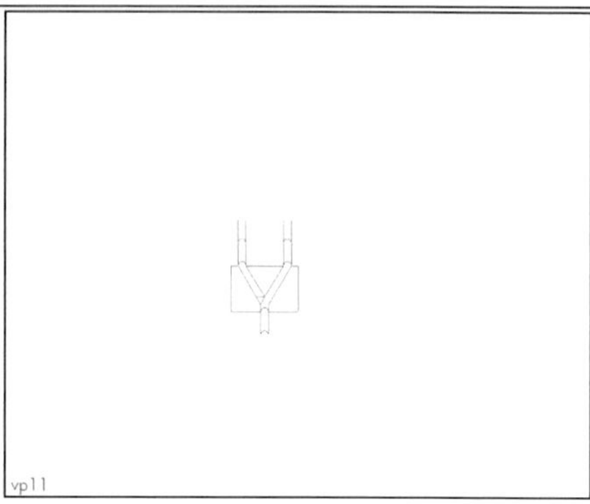

a02; BZ: 2:06

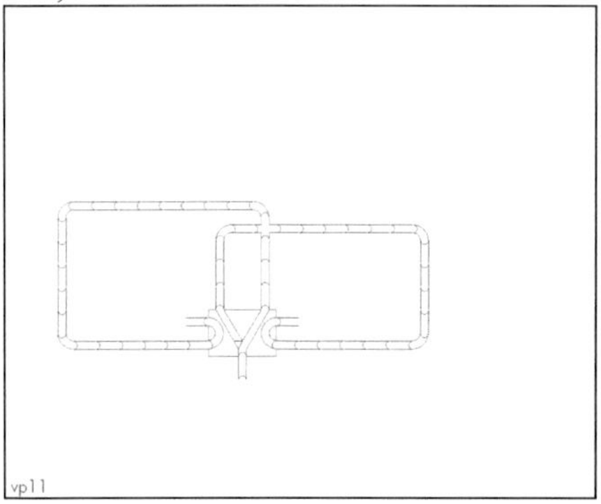

a03; BZ: 7:27

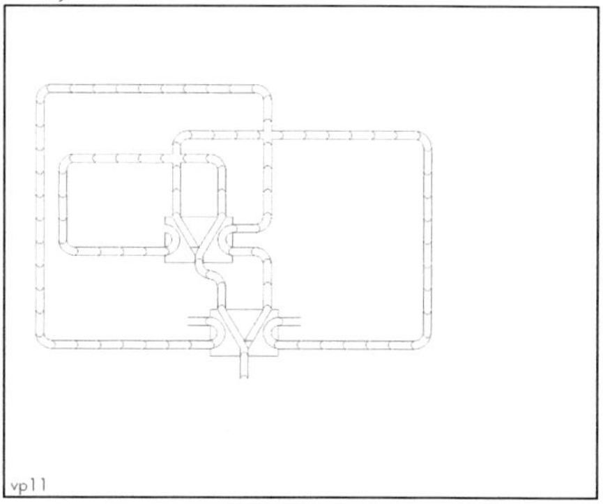

a04; BZ: 22:14

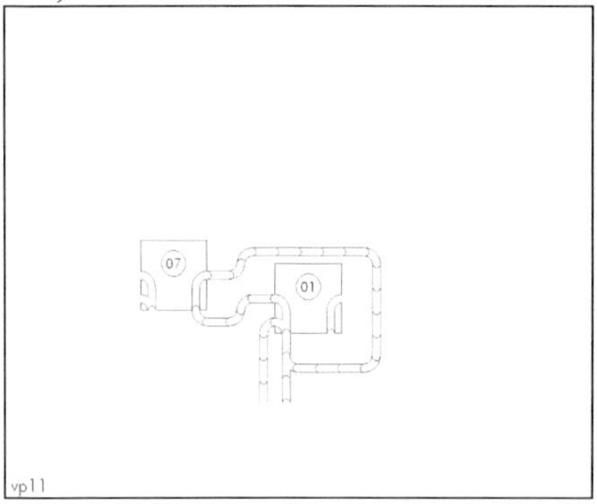

a05; BZ: 8:47

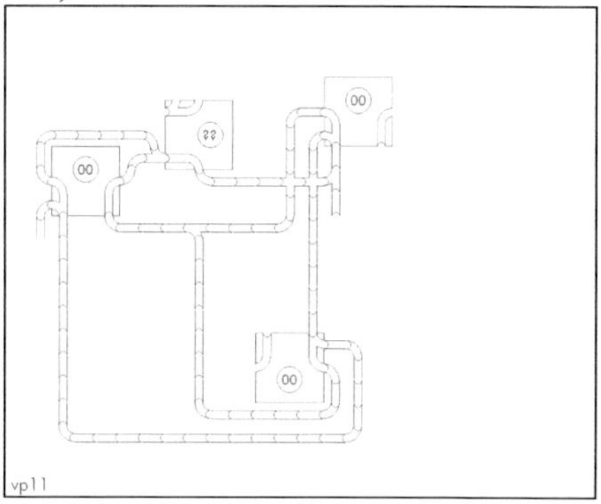

a06; BZ: 35:16

Tab. 7.36: Endnetze VP11.[87]

[87] Bemerkungen zu a03 und a04: VP11 hat beim Bauen des Zweier- und Dreierverteilers die Sammelkästen in die Netze integriert, was zu den großen Leerräumen innerhalb der Netze bei den obigen Bildern führt. Nähere Informationen dazu finden sich in Abschnitt 3.3.5.1 ab Seite 205 und speziell in Abb. 3.97 auf Seite 207.

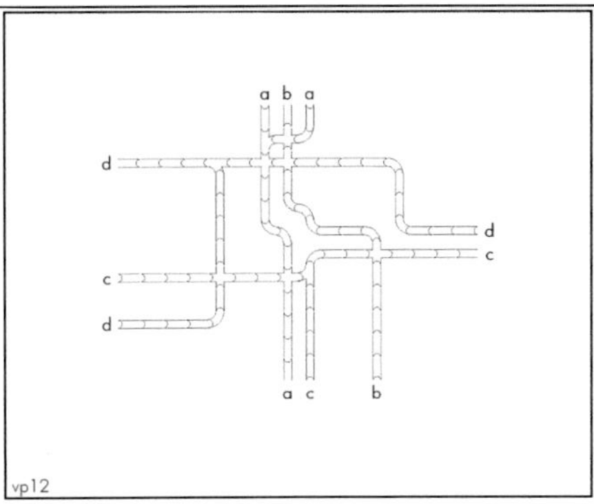

a01; BZ: 28:20

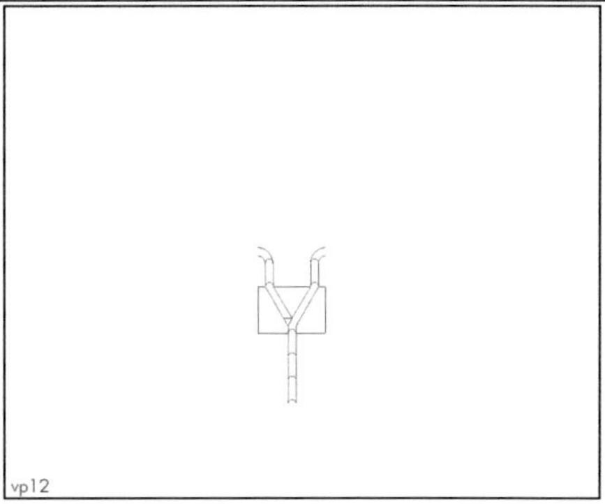

a02; BZ: 7:17

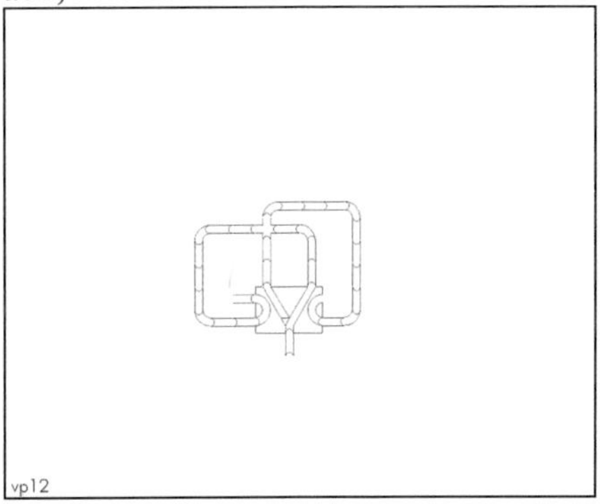

a03; BZ: 24:52

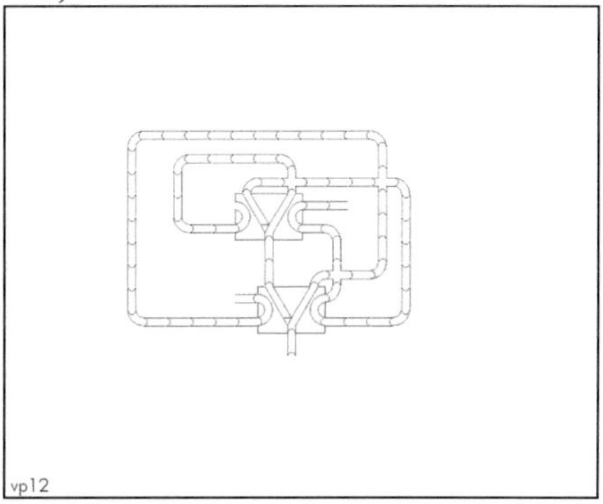

a04; BZ: 20:36

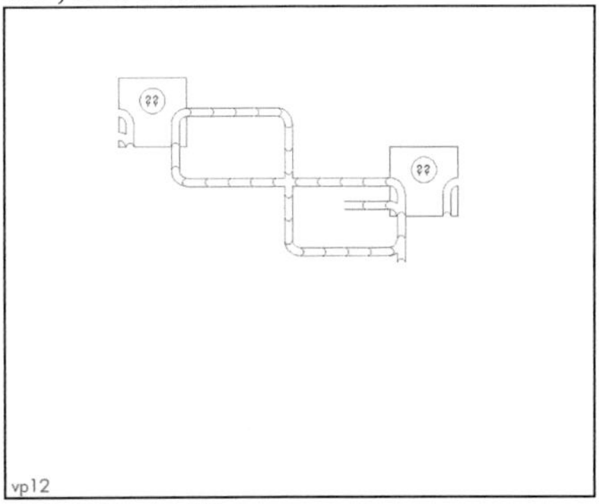

a05; BZ: 17:37

Tab. 7.37: Endnetze VP12.

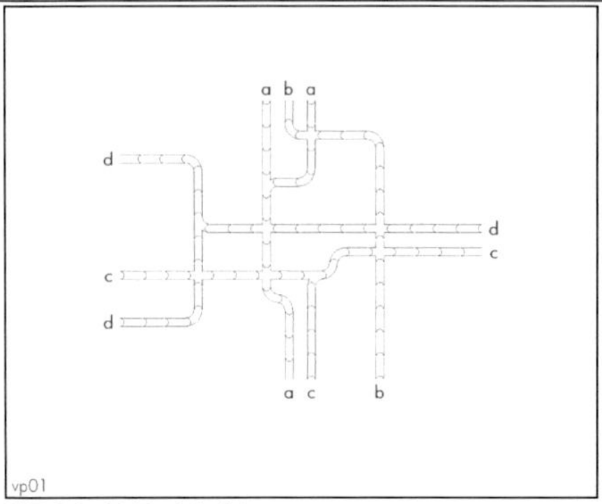

VP01; BZ: 11:13

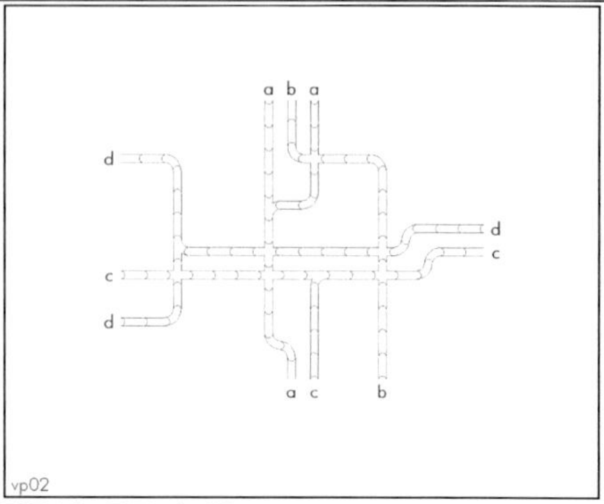

VP02; BZ: 9:58

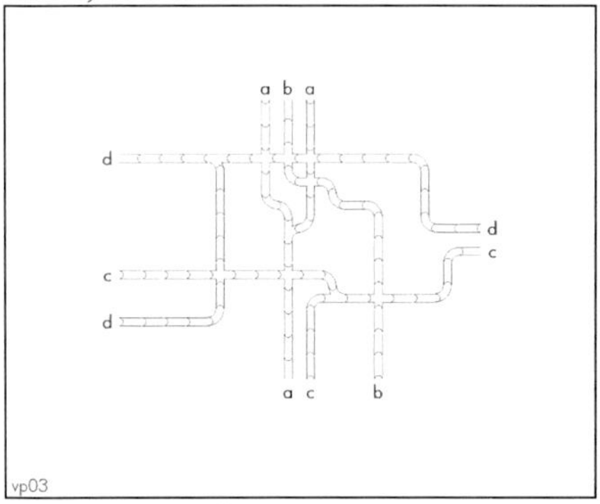

VP03; BZ: 17:21

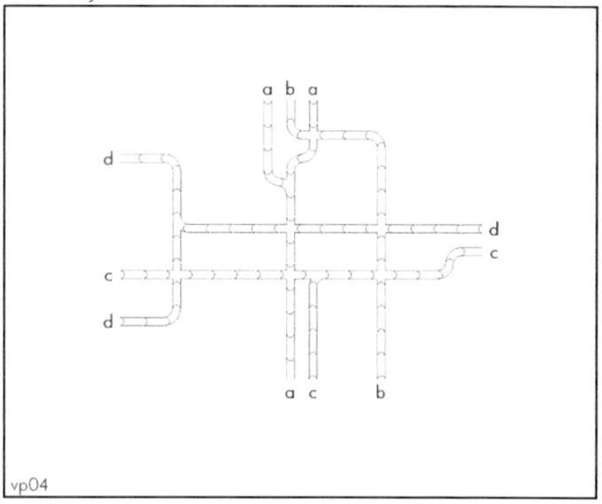

VP04; BZ: 13:40

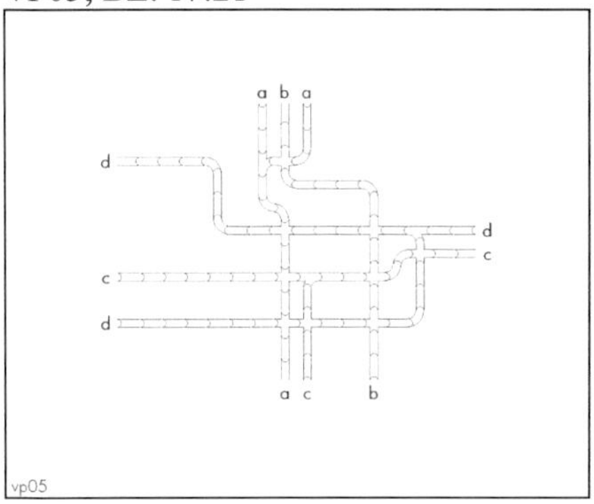

VP05; BZ: 13:21

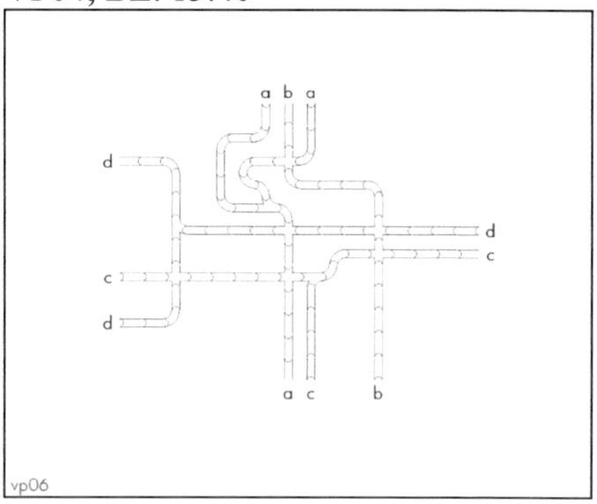

VP06; BZ: 13:04

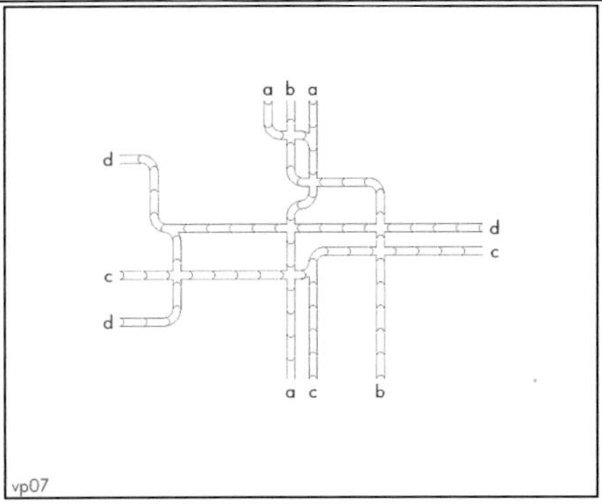

VP07; BZ: 15:39

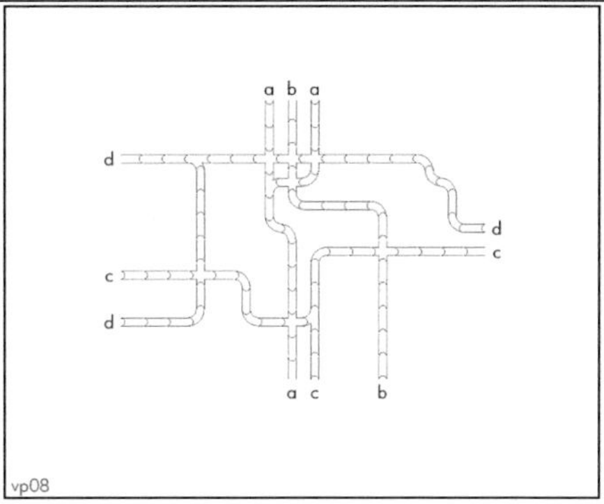

VP08; BZ: 19:50

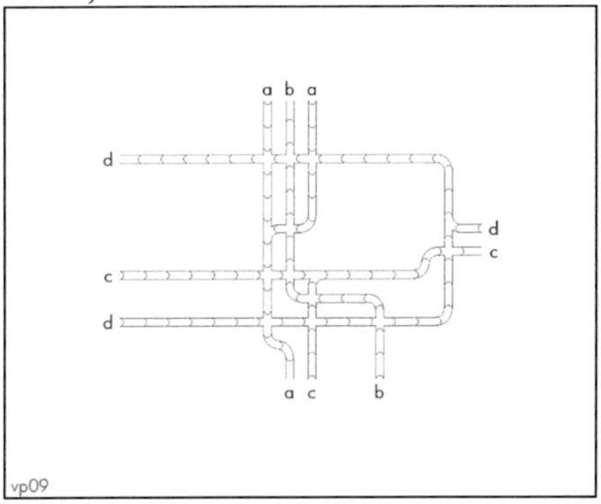

VP09; BZ: 16:08

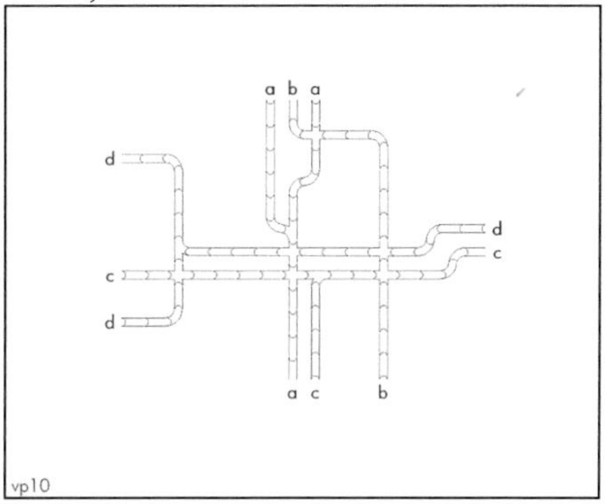

VP10; BZ: 15:28

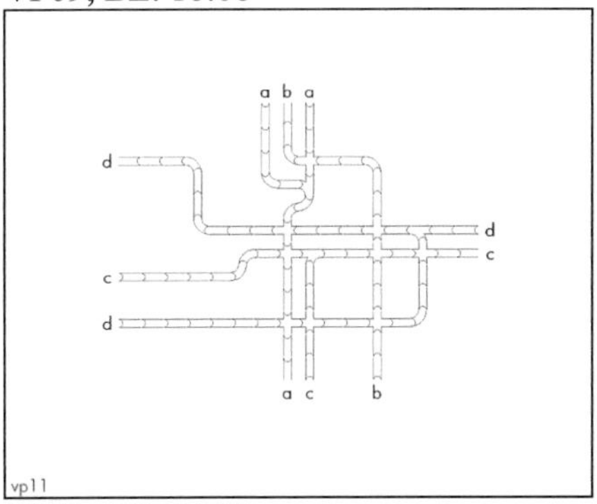

VP11; BZ: 16:18

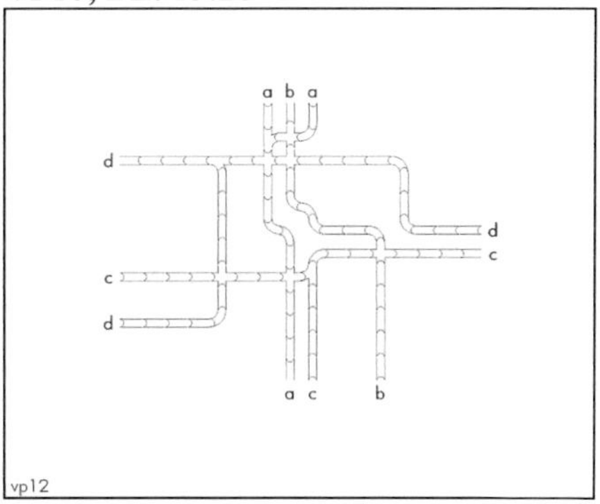

VP12; BZ: 28:20

Tab. 7.38: Endnetze a01: Wegbauaufgabe – Eingänge mit passenden Ausgängen verbinden.

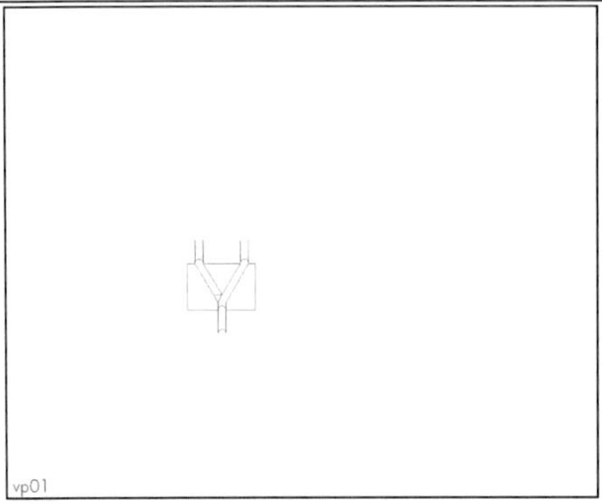

VP01; BZ: 2:51

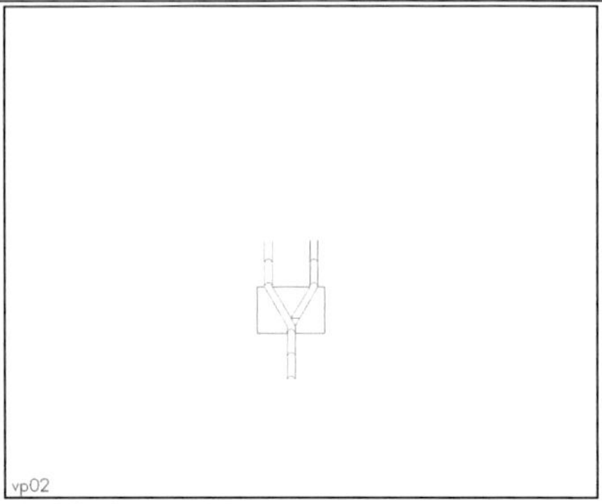

VP02; BZ: 1:17

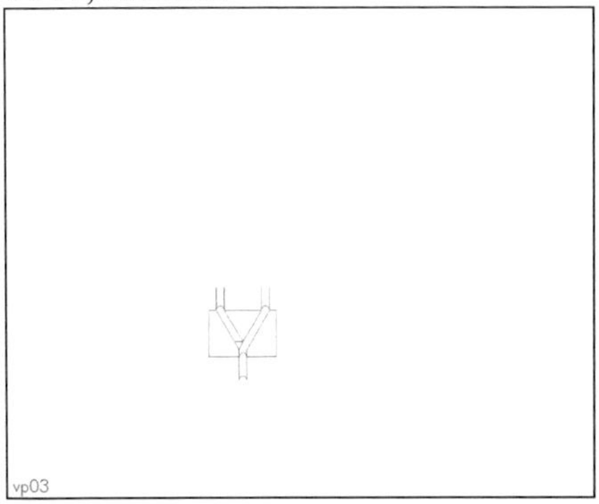

VP03; BZ: 0:47

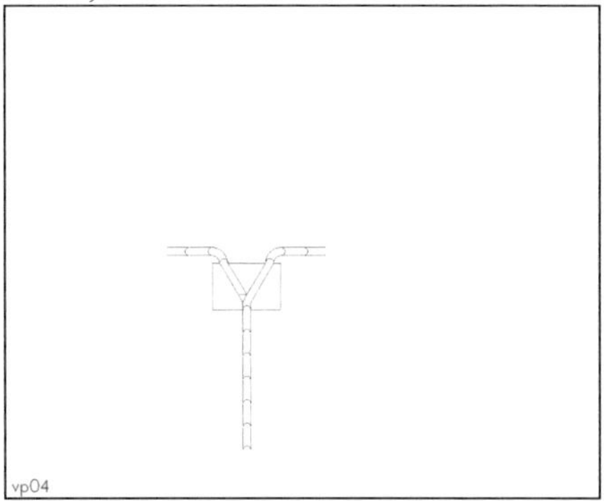

VP04; BZ: 2:47

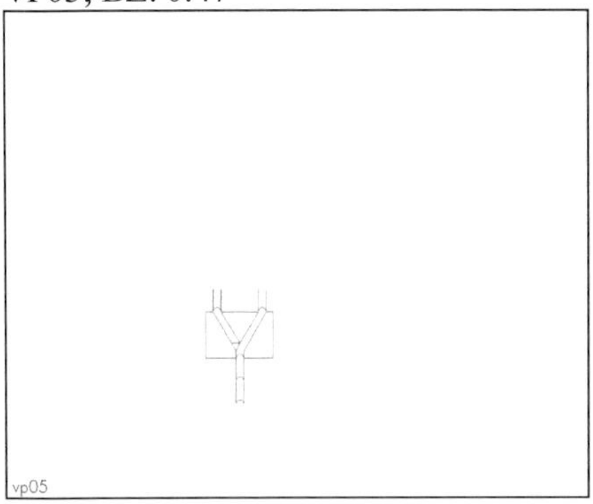

VP05; BZ: 0:57

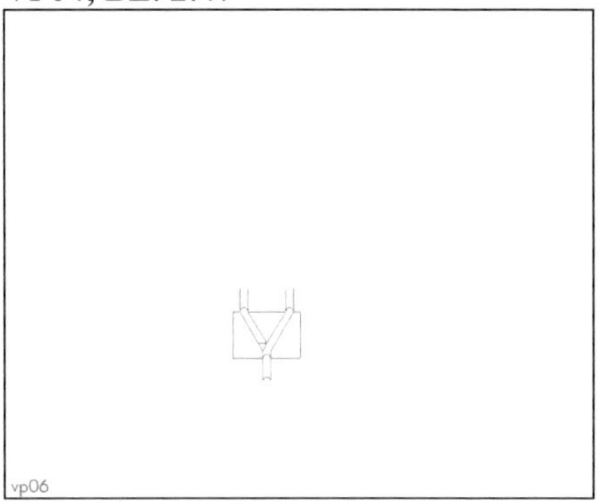

VP06; BZ: 0:52

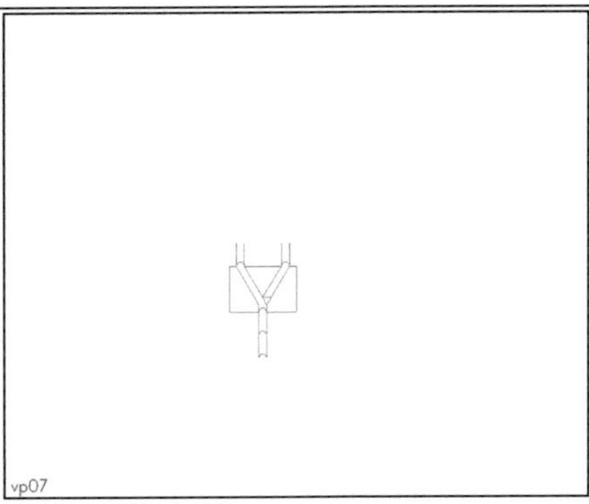

VP07; BZ: 1:38

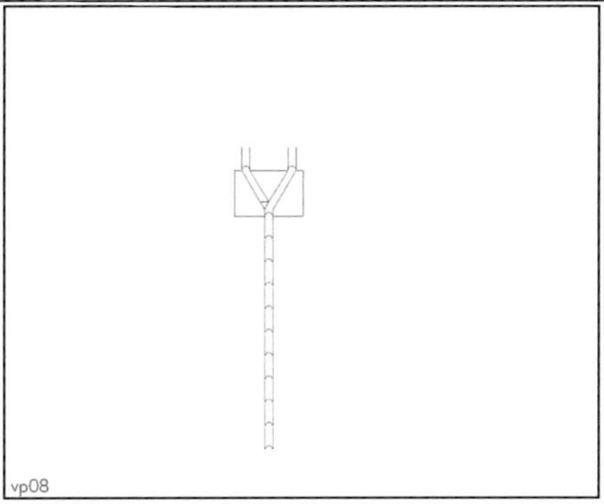

VP08; BZ: 1:54

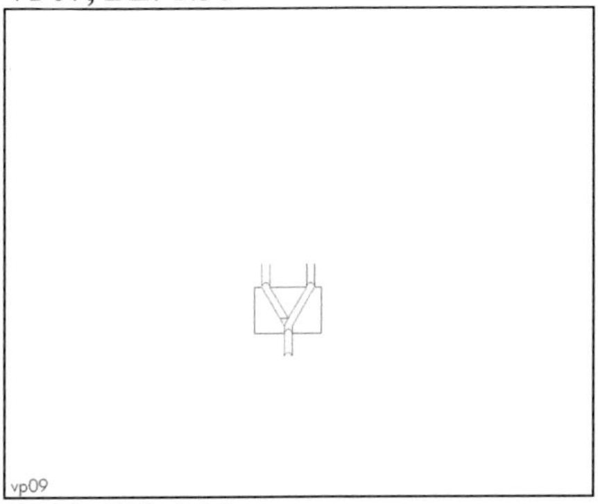

VP09; BZ: 0:31

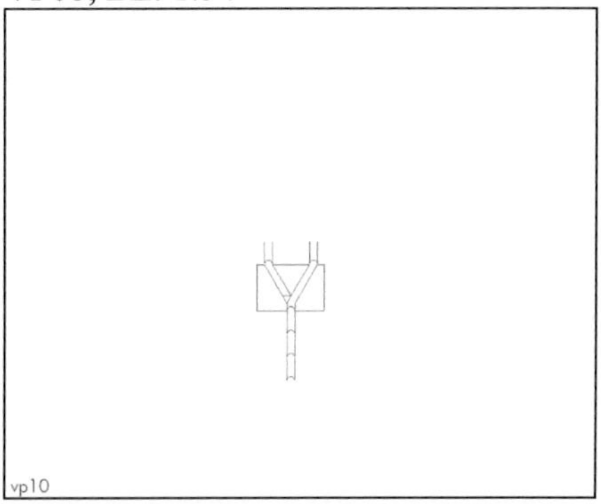

VP10; BZ: 1:37

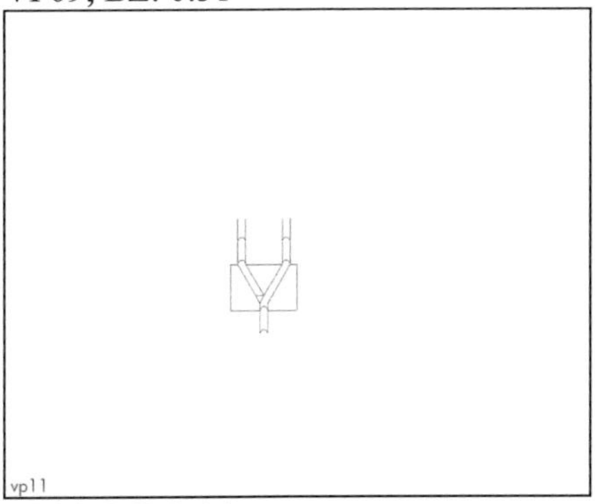

VP11; BZ: 2:06

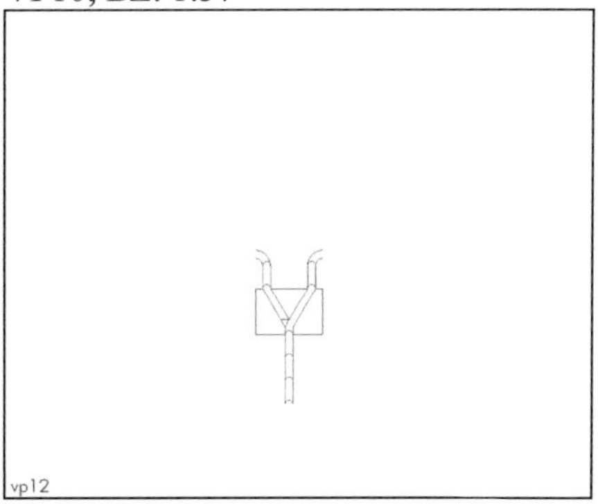

VP12; BZ: 7:17

Tab. 7.39: Endnetze a02: Zweier-Verteiler mit FlipFlop.

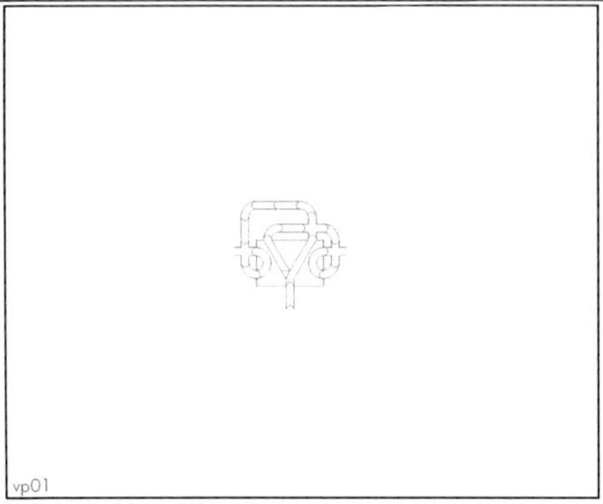

VP01; BZ: 10:50

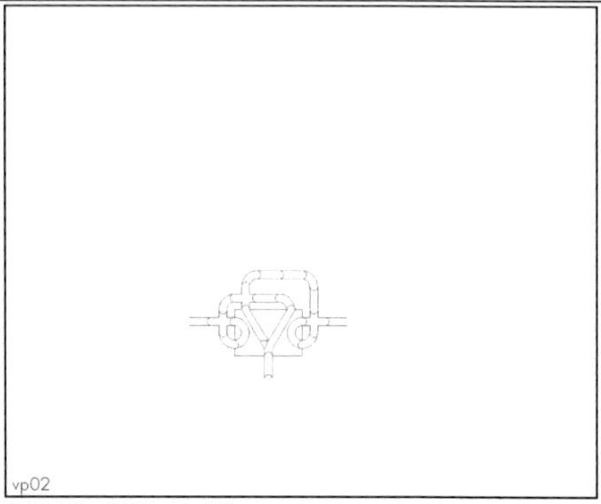

VP02; BZ: 2:50

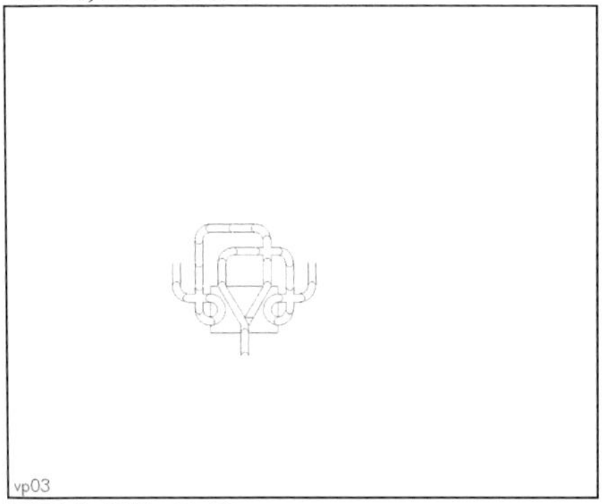

VP03; BZ: 7:49

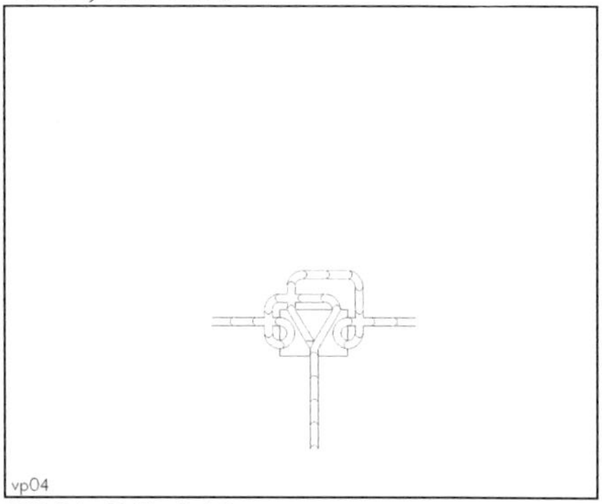

VP04; BZ: 5:18

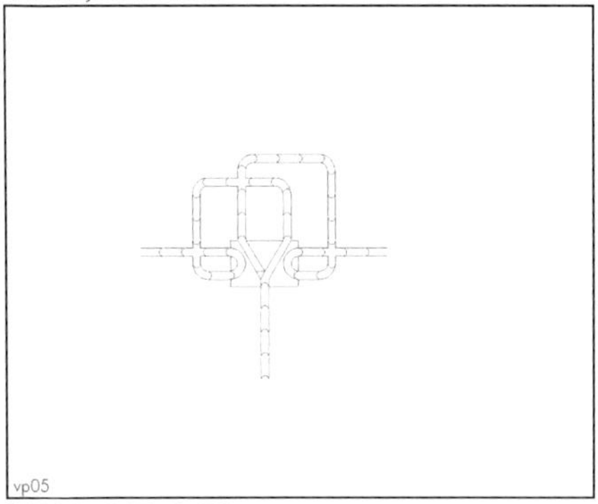

VP05; BZ: 8:50

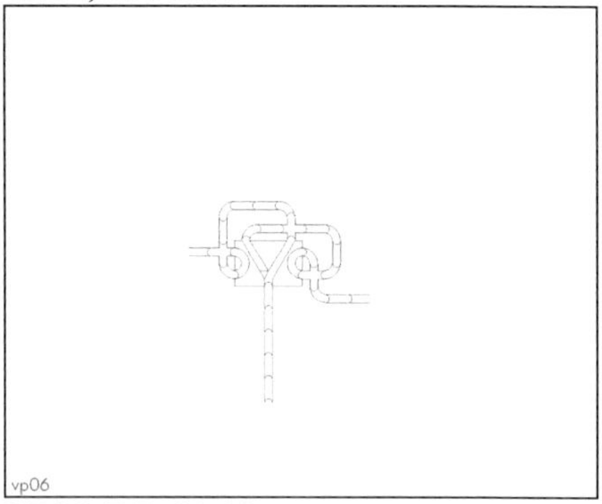

VP06; BZ: 10:03

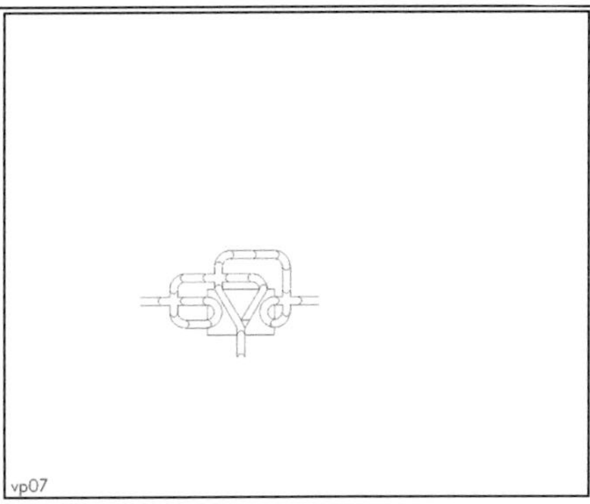

VP07; BZ: 8:04

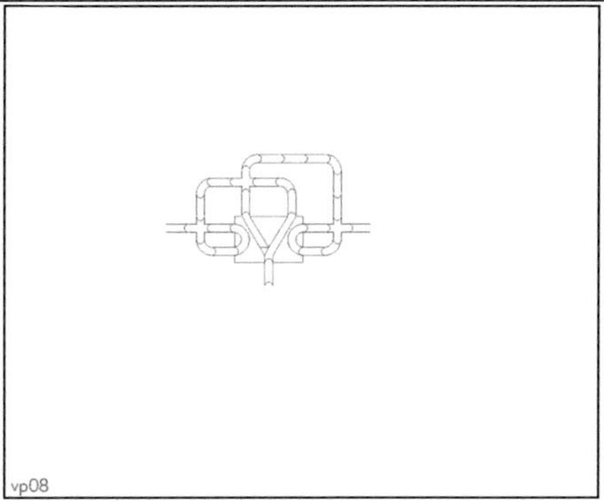

VP08; BZ: 7:03

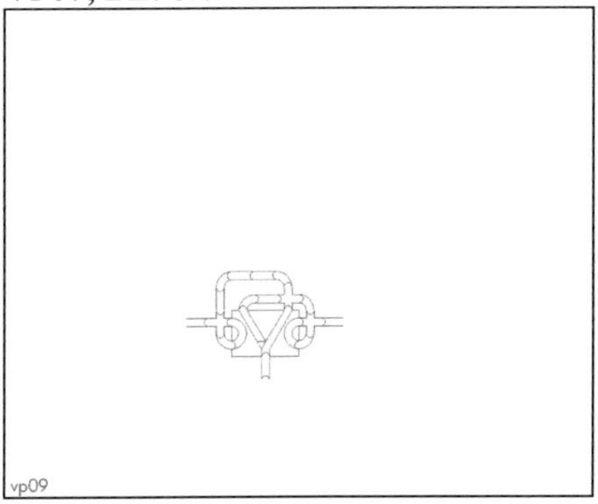

VP09; BZ: 10:48

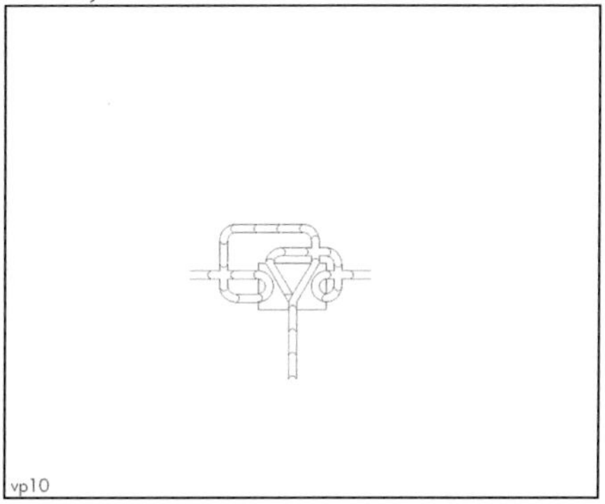

VP10; BZ: 10:30

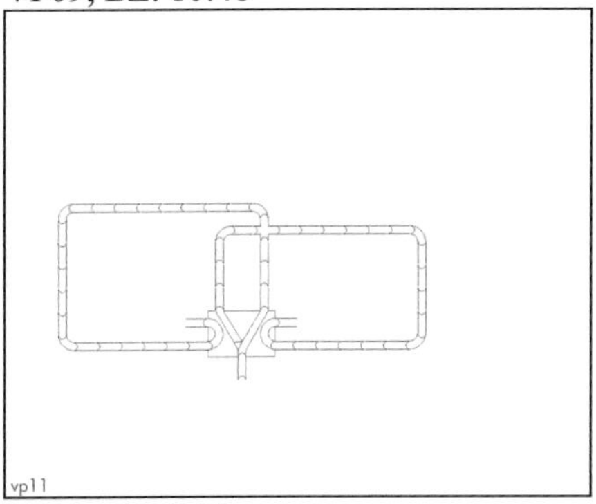

VP11; BZ: 7:27

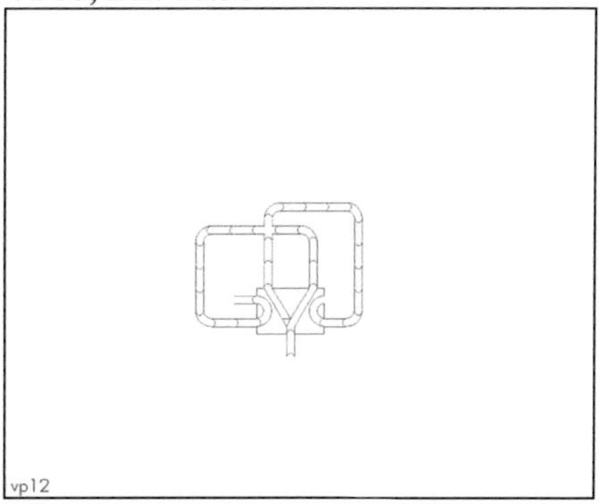

VP12; BZ: 24:52

Tab. 7.40: Endnetze a03: Zweier-Verteiler mit Weiche.

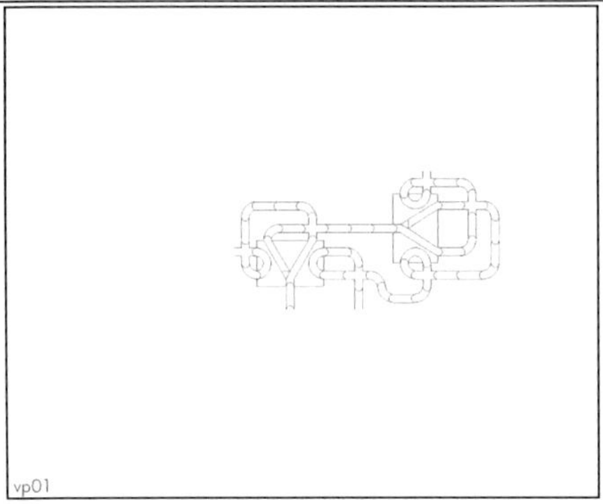

VP01; BZ: 21:19

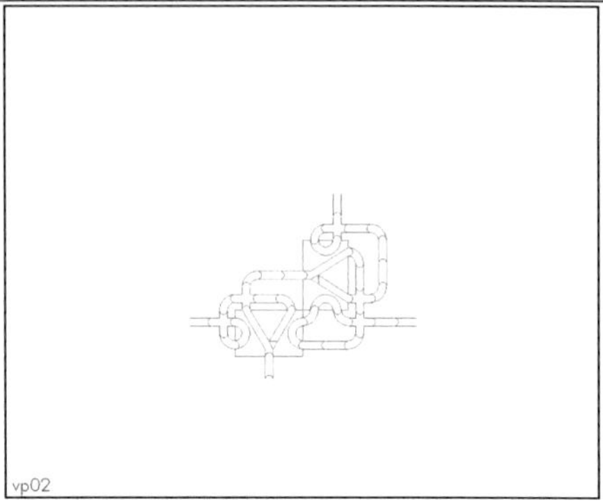

VP02; BZ: 8:36

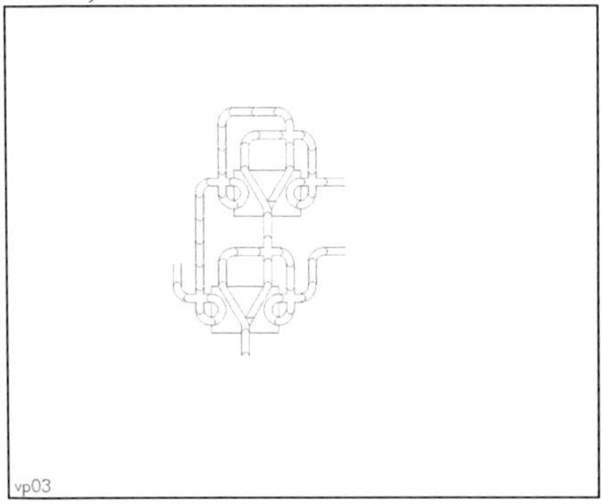

VP03; BZ: 10:51

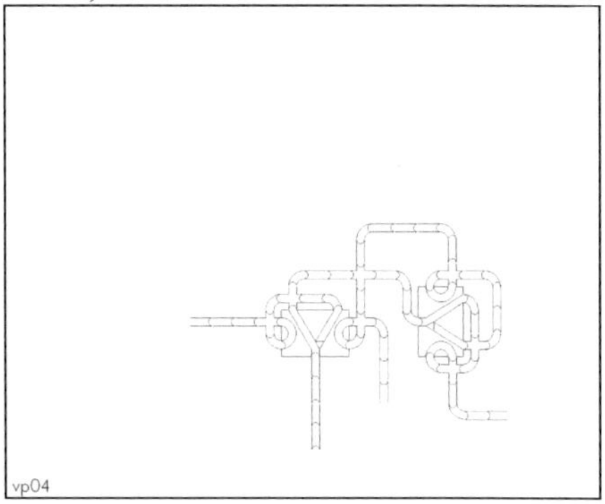

VP04; BZ: 34:35

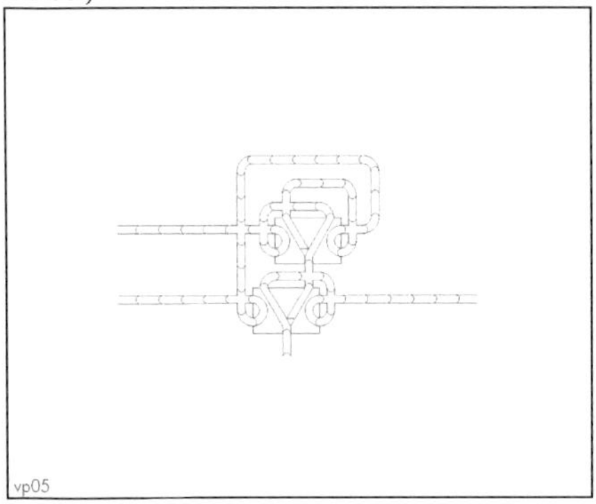

VP05; BZ: 12:28

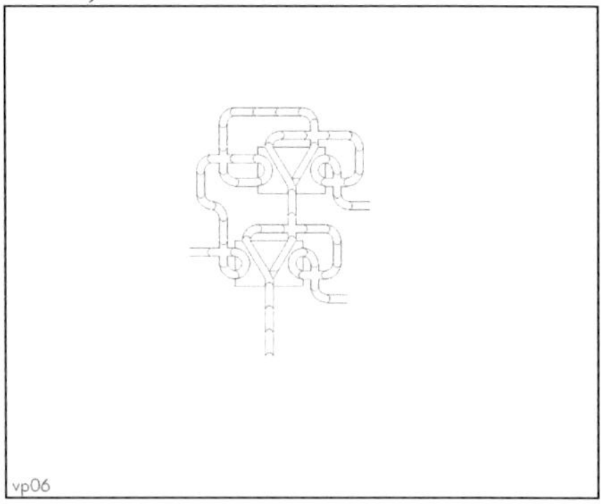

VP06; BZ: 20:23

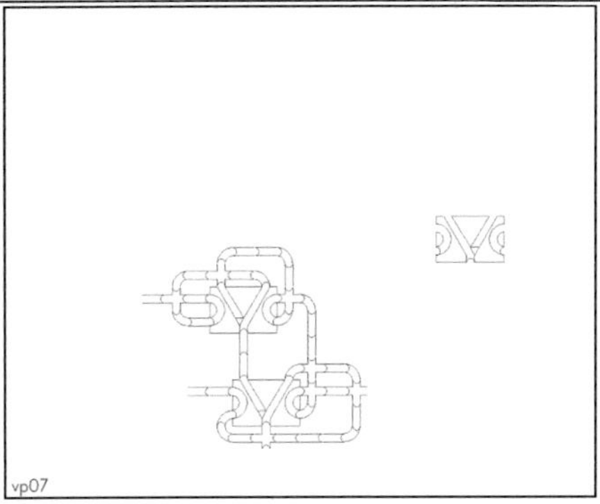

VP07; BZ: 15:10

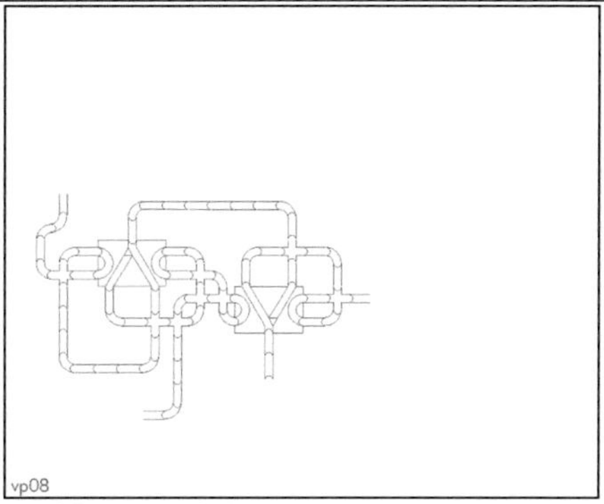

VP08; BZ: 19:11

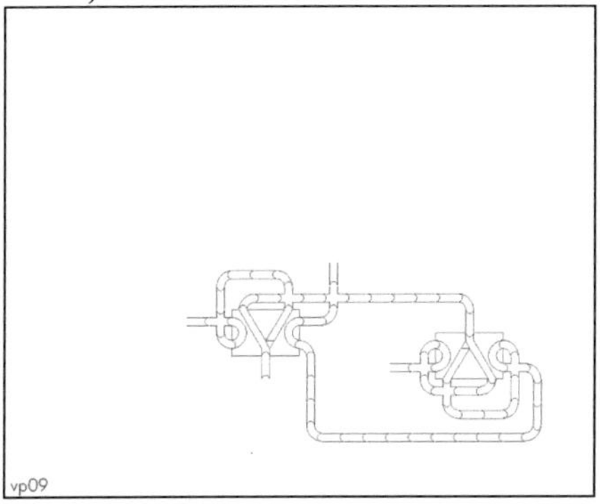

VP09; BZ: 11:59

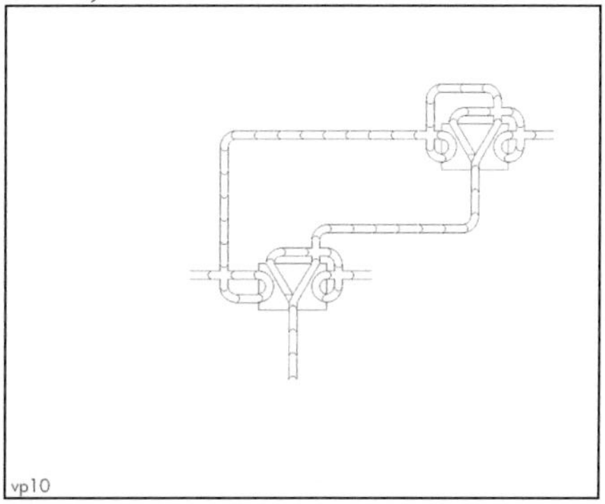

VP10; BZ: 11:16

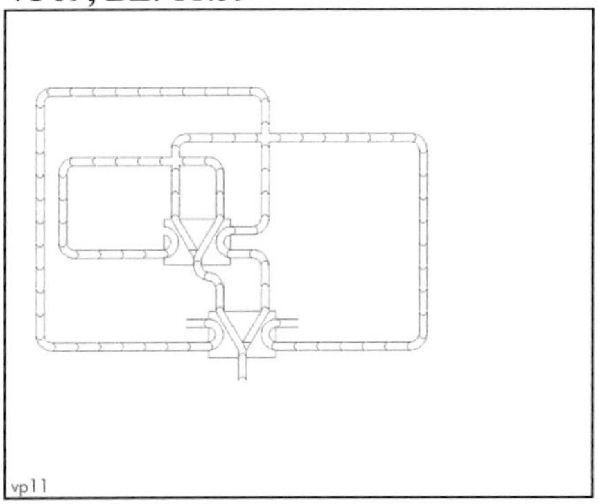

VP11; BZ: 22:14

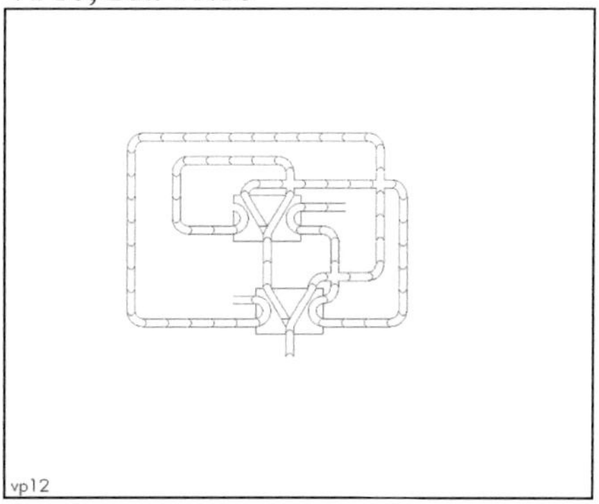

VP12; BZ: 20:36

Tab. 7.41: Endnetze a04: Dreier-Verteiler mit Weiche.

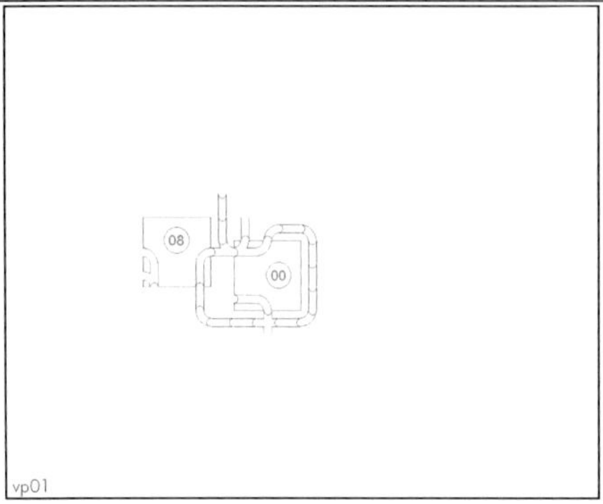

VP01; BZ: 13:50

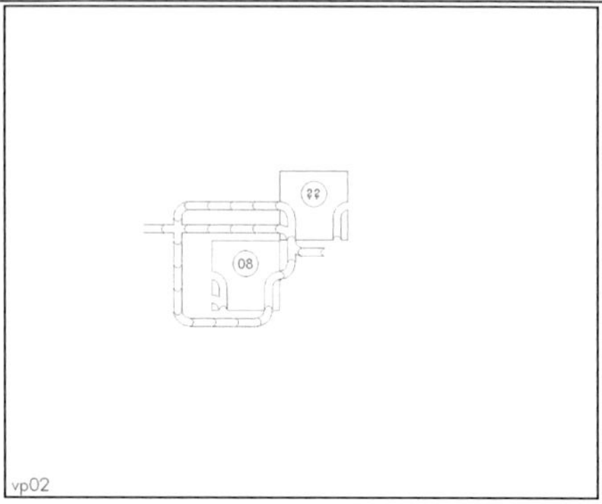

VP02; BZ: 18:53

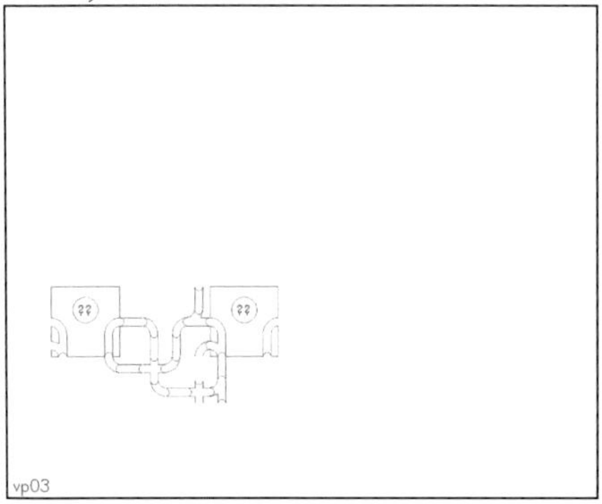

VP03; BZ: 4:21

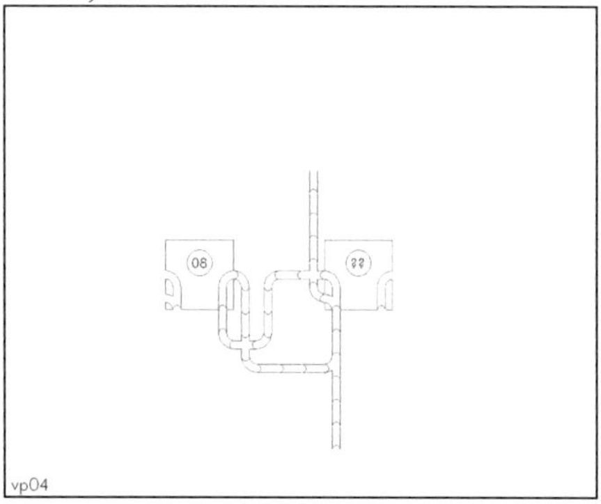

VP04; BZ: 17:37

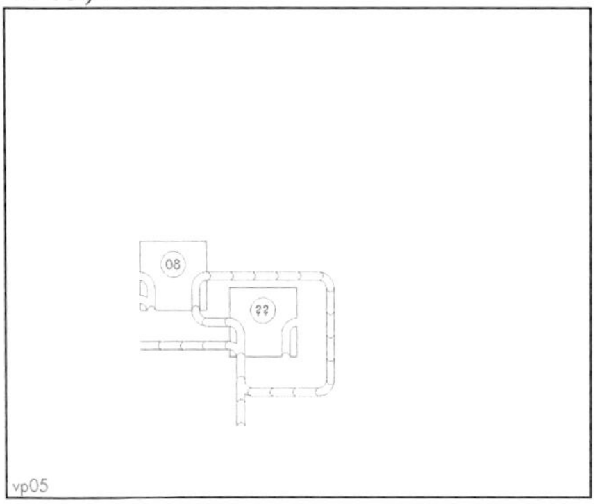

VP05; BZ: 10:27

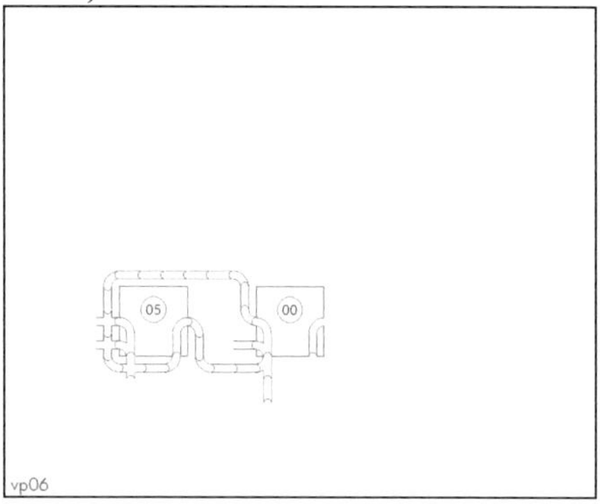

VP06; BZ: 17:19

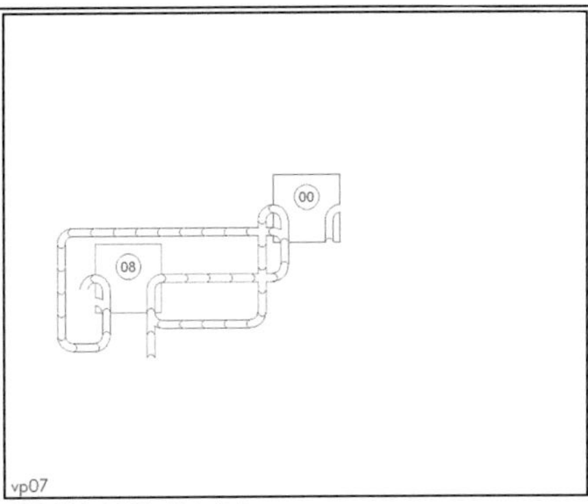

VP07; BZ: 24:54

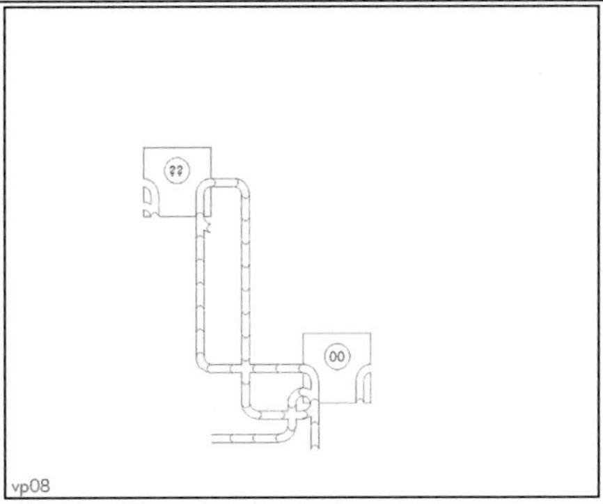

VP08; BZ: 13:18

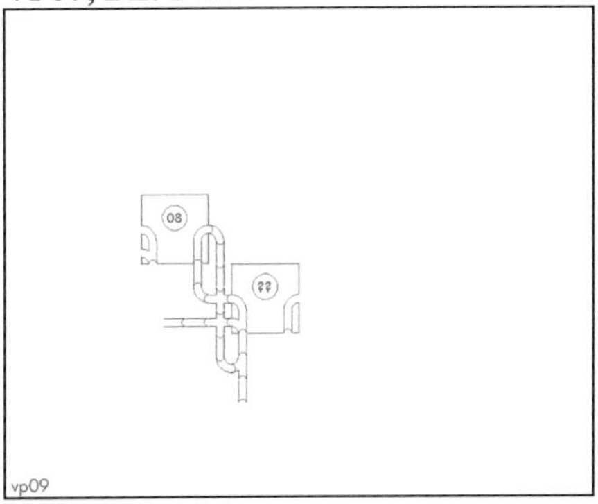

VP09; BZ: 6:20

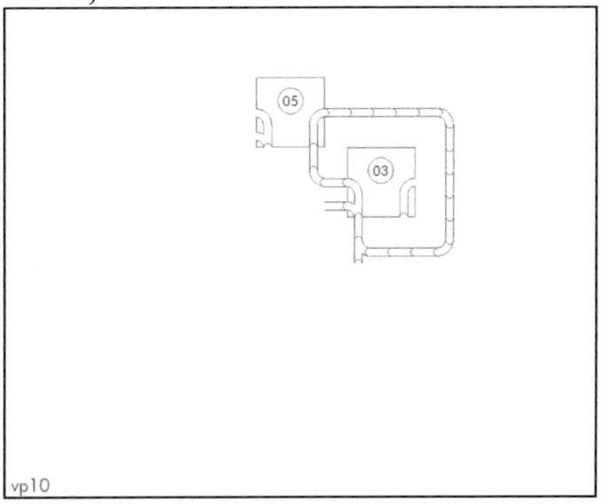

VP10; BZ: 8:48

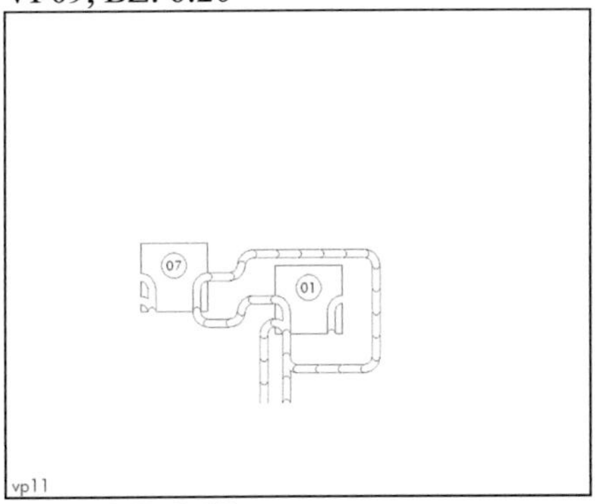

VP11; BZ: 8:47

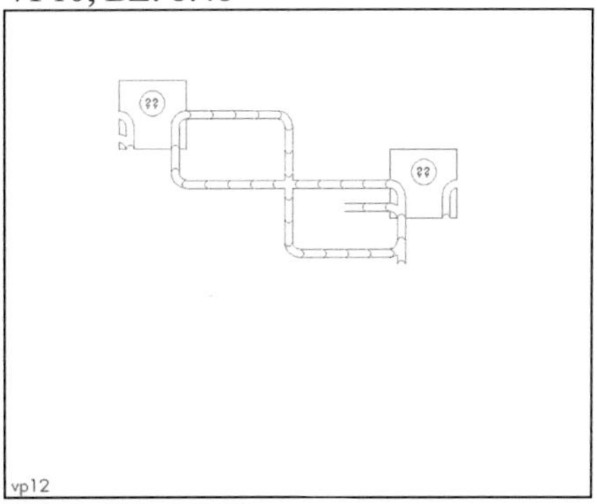

VP12; BZ: 17:37

Tab. 7.42: Endnetze a05: Additionsnetz.

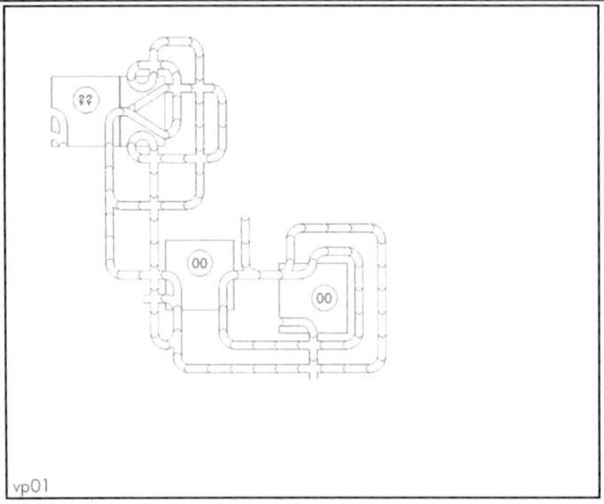

VP01; BZ: 25:32

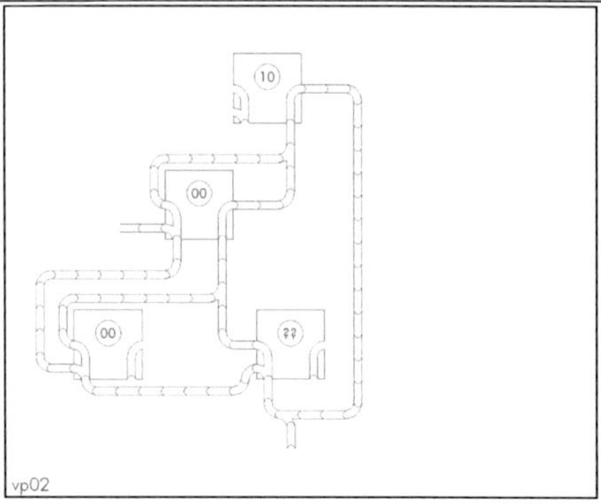

VP02; BZ: 15:17

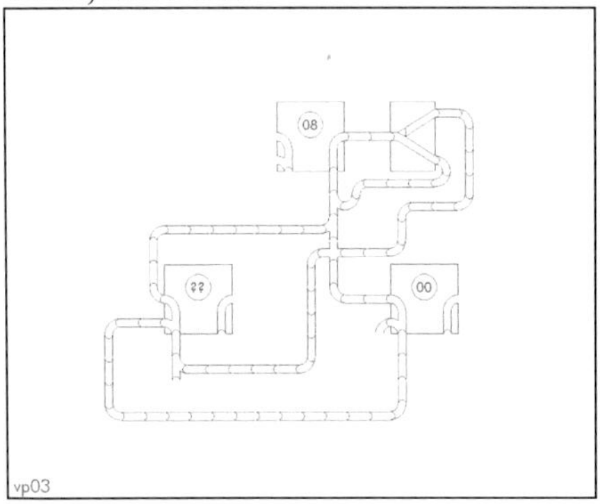

VP03; BZ: 11:29

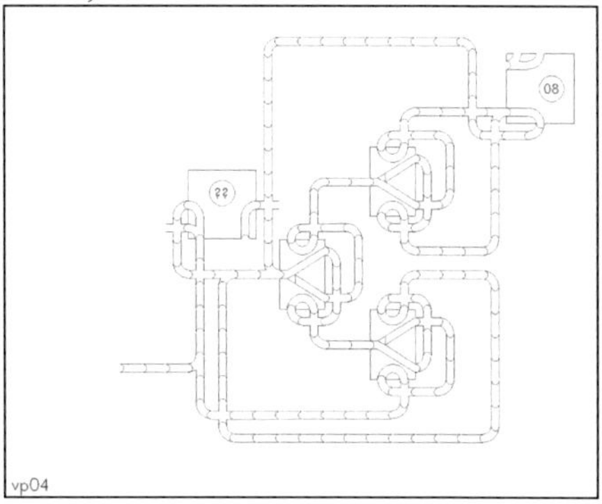

VP04; BZ: 38:56

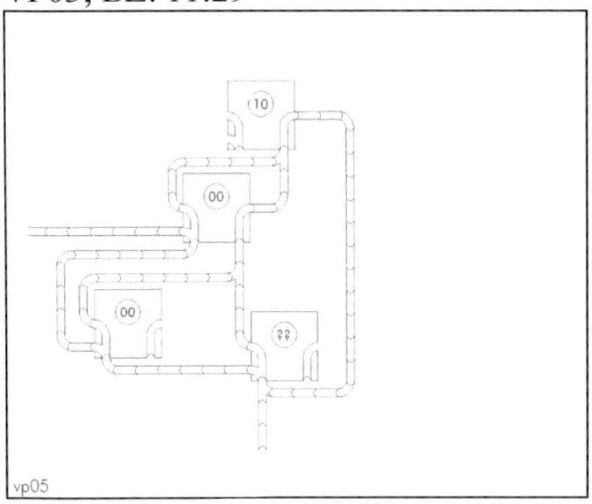

VP05; BZ: 15:05

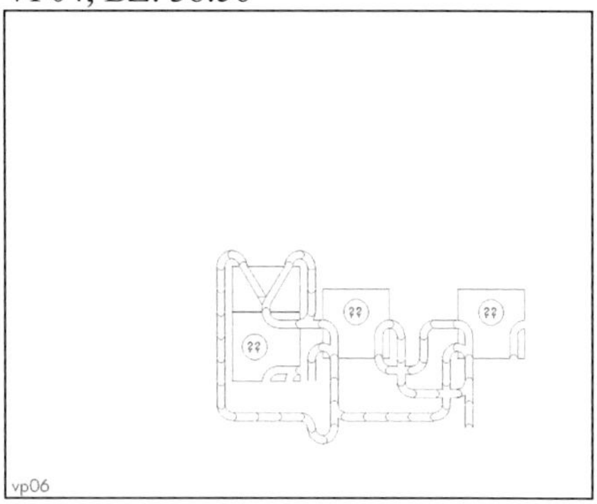

VP06; BZ: 34:01

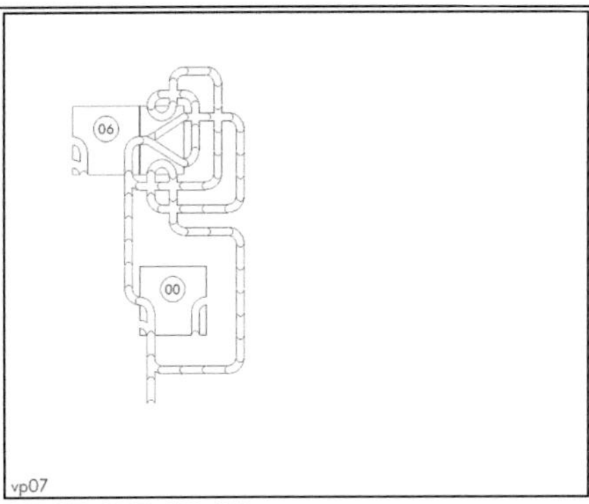

VP07; BZ: 38:22

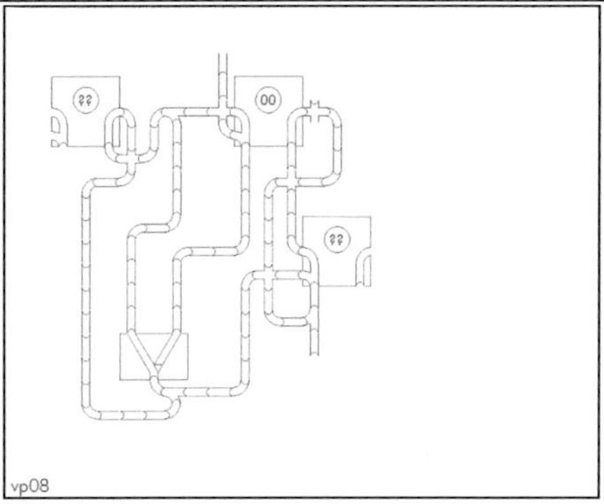

VP08; BZ: 34:11

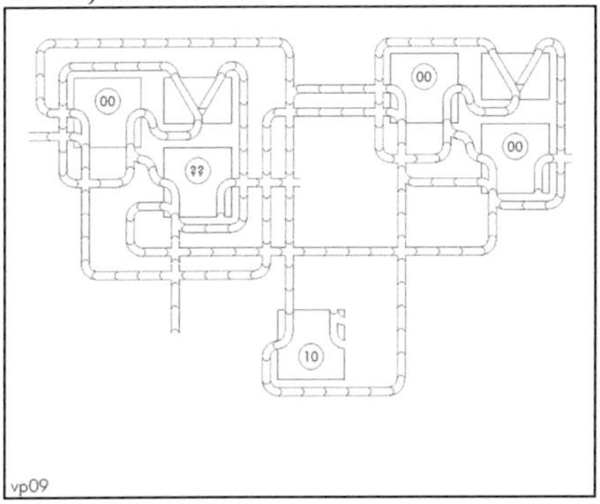

VP09; BZ: 37:48

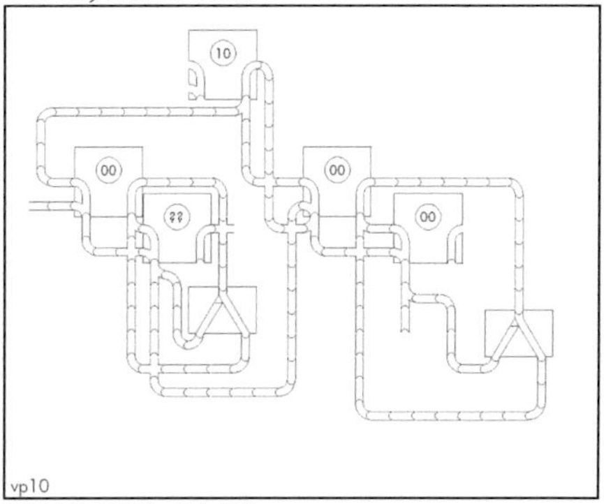

VP10; BZ: 54:29

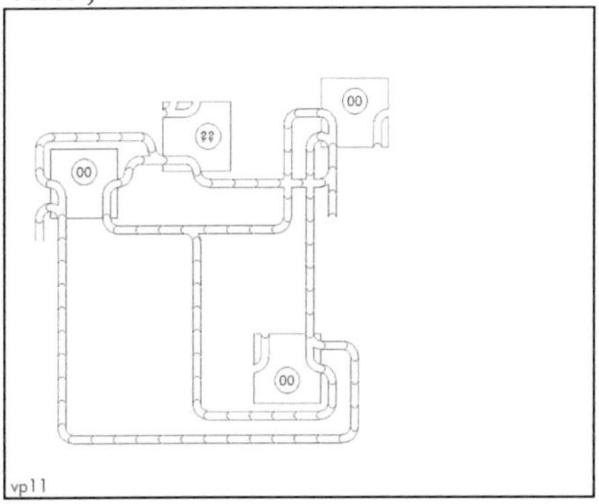

VP11; BZ: 35:16

Tab. 7.43: Endnetze a06: Aufgabe $2x_1 + 2x_2$.

8 Abkürzungsverzeichnis

Abkürzung	**Bedeutung**
Abb.	Abbildung
BZ	Bearbeitungszeit
CoDyLa	Computerunterstütze Dynamische Labyrinthe
DyLa	Dynamische Labyrinthe
f	funktional
I	Interviewer (einschl. aller möglichen Deklinationsformen)
N	Umfang einer Stichprobe
p	prädikativ
QuaDiPF	Qualitatives Diagnoseinstrument für prädikatives vs. funktionales Denken
StdAbw	Standardabweichung
Tab.	Tabelle
Trans.	Transkript bzw. Transkriptausschnitt
VP	Versuchsperson (einschl. aller möglichen Deklinationsformen)
VP-Gruppe	Versuchspersonengruppe
$\overline{\text{VP}}$-Gruppe	Alle VP außer VP12
VP α	Alle anderen Versuchspersonen außer den explizit genannten

9 Abbildungsverzeichnis

10 Tabellenverzeichnis

11 Transkripteverzeichnis

12 Transkripteverzeichnis nur Anteil VP